电磁场与电磁波

—— 韩荣苍 / 编著 ——

U0180216

电子工业出版社
Publishing House of Electronics Industry
北京·BEIJING

内 容 简 介

本书主要讲述宏观电磁场的基本理论、分析方法和电磁波的基本传播特性。全书共 8 章，包含矢量分析与场论、宏观电磁场的基本方程、似稳电磁场与静态电磁场、传输线理论基础、电磁波的辐射、平面电磁波、二维边值问题的解法、TE 波与 TM 波传输线。本书在理论构架上遵循由浅入深、循序渐进的学习规律，方便读者自学；在知识体系上采用由一般到特殊的演绎推理方法，便于读者掌握电磁场理论框架；在应用层面上密切结合电磁场与微波技术、无线通信技术等领域的工程案例，具有很强的实用性和趣味性。

本书可作为全日制电子信息类和自动化类本科专业"电磁场与电磁波""工程电磁场""电磁场与微波技术"等课程的教材，也可作为相关技术人员的自学参考书。

图书在版编目（CIP）数据

电磁场与电磁波 / 韩荣苍编著. —北京：电子工业出版社，2023.4

ISBN 978-7-121-45064-8

Ⅰ. ①电… Ⅱ. ①韩… Ⅲ. ①电磁场②电磁波 Ⅳ.①O441.4

中国国家版本馆 CIP 数据核字（2023）第 028682 号

责任编辑：张　楠　　　　特约编辑：田学清
印　　刷：北京天宇星印刷厂
装　　订：北京天宇星印刷厂
出版发行：电子工业出版社
　　　　　北京市海淀区万寿路 173 信箱　　　邮编：100036
开　　本：787×1092　　1/16　　印张：21　　字数：544 千字　　插页：1
版　　次：2023 年 4 月第 1 版
印　　次：2024 年 1 月第 2 次印刷
定　　价：79.00 元

凡所购买电子工业出版社图书有缺损问题，请向购买书店调换。若书店售缺，请与本社发行部联系，联系及邮购电话：（010）88254888，88258888。
质量投诉请发邮件至 zlts@phei.com.cn，盗版侵权举报请发邮件至 dbqq@phei.com.cn。
本书咨询联系方式：（010）88254579。

◇ 序 ◇

电磁场与电磁波是隶属于电子科学与技术一级学科的核心知识模块和研究领域，也是学习电子学、电气工程学和通信技术的关键课程。它深刻揭示了电磁现象的基本规律，理论体系严密、物理概念抽象，工程应用内涵也极为丰富。作为能量的一种存在形式，电磁场、电磁波是不可或缺的重要资源。作为信息传输的载体，电磁场、电磁波是人类社会获取信息、探测未知世界的重要手段。例如，从电机设计到电力系统、从无线通信到射电天文、从电子元件到集成电路，以及各种复杂电子系统中的电磁兼容问题，都离不开电磁场理论的支撑。当今社会信息技术迅速发展，电磁场的应用已远远超出这些学科范畴。因此，电磁场与电磁波成为世界各国大学电类及相关专业学生必修的一门关键基础课程。

本书共 8 章，在知识体系上涵盖矢量分析与场论、宏观电磁场的基本方程、似稳电磁场与静态电磁场、传输线理论基础、电磁波的辐射、平面电磁波、二维边值问题的解法，以及 TE 波与 TM 波传输线方面的内容，适用于"电磁场与电磁波"或"电磁场与微波技术"等课程 56～80 学时的教学安排。本书在编写上具有以下特点。

（1）知识体系由一般到特殊，便于读者构建清晰的电磁场理论框架。本书采用"演绎法"，首先介绍描述电磁场的理论基础——矢量场论与电磁场基本方程，然后依次讨论稳态与似稳电磁场、时谐场、电磁波的辐射与传播。本书强化了第 2 章"宏观电磁场的基本方程"的作用，旨在让读者快速掌握电磁场的基本理论体系。在教学内容上，本书压缩了静态电磁场，增加了"辐射与传播"的分量。这也是为了满足一些大学"电磁场与微波技术"课程的教学需要。

（2）知识讲解由浅入深，对数学的要求由一维向二维循序渐进。第 1 章"矢量分析与场论"中的二维计算可暂时不做要求，教学内容的选择以不影响后续知识的学习为依据。二维的数学方程求解可放在第 7 章"二维边值问题的解法"部分详细学习。这一章也是为了紧密衔接第 8 章"TE 波与 TM 波传输线"。在教学顺序上，遵循先"路"后"场"、由浅入深的原则，首先学习电路的电磁场理论，涉及似稳电磁场与静态电磁场；然后学习传输线上的电磁波；最后学习电磁波的辐射、平面电磁波、TE 波与 TM 波传输线。第 3 章至第 6 章的数学计算与方程求解都以一维问题为研究对象，充分降低了学习门槛，更便于广大读者自学。

（3）注重理论联系实际，融入丰富的电磁场与微波技术学科案例。在绪论中，通过卫星通信系统示意图阐述了本课程的意义。另外，书中还引用了卫星通信天线、隐身飞机、电磁波对人体的热效应、水下通信、微波炉、天线罩与架空输电线分析案例。每章都设有自测题和大量习题及答案，有助于读者提高分析问题与解决问题的能力。

　　本书的编写得到了临沂大学教材出版基金的资助和物理与电子工程学院王永龙院长、王常春副院长、教务处李道勇副处长的大力支持，以及石绍华、张鹏、孙如英等电子工程系老师的支持和帮助。在此一并向他们表示衷心的感谢。同时，向本书引用的参考文献的作者致以崇高的敬意。

　　由于编者水平有限，加之时间比较紧迫，书中的疏漏之处在所难免，敬请广大读者批评指正。

韩荣苍

2022 年 8 月于临沂大学

◇ 目　　录 ◇

绪　论

电磁学（Electromagnetism）是研究电磁现象的规律和应用的物理学分支学科，定量研究起源于 18 世纪，代表性事件是 1785 年法国物理学家库仑提出了定量计算电荷相互作用力的库仑定律；随后，诞生了安培环路定律及电磁感应定律。这三大实验定律标志着人类对电磁现象的认识和研究进入了新阶段。1873 年，英国物理学家麦克斯韦出版《电磁学通论》，标志着统一电磁场理论体系的建立，并在理论上预言了电磁波的存在。麦克斯韦被普遍认为是对物理学最有影响力的物理学家之一。可以说，没有电磁学就没有现代电工学，正是它开创了人类生活的电气时代，并直接导致信息时代的到来。

现代社会，人们享受着随时可与千里之外的亲友交谈，以及从互联网上快速获取全球信息的充分便利，这些都离不开通信与网络。图 1 所示为卫星通信系统示意图，它包括卫星与地面站、地面站与终端设备，以及终端设备与市内通信线路的信息传输，这些传输方式都是依靠电磁波（包括光波）来完成的。

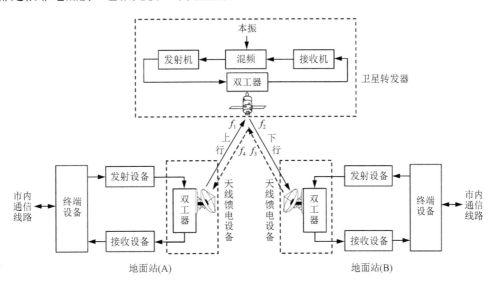

图 1　卫星通信系统示意图

2020 年 7 月 31 日，我国自主设计研发的北斗三号全球卫星导航系统正式开通，标志着我国卫星导航系统开启了全球化和产业化的新征程。未来的无线通信方式必将进入卫星通信时代。其他信息技术，如广播、电视、雷达、遥感、测控、射电天文和电子对抗等，都离不开电磁波的发射、控制、传输和接收。人们的日常生活从交通、电力、食品、电器到天气预报、矿藏勘探、医疗卫生、国防装备，甚至整个工业的信息化，无不涉及电磁场理论的应用。

从学科上看，电磁学与很多学科紧密相关。如图 2 所示，它所服务的上、下家正是信息与通信工程和电子科学与技术，而它的左、右邻则是电气工程和光学工程。电磁学一直是（将来仍然是）众多交叉学科和新兴学科的孕育点，如空间科学、电磁兼容和生物电磁学等新兴学科。并且，它对培养创新精神、严谨的科学作风等都起着十分重要的作用。

在数学方法上，为了表示电磁场的强弱和特性，引入了电场强度和磁场强度等"场"量。它们是我们要研究的主要物理量，正如电路理论中的电压、电流一样。由于电磁场是分布于空间的，这些场量都是空间位置的函数，并且是矢量，有 3 个坐标分量。因此，为了反映矢量场的分布特性，又引入了"倒三角"∇（Nabla）算符来描述其空间变化规律。其实，采用数学物理方法描述工程问题是极其普遍的。无论是理论力学、流体力学还是空气动力学都是

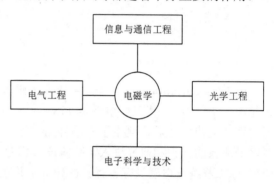

图 2　电磁学与其他学科的联系

如此，它们也是土木工程、机械工程学和宇航科学的学科基础。而电磁场理论正是电子、通信、电气工程甚至整个电类学科的基础，是电类专业的基石。

爱因斯坦说过："学习任何学科，最重要的就是要对它发生兴趣。"电磁场的应用首先是为了更好地提高读者的学习兴趣，再者，可以形成对电磁场理论的初步认知。在具体学习方法上，应遵循工程学科的学习规律。所谓工程，就是指应用数学方法解决具体物理问题的学科，反过来也成立，即工程是数学在特定物理场景下的具体应用。数学的地位与作用不言而喻。在学习方法上应重视以下 3 点：①电磁学理想物理模型、基本定律及其数学描述等基本概念是电磁场理论的核心，应该熟练记忆，如麦克斯韦方程及其意义、边界条件等；②要独立思考，对于复杂的物理过程，应该力求亲历（通过公式推导重现经典结论），而不是死记硬背；③主动探索各种物理现象与课程知识的关系，这一点最重要。例如，在学习电磁波传播特性时，可以将电磁隐身技术与电磁波的散射和反射原理联系起来，这不但有助于激发学习兴趣，而且有助于了解新兴技术。这正是研究性学习所提倡的。

"电磁场与电磁波"作为电子信息类本科专业的核心课程，是电子学理论体系最重要的组成部分，在本科课程体系中具有承上启下的作用。对大学二年级下学期的本科生而言，势必已经完成高等数学、普通物理、电路和电子技术基础的学习。本书的"承上"作用一方面表现为将高等数学和电磁学知识融为一体并升华提高，将场分析方法贯穿课程始终；另一方面衔接了电子线路理论并深化其内涵，从集总参数电路拓展到分布参数电路理论。本书的"启下"作用主要表现为衔接了微波技术、微波电路，以及天线与电波传播等射频专门知识。从电路、电磁场到微波电路与器件，本书将为读者呈现一幅电子学全景画卷。例如，在低频电路、高频电路及微波电路中，晶体管等效模型的变化及其分析方法的不同就是典型代表。

这里以唯物辩证法的"联系观"和"发展观"与读者共勉。"联系观"是唯物辩证法的一个总特征，所谓联系，就是指事物之间及事物内部诸要素之间的相互影响、相互制约和

相互作用的关系。希望广大读者用联系的观点看问题，主动寻找电磁场与其他课程的相互联系，并总结其共性和特殊性，深入思考电磁场与电磁波涉及的物理概念有助于寻找专业的"灵魂主线"。

"发展观"也是唯物辩证法的一个总特征。唯物辩证法认为无论是自然界、人类社会还是人的思维，都是在不断地运动、变化和发展的，事物的发展具有普遍性和客观性。发展的实质就是事物的前进、上升，是新事物代替旧事物。经典的电磁学已衍生出众多的新概念。例如，高速数字电路设计中的信号完整性（Signal Integrity，SI）问题，它涉及对于电子信号质量的一系列度量标准，描绘的是多种物理问题的综合响应。这一点充分印证了电子系统中各领域知识的相互联系，也是电子工程学发展的必然产物。

为了帮助读者更容易地建立起电磁场理论体系框架，编者亲自绘制了本书的思维导图，如图 3 所示。通过仔细研读思维导图中的逻辑关系，可以帮助读者厘清电磁场知识体系的内在联系。

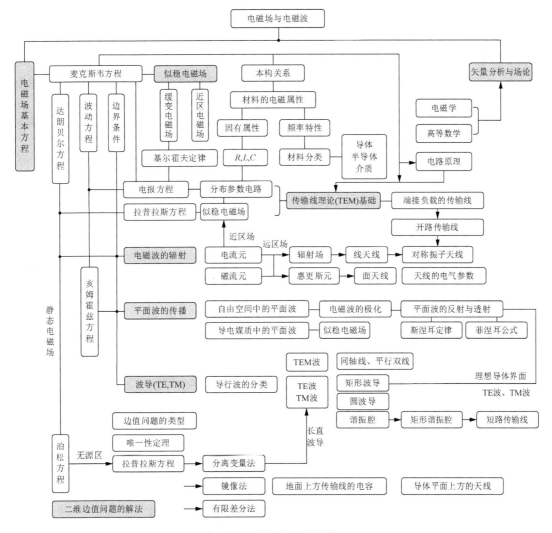

图 3　本书的思维导图

第1章

矢量分析与场论

如果空间中的每一点都有一个物理量的确定值与之对应，则在这个空间就构成了该物理量的场。若这个物理量为标量，则这种场称为标量场；若这个物理量为矢量，则这种场称为矢量场。例如，电路理论中的电流、电压是标量，电磁场理论中的电场强度、磁场强度是矢量。由于场论中有更多的独立变量，所以电磁场理论比电路理论更复杂，更能够描述具体的物理模型，理论体系也自然更具有一般性。本章的矢量分析与场论知识是研究电磁场的必备工具。本章从广义正交曲面坐标系出发，研究标量场的梯度、矢量场的散度和旋度，并导出它们的通用计算公式。最后以亥姆霍兹定理作为矢量场性质的总结。

本章的学习目标是通过学习梯度、散度、旋度及相关矢量运算规则掌握电磁场的数学描述方法及物理图像，这对学好电磁场理论具有重要意义。

§1.1　矢量代数

1.1.1　矢量的表示与和差运算

本书中在字母符号上加短横线表示矢量。矢量 $\overline{A}$ 可以表示为

$$\overline{A} = \hat{a}A$$

其模用 A 表示；$\hat{a}$ 是模为 1 的矢量，称为单位矢量，由字母符号上加"＾"来表示。在一些书中，也以加粗的印刷体表示矢量，如 $\boldsymbol{B}$；或者在字母符号上加小箭头表示矢量，如 $\vec{B}$。需要指出的是，**手写体矢量必须在字母符号上方加短横线或小箭头**。

任一矢量都可以分解为相互垂直的三个分量。例如，在直角坐标系中，如图 1.1-1 所示，矢量 $\overline{A}$ 可表示为

$$\overline{A} = \hat{x}A_x + \hat{y}A_y + \hat{z}A_z \tag{1.1-1}$$

式中，A_x、A_y、A_z 就是矢量 $\overline{A}$ 在三个相互垂直的坐标轴上的分量。该矢量的模为

$$A = \sqrt{A_x{}^2 + A_y{}^2 + A_z{}^2} \tag{1.1-2}$$

而 $\overline{A}$ 的单位矢量为

$$\hat{a} = \frac{\overline{A}}{A} = \hat{x}\frac{A_x}{A} + \hat{y}\frac{A_y}{A} + \hat{z}\frac{A_z}{A} = \hat{x}\cos\alpha + \hat{y}\cos\beta + \hat{z}\cos\gamma \tag{1.1-3}$$

式中，α、β、γ 分别是 $\bar{A}$ 与 x、y、z 轴正向的夹角；$\cos\alpha$、$\cos\beta$、$\cos\gamma$ 称为 $\bar{A}$ 的方向余弦，决定了 $\bar{A}$ 的方向。

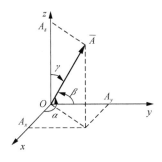

图 1.1-1　直角坐标系中的矢量分解

两个矢量的和差运算（加减法）在几何上可由平行四边形法则作图得出。如图 1.1-2（a）所示，**矢量 $\bar{A}$ 与矢量 $\bar{B}$ 的和等于平行四边形的长对角线对应的矢量**，即

$$\bar{A} + \bar{B} = \bar{C} \tag{1.1-4}$$

显而易见，矢量的加法满足交换律和结合律：

$$\bar{A} + \bar{B} = \bar{B} + \bar{A} \tag{1.1-5}$$

$$\bar{A} + (\bar{B} + \bar{C}) = (\bar{A} + \bar{B}) + \bar{C} \tag{1.1-6}$$

矢量的减法可以借助加法实现，$\bar{A} - \bar{B}$ 可以写成 $\bar{A} + (-\bar{B})$，因此可用平行四边形法则运算，如图 1.1-2（b）所示，**两个矢量相减所得矢量等于平行四边形的短对角线对应的矢量。**

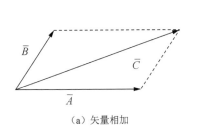
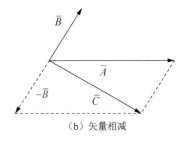

（a）矢量相加　　　　　　　　　　　　　　　（b）矢量相减

图 1.1-2　矢量的加减法

1.1.2　标量积与矢量积

矢量 $\bar{A}$ 与矢量 $\bar{B}$ 的标量积（也称点乘）表示为 $\bar{A} \cdot \bar{B}$，其相乘结果为标量，可写成

$$\bar{A} \cdot \bar{B} = AB\cos\alpha_{AB} \tag{1.1-7}$$

式中，α_{AB} 为两矢量之间的夹角，如图 1.1-3 所示。例如，在直角坐标系中有

$$\bar{A} \cdot \bar{B} = (\hat{x}A_x + \hat{y}A_y + \hat{z}A_z) \cdot (\hat{x}B_x + \hat{y}B_y + \hat{z}B_z) = A_xB_x + A_yB_y + A_zB_z \tag{1.1-8}$$

可以看出，点乘满足交换律和分配律，即

$$\bar{A} \cdot \bar{B} = \bar{B} \cdot \bar{A} \tag{1.1-9}$$

$$\bar{A} \cdot (\bar{B} + \bar{C}) = \bar{A} \cdot \bar{B} + \bar{A} \cdot \bar{C} \tag{1.1-10}$$

矢量 $\bar{A}$ 与矢量 $\bar{B}$ 的矢量积（叉乘）$\bar{A} \times \bar{B}$ 是一个矢量，其大小等于两个矢量的模值的乘

积乘以它们之间的夹角 α_{AB} 的正弦值；其方向与 $\bar{A}$、$\bar{B}$ 成右手螺旋关系，为 $\bar{A}$、$\bar{B}$ 所在平面的右手螺旋的法向 $\hat{n}$，如图 1.1-4 所示：

$$\bar{A} \times \bar{B} = \hat{n}AB\sin\alpha_{AB} \tag{1.1-11}$$

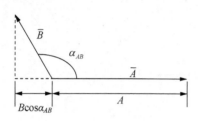

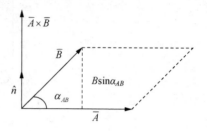

图 1.1-3 两矢量之间的夹角　　　　　　图 1.1-4 两矢量的叉乘

在直角坐标系中，利用式（1.1-11）可以将矢量积表示为

$$\bar{A} \times \bar{B} = (\hat{x}A_x + \hat{y}A_y + \hat{z}A_z) \times (\hat{x}B_x + \hat{y}B_y + \hat{z}B_z) = \begin{vmatrix} \hat{x} & \hat{y} & \hat{z} \\ A_x & A_y & A_z \\ B_x & B_y & B_z \end{vmatrix} \tag{1.1-12}$$

由定义式可知，$\bar{A} \times \bar{B}$ 不符合交换律，且有

$$\bar{A} \times \bar{B} = -\bar{B} \times \bar{A} \tag{1.1-13}$$

但仍服从分配律，即

$$\bar{A} \times (\bar{B} + \bar{C}) = \bar{A} \times \bar{B} + \bar{A} \times \bar{C} \tag{1.1-14}$$

例 1.1-1 证明三角形的余弦定理。

证明： 如图 1.1-5 所示，三角形的余弦定理可以描述为

$$C^2 = A^2 + B^2 - 2AB\cos\alpha$$

将三角形的三条边看成矢量，有

$$\bar{C} = \bar{A} + \bar{B}$$
$$C^2 = \bar{C} \cdot \bar{C} = (\bar{A} + \bar{B}) \cdot (\bar{A} + \bar{B})$$
$$= \bar{A} \cdot \bar{A} + \bar{A} \cdot \bar{B} + \bar{A} \cdot \bar{B} + \bar{B} \cdot \bar{B}$$
$$= A^2 + B^2 + 2AB\cos\alpha_{AB}$$

而

$$\cos\alpha_{AB} = \cos(180° - \alpha) = -\cos\alpha$$

因此

$$C^2 = A^2 + B^2 - 2AB\cos\alpha$$

得证。

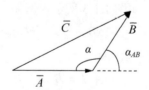

图 1.1-5 三角形的余弦定理的证明

1.1.3 矢量的三重积

矢量的三连乘也有两种情形，其结果分别为标量和矢量。标量三重积为

$$\overline{A} \cdot (\overline{B} \times \overline{C}) = \overline{B} \cdot (\overline{C} \times \overline{A}) = \overline{C} \cdot (\overline{A} \times \overline{B}) \tag{1.1-15}$$

在图 1.1-6 中，$\overline{B} \times \overline{C}$ 的模就是 $\overline{B}$ 和 $\overline{C}$ 所形成的平行四边形的面积，**因此 $\overline{A} \cdot (\overline{B} \times \overline{C})$ 就是该平行四边形与 $\overline{A}$ 所构成的平行六面体的体积**。不难看出，$\overline{B} \cdot (\overline{C} \times \overline{A})$ 和 $\overline{C} \cdot (\overline{A} \times \overline{B})$ 也都等于该六面体的体积，因而三者相等。

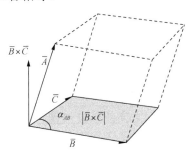

图 1.1-6 矢量三重积

矢量三重积有下述重要关系：

$$\overline{A} \times (\overline{B} \times \overline{C}) = \overline{B}(\overline{A} \cdot \overline{C}) - \overline{C}(\overline{A} \cdot \overline{B}) \tag{1.1-16}$$

由于 $\overline{B} \times \overline{C}$ 垂直于 $\overline{B}$、$\overline{C}$ 所组成的平面，$\overline{A}$ 与它的叉乘必位于该面内，因而 $\overline{A} \times (\overline{B} \times \overline{C})$ 可用沿 $\overline{B}$、$\overline{C}$ 方向的两个分量表示。

例 1.1-2 证明矢量 $\overline{A} = \dfrac{11}{3}\hat{x} + 3\hat{y} + 6\hat{z}$、$\overline{B} = \dfrac{17}{3}\hat{x} + 3\hat{y} + 9\hat{z}$、$\overline{C} = 4\hat{x} - 6\hat{y} + 5\hat{z}$ 三者共面。

证明： 题中三矢量共面的充要条件为

$$\overline{A} \cdot (\overline{B} \times \overline{C}) = 0 \text{ 或 } \overline{B} \cdot (\overline{C} \times \overline{A}) = 0 \text{ 或 } \overline{C} \cdot (\overline{A} \times \overline{B}) = 0$$

$$\overline{A} \times \overline{B} = \begin{vmatrix} \hat{x} & \hat{y} & \hat{z} \\ 11/3 & 3 & 6 \\ 17/3 & 3 & 9 \end{vmatrix} = \hat{x}(27 - 18) + \hat{y}\left(\frac{17 \times 6}{3} - \frac{11 \times 9}{3}\right) + \hat{z}\left(\frac{33}{3} - \frac{51}{3}\right)$$

$$= 9\hat{x} + \hat{y} - 6\hat{z}$$

$$\overline{C} \cdot (\overline{A} \times \overline{B}) = (4\hat{x} - 6\hat{y} + 5\hat{z}) \cdot (9\hat{x} + \hat{y} - 6\hat{z}) = 36 - 6 - 30 = 0$$

得证。

§1.2 正交曲面坐标系

1.2.1 广义正交曲面坐标系

宏观电磁学的规律不随坐标系的改变而改变，但是在实际问题中，需要将电磁场的数学关系式表达在与给定问题的几何形状相适应的坐标系中。例如，如果要确定空间某点的电场，那么至少得描述某坐标系中源和场点的位置。在三维空间中，一个点的位置可以用

三个曲面的交点(u_1, u_2, u_3)确定。假设这三个曲面分别表示为u_1=常数、u_2=常数、u_3=常数，当它们两两相互垂直时，可获得一个正交曲面坐系，如图 1.2-1 所示，其中曲面(1)、(2)和(3)相互垂直。

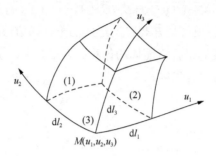

图 1.2-1　任意正交曲面坐标系示意图

设$\hat{u}_1$、$\hat{u}_2$、$\hat{u}_3$分别表示三个坐标方向的单位矢量，称为基本矢量。在右手正交曲面坐标系中，这些基本矢量按照满足以下关系的方式安置：

$$\hat{u}_1 \times \hat{u}_2 = \hat{u}_3 , \quad \hat{u}_2 \times \hat{u}_3 = \hat{u}_1 , \quad \hat{u}_3 \times \hat{u}_1 = \hat{u}_2 \tag{1.2-1}$$

以上三个表达式不是独立的，即一个成立，另两个也成立。当然，也有

$$\hat{u}_1 \cdot \hat{u}_2 = 0 , \quad \hat{u}_2 \cdot \hat{u}_3 = 0 , \quad \hat{u}_3 \cdot \hat{u}_1 = 0 \tag{1.2-2}$$

$$\hat{u}_1 \cdot \hat{u}_1 = 1 , \quad \hat{u}_2 \cdot \hat{u}_2 = 1 , \quad \hat{u}_3 \cdot \hat{u}_3 = 1 \tag{1.2-3}$$

任意一个矢量$\overline{A}$都可以写成它在三个正交方向上的分量之和，即

$$\overline{A} = \hat{u}_1 A_1(u_1, u_2, u_3) + \hat{u}_2 A_2(u_1, u_2, u_3) + \hat{u}_3 A_3(u_1, u_2, u_3) \tag{1.2-4}$$

$\overline{A}$的模可统一表示为

$$A = \sqrt{A_1^2 + A_2^2 + A_3^2} \tag{1.2-5}$$

例 1.2-1 已知三个矢量$\overline{A}$、$\overline{B}$和$\overline{C}$，求$\overline{A} \cdot \overline{B}$和$\overline{A} \times \overline{B}$在正交曲面坐标系$(u_1, u_2, u_3)$中的表达式。

解：在正交坐标系(u_1, u_2, u_3)中有

$$\overline{A} = \hat{u}_1 A_1 + \hat{u}_2 A_2 + \hat{u}_3 A_3 , \quad \overline{B} = \hat{u}_1 B_1 + \hat{u}_2 B_2 + \hat{u}_3 B_3$$

因此

$$\begin{aligned}
\overline{A} \cdot \overline{B} &= (\hat{u}_1 A_1 + \hat{u}_2 A_2 + \hat{u}_3 A_3) \cdot (\hat{u}_1 B_1 + \hat{u}_2 B_2 + \hat{u}_3 B_3) \\
&= A_1 B_1 + A_2 B_2 + A_3 B_3
\end{aligned} \tag{1.2-6}$$

$$\begin{aligned}
\overline{A} \times \overline{B} &= (\hat{u}_1 A_1 + \hat{u}_2 A_2 + \hat{u}_3 A_3) \times (\hat{u}_1 B_1 + \hat{u}_2 B_2 + \hat{u}_3 B_3) \\
&= \begin{vmatrix} \hat{u}_1 & \hat{u}_2 & \hat{u}_3 \\ A_1 & A_2 & A_3 \\ B_1 & B_2 & B_3 \end{vmatrix}
\end{aligned} \tag{1.2-7}$$

在电磁学领域，经常会遇到矢量微积分中需要计算曲线、曲面和体积分的情况。在每种情况下，都需要写出与某坐标的微分增量对应的微分长度增量。然而，某些坐标，如(u_1, u_2, u_3)可能并不是长度，这就需要一个变换因子来将微分增量$\mathrm{d}u_i$变换成微分长度增量$\mathrm{d}l_i$，并用下面的关系表示：

$$\mathrm{d}l_i = h_i \mathrm{d}u_i \tag{1.2-8}$$

式中，h_i 称为度量系数，又叫拉梅（Gabriel Lamé, 1795—1870, 法）系数，其本身可能是 u_1、u_2 和 u_3 的函数。

一个沿任意方向的定向微分长度增量可以写成各个分量长度增量的矢量和的形式，即任一有向线元可表示为

$$\mathrm{d}\overline{l} = \hat{u}_1 h_1 \mathrm{d}u_1 + \hat{u}_2 h_2 \mathrm{d}u_2 + \hat{u}_3 h_3 \mathrm{d}u_3 \tag{1.2-9}$$

$\mathrm{d}\overline{l}$ 的模为

$$\mathrm{d}l = \left[(h_1 \mathrm{d}u_1)^2 + (h_2 \mathrm{d}u_2)^2 + (h_3 \mathrm{d}u_3)^2 \right]^{1/2} \tag{1.2-10}$$

与 $\hat{u}_1$ 垂直的面元可以表示为

$$\mathrm{d}\overline{s}_{u_1} = \hat{u}_1 \mathrm{d}l_2 \mathrm{d}l_3 = \hat{u}_1 h_2 h_3 \mathrm{d}u_2 \mathrm{d}u_3 \tag{1.2-11}$$

相似地，与 $\hat{u}_2$ 和 $\hat{u}_3$ 垂直的面元可以表示为

$$\mathrm{d}\overline{s}_{u_2} = \hat{u}_2 h_1 h_3 \mathrm{d}u_1 \mathrm{d}u_3 \tag{1.2-12}$$

$$\mathrm{d}\overline{s}_{u_3} = \hat{u}_3 h_1 h_2 \mathrm{d}u_1 \mathrm{d}u_2 \tag{1.2-13}$$

由三个基本方向的微分增量 $\mathrm{d}u_1$、$\mathrm{d}u_2$ 和 $\mathrm{d}u_3$ 构成的微分体积为

$$\mathrm{d}v = h_1 h_2 h_3 \mathrm{d}u_1 \mathrm{d}u_2 \mathrm{d}u_3 \tag{1.2-14}$$

1.2.2　直角坐标系

在直角坐标系中，$(u_1, u_2, u_3) = (x, y, z)$，三个基本矢量为 $\hat{x}$、$\hat{y}$、$\hat{z}$，且满足右手坐标关系：

$$\hat{x} \times \hat{y} = \hat{z}, \quad \hat{y} \times \hat{z} = \hat{x}, \quad \hat{z} \times \hat{x} = \hat{y} \tag{1.2-15}$$

由于 x、y 和 z 本身就是长度，所以三个方向上的拉梅系数均为 1，故有

$$\mathrm{d}\overline{l} = \hat{x}\mathrm{d}x + \hat{y}\mathrm{d}y + \hat{z}\mathrm{d}z$$

$$\mathrm{d}\overline{s}_x = \hat{x}\mathrm{d}y\mathrm{d}z$$

$$\mathrm{d}\overline{s}_y = \hat{y}\mathrm{d}x\mathrm{d}z$$

$$\mathrm{d}\overline{s}_z = \hat{z}\mathrm{d}x\mathrm{d}y$$

$$\mathrm{d}v = \mathrm{d}x\mathrm{d}y\mathrm{d}z$$

例 1.2-2 计算矢量的标量线积分 $\int_{P_1}^{P_2} \overline{F} \cdot \mathrm{d}\overline{l}$，其中 $\overline{F} = \hat{x}xy + \hat{y}(3x - y^2)$。计算从图 1.2-2 中的 P_1 点到 P_2 点的线积分：①路径 1，$P_1 P_2$；②路径 2，$P_1 A P_2$。

解： $\overline{F} \cdot \mathrm{d}\overline{l} = \left[\hat{x}xy + \hat{y}(3x - y^2) \right] \cdot \left(\hat{x}\mathrm{d}x + \hat{y}\mathrm{d}y + \hat{z}\mathrm{d}z \right) = xy\mathrm{d}x + (3x - y^2)\mathrm{d}y$。

① 路径 $P_1 P_2$。因为 $P_1 P_2$ 的直线方程为 $y = \dfrac{3}{2}(x - 1)$，因此

$$\int_{P_1}^{P_2} \overline{F} \cdot \mathrm{d}\overline{l} = \int_{P_1}^{P_2} \left[xy\mathrm{d}x + (3x - y^2)\mathrm{d}y \right] = \int_5^3 \frac{3}{2} x(x - 1)\mathrm{d}x + \int_6^3 (2y + 3 - y^2)\mathrm{d}y$$

$$= -37 + 27 = -10$$

② 路径 $P_1 A P_2$。从 P_1 到 A：

$$x = 5, \quad \mathrm{d}x = 0, \quad \overline{F} \cdot \mathrm{d}\overline{l} = (15 - y^2)\mathrm{d}y$$

从 A 到 P_2：

$$y = 3, \quad \mathrm{d}y = 0, \quad \overline{F} \cdot \mathrm{d}\overline{l} = 3x\mathrm{d}x$$

因此

$$\int_{P_1}^{P_2} \overline{F} \cdot \mathrm{d}\overline{l} = \int_{P_1}^{A}(15-y^2)\mathrm{d}y + \int_{A}^{P_2}3x\mathrm{d}x = \int_{6}^{3}(15-y^2)\mathrm{d}y + \int_{5}^{3}3x\mathrm{d}x$$
$$= 18 - 24 = -6$$

可见，积分结果与积分路径有关，矢量场 $\overline{F}$ 是非保守的。

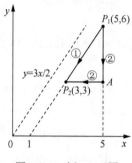

图 1.2-2　例 1.2-2 图

1.2.3　圆柱坐标系

在圆柱坐标系中，任意点 P 的位置用三个变量 ρ、φ、z 来表示，如图 1.2-3 所示。三个变量的变化范围为

$$0 \leqslant \rho < \infty , \quad 0 \leqslant \varphi \leqslant 2\pi , \quad -\infty < z < \infty \tag{1.2-16}$$

P 点的三个坐标的单位矢量为 $\hat{\rho}$、$\hat{\varphi}$、$\hat{z}$，分别指向 ρ、φ、z 增加的方向。$\hat{\rho}$、$\hat{\varphi}$、$\hat{z}$ 三者总保持正交关系，并遵循右手螺旋法则：

$$\hat{\rho} \times \hat{\varphi} = \hat{z} , \quad \hat{\varphi} \times \hat{z} = \hat{\rho} , \quad \hat{z} \times \hat{\rho} = \hat{\varphi} \tag{1.2-17}$$

矢量 $\overline{A}$ 在圆柱坐标系中可用三个分量表示为

$$\overline{A} = \hat{\rho}A_\rho + \hat{\varphi}A_\varphi + \hat{z}A_z \tag{1.2-18}$$

注意：与直角坐标不同，除 $\hat{z}$ 外，$\hat{\rho}$、$\hat{\varphi}$ 都不是常矢量，它们的方向随 P 点位置的不同而变化。P 点的位置矢量或矢径 $\overline{r}$ 为

$$\overline{r} = \hat{\rho}\rho + \hat{z}z \tag{1.2-19}$$

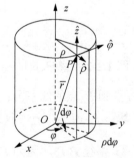

图 1.2-3　圆柱坐标系

在式（1.2-19）中，虽然并不显含 φ 角，但 φ 坐标将影响 $\hat{\rho}$ 的方向。

若 φ、z 固定而 ρ 增大了 $\mathrm{d}\rho$，则 P 点的位移为 $\mathrm{d}\overline{r} = \hat{\rho}\mathrm{d}\rho$；若 ρ、z 保持不变而 φ 增大了 $\mathrm{d}\varphi$，则 P 点的位移为 $\mathrm{d}\overline{r} = \hat{\varphi}\rho\mathrm{d}\varphi$；若 ρ、φ 不变而 z 增大了 $\mathrm{d}z$，则 $\mathrm{d}\overline{r} = \hat{z}\mathrm{d}z$。因此，对任意的增量 $\mathrm{d}\rho$、$\mathrm{d}\varphi$、$\mathrm{d}z$，P 点的位置沿 $\hat{\rho}$、$\hat{\varphi}$、$\hat{z}$ 方向的长度增量（长度元）为

$$\mathrm{d}l_\rho = \mathrm{d}\rho , \quad \mathrm{d}l_\varphi = \rho\mathrm{d}\varphi , \quad \mathrm{d}l_z = \mathrm{d}z \tag{1.2-20}$$

故拉梅系数分别为

$$h_1 = \frac{\mathrm{d}l_\rho}{\mathrm{d}\rho} = 1 , \quad h_2 = \frac{\mathrm{d}l_\varphi}{\mathrm{d}\varphi} = \rho , \quad h_3 = \frac{\mathrm{d}l_z}{\mathrm{d}z} = 1 \tag{1.2-21}$$

根据式（1.2-10）～式（1.2-14）并代入拉梅系数，可得与三个单位矢量相垂直的三个面元和体积元分别为

$$d\overline{s}_\rho = \hat{\rho}dl_\varphi dl_z = \hat{\rho}\rho d\varphi dz$$
$$d\overline{s}_\varphi = \hat{\varphi}dl_\rho dl_z = \hat{\varphi}d\rho dz \qquad (1.2\text{-}22)$$
$$d\overline{s}_z = \hat{z}dl_\rho dl_\varphi = \hat{z}\rho d\rho d\varphi$$
$$dv = dl_\rho dl_\varphi dl_z = \rho d\rho d\varphi dz \qquad (1.2\text{-}23)$$

例 1.2-3 计算矢量 $\overline{F} = \hat{\rho}a/\rho + \hat{z}bz$ 的封闭曲面积分。曲面 $\overline{S}$ 为由 $z = \pm3$ 和 $\rho = 2$ 围成的封闭圆柱表面。

解：积分表面由封闭圆柱的三部分表面构成，分别为顶面（S_1）、底面（S_2）和侧面（S_3）。因此有

$$\oint_S \overline{F} \cdot d\overline{s} = \int_{S_1} \overline{F} \cdot d\overline{s} + \int_{S_2} \overline{F} \cdot d\overline{s} + \int_{S_3} \overline{F} \cdot d\overline{s}$$

（1）顶面：$\overline{F} \cdot d\overline{s} = \left(\hat{\rho}a/\rho + \hat{z}bz\right) \cdot \hat{z}\rho d\varphi d\rho = bz\rho d\rho d\varphi = 3b\rho d\rho d\varphi$

$$\therefore \int_{S_1} \overline{F} \cdot d\overline{s} = \int_0^2 \int_0^{2\pi} 3b\rho d\rho d\varphi = 12\pi b$$

（2）底面：$\overline{F} \cdot d\overline{s} = \left(\hat{\rho}a/\rho + \hat{z}bz\right) \cdot \left(-\hat{z}\right)\rho d\varphi d\rho = -bz\rho d\rho d\varphi = 3b\rho d\rho d\varphi$

$$\therefore \int_{S_2} \overline{F} \cdot d\overline{s} = \int_0^2 \int_0^{2\pi} 3b\rho d\rho d\varphi = 12\pi b$$

（3）侧面：$\overline{F} \cdot d\overline{s} = \left(\hat{\rho}a/\rho + \hat{z}bz\right) \cdot \hat{\rho}\rho d\varphi dz = ad\varphi dz$

$$\therefore \int_{S_3} \overline{F} \cdot d\overline{s} = \int_{-3}^3 \int_0^{2\pi} ad\varphi dz = 12\pi a$$

因此，$\oint_S \overline{F} \cdot d\overline{s} = 12\pi b + 12\pi b + 12\pi a = 12\pi(a + 2b)$。

1.2.4　球坐标系

在球坐标系中，P 点的三个坐标变量为 r、θ、φ。如图 1.2-4 所示，它们分别称为矢径长度、极角和方位角，其变化范围为

$$0 \leqslant r < \infty, \quad 0 \leqslant \theta \leqslant \pi, \quad 0 < \varphi < 2\pi \qquad (1.2\text{-}24)$$

P 点的三个单位矢量是 $\hat{r}$、$\hat{\theta}$、$\hat{\varphi}$。其中，$\hat{r}$ 指向矢径延伸方向；$\hat{\theta}$ 垂直于矢径并在矢径与 z 轴所形成的平面内，指向 θ 角增大的方向；$\hat{\varphi}$ 垂直于上述平面，指向 φ 角增大的方向。三者呈正交关系，遵循右手螺旋法则：

$$\hat{r} \times \hat{\theta} = \hat{\varphi}, \quad \hat{\theta} \times \hat{\varphi} = \hat{r}, \quad \hat{\varphi} \times \hat{r} = \hat{\theta} \qquad (1.2\text{-}25)$$

矢量 $\overline{A}$ 在球坐标系中可表示为

$$\overline{A} = \hat{r}A_r + \hat{\theta}A_\theta + \hat{\varphi}A_\varphi \qquad (1.2\text{-}26)$$

式中，$\hat{r}$、$\hat{\theta}$、$\hat{\varphi}$ 三者都不是常矢量。P 点的位置矢量是 $\overline{r} = \hat{r}r$，显然，坐标 θ 和 φ 都将影响 $\hat{r}$ 的方向。

根据图 1.2-4 所示的几何关系，可知 P 点处沿 $\hat{r}$、$\hat{\theta}$、$\hat{\varphi}$ 方向的长度元分别为

$$dl_r = dr, \quad dl_\theta = rd\theta, \quad dl_\varphi = r\sin\theta d\varphi$$

故球坐标系的拉梅系数为

$$h_1 = \frac{\mathrm{d}l_r}{\mathrm{d}r} = 1 , \quad h_2 = \frac{\mathrm{d}l_\theta}{\mathrm{d}\theta} = r , \quad h_3 = \frac{\mathrm{d}l_\varphi}{\mathrm{d}\varphi} = r \sin\theta \qquad (1.2\text{-}27)$$

球坐标系中的三个面积元和体积元分别为

$$\mathrm{d}\overline{s}_r = \hat{r}\mathrm{d}l_\theta \mathrm{d}l_\varphi = \hat{r}r^2\sin\theta\mathrm{d}\theta\mathrm{d}\varphi$$

$$\mathrm{d}\overline{s}_\theta = \hat{\theta}\mathrm{d}l_r \mathrm{d}l_\varphi = \hat{\theta}r\sin\theta\mathrm{d}r\mathrm{d}\varphi \qquad (1.2\text{-}28)$$

$$\mathrm{d}\overline{s}_\varphi = \hat{\varphi}\mathrm{d}l_r \mathrm{d}l_\theta = \hat{\varphi}r\mathrm{d}r\mathrm{d}\theta$$

$$\mathrm{d}v = \mathrm{d}l_r \mathrm{d}l_\theta \mathrm{d}l_\varphi = r^2\sin\theta\mathrm{d}r\mathrm{d}\theta\mathrm{d}\varphi \qquad (1.2\text{-}29)$$

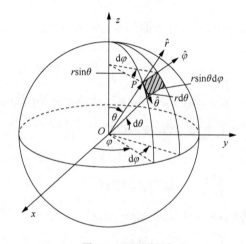

图 1.2-4　球坐标系

1.2.5　三种坐标系间的变换

下面介绍直角坐标系、圆柱坐标系与球坐标系之间的变量互换。图 1.2-5 诠释了三种坐标系变量之间的数值关系。

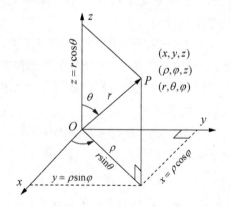

图 1.2-5　直角坐标、圆柱坐标与球坐标的变换

首先，参照图 1.2-5 可得直角坐标系与圆柱坐标系的变量关系：

$$x = \rho\cos\varphi , \quad y = \rho\sin\varphi , \quad z = z \qquad (1.2\text{-}30a)$$

或

$$\rho = \sqrt{x^2 + y^2}, \quad \varphi = \arctan\frac{y}{x}, \quad z = z \tag{1.2-30b}$$

对于直角坐标系与圆柱坐标系,它们都有一个 z 变量,因而有一个共同的单位矢量。因此,二者单位矢量间的关系可以参照图 1.2-6 得出,结果如表 1.2-1 所示。这种表的作用与矩阵变换相似,但更为直观。例如,表 1.2-1 中的第一行和第二行给出

$$\hat{\rho} = \hat{x}\cos\varphi + \hat{y}\sin\varphi \tag{1.2-31a}$$

$$\hat{\varphi} = -\hat{x}\sin\varphi + \hat{y}\cos\varphi \tag{1.2-31b}$$

由表 1.2-1 中的第一列和第二列可得

$$\hat{x} = \hat{\rho}\cos\varphi - \hat{\varphi}\sin\varphi \tag{1.2-31c}$$

$$\hat{y} = \hat{\rho}\sin\varphi + \hat{\varphi}\cos\varphi \tag{1.2-31d}$$

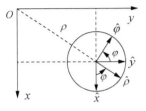

图 1.2-6 $\hat{x}$、$\hat{y}$ 与 $\hat{\rho}$、$\hat{\varphi}$ 的关系

表 1.2-1 直角坐标与圆柱坐标单位矢量的变换

	$\hat{x}$	$\hat{y}$	$\hat{z}$
$\hat{\rho}$	$\cos\varphi$	$\sin\varphi$	0
$\hat{\varphi}$	$-\sin\varphi$	$\cos\varphi$	0
$\hat{z}$	0	0	1

球坐标系与圆柱坐标系的变量关系为

$$\rho = r\sin\theta, \quad \varphi = \varphi, \quad z = r\cos\theta \tag{1.2-32a}$$

或

$$r = \sqrt{\rho^2 + z^2}, \quad \theta = \tan\frac{\rho}{z}, \quad \varphi = \varphi \tag{1.2-32b}$$

对于球坐标系与圆柱坐标系,它们都有一个 φ 变量,因而有一个共同的单位矢量。因此,二者单位矢量间的关系可以参照图 1.2-7 得出,结果如表 1.2-2 所示。例如,表 1.2-2 中的第一行和第一列给出

$$\hat{r} = \hat{\rho}\sin\theta + \hat{z}\cos\theta \tag{1.2-33a}$$

$$\hat{\rho} = \hat{r}\sin\theta + \hat{\theta}\cos\theta \tag{1.2-33b}$$

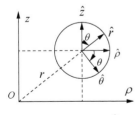

图 1.2-7 $\hat{\rho}$、$\hat{\varphi}$ 与 $\hat{r}$、$\hat{\theta}$ 的关系

表 1.2-2 圆柱坐标与球坐标单位矢量的变换

	$\hat{\rho}$	$\hat{\varphi}$	$\hat{z}$
$\hat{r}$	$\sin\theta$	0	$\cos\theta$
$\hat{\theta}$	$\cos\theta$	0	$-\sin\theta$
$\hat{\varphi}$	0	1	0

球坐标系与直角坐标系的变量关系为

$$x = r\sin\theta\cos\varphi, \quad y = r\sin\theta\sin\varphi, \quad z = r\cos\theta \tag{1.2-34a}$$

$$r = \sqrt{x^2 + y^2 + z^2}, \quad \theta = \arctan\frac{\sqrt{x^2 + y^2}}{z}, \quad \varphi = \arctan\frac{y}{x} \tag{1.2-34b}$$

直角坐标与球坐标单位矢量间的关系可从表 1.2-1 和表 1.2-2 所列的关系中求解出来,

结果如表 1.2-3 所示。例如，表 1.2-3 中的第一行和第一列给出

$$\hat{r} = \hat{x}\sin\theta\cos\varphi + \hat{y}\sin\theta\sin\varphi + \hat{z}\cos\theta \qquad (1.2\text{-}35a)$$

$$\hat{x} = \hat{r}\sin\theta\cos\varphi + \hat{\theta}\cos\theta\cos\varphi - \hat{\varphi}\sin\varphi \qquad (1.2\text{-}35b)$$

表 1.2-3　直角坐标与球坐标单位矢量的变换

	$\hat{x}$	$\hat{y}$	$\hat{z}$
$\hat{r}$	$\sin\theta\cos\varphi$	$\sin\theta\sin\varphi$	$\cos\theta$
$\hat{\theta}$	$\cos\theta\cos\varphi$	$\cos\theta\sin\varphi$	$-\sin\theta$
$\hat{\varphi}$	$-\sin\varphi$	$\cos\varphi$	0

例 1.2-4 假设限制在半径为 2cm 和 5cm 两个球面之间的一层电子云的电荷密度为

$$\rho = \frac{-3\times10^{-8}}{R^4}\cos^2\varphi \quad (\text{C/m}^3)$$

试求该区域的总电荷量。

解：

$$Q = \int_V \rho \mathrm{d}v = -3\times10^{-8}\int_0^{2\pi}\int_0^{\pi}\int_{0.02}^{0.05}\frac{\cos^2\varphi}{R^4}R^2\sin\theta\mathrm{d}R\mathrm{d}\theta\mathrm{d}\varphi$$

$$= -3\times10^{-8}\int_0^{2\pi}\int_0^{\pi}\left[-\frac{1}{R}\right]_{0.02}^{0.05}\sin\theta\mathrm{d}\theta\cos^2\varphi\mathrm{d}\varphi$$

$$= -0.9\times10^{-6}\int_0^{2\pi}\left[-\cos\theta\right]_0^{\pi}\cos^2\varphi\mathrm{d}\varphi$$

$$= -1.8\times10^{-6}\left[\frac{\varphi}{2}+\frac{\sin2\varphi}{4}\right]_0^{2\pi}$$

$$= -1.8\times10^{-6} \quad (\text{C})$$

§1.3　标量场的梯度

1.3.1　标量场的等值面

对于区域 V 中的任意一点，如果 $\phi(r,t)$ 都有确定值与之对应，就称这个标量函数 $\phi(r,t)$ 是定义于 V 上的标量场。标量场 $\phi(r,t)$ 在某时刻的空间分布可用等值面予以形象描绘。它是该时刻 $\phi(r)$ 所有相同值的点构成的空间曲面。例如，在直角坐标系中，$\phi(r)$ 的等值面方程为

$$\phi(x,y,z) = C \qquad (1.3\text{-}1)$$

式中，C 为常数。我们所熟知的等高线所在的平面就是等值面，这在地形图中使用广泛。

1.3.2　方向导数与梯度

下面介绍在给定时间情况下描述标量场空间变化率的方法。如图 1.3-1 所示，分别给出 ϕ 和 $\phi+\Delta\phi$ 两个常数，其中 $\Delta\phi$ 为 ϕ 的增量。在 ϕ 面上有点 P，沿其法线方向（$\hat{n}$）在 $\phi+\Delta\phi$

面上有点 P_1，沿另一任意方向（$\hat{l}$）在 $\phi+\Delta\phi$ 面上有点 P_2。对于同样的增量 $\mathrm{d}\phi$，很显然，沿法向的空间变化率 $\mathrm{d}\phi/\mathrm{d}n$ 最大。可见，**空间变化率 $\mathrm{d}\phi/\mathrm{d}l$ 的大小取决于 $\mathrm{d}l$ 的方向，因此 $\mathrm{d}\phi/\mathrm{d}l$ 称为方向导数。**

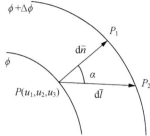

按照复合函数求导法则，方向导数可表示为

$$\frac{\partial\phi}{\partial l}=\frac{\partial\phi}{\partial n}\frac{\mathrm{d}n}{\mathrm{d}l}=\frac{\partial\phi}{\partial n}\cos\alpha=\frac{\partial\phi}{\partial n}\hat{n}\cdot\hat{l} \qquad (1.3\text{-}2)$$

下面定义一个矢量，其大小为标量场函数 ϕ 在 P 点的**方向导数的最大值，其方向是取得最大方向导数的方向，这个矢量称为标量场函数在该点的梯度，用 $\mathrm{grad}\phi$ 表示。**

为简洁起见，引入哈密顿算符 ∇，其表达式可写成

$$\nabla\phi=\mathrm{grad}\phi=\hat{n}\frac{\partial\phi}{\partial n} \qquad (1.3\text{-}3)$$

图 1.3-1 标量场的梯度

因此，通过比较式（1.3-2）和式（1.3-3），可得方向导数与梯度的关系：

$$\frac{\partial\phi}{\partial l}=(\nabla\phi)\cdot\hat{l} \qquad (1.3\text{-}4)$$

在广义正交曲面坐标系中，式（1.3-4）也可以写成

$$\mathrm{d}\phi=(\nabla\phi)\cdot\mathrm{d}\overline{l} \qquad (1.3\text{-}5)$$

式中，$\mathrm{d}\overline{l}=\hat{u}_1\mathrm{d}l_1+\hat{u}_2\mathrm{d}l_2+\hat{u}_3\mathrm{d}l_3$。而 P 点到 P_2 点所产生的 ϕ 的全微分可表示为三个分量的增量，即

$$\mathrm{d}\phi=\frac{\partial\phi}{\partial l_1}\mathrm{d}l_1+\frac{\partial\phi}{\partial l_2}\mathrm{d}l_2+\frac{\partial\phi}{\partial l_3}\mathrm{d}l_3$$

因此，上式也可表示为两个矢量的点积：

$$\mathrm{d}\phi=\left(\hat{u}_1\frac{\partial\phi}{\partial l_1}+\hat{u}_2\frac{\partial\phi}{\partial l_2}+\hat{u}_3\frac{\partial\phi}{\partial l_3}\right)\cdot\mathrm{d}\overline{l} \qquad (1.3\text{-}6)$$

比较式（1.3-5）和式（1.3-6），得 $\nabla\phi=\hat{u}_1\dfrac{\partial\phi}{\partial l_1}+\hat{u}_2\dfrac{\partial\phi}{\partial l_2}+\hat{u}_3\dfrac{\partial\phi}{\partial l_3}$，即

$$\nabla\phi=\hat{u}_1\frac{\partial\phi}{h_1\partial u_1}+\hat{u}_2\frac{\partial\phi}{h_2\partial u_2}+\hat{u}_3\frac{\partial\phi}{h_3\partial u_3} \qquad (1.3\text{-}7)$$

可以看出，哈密顿算符 ∇ 在广义坐标系中的一般形式可以写为

$$\nabla=\hat{u}_1\frac{\partial}{h_1\partial u_1}+\hat{u}_2\frac{\partial}{h_2\partial u_2}+\hat{u}_3\frac{\partial}{h_3\partial u_3} \qquad (1.3\text{-}8)$$

在直角坐标系中，拉梅系数为 $\{1,1,1\}$，因此

$$\nabla\phi=\hat{x}\frac{\partial\phi}{\partial x}+\hat{y}\frac{\partial\phi}{\partial y}+\hat{z}\frac{\partial\phi}{\partial z} \qquad (1.3\text{-}9)$$

代入圆柱坐标系的拉梅系数 $\{1,\rho,1\}$ 和球坐标系的拉梅系数 $\{1,r,r\sin\theta\}$，可得

$$\nabla\phi=\hat{\rho}\frac{\partial\phi}{\partial\rho}+\hat{\varphi}\frac{1}{\rho}\frac{\partial\phi}{\partial\varphi}+\hat{z}\frac{\partial\phi}{\partial z} \qquad (1.3\text{-}10)$$

$$\nabla\phi=\hat{r}\frac{\partial\phi}{\partial r}+\hat{\theta}\frac{1}{r}\frac{\partial\phi}{\partial\theta}+\hat{\varphi}\frac{1}{r\sin\theta}\frac{\partial\phi}{\partial\varphi} \qquad (1.3\text{-}11)$$

例 1.3-1 求标量场 $\phi=x^2-xy^2+z^2$ 在点 $P(2,1,0)$ 处的最大变化率值与其方向，以及沿

$\hat{l} = \hat{x}$ 方向的方向导数。

解： 由题意可得

$$\nabla \phi = \hat{x}\frac{\partial \phi}{\partial x} + \hat{y}\frac{\partial \phi}{\partial y} + \hat{z}\frac{\partial \phi}{\partial z} = \hat{x}(2x - y^2) - \hat{y}2xy + \hat{z}2z$$

在 P 点有

$$\nabla \phi\big|_P = \hat{x}3 - \hat{y}4$$

最大变化率为

$$|\nabla \phi|_P = \sqrt{9 + 16} = 5$$

最大变化率方向为

$$\frac{\nabla \phi|_P}{|\nabla \phi|_P} = \hat{x}\frac{3}{5} - \hat{y}\frac{4}{5} = \hat{x}0.6 - \hat{y}0.8$$

方向导数为

$$\frac{\partial \phi}{\partial l}\big|_P = \nabla \phi|_P \cdot \hat{l} = (\hat{x}3 - \hat{y}4) \cdot \hat{x} = 3$$

可见，在标量场中，ϕ 在该方向上的变化率小于最大变化率。

例 1.3-2 求曲面 $z = x^2 + y^2$ 在点 $P(1,1,0)$ 处的法向。

解： 令 $\phi = x^2 + y^2 - z$，曲面 $z = x^2 + y^2$ 是标量场 $\phi = 0$ 的等值面，则有

$$\nabla \phi = \hat{x}2x + \hat{y}2y - \hat{z}$$

在 P 点有

$$\nabla \phi\big|_P = \hat{x}2 + \hat{y}2 - \hat{z}$$

$$|\nabla \phi|_P = \sqrt{4 + 4 + 1} = 3$$

因此，曲面在 P 点的法向为 $\hat{n} = \frac{\nabla \phi|_P}{|\nabla \phi|_P} = \hat{x}\frac{2}{3} + \hat{y}\frac{2}{3} - \hat{z}\frac{1}{3}$。

例 1.3-3 参看图 1.3-2，场点 $P(x,y,z)$ 和源点 $P'(x',y',z')$ 间的距离为 R。试证：① $\nabla R = \hat{R}$；② $\nabla f(R) = f'(R)\hat{R}$；③ $\nabla(\frac{1}{R}) = -\nabla'(\frac{1}{R})$。这里 ∇' 表示对源点坐标 (x',y',z') 做微分运算（将 P 取为定点，P' 为动点），$\nabla' = \hat{x}\frac{\partial}{\partial x'} + \hat{y}\frac{\partial}{\partial y'} + \hat{z}\frac{\partial}{\partial z'}$。

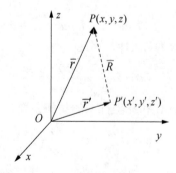

图 1.3-2 场点和源点的几何关系

证明： $\overline{R} = \overline{r} - \overline{r'} = \hat{x}(x - x') + \hat{y}(y - y') + \hat{z}(z - z')$

$$R = [(x-x')^2 + (y-y')^2 + (z-z')^2]^{1/2}$$

① $\nabla R = \dfrac{1}{2} \dfrac{2(x-x')}{[(x-x')^2 + (y-y')^2 + (z-z')^2]^{1/2}} \hat{x} + \dfrac{1}{2} \dfrac{2(y-y')}{[(x-x')^2 + (y-y')^2 + (z-z')^2]^{1/2}} \hat{y} +$

$\dfrac{1}{2} \dfrac{2(z-z')}{[(x-x')^2 + (y-y')^2 + (z-z')^2]^{1/2}} \hat{z} = \dfrac{\overline{R}}{R} = \hat{R}$

即

$$\nabla R = \hat{R} \tag{1.3-12}$$

② $\nabla f(R) = \hat{x} \dfrac{\partial f(R)}{\partial x} + \hat{y} \dfrac{\partial f(R)}{\partial y} + \hat{z} \dfrac{\partial f(R)}{\partial z}$

$= \hat{x} \dfrac{df(R)}{dR} \dfrac{\partial R}{\partial x} + \hat{y} \dfrac{df(R)}{dR} \dfrac{\partial R}{\partial y} + \hat{z} \dfrac{df(R)}{dR} \dfrac{\partial R}{\partial z} = \dfrac{df(R)}{dR} \nabla R$

即

$$\nabla f(R) = f'(R)\hat{R} \tag{1.3-13}$$

③ $\nabla(\dfrac{1}{R}) = (\hat{x} \dfrac{\partial}{\partial x} + \hat{y} \dfrac{\partial}{\partial y} + \hat{z} \dfrac{\partial}{\partial z})[(x-x')^2 + (y-y')^2 + (z-z')^2]^{-1/2}$

$= \dfrac{-[\hat{x}(x-x') + \hat{y}(y-y') + \hat{z}(z-z')]}{[(x-x')^2 + (y-y')^2 + (z-z')^2]^{3/2}}$

即

$$\nabla(\dfrac{1}{R}) = -\dfrac{\hat{R}}{R^2} \tag{1.3-14}$$

同理，可得 $\nabla'(\dfrac{1}{R}) = -\dfrac{\hat{R}}{R^3}$，因此

$$\nabla(\dfrac{1}{R}) = -\nabla'(\dfrac{1}{R}) \tag{1.3-15}$$

§1.4　矢量场的通量与散度

如果在某空间区域上，矢量 $\overline{A}$ 在每一点都有一个确定值，则该空间区域上就存在一矢量场，$\overline{A}$ 即场量。若该场量随时间变化，则称该矢量场为时变场，而把不随时间变化的称为静态场。在矢量场 $\overline{A}$ 中，为了直观地表示矢量的空间分布情况，引入矢量线的概念。矢量线上每点的切线代表矢量场的方向，矢量线的疏密代表矢量场的大小分布情况。如图 1.4-1 所示，设点 $M(x,y,z)$ 为矢量线上的任意一点，其矢径为 $\overline{r} = x\hat{x} + y\hat{y} + z\hat{z}$，则其微分为 $d\overline{r} = \hat{x}dx + \hat{y}dy + \hat{z}dz$。按照矢径微分的几何意义，它的方向就表示点 M 处矢量场 $\overline{A}$ 的方向。也就是说，在点 M 处，$d\overline{r}$ 与矢量场 $A = A_x\hat{x} + A_y\hat{y} + A_z\hat{z}$ 共线，因此有如下关系：

$$\dfrac{dx}{A_x} = \dfrac{dy}{A_y} = \dfrac{dz}{A_z} \tag{1.4-1}$$

这就是矢量线满足的微分方程。解之，可得矢量线族。例如，点电荷 q 在其周围任意点处产生的电场强度为 $\overline{E} = \dfrac{q}{4\pi\varepsilon_0 r^3}\overline{r} = \dfrac{q}{4\pi\varepsilon_0 r^3}(x\hat{x} + y\hat{y} + z\hat{z})$，其矢量线可表示成

$$\frac{\mathrm{d}x}{\frac{qx}{4\pi\varepsilon_0 r^3}} = \frac{\mathrm{d}y}{\frac{qy}{4\pi\varepsilon_0 r^3}} = \frac{\mathrm{d}z}{\frac{qz}{4\pi\varepsilon_0 r^3}}$$

从而有

$$\frac{\mathrm{d}x}{x} = \frac{\mathrm{d}y}{y} = \frac{\mathrm{d}z}{z}$$

解得
$$\begin{cases} y = C_1 x \\ z = C_2 y \end{cases} \quad (C_1 、 C_2 \text{为任意常数})$$

这就是点电荷产生的电场强度的电力线方程。可以看出，其图形是一族以坐标原点为出发点的射线。

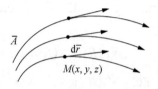

图 1.4-1 矢量场的矢量线

1.4.1 矢量场的通量

下面首先研究矢量场的通量。

参看图 1.4-2，曲面 S 位于矢量场 $\overline{A}$ 中，图中的曲线是矢量场 $\overline{A}$ 的矢量线，该线上任意一点处的切线方向就是矢量场 $\overline{A}$ 在该点的方向。取曲面的一

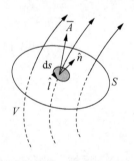

个面元 $\mathrm{d}\overline{s}$，曲面元很小，其上各点矢量场 $\overline{A}$ 可视为是相同的。$\overline{A}$ 和 $\mathrm{d}\overline{s}$ 的标量积 $\overline{A} \cdot \mathrm{d}\overline{s}$ 便称为 $\overline{A}$ 穿过 $\mathrm{d}\overline{s}$ 的通量。$\mathrm{d}\overline{s} = \hat{n}\mathrm{d}s$ 为有向面元，$\hat{n}$ 为面元的法线方向单位矢量。

对于封闭曲面，$\hat{n}$ 取为封闭曲面的外法线方向；对于开曲面的面元，$\hat{n}$ 的指向规定如下：沿包围该面元的封闭曲线 l 按选定方向绕行，其右手螺旋的拇指方向就是 $\hat{n}$ 的方向。

图 1.4-2 矢量场的通量

将曲面 S 各面元上的 $\overline{A} \cdot \mathrm{d}\overline{s}$ 相加，即对矢量 $\overline{A}$ 在曲面 S 上做面积分，表示 $\overline{A}$ 穿过整个曲面 S 的通量，可表示为

$$\Phi = \int_S \overline{A} \cdot \mathrm{d}\overline{s} = \int_S \overline{A} \cdot \hat{n}\mathrm{d}s \tag{1.4-2a}$$

如果 S 是一个封闭曲面，则

$$\Phi = \oint_S \overline{A} \cdot \mathrm{d}\overline{s} \tag{1.4-2b}$$

表示穿入和穿出封闭曲面 S 的通量（源）的代数和。例如，在电场强度的高斯定理中，电荷量 Q 就是一种通量源。

1.4.2 散度的定义与运算

通量反映了封闭曲面中源的总特性，但没有反映源的分布特性。如果使包围某点的封

闭曲面向该点无限收缩，则可表示该点处的源特性。为此，定义如下极限为矢量 $\overline{A}$ 在某点的散度（Divergence），记为 $\mathrm{div}\overline{A}$：

$$\mathrm{div}\overline{A} = \lim_{\Delta v \to 0} \frac{\oint_S \overline{A} \cdot \mathrm{d}\overline{s}}{\Delta v} \tag{1.4-3}$$

式中，Δv 为封闭曲面 S 所包围的体积。**此式表明，矢量 $\overline{A}$ 的散度是标量，是 $\overline{A}$ 通过某点单位体积的通量，即通量源体密度。**

$\overline{A}$ 在某点的散度的意义是它反映了该点的通量源强度。若 $\mathrm{div}\overline{A} > 0$，则表示该点有通量流出，说明该点有通量源（正源）；若 $\mathrm{div}\overline{A} < 0$，则表示该点有通量流入，说明该点有洞（负源）；若 $\mathrm{div}\overline{A} = 0$，则说明该处无源。

下面在广义正交曲面坐标系中研究散度的运算。如图 1.2-1 所示，过点 $M(u_1, u_2, u_3)$ 取体积元 Δv，被封闭曲面 S 包围。此时，M 点的矢量场为

$$\overline{A} = \hat{u}_1 A_1(u_1, u_2, u_3) + \hat{u}_2 A_2(u_1, u_2, u_3) + \hat{u}_3 A_2(u_1, u_2, u_3)$$

先计算体积元后表面沿 u_1 方向穿出的通量：

$$\Delta \Phi_{\text{后}} = \overline{A} \cdot (-\hat{u}_1 \, \mathrm{d}s) = -A_1 \mathrm{d}s_1 = -A_1 \mathrm{d}l_2 \mathrm{d}l_3 = -A_1 h_2 h_3 \mathrm{d}u_2 \mathrm{d}u_3$$

再计算该方向上前表面 $u_1 + \mathrm{d}u_1$ 处的通量。注意：此时的 A_1、h_2、h_3 都是 u_1 的函数，因此通量为

$$\Delta \Phi_{\text{前}} = \left(A_1 + \frac{\partial A_1}{\partial u_1} \mathrm{d}u_1\right)\left(h_2 + \frac{\partial h_2}{\partial u_1} \mathrm{d}u_1\right)\left(h_3 + \frac{\partial h_3}{\partial u_1} \mathrm{d}u_1\right) \mathrm{d}u_2 \mathrm{d}u_3$$

展开上式并略去高于三阶的微分量，可得

$$\Delta \Phi_{\text{前}} = A_1 h_2 h_3 \mathrm{d}u_2 \mathrm{d}u_3 + \frac{\partial (A_1 h_2 h_3)}{\partial u_1} \mathrm{d}u_1 \mathrm{d}u_2 \mathrm{d}u_3$$

因此，从前、后两个表面穿出的通量为

$$\Delta \Phi_{u_1} = \frac{\partial (A_1 h_2 h_3)}{\partial u_1} \mathrm{d}u_1 \mathrm{d}u_2 \mathrm{d}u_3$$

同理，可求得穿过另外两对表面的通量：

$$\Delta \Phi_{u_2} = \frac{\partial (A_2 h_1 h_3)}{\partial u_2} \mathrm{d}u_1 \mathrm{d}u_2 \mathrm{d}u_3 , \quad \Delta \Phi_{u_3} = \frac{\partial (A_3 h_1 h_2)}{\partial u_3} \mathrm{d}u_1 \mathrm{d}u_2 \mathrm{d}u_3$$

按照定义式（1.4-3），有

$$\mathrm{div}\overline{A} = \lim_{\Delta v \to 0} \frac{\oint_S \overline{A} \cdot \mathrm{d}\overline{s}}{\Delta v} = \frac{\Delta \Phi_{u_1} + \Delta \Phi_{u_2} + \Delta \Phi_{u_3}}{h_1 h_2 h_3 \mathrm{d}u_1 \mathrm{d}u_2 \mathrm{d}u_3}$$

利用哈密顿算符，上式可写成

$$\nabla \cdot \overline{A} = \frac{1}{h_1 h_2 h_3}\left(\frac{\partial (h_2 h_3 A_1)}{\partial u_1} + \frac{\partial (h_1 h_3 A_2)}{\partial u_2} + \frac{\partial (h_1 h_2 A_3)}{\partial u_3}\right) \tag{1.4-4}$$

表明 $\overline{A}$ 的散度是 $\overline{A}$ 的三维方向上各分量沿各自方向变化率之和。可见，这个量对应于标量场的导数，只是由一维推广为三维的空间导数。

代入直角坐标系、圆柱坐标系和球坐标系的拉梅系数，可得

$$\nabla \cdot \overline{A} = \frac{\partial A_x}{\partial x} + \frac{\partial A_y}{\partial y} + \frac{\partial A_z}{\partial z} \tag{1.4-5}$$

$$\nabla \cdot \overline{A} = \frac{1}{\rho} \frac{\partial}{\partial \rho}(\rho A_\rho) + \frac{1}{\rho} \frac{\partial A_\varphi}{\partial \varphi} + \frac{\partial A_z}{\partial z} \qquad (1.4\text{-}6)$$

$$\nabla \cdot \overline{A} = \frac{1}{r^2} \frac{\partial}{\partial r}(r^2 A_r) + \frac{1}{r \sin\theta} \frac{\partial}{\partial \theta}(\sin\theta A_\theta) + \frac{1}{r \sin\theta} \frac{\partial A_\varphi}{\partial \varphi} \qquad (1.4\text{-}7)$$

1.4.3 散度定理

既然矢量场在某点的散度代表的是该处通量的体密度，那么直观地可知，矢量场散度的体积分等于该矢量通过包围该体积的封闭曲面的总通量，即

$$\int_V \nabla \cdot \overline{A} \mathrm{d}v = \oint_S \overline{A} \cdot \mathrm{d}\overline{s} \qquad (1.4\text{-}8)$$

式（1.4-8）称为散度定理，也称为高斯（Gauss, 1777—1855，德）公式。利用散度定理可将矢量散度的体积分化为该矢量的封闭曲面积分，或者反之。从物理上说，散度定理建立了某空域（空间区域）中的场与包围该空域的边界场之间的关系。下面对此定理做简要证明。

如图 1.4-3 所示，将封闭曲面 S 所包围的体积 V 细分为 N 个微分体积元 $\Delta V_i, \Delta V_j, \cdots$。由散度定义可知

$$(\nabla \cdot \overline{A})_i \Delta V_i = \oint_{s_i} \overline{A} \cdot \mathrm{d}\overline{s}$$

式中，s_i 是包围 ΔV_i 的封闭曲面。对整个体积 V，有

$$\int_V \nabla \cdot \overline{A} \mathrm{d}V = \lim_{\Delta V_i \to 0} \left(\sum_{i=1}^N (\nabla \cdot \overline{A})_i \cdot \Delta V_i \right) = \lim_{\Delta V_i \to 0} \left[\sum_{i=1}^N \oint_{s_i} \overline{A} \cdot \mathrm{d}\overline{s} \right]$$

上式右边的面积分在求和时，相邻单元 ΔV_i 与 ΔV_j 的公共面上的 $\overline{A}$ 相同，但面元方向相反，即 $\hat{n}_i = -\hat{n}_j$，故二者面积分相消。这样，只有包围体积 V 的外表面处的面元的通量没有被抵消（见图 1.4-3），因而有

$$\lim_{\Delta V_i \to 0} \left[\sum_{i=1}^N \oint_{s_i} \overline{A} \cdot \mathrm{d}\overline{s} \right] = \oint_S \overline{A} \cdot \mathrm{d}\overline{s}$$

结合以上二式便有式（1.4-8），得证。

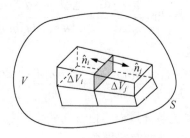

图 1.4-3　散度定理的证明

例 **1.4-1** 球面 S 上任意一点的位置矢量为 $\overline{r} = \hat{x}x + \hat{y}y + \hat{z}z = \hat{r}r$，利用散度定理计算 $\oint_S \overline{r} \cdot \mathrm{d}\overline{s}$。

解：$\because \nabla \cdot \bar{r} = \dfrac{\partial x}{\partial x} + \dfrac{\partial y}{\partial y} + \dfrac{\partial z}{\partial z} = 3$

$\therefore \oint_S \bar{r} \cdot \mathrm{d}\bar{s} = \int_V \nabla \cdot \bar{r}\,\mathrm{d}v = 3\int_V \mathrm{d}v = 3 \cdot \dfrac{4}{3}\pi r^3 = 4\pi r^3$

例 1.4-2　点电荷在其周围产生的电通密度矢量为 $\bar{D} = \dfrac{q}{4\pi r^3}\bar{r}$，其中，$\bar{r} = \hat{x}x + \hat{y}y + \hat{z}z$，

$r = \sqrt{(x^2 + y^2 + z^2)}$，试求任意点电通密度的散度，并求穿过以 r 为半径的球面的电通量。

解：
$$\bar{D} = \frac{q}{4\pi}\frac{\hat{x}x + \hat{y}y + \hat{z}z}{(x^2 + y^2 + z^2)^{3/2}} = \hat{x}D_x + \hat{y}D_y + \hat{z}D_z$$

$$\frac{\partial D_x}{\partial x} = \frac{q}{4\pi}\frac{\partial}{\partial x}\frac{x}{(x^2 + y^2 + z^2)^{3/2}} = \frac{q}{4\pi}\left[\frac{1}{(x^2 + y^2 + z^2)^{3/2}} - \frac{x \cdot (-3/2) \cdot 2x}{(x^2 + y^2 + z^2)^{5/2}}\right] = \frac{q}{4\pi}\frac{r^2 - 3x^2}{r^5}$$

同理

$$\frac{\partial D_y}{\partial y} = \frac{q}{4\pi}\frac{r^2 - 3y^2}{r^5}, \quad \frac{\partial D_z}{\partial z} = \frac{q}{4\pi}\frac{r^2 - 3z^2}{r^5}$$

故

$$\nabla \cdot \bar{D} = \frac{\partial D_x}{\partial x} + \frac{\partial D_y}{\partial y} + \frac{\partial D_z}{\partial z} = \frac{q}{4\pi}\frac{3r^2 - 3(x^2 + y^2 + z^2)}{r^5} = 0$$

可见，除点电荷所在源点（$r = 0$）外，空间各点电通密度的散度均为零。

$$\varPhi = \oint_S \bar{D} \cdot \mathrm{d}\bar{s} = \frac{q}{4\pi r^3}\oint_S \bar{r} \cdot \hat{r}\,\mathrm{d}s = \frac{q}{4\pi r^2}\oint_S \mathrm{d}s = q$$

这证明在此球面上穿过的电通量的源正是点电荷 q。

§1.5　矢量场的环量与旋度

1.5.1　矢量场的环量

矢量 $\bar{A}$ 沿某封闭曲线的线积分称为 $\bar{A}$ 沿该曲线的环量（或涡流量，Circulation）：

$$\varGamma = \oint_l \bar{A} \cdot \mathrm{d}\bar{l} \tag{1.5-1}$$

式中，$\mathrm{d}\bar{l}$ 是 $\bar{l}$ 上的线元，$\bar{l}$ 的正方向规定为使所包围面积 S 在其左侧，如图 1.5-1 所示。矢量场的环量与通量一样，也是描述矢量场特性的重要参数。若矢量场穿过封闭曲面的通量不为零，则表示该封闭曲面内存在通量源。而矢量场沿封闭曲线的环量不为零则表示存在另一种源——旋涡源。当环量 $\varGamma \neq 0$ 时，便说明封闭曲线 l 所包围的面积 S 内存在旋涡源。

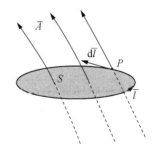

图 1.5-1　矢量场的环量

1.5.2　旋度的定义与运算

为反映给定点附近的环量情况，把封闭曲线收小，使它所包围的面积 Δs 趋于零，取

极限：

$$\lim_{\Delta s \to 0} \frac{\oint_l \overline{A} \cdot \mathrm{d}\overline{l}}{\Delta s}$$

这个极限的意义就是矢量 $\overline{A}$ 的环量面密度，或者称环量强度。但该极限值与所取面元 Δs 的方向有关，应使环量面密度最大以便衡量。反之，若所取面元使环量面密度为零，则没有意义。为此，引入如下定义，称为旋度（curl 或 rotation），记为 $\mathrm{curl}\overline{A}$（或 $\mathrm{rot}\,\overline{A}$）：

$$\mathrm{curl}\overline{A} = \hat{n} \lim_{\Delta s \to 0} \frac{[\oint_l \overline{A} \cdot \mathrm{d}\overline{l}]_{\max}}{\Delta s} \tag{1.5-2}$$

$\mathrm{curl}\overline{A}$ 是一个矢量，其大小是矢量场 $\overline{A}$ 在给定点处的最大环量面密度，其方向就是当面元的取向使环量面密度最大时该面元的方向 $\hat{n}$。它反映 $\overline{A}$ 在该点的旋涡源强度。当 $\mathrm{curl}\overline{A} \neq 0$ 时，说明该处有旋涡源。若 $\mathrm{curl}\overline{A} = 0$，则该处无旋涡源。若某区域中处处 $\mathrm{curl}\overline{A} = 0$，则称该区域上的 $\overline{A}$ 为无旋场或保守场。

下面在广义正交曲面坐标系中研究旋度的运算。如图 1.5-2 所示，M 点的矢量场 $\overline{A}$ 的旋度在 u_1 方向上的投影为

$$\left(\mathrm{curl}\overline{A}\right)_{u_1} = \lim_{\Delta s \to 0} \frac{\oint_l \overline{A} \cdot \mathrm{d}\overline{l}}{\Delta s}$$

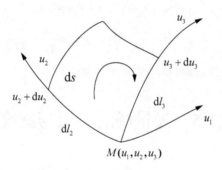

图 1.5-2　面元 ds

在图 1.5-2 中，封闭曲线的四段积分值如下。

在下边：$A_2 h_2 \mathrm{d}u_2$。

在左边：$\left(A_3 + \dfrac{\partial A_3}{\partial u_2}\mathrm{d}u_2\right)\left(h_3 + \dfrac{\partial h_3}{\partial u_2}\mathrm{d}u_2\right)\mathrm{d}u_3$。

在上边：$-\left(A_2 + \dfrac{\partial A_2}{\partial u_3}\mathrm{d}u_3\right)\left(h_2 + \dfrac{\partial h_2}{\partial u_3}\mathrm{d}u_3\right)\mathrm{d}u_2$。

在右边：$-A_3 h_3 \mathrm{d}u_3$。

将以上四项加起来，并略去高于二阶的无穷小量，可得

$$\left(\mathrm{curl}\overline{A}\right)_{u_1} = \frac{1}{h_2 h_3 \mathrm{d}u_2 \mathrm{d}u_3}\left[\frac{\partial}{\partial u_2}\left(A_3 h_3\right)\mathrm{d}u_2 \mathrm{d}u_3 - \frac{\partial}{\partial u_3}\left(A_2 h_2\right)\mathrm{d}u_2 \mathrm{d}u_3\right]$$

$$= \frac{1}{h_2 h_3}\left[\frac{\partial}{\partial u_2}\left(A_3 h_3\right) - \frac{\partial}{\partial u_3}\left(A_2 h_2\right)\right]$$

同样，可得矢量场 $\overline{A}$ 的旋度在 u_2 和 u_3 方向上的投影：

$$\left(\mathrm{curl}\overline{A}\right)_{u_2} = \frac{1}{h_1 h_3}\left[\frac{\partial}{\partial u_3}\left(A_1 h_1\right) - \frac{\partial}{\partial u_1}\left(A_3 h_3\right)\right]$$

$$\left(\mathrm{curl}\overline{A}\right)_{u_3} = \frac{1}{h_1 h_2}\left[\frac{\partial}{\partial u_1}\left(A_2 h_2\right) - \frac{\partial}{\partial u_2}\left(A_1 h_1\right)\right]$$

因此，将以上三式组合可得

$$\mathrm{curl}\overline{A} = \hat{u}_1\left(\mathrm{curl}\overline{A}\right)_{u_1} + \hat{u}_2\left(\mathrm{curl}\overline{A}\right)_{u_2} + \hat{u}_3\left(\mathrm{curl}\overline{A}\right)_{u_3}$$

利用哈密顿算符，写成行列式的形式：

$$\nabla \times \overline{A} = \frac{1}{h_1 h_2 h_3}\begin{vmatrix} h_1\hat{u}_1 & h_2\hat{u}_2 & h_3\hat{u}_3 \\ \dfrac{\partial}{\partial u_1} & \dfrac{\partial}{\partial u_2} & \dfrac{\partial}{\partial u_3} \\ h_1 A_1 & h_2 A_2 & h_3 A_3 \end{vmatrix} \tag{1.5-3}$$

可见，$\overline{A}$ 的旋度是一矢量，可分解为三个坐标分量，每个分量都取决于 $\overline{A}$ 的另两个坐标分量在各自正交方向上的变化率。简言之，$\overline{A}$ 的旋度取决于各分量的横向变化率，而 $\overline{A}$ 的散度则取决于各分量的纵向变化率。

代入直角坐标系、圆柱坐标系和球坐标系的拉梅系数，可得

$$\nabla \times \overline{A} = \begin{vmatrix} \hat{x} & \hat{y} & \hat{z} \\ \dfrac{\partial}{\partial x} & \dfrac{\partial}{\partial y} & \dfrac{\partial}{\partial z} \\ A_x & A_y & A_z \end{vmatrix} \tag{1.5-4}$$

$$\nabla \times \overline{A} = \frac{1}{\rho}\begin{vmatrix} \hat{\rho} & \rho\hat{\varphi} & \hat{z} \\ \dfrac{\partial}{\partial \rho} & \dfrac{\partial}{\partial \varphi} & \dfrac{\partial}{\partial z} \\ A_\rho & \rho A_\varphi & A_z \end{vmatrix} \tag{1.5-5}$$

$$\nabla \times \overline{A} = \frac{1}{r^2 \sin\theta}\begin{vmatrix} \hat{r} & r\hat{\theta} & r\sin\theta\hat{\varphi} \\ \dfrac{\partial}{\partial r} & \dfrac{\partial}{\partial \theta} & \dfrac{\partial}{\partial \varphi} \\ A_r & rA_\theta & r\sin\theta A_\varphi \end{vmatrix} \tag{1.5-6}$$

1.5.3　斯托克斯定理

因为矢量场的旋度代表其单位面积的环量，所以矢量场在封闭曲线 l 上的环量就等于 l 所包围的封闭曲面 S 上的旋度的总和，即

$$\int_S (\nabla \times \overline{A}) \cdot \mathrm{d}\overline{s} = \oint_l \overline{A} \cdot \mathrm{d}\overline{l} \tag{1.5-7}$$

式中，$\mathrm{d}\overline{l}$ 的方向与 $\mathrm{d}\overline{s}$ 的方向成右手螺旋关系。此关系首先由斯托克斯（Georg Gabriel Stokes，1819—1903，英）在 1854 年给出，并在同年由麦克斯韦提供了证明，称为斯托克斯定理或斯托克斯公式。利用此定理，可将矢量旋度的面积分变换为该矢量的线积分，或者反之。

从物理上说，斯托克斯定理建立了某一曲面上的场与该曲面边缘场之间的关系。

斯托克斯定理的简要证明与散度定理的证明类似。如图 1.5-3 所示，将曲面细分为 N 个微分面元 $\Delta s_i, \Delta s_j, \cdots$。由旋度定义可知

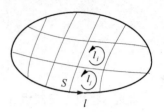

$$(\nabla \times \overline{A}) \cdot \Delta \overline{s_i} = \oint_{l_i} \overline{A} \cdot \mathrm{d}\overline{l}$$

式中，l_i 是包围 Δs_i 的封闭曲线。对曲面 S 有

$$\int_S (\nabla \times \overline{A}) \cdot \mathrm{d}\overline{s} = \lim_{\Delta s_i \to 0} \left[\sum_{i=1}^{N} \nabla \times \overline{A} \cdot \Delta \overline{s_i} \right] = \lim_{\Delta s_i \to 0} \left[\sum_{i=1}^{N} \oint_{l_i} \overline{A} \cdot \mathrm{d}\overline{l} \right]$$

图 1.5-3　斯托克斯定理的证明

在对上式右边的线积分求和时，相邻面元的公共边上的积分路径（如 l_i 和 l_j）因方向相反而相互抵消，最后只剩下沿整个曲面的边界曲线上的积分，即

$$\lim_{\Delta s_i \to 0} \left[\sum_{i=1}^{N} \oint_{l_i} \overline{A} \cdot \mathrm{d}\overline{l} \right] = \oint_l \overline{A} \cdot \mathrm{d}\overline{l}$$

于是便有式（1.5-7），得证。

例 1.5-1 设 $\overline{A} = \hat{x}(2x - y) - \hat{y}yz^2 - \hat{z}y^2 z$，对于 $x^2 + y^2 = a^2$（$z=0$）的圆周，验证斯托克斯定理。

证明：先计算

$$\nabla \times \overline{A} = \begin{vmatrix} \hat{x} & \hat{y} & \hat{z} \\ \dfrac{\partial}{\partial x} & \dfrac{\partial}{\partial y} & \dfrac{\partial}{\partial z} \\ 2x-y & -yz^2 & -y^2 z \end{vmatrix} = \hat{x}(-2yz + 2yz) + \hat{y}(0 - 0) + \hat{z}(0 + 1) = \hat{z}$$

$$\int_S (\nabla \times \overline{A}) \cdot \hat{n}\mathrm{d}s = \int \hat{z} \cdot \hat{z}\mathrm{d}s = \int_S \mathrm{d}s = \pi a^2$$

再计算

$$\oint_l \overline{A} \cdot \mathrm{d}\overline{l} = \oint_l \hat{x}(2x - y) \cdot (\hat{x}\mathrm{d}x + \hat{y}\mathrm{d}y) = \oint_l (2x - y)\mathrm{d}x$$

采用极坐标，即 $x = a\cos\varphi$，$y = a\sin\varphi$，有

$$\oint_l \overline{A} \cdot \mathrm{d}\overline{l} = \int_0^{2\pi} (2a\cos\varphi - a\sin\varphi)(-a\sin\varphi)\mathrm{d}\varphi = \pi a^2$$

得证。

§1.6　无散场与无旋场

矢量场的散度和旋度分别描述了产生矢量场的两种源。因此，在有源区，散度和旋度一定不能全为零；而在无源区，散度和旋度一定为零。因此，在全空间，散度和旋度均处处为零的场是不存在的。通常，散度处处为零（$\nabla \cdot \overline{F} = 0$）的场称为无散场，旋度处处为零（$\nabla \times \overline{F} = 0$）的场称为无旋场。下面分别讨论这两种矢量场的一个重要性质。

1.6.1　无散场

可以证明，任一矢量场 $\overline{A}$ 的旋度的散度一定为零，即

$$\nabla \cdot (\nabla \times \overline{A}) = 0 \qquad (1.6\text{-}1)$$

下面证明该恒等式。在矢量场中任取一体积 V，对式（1.6-1）进行体积分，并利用散度定理，有

$$\int_V \nabla \cdot (\nabla \times \overline{A}) \mathrm{d}v = \oint_S \nabla \times \overline{A} \cdot \mathrm{d}\overline{s} \qquad (1.6\text{-}2)$$

封闭曲面 S 被其表面上一条有向曲线 $\overline{l}$ 分为两个有向曲面 $\overline{S}_1$ 和 $\overline{S}_2$，$\hat{n}_1$ 与 $\overline{l}$ 为右手螺旋关系，$\hat{n}_2$ 与 $\overline{l}$ 为左手螺旋关系，如图 1.6-1 所示。

根据斯托克斯定理，得

$$\int_{S_1} \nabla \times \overline{A} \cdot \mathrm{d}\overline{S}_1 = \oint_l \overline{A} \cdot \mathrm{d}\overline{l}$$

$$\int_{S_2} \nabla \times \overline{A} \cdot \mathrm{d}\overline{S}_2 = -\oint_l \overline{A} \cdot \mathrm{d}\overline{l}$$

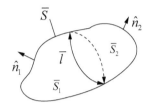

图 1.6-1 任意体积 V 围成的 封闭曲面 S

将以上两式代入式（1.6-2），得

$$\int_V \nabla \cdot (\nabla \times \overline{A}) \, \mathrm{d}v = 0$$

由于 V 是任意的，因此上式的被积函数必为零。

式（1.6-1）还表明任一无散场都可以表示成矢量场的旋度的形式。

1.6.2 无旋场

下面证明**任一标量场 ϕ 的梯度的旋度一定为零**，即

$$\nabla \times (\nabla \phi) = 0 \qquad (1.6\text{-}3)$$

对式（1.6-3）在任意曲面上做曲面积分，并根据斯托克斯定理，有

$$\int_S \nabla \times (\nabla \phi) \cdot \mathrm{d}\overline{s} = \oint_l \nabla \phi \cdot \mathrm{d}\overline{l}$$

而

$$\oint_l \nabla \phi \cdot \mathrm{d}\overline{l} = \oint_l \nabla \phi \cdot \hat{l} \mathrm{d}l = \oint_l \frac{\partial \phi}{\partial l} \mathrm{d}l = 0$$

因此

$$\int_S \nabla \times (\nabla \phi) \cdot \mathrm{d}\overline{s} = 0$$

式（1.6-3）得证。同时，式（1.6-3）还表明**任一无旋场一定可以表示成标量场的梯度的形式**。

1.6.3 调和场

我们把散度和旋度都为零的场称为无散无旋场或调和场。注意：调和场并不是一个很常用的数学名词，但在物理学中常用。如果这种现象只在一个空间的一定区域内成立，就说它在这个区域内是调和场。

由于调和场 $\overline{F}$ 的旋度为零，则

$$\oint_l \overline{F} \cdot \mathrm{d}\overline{l} = \int_S \nabla \times \overline{F} \cdot \mathrm{d}\overline{s} = 0 \qquad (1.6\text{-}4)$$

可见，调和场的曲线积分与路径无关。同时必定可以定义势函数 $u(r)$（包含一个任意常数

项），其梯度满足

$$\bar{F} = \nabla u(r)$$

也要保证其散度为零，则有 $\nabla \cdot \nabla u(r) = 0$，即

$$\nabla^2 u(r) = 0 \qquad (1.6\text{-}5)$$

式（1.6-5）称为拉普拉斯方程。**满足拉普拉斯方程且具有二阶连续偏导数的函数叫作调和函数。因此，一个矢量场是调和场的充分必要条件是它可以表示为一个调和函数的梯度。**

∇^2 是一个标量算子，称为拉普拉斯算子（也写成 Δ）。它在直角坐标系中的计算式为

$$\Delta = \nabla^2 = \nabla \cdot \nabla = \frac{\partial^2}{\partial x^2} + \frac{\partial^2}{\partial y^2} + \frac{\partial^2}{\partial z^2} \qquad (1.6\text{-}6)$$

它在圆柱坐标系和球坐标系中的表示见附录 A。

§1.7　格林定理与亥姆霍兹定理

1.7.1　格林定理

格林定理是数学家格林（George Green, 1793—1841, 英）在 1828 年发表的《论应用数学分析于电磁学》中独立提出来的。然而，也可以认为它是散度定理的直接推论，这可由下面的推导看出。

将散度定理中矢量函数 $\bar{A}$ 表示为某标量函数的梯度 $\nabla\psi$ 与另一标量函数 ϕ 的乘积，即

$$\nabla \cdot \bar{A} = \nabla \cdot (\phi \nabla \psi) = \phi \nabla^2 \psi + \nabla \psi \cdot \nabla \phi$$

由散度定理，即式（1.4-8）可得

$$\int_V (\phi \nabla^2 \psi + \nabla \psi \cdot \nabla \phi)\mathrm{d}v = \oint_S (\phi \nabla \psi) \cdot \hat{n}\mathrm{d}s = \oint_S \phi \frac{\partial \psi}{\partial n}\mathrm{d}s \qquad (1.7\text{-}1)$$

式（1.7-1）对于在 S 面所包围的体积 V 内具有连续二阶偏导数的标量 ϕ 和 ψ 都成立，称为格林第一定理。

把式（1.7-1）中的 ϕ 和 ψ 互换位置，有

$$\int_V (\psi \nabla^2 \phi + \nabla \phi \cdot \nabla \psi)\mathrm{d}v = \oint_S \psi \frac{\partial \phi}{\partial n}\mathrm{d}s$$

用此式减去式（1.7-1），得

$$\int_V (\phi \nabla^2 \psi - \psi \nabla^2 \phi)\mathrm{d}v = \oint_S (\phi \frac{\partial \psi}{\partial n} - \psi \frac{\partial \phi}{\partial n})\mathrm{d}s \qquad (1.7\text{-}2)$$

这称为格林第二定理。

除上面的标量格林定理外，还有矢量格林定理。设矢量函数 $\bar{P}$ 和 $\bar{Q}$ 在封闭曲面 S 所包围的体积 V 内具有连续的二阶偏导数，则有

$$\int_V [(\nabla \times \bar{P}) \cdot (\nabla \times \bar{Q}) - \bar{P} \cdot \nabla \times \nabla \times \bar{Q}]\mathrm{d}v = \oint_S (\bar{P} \times \nabla \times \bar{Q}) \cdot \mathrm{d}\bar{s} \qquad (1.7\text{-}3)$$

这称为矢量格林第一定理。

先对矢量 $\bar{P} \times \nabla \times \bar{Q}$ 应用散度定理，再利用恒等式 $\nabla \cdot (\bar{A} \times \bar{B}) = \bar{B} \cdot \nabla \times \bar{A} - \bar{A} \cdot \nabla \times \bar{B}$ 便可证

明式（1.7-3）。若把式（1.7-3）中的 $\overline{P}$ 和 $\overline{Q}$ 互换位置，并将两式相减，则可得到矢量格林第二定理：

$$\int_V [\overline{Q} \cdot (\nabla \times \nabla \times \overline{P}) - \overline{P} \cdot (\nabla \times \nabla \times \overline{Q})] \mathrm{d}v = \oint_S (\overline{P} \times \nabla \times \overline{Q} - \overline{Q} \times \nabla \times \overline{P}) \cdot \mathrm{d}\overline{s} \qquad (1.7\text{-}4)$$

利用上述格林定理，可以将体积 V 中场的求解问题变换为其边界 S 上场的求解问题。同时，如果已知其中一个场的分布特性，就可利用格林定理来求解另一个场的分布特性。

1.7.2　亥姆霍兹定理

通过对散度和旋度的讨论已经知道，一个矢量场 $\overline{F}$ 的散度唯一确定场中任意一点的通量源密度，其旋度唯一确定场中任意一点的旋涡源密度。那么，如果仅仅知道矢量场的散度，或者仅仅知道旋度，或者两者都知道，那么能否唯一确定这个矢量场呢？这是一个偏微分方程的定解问题。亥姆霍兹（Hermann von Helmholtz, 1821—1894, 德）定理回答了这个问题。

亥姆霍兹定理的含义如下：若矢量场 $\overline{F}$ 在有限空间中处处单值，且其导数连续有界，源分布在有限区域 V'（边界为 S'）内，则矢量场 $\overline{F}$ 由其散度、旋度和边界条件唯一确定。它可表示为一个标量函数的梯度和一个矢量函数的旋度之和，即

$$\overline{F}(r) = -\nabla \phi(r) + \nabla \times \overline{A}(r) \qquad (1.7\text{-}5)$$

式中

$$\phi(r) = \frac{1}{4\pi} \int_V \frac{\nabla' \cdot \overline{F}(r')}{|\overline{r} - \overline{r}'|} \mathrm{d}V' - \frac{1}{4\pi} \oint_S \frac{\overline{F}(r') \cdot \mathrm{d}\overline{S}'}{|\overline{r} - \overline{r}'|} \qquad (1.7\text{-}6)$$

$$\overline{A}(r) = \frac{1}{4\pi} \int_V \frac{\nabla' \times \overline{F}(r')}{|\overline{r} - \overline{r}'|} \mathrm{d}V' + \frac{1}{4\pi} \oint_S \frac{\overline{F}(r') \times \mathrm{d}\overline{S}'}{|\overline{r} - \overline{r}'|} \qquad (1.7\text{-}7)$$

如果矢量场 $\overline{F}$ 在无穷远处以足够的速度衰减至零，则式（1.7-6）和式（1.7-7）中的体积分可扩展到整个无限大空间，并且在包围整个空间的 S 面上有 $\overline{F}(r') \equiv 0$，因此该两式的面积分就不存在了，即

$$\phi(r) = \frac{1}{4\pi} \int_V \frac{\nabla' \cdot \overline{F}(r')}{|\overline{r} - \overline{r}'|} \mathrm{d}V' \qquad (1.7\text{-}8)$$

$$\overline{A}(r) = \frac{1}{4\pi} \int_V \frac{\nabla' \times \overline{F}(r')}{|\overline{r} - \overline{r}'|} \mathrm{d}V' \qquad (1.7\text{-}9)$$

需要强调的是，上述公式中的 V' 是有源分布的区域。定理的详细证明可参考文献[1]。

亥姆霍兹定理表明，如果仅仅知道矢量场的散度或旋度，则不能唯一确定这个矢量场。 该定理是研究电磁场理论的一条主线，无论是静态场问题还是时变场问题，都要研究它们的散度、旋度和边界条件。

本 章 小 结

一、场的基本概念

如果在空间中除有限个点或表面外，一个物理量是空间坐标的连续函数，则在这个空

间就构成了该物理量的场。若这个物理量为标量，则这种场称为标量场，可表示为 $u(x,y,z,t)$；若这个物理量为矢量，则这种场称为矢量场，可表示为 $\vec{A}(x,y,z,t)$。如果场不随时间变化，则称为静态场。

根据场的空间分布规律，可以选择恰当的正交曲面坐标系。最常见的三种坐标系是直角坐标系、圆柱坐标系和球坐标系，拉梅系数分别为 $\{1, 1, 1\}$、$\{1, \rho, 1\}$、$\{1, r, r\sin\theta\}$。

二、标量场

描述标量场的三个常用物理量是等值面、方向导数和梯度。等值面是标量场某时刻所有相同值的点构成的空间曲面。方向导数是标量，是标量场在 P 点沿某个方向的空间变化率。梯度是矢量，其大小是方向导数在 P 点的最大空间变化率，方向是方向导数取最大值的方向。梯度与方向导数的关系为 $\dfrac{\partial \phi}{\partial l} = (\nabla \phi) \cdot \hat{l}$，其计算通式为 $\nabla = \hat{u}_1 \dfrac{\partial}{h_1 \partial u_1} + \hat{u}_2 \dfrac{\partial}{h_2 \partial u_2} + \hat{u}_3 \dfrac{\partial}{h_3 \partial u_3}$。

三、矢量场

1. 矢量场沿封闭曲面的通量定义为 $\oint_S \vec{A} \cdot \mathrm{d}\vec{s}$，表示封闭曲面 S 内通量源的多少；散度 $\nabla \cdot \vec{A}$ 表示某点的通量源密度，体现空间分布特性，二者之间满足高斯定理 $\oint_S \vec{A} \cdot \mathrm{d}\vec{s} = \int_V \nabla \cdot \vec{A} \mathrm{d}v$。

2. 矢量场的环量定义为 $\oint_l \vec{A} \cdot \mathrm{d}\vec{l}$，表示封闭曲线 l 包围的矢量线的多少，即旋涡源的多少；旋度 $\nabla \times \vec{A}$ 表示某点的旋涡源密度，二者之间满足斯托克斯定理 $\oint_l \vec{A} \cdot \mathrm{d}\vec{l} = \int_S \nabla \times \vec{A} \cdot \mathrm{d}\vec{s}$。

3. 散度和旋度的通用计算式为

$$\nabla \cdot \vec{A} = \frac{1}{h_1 h_2 h_3} \left(\frac{\partial(h_2 h_3 A_1)}{\partial u_1} + \frac{\partial(h_1 h_3 A_2)}{\partial u_2} + \frac{\partial(h_1 h_2 A_3)}{\partial u_3} \right), \quad \nabla \times \vec{A} = \frac{1}{h_1 h_2 h_3} \begin{vmatrix} h_1 \hat{u}_1 & h_2 \hat{u}_2 & h_3 \hat{u}_3 \\ \dfrac{\partial}{\partial u_1} & \dfrac{\partial}{\partial u_2} & \dfrac{\partial}{\partial u_3} \\ h_1 A_1 & h_2 A_2 & h_3 A_3 \end{vmatrix}$$

四、亥姆霍兹定理

若矢量场 $\vec{F}$ 在有限空间中处处单值，且其导数连续有界，源分布在有限区域 V（边界为 S'）内，则矢量场 $\vec{F}$ 由其散度、旋度和边界条件唯一确定，可表示为无旋场和无散场之和，即

$$\vec{F}(r) = -\nabla \phi(r) + \nabla \times \vec{A}(r)$$

式中，$\nabla \phi(r)$ 为无旋场，有 $\nabla \times \nabla \phi(r) \equiv 0$；$\nabla \times \vec{A}(r)$ 为无散场，有 $\nabla \cdot \nabla \times \vec{A}(r) \equiv 0$。矢量场的散度和旋度分别对应矢量场的一种源，因此分析电磁场总是从研究它的散度和旋度入手，散度方程和旋度方程组成电磁场的基本方程。

自 测 题

一、简答题（每小题 6 分，共 30 分）

1. 什么是方向导数？它和梯度有什么定量关系？

2. 说明矢量场 $\overline{A}$ 的封闭曲面积分 $\oint_S \overline{A} \cdot d\overline{s}$ 的物理意义。它与积分 $\int_V \nabla \cdot \overline{A} dv$ 有何关系？

3. 说明矢量场 $\overline{A}$ 的闭合曲线积分 $\oint_l \overline{A} \cdot d\overline{l}$ 的物理意义。它与积分 $\int_S \nabla \times \overline{A} \cdot d\overline{s}$ 有何关系？

4. 何谓拉梅系数？它的本质是什么？它在直角坐标系、圆柱坐标系和球坐标系中如何？

5. 分别写出梯度、散度、旋度在三种常用的正交曲面坐标系中的表达式。

二、多项选择题（每小题 6 分，共 30 分）

1. 关于矢量的运算法则正确的是（　　）。
   A. 点乘满足交换律　　　　　　　　　B. 叉乘满足交换律
   C. 点乘和叉乘均满足分配律　　　　　D. 加减法符合平行四边形法则

2. 下列哪些描述是正确的？（　　）
   A. 梯度的旋度恒等于零
   B. 梯度的旋度不一定为零
   C. 旋度的散度恒等于零
   D. 旋度的散度不一定为零

3. 标量场的梯度与方向导数具有以下哪些性质？（　　）
   A. 标量场的梯度是一个矢量场
   B. 在标量场中，给定点沿任意方向的方向导数等于梯度在该方向上的投影
   C. 标量场的梯度的旋度必为零
   D. 标量场的方向导数是一个带方向的物理量

4. 下列说法正确的是（　　）。
   A. 一个矢量场由其散度和旋度唯一确定
   B. 矢量场的旋度的散度等于零
   C. 静电场是无旋场
   D. 矢量场的源只有旋涡源和通量源两种，一个矢量场若无通量源，则必有旋涡源

5. 下列说法正确的是（　　）。
   A. 电磁场是具有确定物理意义的矢量场，这些矢量场在一定的区域内具有一定的分布规律，除有限个点或面以外，它们都是空间坐标的连续函数
   B. 矢量场在闭合路径上的环量是标量
   C. 通量源和旋涡源都为零的矢量场必等于零
   D. 空间中标量值相等的点的集合形成的曲面称为等值面

三、填空题（每空 4 分，共 40 分）

1. 矢量场 $\overline{A} = yz^2\hat{x} + zx^2\hat{y} + xy^2\hat{z}$ 在点 $P(1,1,-1)$ 处的散度 $\nabla \cdot \overline{A} =$ _____ ，旋度 $\nabla \times \overline{A} =$ _____ 。

2. 场 $u = 3x^2z - xy + z^2$ 在点 $P(1,-1,0)$ 处沿方向 _____ 的方向导数最大，其最大值为 _____ ；沿方向 $\dfrac{\hat{x}}{\sqrt{2}} - \dfrac{\hat{y}}{2}$ 的方向导数是 _____ 。

3. 矢量场 $\overline{A} = \hat{x}x^3 + \hat{y}y^3 + \hat{z}z^3$ 穿出封闭曲面 $x^2 + y^2 + z^2 = a^2$ 外侧的通量 $\varPhi =$ _____ 。

4. 矢量场 $\vec{A} = -y\hat{x} + x\hat{y} + 3\hat{z}$ 沿圆周曲线 $x^2 + y^2 = 9$ 正方向的环量为 _____ 。

5. 若矢量场 $\vec{A} = \hat{x}(ax + by) + (2ax + by + 2z)\hat{y} + \hat{z}(2y - 6z)$ 为调和场，则 $a = $ _____ ，$b = $ _____ 。

6. 设 $\vec{A} = \hat{x} + \hat{y}b + \hat{z}c$，$\vec{B} = -\hat{x} - \hat{y}3 + \hat{z}8$，$\vec{A} \parallel \vec{B}$，则 $b = $ _____ 。

答案：一、略。

二、1. ACD；2. AC；3. ABC；4. BC；5. ABD。

三、1. 0，$\hat{x} - 3\hat{y} - 3\hat{z}$；2. $(\hat{x} - \hat{y} + 3\hat{z})/\sqrt{11}$，$\sqrt{11}$，$2/\sqrt{22}$；3. $12\pi a^2/5$；4. 18π；5. 6，0；6. 3。

习 题 一

1-1 已知 $\vec{A} = \hat{x} - \hat{y}9 - \hat{z}$，$\vec{B} = \hat{x}2 - \hat{y}4 + \hat{z}3$，求：①$\vec{A} - \vec{B}$；②$\vec{A} \cdot \vec{B}$；③$\vec{A} \times \vec{B}$；④两个矢量之间的夹角 α。

答案：①$\vec{A} - \vec{B} = -\hat{x} - \hat{y}5 - \hat{z}4$；②$\vec{A} \cdot \vec{B} = 35$；③$\vec{A} \times \vec{B} = -\hat{x}31 - \hat{y}5 + \hat{z}14$；④44.5°。

1-2 已知平面内的位置矢量 $\vec{A}$ 与 x 轴的夹角为 α，位置矢量 $\vec{B}$ 与 x 轴的夹角为 β，试证明 $\cos(\alpha - \beta) = \cos\alpha\cos\beta + \sin\alpha\sin\beta$。

提示：先表示矢量 $\vec{A}$ 和矢量 $\vec{B}$，再求二者的标量积。

1-3 设 $\vec{A} = \hat{x}9 - \hat{y}6 - \hat{z}3$，$\vec{B} = \hat{x}a + \hat{y}b + \hat{z}c$，为使 $\vec{A} \parallel \vec{B}$，且 $\vec{B}$ 的模 $B=1$，请确定 a、b、c。

答案：$a = -\dfrac{3}{\sqrt{14}}$、$b = \dfrac{2}{\sqrt{14}}$、$c = \dfrac{1}{\sqrt{14}}$ 或 $a = \dfrac{3}{\sqrt{14}}$、$b = -\dfrac{2}{\sqrt{14}}$、$c = -\dfrac{1}{\sqrt{14}}$。

1-4 证明下列三个矢量在同一平面上：$\vec{A} = \dfrac{11}{3}\hat{x} + 3\hat{y} + 6\hat{z}$，$\vec{B} = \dfrac{17}{3}\hat{x} + 3\hat{y} + 9\hat{z}$，$\vec{C} = 4\hat{x} - 6\hat{y} + 5\hat{z}$。

提示：三个矢量共面的充要条件是 $\vec{A} \cdot (\vec{B} \times \vec{C}) = 0$ 或 $\vec{B} \cdot (\vec{C} \times \vec{A}) = 0$ 或 $\vec{C} \cdot (\vec{A} \times \vec{B}) = 0$。

1-5 在球坐标系中，试求点 $M(6, 2\pi/3, 2\pi/3)$ 与点 $N(4, \pi/3, 0)$ 之间的距离。

答案：9.055。

1-6 已知某点在圆柱坐标系中的位置为 $(4, 2\pi/3, 3)$，试求该点在相应的直角坐标系及球坐标系中的位置。

答案：$x = -2$，$y = 2\sqrt{3}$，$z = 3$；$r = 5$，$\theta = \arctan\dfrac{4}{3} \approx 53°$，$\varphi = 120°$。

1-7 已知标量函数 $\phi = \left(\sin\dfrac{\pi}{2}x\right)\left(\sin\dfrac{\pi}{3}y\right)e^{-z}$，试求该标量函数在点 $P(1,2,3)$ 处的最大变化率及其方向。

答案：$|\nabla\phi|_P = \dfrac{e^{-3}}{6}\sqrt{\pi^2 + 27}$；$\left\{0, -\dfrac{\pi}{\sqrt{\pi^2 + 27}}, -\dfrac{\sqrt{27}}{\sqrt{\pi^2 + 27}}\right\}$。

1-8 求标量场 $\phi = \phi_0 e^{-x}\sin\dfrac{\pi y}{4}$ 在点 $P(2, 2, 0)$ 处的梯度及沿 $\hat{l} = (\hat{x} + \hat{y})/\sqrt{2}$ 方向的方向

导数。

答案：$\left.\dfrac{\partial \phi}{\partial l}\right|_P = -\dfrac{\phi_0}{\sqrt{2}}\mathrm{e}^{-2}$。

1-9　计算下列矢量场的散度：① $\overline{F} = yz\hat{x} + zy\hat{y} + xz\hat{z}$；② $\overline{F} = \hat{\rho}\rho + \hat{\varphi}z\sin\varphi + \hat{z}2$；③ $\overline{F} = \hat{r}2 + \hat{\theta}r\cos\theta + \hat{\varphi}r$。

答案：① $\nabla\cdot\overline{F} = x + z$；② $\nabla\cdot\overline{F} = 2 + \dfrac{z}{\rho}\cos\varphi$；③ $\nabla\cdot\overline{F} = \dfrac{4}{r} + \dfrac{\cos^2\theta}{\sin\theta} - \sin\theta$。

1-10　请应用散度定理计算积分 $I = \oint_S \left[\hat{x}xz^2 + \hat{y}(x^2y - z^3) + \hat{z}(2xy + y^2z)\right]\cdot\mathrm{d}\overline{s}$，其中 S 是 $z=0$ 和 $z = (a^2 - x^2 - y^2)^{1/2}$ 所围成的半球区域的外表面。

答案：$I = \dfrac{2\pi}{5}a^5$。

1-11　试求 $\oint_S (\hat{r}3\sin\theta)\cdot\mathrm{d}\overline{s}$，其中 S 为球心位于原点、半径为 5 的球面。

答案：$75\pi^2$。

1-12　计算下列矢量场的旋度：① $\overline{F} = xy\hat{x} + 2yz\hat{y} - \hat{z}$；② $\overline{F} = 2\hat{\rho} + \hat{\varphi}\sin\varphi$；③ $\overline{F} = r\hat{r} + \hat{\theta} + \hat{\varphi}\sin\theta$。

答案：① $\nabla\times\overline{F} = -2y\hat{x} - x\hat{z}$；② $\nabla\times\overline{F} = \dfrac{\sin\varphi}{\rho}\hat{z}$；③ $\nabla\times\overline{F} = \dfrac{1}{r}(2\cos\theta\hat{r} - \sin\theta\hat{\theta} + \hat{\varphi})$。

1-13　若矢量 $\overline{A} = \hat{r}\dfrac{\cos^2\varphi}{r^3}$，$1 < r < 2$，试求 $\int_V \nabla\cdot\overline{A}\,\mathrm{d}v$，其中 V 为 $\overline{A}$ 所在的区域。

答案：$-\pi$。

1-14　设 $\overline{A} = \hat{x}xy - \hat{y}2x$，试计算面积分 $I = \int_S \nabla\times\overline{A}\cdot\mathrm{d}\overline{s}$，其中 S 为 xOy 平面第一象限内半径为 3 的四分之一圆，即 x 的积分限为 $(0, \sqrt{9 - y^2})$，y 的积分限为 $(0,3)$；并验证斯托克斯定理。

答案：$I = -9\left(1 + \dfrac{\pi}{2}\right)$。

1-15　计算：① $\nabla\rho$，∇r，$\nabla\mathrm{e}^{kr}$；② $\nabla\cdot\overline{\rho}$，$\nabla\cdot\overline{r}$，$\nabla\cdot(\overline{k}\mathrm{e}^{kr})$；③ $\nabla\times\overline{\rho}$，$\nabla\times\overline{r}$，$\nabla\times(\hat{z}\rho)$；④ $\nabla\times(\overline{A}\mathrm{e}^{kr})$；⑤ $\nabla\cdot(\overline{r}r^n)$。以上各式中的 $\overline{A}$ 和 $\overline{k}$ 均为常矢量。

答案：① $\nabla\rho = \hat{\rho}$，$\nabla r = \hat{r}$，$\nabla\mathrm{e}^{kr} = \hat{r}k\mathrm{e}^{kr}$；② $\nabla\cdot\overline{\rho} = 2$，$\nabla\cdot\overline{r} = 3$，$\nabla\cdot(\overline{k}\mathrm{e}^{kr}) = \overline{k}\cdot\hat{r}k\mathrm{e}^{kr}$；③ $\nabla\times\overline{\rho} = 0$，$\nabla\times\overline{r} = 0$，$\nabla\times(\hat{z}\rho) = \hat{\varphi}$；④ $\nabla\times(\overline{A}\mathrm{e}^{kr}) = \overline{k}\times\overline{A}\mathrm{e}^{kr}$；⑤ $\nabla\cdot(\overline{r}r^n) = (n+3)r^n$。

1-16　已知矢量场 $\overline{A} = \hat{x}(x + c_1z) + \hat{y}(c_2x - 3z) + \hat{z}(x + c_3y + c_4z)$，试求：①若 $\overline{A}$ 是无旋场，求常数 c_1、c_2 和 c_3；②是否存在标量函数使其梯度等于 $\overline{A}$？

答案：① $c_1 = 1$，$c_2 = 0$，$c_3 = -3$；② $c_4 \neq -1$ 时存在。

1-17　已知以下矢量：① $\overline{A}(x,y,z) = \hat{x}xy^2z^3 + \hat{y}x^3z + \hat{z}x^2y^2$；② $\overline{A}(\rho,\varphi,z) = \hat{\rho}\rho^2\cos\varphi + \hat{z}\rho^2\sin\varphi$；③ $\overline{A}(r,\theta,\varphi) = \hat{r}r\sin\theta + \hat{\theta}\dfrac{1}{r}\sin\theta + \hat{\varphi}\dfrac{1}{r^2}\cos\theta$，试求它们的散度和旋度。

答案：① $\nabla\cdot\overline{A} = y^2z^3$，$\nabla\times\overline{A} = \hat{x}(2x^2y - x^3) + \hat{y}(3xy^2z^2 - 2xy) + \hat{z}(3x^2z - 2xyz^3)$；

② $\nabla \cdot \overline{A} = 3\rho\cos\varphi$，$\nabla \times \overline{A} = \dfrac{1}{\rho}\Big[\hat{\rho}\rho^2\cos\varphi + \hat{\varphi}\big(-2\rho^2\sin\varphi\big) + \hat{z}\big(\rho^2\sin\varphi\big)\Big]$；

③ $\nabla \cdot \overline{A} = 3\sin\theta + \dfrac{2}{r^2}\cos\theta$，$\nabla \times \overline{A} = \hat{r}\dfrac{\cos 2\theta}{r^3\sin\theta} + \hat{\theta}\dfrac{1}{r^3}\cos\theta - \hat{\varphi}\cos\theta$。

1-18 若有下列条件：① $\nabla \cdot [f(r)\overline{r}] = 0$；② $\nabla \times [f(r)\overline{r}] = 0$。请解出满足方程的 $f(r)$。

答案：① $f(r) = \dfrac{C}{r^3}$，C 为任意常数；② $f(r)$ 可以是 r 的任意函数。

1-19 设 $\phi(r,\theta,\varphi) = \dfrac{e^{-kr}}{r}$，$k =$ 常数，试证 $\nabla^2\phi = k^2(\dfrac{e^{-kr}}{r})$。

答案：略。

1-20 证明下列函数满足拉普拉斯方程 $\nabla^2\phi = 0$：① $\phi(x,y,z) = \sin\alpha x\sin\beta y e^{-\gamma z}$，$\gamma^2 = \alpha^2 + \beta^2$；② $\phi(\rho,\varphi,z) = \rho^{-n}\cos n\varphi$；③ $\phi(r,\theta,\varphi) = r\sin\theta$。

答案：略。

第 2 章

宏观电磁场的基本方程

1831 年，迈克尔·法拉第（Michael Faraday, 1791—1867, 英）发现了电磁感应现象，揭示了电与磁之间的内在联系。1864 年，詹姆斯·克拉克·麦克斯韦（James Clerk Maxwell, 1831—1879, 英）集以往电磁学之大成，发表了《电磁场的动力学理论》，建立了宏观电磁场的理论体系，即麦克斯韦方程。从此，人类进入了电气时代。本章从基本的实验定律出发，归纳出宏观电磁场的基本理论体系——麦克斯韦方程，进而讨论电磁场的边界条件、波动方程和电磁场能量守恒定律。

本章的学习目标是构建宏观电磁场理论的基本知识框架，并学会分析媒质边界上的电磁场分布规律，能够利用能量守恒定律分析电磁场能量传输的特点。

§2.1 电磁场的基本源

电荷和电流都可以产生电磁场，是电磁场的两种基本源。电荷是产生电场的源，运动的电荷形成电流，电流是产生磁场的源。本节给出电荷与电流的物理模型，以及电荷守恒定律的数学描述。

2.1.1 电荷与电荷密度

电荷是一种物质，电荷的多少叫作电荷量，单位为 C（库仑）。电荷有正负之分，电荷的电量都是电子电量（1.6×10^{-19} C）的整数倍。从物质结构上说，电荷的分布是不连续的。但在研究宏观电磁现象时，只能观察到大量粒子的平均效应，因此常用电荷连续分布的概念来代替电荷的离散性。根据电荷的分布特点，可将电荷分为体电荷、面电荷、线电荷和点电荷。

假设电量为 q 的电荷分布在体积 V 内，在该体积之内任一点，体积元 Δv 内的电荷量 Δq 与其体积之比的极限值称为电荷体密度，即

$$\rho(r) = \lim_{\Delta v \to 0} \frac{\Delta q}{\Delta v} \qquad (2.1\text{-}1)$$

单位为 C/m³（库仑/立方米）。电荷还可以分布在良导体表面很浅的薄层之内，我们可以不考虑薄层的厚度，把电荷看作分布在良导体表面 S 上。单位面积上电荷的多少可以用面密

度表示，即

$$\rho_s(r) = \lim_{\Delta s \to 0} \frac{\Delta q}{\Delta s} \tag{2.1-2}$$

单位为 C/m²（库仑/平方米）。如果电荷连续分布于横截面可以忽略的细线上，则可定义电荷线密度，即

$$\rho_l(r) = \lim_{\Delta l \to 0} \frac{\Delta q}{\Delta l} \tag{2.1-3}$$

单位为 C/m（库仑/米）。一般来说，上面三种电荷密度都是空间坐标的函数，在时变场中，它们还是时间的函数。

反之，如果已知电荷在空间 V、表面 S 或细线 L 上的分布关系，那么通过相应电荷密度函数的体积分、面积分或线积分就能求出总的电荷量

$$q = \int_V \rho \mathrm{d}v, \quad q = \int_S \rho_s \mathrm{d}s, \quad q = \int_L \rho_l \mathrm{d}l \tag{2.1-4}$$

2.1.2 点电荷及其表示

点电荷是一种理想的物理模型，它是体积很小而密度很大的带电球体的极限，体积小到可以忽略不计。电荷量为 q 的点电荷若在 $\bar{r}'$ 处，则其电荷密度可以表示为

$$\rho(\bar{r}) = q\delta(\bar{r} - \bar{r}') \tag{2.1-5}$$

式中

$$\delta(\bar{r} - \bar{r}') = \begin{cases} 0, & \bar{r} \neq \bar{r}' \\ \infty, & \bar{r} = \bar{r}' \end{cases} \tag{2.1-6}$$

称为狄拉克函数，它在近代物理学中有着广泛的应用。当 $\bar{r} = \bar{r}'$ 时，式（2.1-5）表示位于坐标原点的点电荷密度。

下面给出电磁场理论中有关 $\delta(\bar{r})$ 函数的一些重要性质：

$$\int_V \delta(\bar{r} - \bar{r}')\mathrm{d}v = \begin{cases} 0, & v \notin \bar{r}' \\ 1, & v \in \bar{r}' \end{cases} \tag{2.1-7}$$

$$\int_V f(\bar{r})\delta(\bar{r} - \bar{r}')\mathrm{d}v = \begin{cases} 0, & v \notin \bar{r}' \\ f(\bar{r}'), & v \in \bar{r}' \end{cases} \tag{2.1-8}$$

$$\nabla^2 \left(\frac{1}{|\bar{r} - \bar{r}'|} \right) = -4\pi\delta(\bar{r} - \bar{r}') \tag{2.1-9}$$

式（2.1-7）和式（2.1-8）表明狄拉克函数具有取样性。

2.1.3 电流与电流密度矢量

电荷的流动形成电流，因此电流是电荷 q 对时间 t 的变化率，即

$$I = \lim_{\Delta t \to 0} \frac{\Delta q}{\Delta t} = \frac{\mathrm{d}q}{\mathrm{d}t} \tag{2.1-10}$$

单位为 A（安培）。当电流在空间流动时，其各处的大小和方向都是不同的。为了反映这些特征，引入电流密度矢量的概念。当电流分布在三维空间时，用体电流密度矢量［见图 2.1-1（a）］

来描述。体电流密度矢量定义为电流流动方向上通过单位横截面的电流，即

$$\overline{J} = \hat{n} \lim_{\Delta s \to 0} \frac{\Delta I}{\Delta s} \tag{2.1-11}$$

单位为 A/m^2（安培/平方米）。在式（2.1-11）中，$\hat{n}$ 为电流流动方向的单位矢量。反之，如果已知体电流密度矢量 $\overline{J}$ 的分布函数，则在任何形状曲面 S 上流过的电流都可以由曲面积分来计算：

$$I = \int_S \overline{J} \cdot d\overline{s} = \int_S \overline{J} \cdot \hat{n} ds \tag{2.1-12}$$

式中，$\hat{n}$ 为曲面 S 的法向。

对于良导体，由于集肤效应，高频电流主要分布在良导体表面以下很浅的薄层内（厚度可忽略）。为此，引入表面电流的概念。表面电流密度矢量［面电流密度矢量，如图 2.1-1（b）所示］定义为

$$\overline{J}_s = \hat{n} \lim_{\Delta l \to 0} \frac{\Delta I}{\Delta l} \tag{2.1-13}$$

单位为 A/m（安培/米）。在式（2.1-13）中，$\hat{n}$ 的意义与式（2.1-11）相同。面电流密度矢量的量值实际上是垂直通过单位宽度横截线的电流。

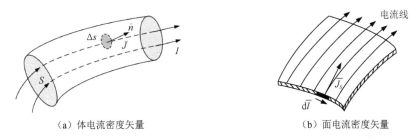

（a）体电流密度矢量　　　　　　　　（b）面电流密度矢量

图 2.1-1　电流密度矢量

2.1.4　电荷守恒定律

若在体电流密度矢量 $\overline{J}$ 所分布的空间内取一封闭曲面 S，它所包围的体积为 V，则通过 S 面的总电流为 $\oint_S \overline{J} \cdot d\overline{s}$。它是单位时间内流出 S 面的电荷量，应等于体积 V 内单位时间所减少的电荷量 $-dq/dt$，可表示为

$$\oint_S \overline{J} \cdot d\overline{s} = -\frac{dq}{dt} \tag{2.1-14}$$

式（2.1-14）称为电流连续性方程，是电荷守恒定律的积分表达式。可见，随时间变化的电荷形成电流。

设体积 V 内的体电荷密度为 ρ，则式（2.1-14）可化为

$$\oint_S \overline{J} \cdot d\overline{s} = -\frac{d}{dt} \int_V \rho dv \tag{2.1-15}$$

对于静止区域，对等号左边应用散度定理，对任意选择的空间有

$$\nabla \cdot \overline{J} = -\frac{\partial \rho}{\partial t} \tag{2.1-16}$$

这是电流连续性方程的微分形式。

§2.2 静 电 场

2.2.1 真空中电场的基本原理

1. 库仑定律

如果两个带电体的尺寸都远小于它们之间的距离，则可以把它们看成是点电荷。1785年，物理学家库仑（Charles-Augustin de Coulomb, 1736—1806, 法）通过实验总结出真空中两点电荷间作用力的规律，即点电荷 q_1 对 q_2 的作用力（见图 2.2-1）可以表示为

$$\overline{F} = K \frac{q_1 q_2}{R^2} \hat{R} \tag{2.2-1}$$

此式称为库仑定律。其中，$\hat{R}$ 是从 q_1 指向 q_2 的单位矢量，$\hat{R} = \overline{R}/R$，$\overline{R} = \overline{r_2} - \overline{r_1}$，$R = |\overline{r_2} - \overline{r_1}|$；$K$ 是比例常数。若 q_1 和 q_2 同号，则该力是排斥力，异号时为吸引力。

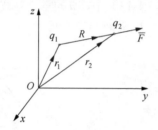

图 2.2-1　两点电荷间的作用力

比例常数 K 的数值与力、电荷及距离所用的单位有关。本书全部采用国际单位制（SI制）。在 SI 制中，库仑定律表达为

$$\overline{F} = \hat{R} \frac{q_1 q_2}{4\pi \varepsilon_0 R^2} \tag{2.2-2}$$

式中，q_1 和 q_2 的单位是 C；R 的单位是 m；ε_0 为真空中的介电常数，单位为 F/m（法拉/米），即 $\varepsilon_0 = 8.854 \times 10^{-12}\,\mathrm{F/m} \approx \dfrac{1}{36\pi} \times 10^{-9}\,\mathrm{F/m}$。

2. 电场强度

电荷周围存在电场。电场是客观存在的一种物质，虽然看不到摸不着，但是可以用仪表测量它。电场的最基本特征是对静止或运动的电荷都有作用力。因此，为了描述电场的强弱，定义电场对场中某点单位正电荷的作用力为该点的电场强度，用 $\overline{E}$ 表示。设某点试验电荷 q_0 受到的电场作用力为 $\overline{F}$，则该点的电场强度为

$$\overline{E} = \frac{\overline{F}}{q_0} \tag{2.2-3}$$

自然，试验电荷的电量应足够小，以使它的引入不致影响原有的场分布。电场强度的单位为 V/m（伏特/米）或 N/C（牛顿/库仑）。根据库仑定律和电场强度的定义，点电荷 q 在距离它 R 处产生的电场强度为

$$\overline{E} = \hat{R} \frac{q}{4\pi\varepsilon_0 R^2} \tag{2.2-4}$$

对于由 N 个点电荷组成的系统，在空间任意点产生的电场强度均可利用叠加原理得出

$$\overline{E} = \sum_{i=1}^{N} \hat{R}_i \frac{q_i}{4\pi\varepsilon_0 R_i^2} \tag{2.2-5}$$

式中，$\overline{R}_i$ 表示 q_i 至场点的距离矢量。此式表明，N 个点电荷产生的电场强度等于各点电荷单独存在时在该点产生的电场强度之和。这就是场强叠加原理。根据场强叠加原理，带电体在空间任意点产生的电场强度可以用积分表示为

$$\overline{E} = \frac{1}{4\pi\varepsilon_0} \int_V \hat{R} \frac{\rho(\overline{r'})}{R^2} \mathrm{d}v' \tag{2.2-6a}$$

式中，$\hat{R} = \overline{R}/R$，$R = |\overline{r} - \overline{r'}|$，$\overline{r}$ 和 $\overline{r'}$ 分别为场点和源点的矢径（距离矢量）；$\mathrm{d}v'$ 表示对源点 $\overline{r'}$ 求体积分。相似地，可写出面电荷和线电荷在空间任意点分别产生的电场强度：

$$\overline{E} = \frac{1}{4\pi\varepsilon_0} \int_S \hat{R} \frac{\rho_s(\overline{r'})}{R^2} \mathrm{d}s' \tag{2.2-6b}$$

$$\overline{E} = \frac{1}{4\pi\varepsilon_0} \int_l \hat{R} \frac{\rho_l(\overline{r'})}{R^2} \mathrm{d}l' \tag{2.2-6c}$$

3. 环路定理

根据公式 $\nabla\left(\dfrac{1}{R}\right) = -\dfrac{1}{R^2}\hat{R}$，式（2.2-6a）可表示为

$$\overline{E} = -\frac{1}{4\pi\varepsilon_0} \int_V \rho(\overline{r'}) \nabla\left(\frac{1}{R}\right) \mathrm{d}v' \tag{2.2-7}$$

由于积分是针对源点 $\overline{r'}$ 进行的，而 ∇ 是对场点 $\overline{r}$ 求偏导，因而可将 ∇ 提出，即

$$\overline{E} = -\nabla\left(\frac{1}{4\pi\varepsilon_0} \int_V \frac{\rho(\overline{r'})}{R} \mathrm{d}v'\right) \tag{2.2-8}$$

考虑到任何标量函数的梯度的旋度恒为零，即 $\nabla \times \nabla\phi = 0$。对式（2.2-8）两边取旋度，可得

$$\nabla \times \overline{E} = 0 \tag{2.2-9}$$

这表明静电场是无旋场。

将式（2.2-9）两边对曲面 S 做面积分，并利用斯托克斯定理，得

$$\oint_l \overline{E} \cdot \mathrm{d}\overline{l} = 0 \tag{2.2-10}$$

此式称为静电场的环路定理。式（2.2-10）说明，在静电场中，电场强度沿任意封闭路径的线积分等于零，从能量的角度讲，表示**单位正电荷沿任意封闭路径 l 移动一周，电场力所做的功为零**。因而，**静电场是保守场**，与重力场性质相似。

4. 真空中的高斯定理

考虑到式（1.3-14）和狄拉克函数的性质，即式（2.1-9）。这里考虑封闭曲面内的电荷为连续分布的一般情形，设电荷密度为 $\rho(\overline{r'})$，则电场的散度为

$$\nabla \cdot \overline{E} = -\frac{1}{4\pi\varepsilon_0} \int_V \rho(r') \nabla^2 \frac{1}{R} \mathrm{d}v' = \frac{1}{\varepsilon_0} \int_V \rho(r') \delta(\overline{r} - \overline{r'}) \mathrm{d}v'$$

利用恒等式（2.1-9）和狄拉克函数的取样性，即式（2.1-8），有

$$\nabla \cdot \overline{E} = \frac{\rho(\overline{r})}{\varepsilon_0} \qquad (2.2\text{-}11)$$

利用散度定理，得

$$\oint_S \overline{E} \cdot \mathrm{d}\overline{s} = \frac{1}{\varepsilon_0} \int_V \rho(r) \mathrm{d}v \qquad (2.2\text{-}12)$$

式（2.2-12）即静电场在真空中的高斯定理，也称为静电场的散度定理。**它表明真空中任意封闭曲面上电场强度的总通量等于该封闭曲面所包围的总电荷与介电常数之比。**

5. 电位

由于静电场的无旋性，考虑到矢量恒等式 $\nabla \times \nabla \phi = 0$，可引入标量位 ϕ 来描述静电场。令

$$\overline{E} = -\nabla \phi \qquad (2.2\text{-}13)$$

由于梯度 $\nabla \phi$ 指向电位增加最快的方向（由低到高），而电场强度 $\overline{E}$ 指向电位下降最快的方向（由高到低），因而二者的方向正好相反，故只有在有负号时，式（2.2-13）中的 ϕ 才是电位函数。

比较式（2.2-8）和式（2.2-13），可得电位函数的表达式为

$$\phi(\overline{r}) = \frac{1}{4\pi\varepsilon_0} \int_V \frac{\rho(\overline{r'})}{R} \mathrm{d}v' \qquad (2.2\text{-}14)$$

同理，对于密度分布为 $\rho_s(\overline{r'})$ 和 $\rho_l(\overline{r'})$ 的面电荷与线电荷，有

$$\phi(\overline{r}) = \frac{1}{4\pi\varepsilon_0} \int_S \frac{\rho_s(\overline{r'})}{R} \mathrm{d}s' \qquad (2.2\text{-}15)$$

$$\phi(\overline{r}) = \frac{1}{4\pi\varepsilon_0} \int_l \frac{\rho_l(\overline{r'})}{R} \mathrm{d}l' \qquad (2.2\text{-}16)$$

需要注意的是，式（2.2-13）中的 ϕ 不是单值的，因为任意加一常数 C，都有 $\nabla(\phi + C) = \nabla \phi$。但任何两点间的电位差是不变的，即

$$\phi_A - \phi_B = \int_B^A \mathrm{d}\phi = \int_B^A \frac{\partial \phi}{\partial l} \mathrm{d}l = \int_B^A \nabla \phi \cdot \mathrm{d}\overline{l}$$

由于 $\overline{E} = -\nabla \phi$，所以上式可化为

$$\phi_A - \phi_B = -\int_B^A \overline{E} \cdot \mathrm{d}\overline{l} = \int_A^B \overline{E} \cdot \mathrm{d}\overline{l} \qquad (2.2\text{-}17)$$

可见，A、B 两点间的电位差等于电场强度 $\overline{E}$ 从 A 点到 B 点沿任意路径的线积分。因此，式（2.2-10）是电路理论中基尔霍夫电压定律的表达式。

为了用单值的电位来描述电场，需要选定电位参考点（零点）。选择电位参考点的基本原则如下。

（1）同一个问题只能选择一个电位参考点。

（2）当电荷分布在有限区域时，通常选择无穷远处为电位参考点。

（3）当电荷分布延伸至无穷远处时（如无限长的线电荷分布、无限大的面电荷分布等），不能选择无穷远处为电位参考点，此时要选择一个有限远点。具体选择以电位表达式简单为佳。

对于式（2.2-17），若选择 B 点为电位参考点，则任意点 A 的电位为

$$\phi_A = \int_A^\infty \overline{E} \cdot \mathrm{d}\overline{l} \tag{2.2-18}$$

可见，**电场中某点的电位就是将单位正电荷从无穷远处（电位参考点，零点）移到该点所做的功**。例如，当选择无穷远处为电位参考点时，将点电荷从无穷远处移到 R 处所做的功，即点电荷的电位分布为

$$\phi = \int_R^\infty \frac{q}{4\pi\varepsilon_0 R^2} \hat{R} \cdot \mathrm{d}\overline{R} = \frac{q}{4\pi\varepsilon_0} \int_R^\infty \frac{\mathrm{d}R}{R^2} = \frac{q}{4\pi\varepsilon_0 R} \tag{2.2-19}$$

例 2.2-1　求无限大均匀带电平面附近 h 处的电场强度。

解：方法一，微元法。设该无限大均匀带电平面上的电荷密度为 ρ_s，求其上方 h 处的电场。取 P 点到平面的垂线的垂足为坐标原点，如图 2.2-2 所示。取半径为 ρ 的圆环，宽度为 $\mathrm{d}\rho$，则整个圆环的面积为 $\mathrm{d}s = 2\pi\rho\mathrm{d}\rho$，可得电荷元 $\mathrm{d}q = 2\pi\rho\rho_s\mathrm{d}\rho$。由于圆环上电荷的中心对称性，电场的切向分量相互抵消，只存在法向电场。所以有

$$\mathrm{d}E = \mathrm{d}E_z = \frac{2\pi\rho\rho_s\mathrm{d}\rho}{4\pi\varepsilon_0 R^2}\cos\theta$$

从图 2.2-2 中的几何关系（可全部用 h 和 θ 表示其他物理量）可知 $\rho = R\sin\theta = h\tan\theta$，$\mathrm{d}\rho = h\sec^2\theta\mathrm{d}\theta$，因此

$$E = E_z = \frac{\rho_s}{2\varepsilon_0}\int_0^{\pi/2}\sin\theta\mathrm{d}\theta = \frac{\rho_s}{2\varepsilon_0}$$

故矢量形式为

$$\overline{E} = \hat{z}\frac{\rho_s}{2\varepsilon_0}, \quad z > 0 \tag{2.2-20a}$$

不难看出，无限大均匀带电平面另一面的电场分布为

$$\overline{E} = -\hat{z}\frac{\rho_s}{2\varepsilon_0}, \quad z < 0 \tag{2.2-20b}$$

方法二，高斯定理法。此时，选取顶面和底面面积为 A 的圆柱形高斯面，且顶面和底面距离面电荷相等，如图 2.2-2 所示。对于顶面，有

$$\overline{E} \cdot \mathrm{d}\overline{s} = (\hat{z} \cdot E_z) \cdot (\hat{z}\mathrm{d}s) = E_z\mathrm{d}s$$

对于底面，有

$$\overline{E} \cdot \mathrm{d}\overline{s} = (-\hat{z} \cdot E_z) \cdot (-\hat{z}\mathrm{d}s) = E_z\mathrm{d}s$$

而侧面没有电荷，因此

$$\oint_S \overline{E} \cdot \mathrm{d}\overline{s} = 2E_z\int_A\mathrm{d}s = 2E_z A = \rho_s A/\varepsilon_0$$

由此可得

$$\overline{E} = \hat{z}\frac{\rho_s}{2\varepsilon_0} \ （z > 0）, \quad \overline{E} = -\hat{z}\frac{\rho_s}{2\varepsilon_0} \ （z < 0）$$

例 2.2-2　如图 2.2-3 所示，空气中沿 z 轴的无限长直导线上的电荷均匀分布，其线密度为 ρ_l（C/m），求空间电场强度分布。

解：采用高斯定理法。由于线电荷是无限长的，所以其电场必是径向的，即只有 E_ρ 分量。利用高斯定理，取以 z 轴为中心、长 L 的圆柱面为高斯面（见图 2.2-3），面上 E_ρ 是常数，得

$$\oint_S \overline{E} \cdot \mathrm{d}\overline{s} = \int_0^{2\pi} \int_0^L E_\rho \hat{\rho} \cdot \hat{\rho} \rho \mathrm{d}\varphi \mathrm{d}z = Q/\varepsilon_0$$
$$2\pi L \rho E_\rho = \rho_l L / \varepsilon_0$$

这里已考虑到圆柱面顶部和底部都无电场通过。例如，对于顶部，有 $\overline{E} \cdot \mathrm{d}\overline{s} = E_\rho \hat{\rho} \cdot \hat{z} \rho \mathrm{d}\varphi \mathrm{d}\rho = 0$。
因此有

$$\overline{E} = \hat{\rho} E_\rho = \hat{\rho} \frac{\rho_l}{2\pi\varepsilon_0 \rho} \qquad (2.2\text{-}21)$$

可见，无限长线电荷传输产生的电场强度与距离 ρ 的一次方成反比。

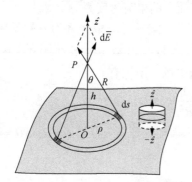

图 2.2-2　无限大均匀带电平面

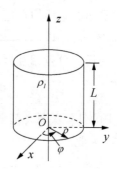

图 2.2-3　无限长线电荷

例 2.2-3 无限长平行双导线轴线间距为 d，导线半径为 a，$a<<d$，将其置于空气中，双导线上的线电荷密度分别为 $+\rho_l$、$-\rho_l$，如图 2.2-4 所示，求空间任意点的电位。

解： 因为 $a<<d$，所以可认为双导线表面电荷彼此无影响，因而各自沿表面均匀分布，可视为集中于各自轴线上，形成两条线电荷。为求 xOy 面上任意点 $P(x, y)$ 处的电位，取两线电荷连线中点 O 为电位参考点。由式（2.2-21）可知，线电荷 $+\rho_l$ 在 P 点的电场分布为

$$\overline{E} = \hat{\rho} \frac{\rho_l}{2\pi\varepsilon_0 \rho_1}$$

由式（2.2-17）可知，P 点产生的电位为

$$\phi_1 = \int_P^O \overline{E} \cdot \mathrm{d}\overline{l} = \int_{\rho_1}^{\frac{d}{2}} \frac{\rho_l}{2\pi\varepsilon_0 \rho_1} \mathrm{d}\rho_1 = \frac{\rho_l}{2\pi\varepsilon_0} \ln \frac{d}{2\rho_1}$$

同理，可得 $-\rho_l$ 在 P 点产生的电位为

$$\phi_2 = \int_{\rho_2}^{\frac{d}{2}} \frac{-\rho_l}{2\pi\varepsilon_0 \rho_2} \mathrm{d}\rho_2 = -\frac{\rho_l}{2\pi\varepsilon_0} \ln \frac{d}{2\rho_2}$$

根据电场叠加原理，P 点的电位应为

$$\phi = \phi_1 + \phi_2 = \frac{\rho_l}{2\pi\varepsilon_0} \ln \frac{\rho_2}{\rho_1} \qquad (2.2\text{-}22)$$

例 2.2-4 求电偶极子在空气中远处产生的电位和电场强度。

解： 采用球坐标系，电偶极子中心位于坐标原点，如图 2.2-5 所示。电偶极子正、负电荷 $+q$ 与 $-q$ 相距 l，研究其远处（$r>>l$）场点 $P(r, \theta, \varphi)$ 处的电位。

取无穷远处为电位参考点，P 点电位为 $+q$ 和 $-q$ 在此处的电位之和：

$$\phi = \frac{q}{4\pi\varepsilon_0} \left(\frac{1}{r_1} - \frac{1}{r_2} \right) = \frac{q}{4\pi\varepsilon_0} \cdot \frac{r_2 - r_1}{r_1 r_2}$$

当 $r \gg l$ 时，可认为 $\bar{r}_1 \parallel \bar{r} \parallel \bar{r}_2$，可见，$r_1 \approx r - \dfrac{l}{2}\cos\theta$，$r_2 \approx r + \dfrac{l}{2}\cos\theta$，此时有

$$r_1 r_2 \approx r^2 - \frac{l^2}{4}\cos^2\theta \approx r^2$$

故

$$\phi \approx \frac{ql\cos\theta}{4\pi\varepsilon_0 r^2} = \frac{p_e\cos\theta}{4\pi\varepsilon_0 r^2}$$

这里定义电偶极子的电矩为 $\bar{p}_e = q\bar{l}$，而

$$\bar{E} = -\nabla\phi = -\left(\hat{r}\frac{\partial\phi}{\partial r} + \hat{\theta}\frac{1}{r}\frac{\partial\phi}{\partial\theta} + \hat{\varphi}\frac{1}{r\sin\theta}\frac{\partial\phi}{\partial\varphi}\right)$$

得

$$\bar{E} = \hat{r}\frac{p_e\cos\theta}{2\pi\varepsilon_0 r^3} + \hat{\theta}\frac{p_e\sin\theta}{4\pi\varepsilon_0 r^3} \qquad （2.2\text{-}23）$$

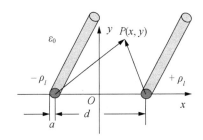

图 2.2-4　无限长平行双导线

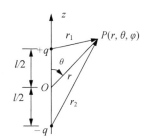

图 2.2-5　电偶极子

2.2.2　介质的极化

1. 极化强度

　　物质的分子都是由带正电荷的原子核与带负电荷的电子组成的。导体中的原子核对外层电子的吸引力很小，在微弱的外场作用下，电子就可能脱离原子核做定向运动而形成电流。导体中的这些电子电荷就称为**自由电荷**。介质与导体不同，其电子被原子核紧紧束缚于其周围，这些电子不会自由运动，称这些电荷为**束缚电荷**。因此，介质通常都不具有导电能力。不过，若外加电场过强，则也可能使介质中的电子脱离原子核做定向运动而形成电流，这种现象称为介质击穿。本节研究的是不致击穿的一般情形。

　　从宏观电磁场观察，介质分子可用两类模型来描述：一类是无极（性）分子，其正电荷中心与负电荷中心重合，对外不带电；另一类是**有极（性）分子**，其正电荷中心与负电荷中心不重合，对外形成一**电偶极子**。不过，由于分子做无规则热运动，所以它们的排列是随机的，对外合成电矩为零。当有外加电场（小于击穿场强）时，无极分子的正、负电荷中心不再重合而形成一电偶极子（称为位移极化）；而有极分子的电偶极子则沿电场方向排列（称为取向极化）。这两种效应都称为介质的极化，如图 2.2-6 所示。介质极化后，无论是无极分子还是有极分子，其中的束缚电荷对外都呈现一偶极矩，形成二次电场，该二次电场的方向与外加电场方向相反，从而使合成电场小于原外加电场。为了定量地计算介质极化的影响，下面引入极化强度和束缚电荷密度。

极化强度 $\overline{P}$ 定义为介质中给定点处单位体积中电矩的矢量和：

$$\overline{P} = \lim_{\Delta V \to 0} \frac{\sum_{i=1}^{N} \overline{p}_i}{\Delta V} \qquad (2.2\text{-}24)$$

式中，$\overline{p}_i = q_i \overline{l}_i$ 为体积 ΔV 中第 i 个电偶极子 q_i 的电矩；N 为 ΔV 中电偶极子的数量。极化强度的单位是 C/m^2（库仑/平方米）。$\overline{P}$ 一般是空间和时间的坐标函数。

图 2.2-6 介质的极化

2. 极化电荷

极化介质对电场的影响可归结于极化电荷所产生的影响。极化电荷所产生的电场是极化了的介质内部所有电偶极子的宏观效应。为了求得极化电荷和极化强度的关系，在电介质中取任意封闭曲面 S 上的面元 $\mathrm{d}\overline{s} = \hat{n}\mathrm{d}s$，如图 2.2-7 所示。对于微分面元，可近似认为上面的极化强度不变。极化介质中的电偶极子表示为 $\overline{p} = q\overline{l}$，以 $\mathrm{d}\overline{s}$ 为底，以电偶极子正、负电荷的相对位移 l 为斜高构成一体积元 $\Delta V = \overline{l} \cdot \mathrm{d}\overline{s}$。显然，只有电偶极子中心在 ΔV 内的分子的正电荷才会穿出面元。设单位体积内的分子数为 N，则穿出 $\mathrm{d}\overline{s}$ 的正电荷 $\mathrm{d}Q$ 为

$$\mathrm{d}Q = Nq\overline{l} \cdot \mathrm{d}\overline{s} = \overline{P} \cdot \mathrm{d}\overline{s}$$

因此，从封闭曲面 S 穿出的正电荷总量为 $Q = \oint_S \overline{P} \cdot \mathrm{d}\overline{s}$。与之对应，留在封闭曲面内的极化电荷总量为

$$Q' = -\oint_S \overline{P} \cdot \mathrm{d}\overline{s} \qquad (2.2\text{-}25)$$

设 S 所包围的极化电荷体密度为 ρ'，根据散度定理，式（2.2-25）可表示为

$$\rho' = -\nabla \cdot \overline{P} \qquad (2.2\text{-}26)$$

对于均匀极化介质，$\nabla \cdot \overline{P} = 0$。介质内部不存在体极化电荷，极化电荷只分布在介质分界面上，称为面极化电荷。下面研究面极化电荷的计算。

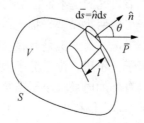

图 2.2-7 包围极化电荷的封闭曲面

在两种介质的分界面上取底面为 $\mathrm{d}s$、高度为 h 的圆柱形封闭曲面。两种介质中的极化强度和几何关系如图 2.2-8 所示，$\hat{n}$ 为界面上由介质 2 指向介质 1 的法向单位矢量。当 $h \to 0$

时，圆柱面内总的极化电荷等于面电荷密度 ρ'_s 与 $\mathrm{d}s$ 的乘积；且利用式（2.2-25）所得侧面积分为零。因此有

$$-(\overline{P}_1 \cdot \hat{n}\mathrm{d}s - \overline{P}_2 \cdot \hat{n}\mathrm{d}s) = -(\overline{P}_1 - \overline{P}_2) \cdot \hat{n}\mathrm{d}s = \rho'_s \mathrm{d}s$$

由此可得

$$\rho'_s = -\hat{n} \cdot (\overline{P}_1 - \overline{P}_2) \text{ 或 } \rho'_s = P_{2n} - P_{1n} \tag{2.2-27}$$

若介质 1 为真空，则可得

$$\rho'_s = \hat{n} \cdot \overline{P} = P_n \tag{2.2-28}$$

可见，极化介质表面上的极化电荷面密度就等于该处极化强度的外法向分量。若将式（2.2-28）写成积分形式，则可求得面极化电荷的总量为

$$Q'_s = \oint_S \rho'_s \mathrm{d}s = \oint_S \overline{P} \cdot \hat{n}\mathrm{d}s = \oint_S \overline{P} \cdot \mathrm{d}\overline{s} \tag{2.2-29}$$

比较式（2.2-25）和式（2.2-29），结果表明，任一极化介质区域内部的体极化电荷总量与其表面的总极化电荷是等值异性的，介质整体呈电中性。

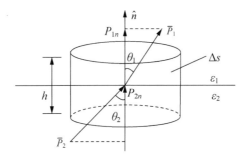

图 2.2-8　两种介质中的极化强度和几何关系

2.2.3　电通密度与介质中的高斯定理

既然介质在电场作用下发生的极化现象归结为在介质内部出现束缚电荷，那么介质中的静电场为自由电荷和束缚电荷在真空中共同产生的场。因此，只要将真空中高斯定理公式中的 ρ 换成 $\rho + \rho'$，即可得到介质中的高斯定理：

$$\nabla \cdot \overline{E} = \frac{\rho + \rho'}{\varepsilon_0} \tag{2.2-30}$$

将式（2.2-26）代入式（2.2-30），得 $\nabla \cdot \overline{E} = \dfrac{1}{\varepsilon_0}(\rho - \nabla \cdot \overline{P})$，即 $\nabla \cdot (\varepsilon_0 \overline{E} + \overline{P}) = \rho$。其中矢量 $\varepsilon_0 \overline{E} + \overline{P}$ 的散度仅与自由电荷有关，我们把这一矢量定义为电通密度 $\overline{D}$：

$$\overline{D} = \varepsilon_0 \overline{E} + \overline{P} \tag{2.2-31}$$

于是有

$$\nabla \cdot \overline{D} = \rho \tag{2.2-32a}$$

这就是介质中高斯定理的微分形式，其积分形式为

$$\oint_S \overline{D} \cdot \mathrm{d}\overline{s} = \int_V \rho \mathrm{d}v = Q \tag{2.2-32b}$$

可见，$\overline{D}$ 的源是自由电荷，$\overline{D}$ 矢量线从正自由电荷出发，并终止于负自由电荷；而 $\overline{E}$ 的源既可以是自由电荷，又可以是束缚电荷，电力线的起点和终点可以是自由电荷或束缚

电荷。

对于均匀、线性、各向同性的简单介质，实验结果表明，$\bar{P}$ 与介质中的合成电场强度 $\bar{E}$ 成正比，可表示为

$$\bar{P} = \chi_e \varepsilon_0 \bar{E} \tag{2.2-33}$$

式中，χ_e 称为电极化率，一般是正实数。

将式（2.2-33）代入式（2.2-31），得

$$\bar{D} = \varepsilon_0 (1 + \chi_e) \bar{E} = \varepsilon \bar{E} \tag{2.2-34}$$

式中，$\varepsilon = \varepsilon_0 \varepsilon_r$，$\varepsilon_r = 1 + \chi_e$，$\varepsilon_r$ 称为介质的相对介电常数。对于一般介质，$\varepsilon_r > 1$。

介质有均匀与非均匀、线性与非线性、各向同性与各向异性等特点。若介质的介电常数不随空间变化，则称为均匀介质；反之，则称为非均匀介质。在均匀介质中，ε 为常数；在非均匀介质中，ε 是坐标的函数。若介质的介电常数与外加电场强度的大小及方向均无关，电位移矢量与电场强度成正比，则称其为各向同性的线性介质。对于各向异性介质，$\bar{D}$ 和 $\bar{E}$ 的方向不同，介电常数 $\bar{\bar{\varepsilon}}$ 是一个张量，具有九个分量，$\bar{D}$ 与 $\bar{E}$ 的关系为

$$\bar{D} = \bar{\bar{\varepsilon}} \cdot \bar{E}, \quad \begin{bmatrix} D_x \\ D_y \\ D_z \end{bmatrix} = \begin{bmatrix} \varepsilon_{11} & \varepsilon_{12} & \varepsilon_{13} \\ \varepsilon_{21} & \varepsilon_{22} & \varepsilon_{23} \\ \varepsilon_{31} & \varepsilon_{32} & \varepsilon_{33} \end{bmatrix} \begin{bmatrix} E_x \\ E_y \\ E_z \end{bmatrix}$$

例 2.2-5　如图 2.2-9 所示，同轴线的内、外导体半径分别为 a 和 b，中间填充电介质的介电常数为 ε，在内、外导体间加电压 U，求：①内、外导体间的 $\bar{D}$ 和 $\bar{E}$；②$\bar{E}$ 的最大值 E_M；③若给定 $b=1.8$cm，则应如何选择 a 以使同轴线承受的耐压最大？

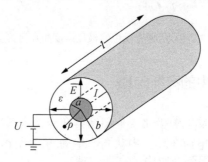

图 2.2-9　同轴线

解：①应用高斯定理，取半径为 ρ、长为 l 的同轴圆柱为高斯面（$a < \rho < b$）。设内导体上的电荷密度为 ρ_l，于是

$$\oint_S \bar{D} \cdot d\bar{s} = \int_{S_{侧}} \bar{D} \cdot d\bar{s} = D\hat{\rho} \cdot \hat{\rho} 2\pi \rho l = \rho_l l$$

得

$$\bar{E} = \frac{\bar{D}}{\varepsilon} = \hat{\rho} \frac{\rho_l}{2\pi \varepsilon \rho}$$

因此

$$U = \int_l \bar{E} \cdot d\bar{l} = \int_a^b \frac{\rho_l}{2\pi \varepsilon \rho} d\rho = \frac{\rho_l}{2\pi \varepsilon} \ln \frac{b}{a}$$

故从该式求出 ρ_l 并代入 $\bar{E}$ 的表达式可得

$$\overline{E} = \hat{\rho} \frac{U}{\rho \ln(b/a)}$$

② 同轴线内最大电场强度 E_M 发生于内导体表面处，即

$$E_M = \frac{U}{a \ln(b/a)}$$

③ E_M 发生于 $\dfrac{\mathrm{d}E_M}{\mathrm{d}a} = \dfrac{U}{(a \ln(b/a))^2}(\ln \dfrac{b}{a} - 1) = 0$ 处，解得 $\ln \dfrac{b}{a} = 1$，$\dfrac{b}{a} = \mathrm{e}$，故

$$a = \frac{b}{\mathrm{e}} \approx \frac{1.8}{2.718}\,\text{cm} \approx 0.662\,\text{cm}$$

例 2.2-6 已知内半径为 a、外半径为 b 的均匀介质球壳的介电常数为 ε，若在球心放置一个电量为 q 的点电荷，如图 2.2-10 所示，试求：①各区域中的电场强度；②介质壳内、外表面上的束缚电荷。

解：先求各区域中的电场强度。根据介质中的高斯定理

$\oint_S \overline{D} \cdot \mathrm{d}\overline{s} = q$ 可得 $\overline{D} = \dfrac{q}{4\pi r^2}\hat{r}$，故

$$\overline{E} = \frac{\overline{D}}{\varepsilon_0} = \frac{q}{4\pi\varepsilon_0 r^2}\hat{r}, \quad 0 < r \leqslant a$$

$$\overline{E} = \frac{\overline{D}}{\varepsilon} = \frac{q}{4\pi\varepsilon r^2}\hat{r}, \quad a < r \leqslant b$$

$$\overline{E} = \frac{\overline{D}}{\varepsilon_0} = \frac{q}{4\pi\varepsilon_0 r^2}\hat{r}, \quad r > b$$

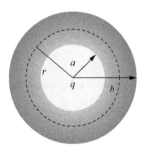

图 2.2-10　同心介质球

再求介质壳内、外表面上的束缚电荷。由 $\overline{P} = (\varepsilon - \varepsilon_0)\overline{E}$，

得介质壳内表面上的束缚电荷面密度为

$$\rho_s = \hat{n} \cdot \overline{P} = -\hat{r} \cdot \overline{P}\big|_{r=a} = -\left(1 - \frac{\varepsilon_0}{\varepsilon}\right)\frac{q}{4\pi a^2}$$

外表面上的束缚电荷面密度为

$$\rho_s = \hat{n} \cdot \overline{P} = \hat{r} \cdot \overline{P}\big|_{r=b} = \left(1 - \frac{\varepsilon_0}{\varepsilon}\right)\frac{q}{4\pi b^2}$$

§2.3　恒定磁场

2.3.1　真空中磁场的基本原理

1. 安培力定律

现在复习恒定电流的磁场，本节中的电流元相当于静电场中的点电荷，也是场源。若真空中有两个电流回路 l 和 l'，分别用 $I\mathrm{d}\overline{l}$ 和 $I'\mathrm{d}\overline{l'}$ 表示两个回路的电流元，如图 2.3-1 所示，则 l' 对 l 的作用力为

$$\overline{F} = \frac{\mu_0}{4\pi}\oint_l \oint_{l'} \frac{I\mathrm{d}\overline{l} \times (I'\mathrm{d}\overline{l'} \times \hat{R})}{R^2} \tag{2.3-1}$$

此式称为安培（André-Marie Ampère, 1775—1836, 法）力定律。其中，$\hat{R} = \overline{R} / R$，$\overline{R}$ 是由电流元 $I'\mathrm{d}\overline{l'}$ 指向 $I\mathrm{d}\overline{l}$ 的距离矢量，且 $\overline{R} = \overline{r} - \overline{r'}$，$\hat{R} = \overline{R} / R$；$\mu_0$ 是真空磁导率，$\mu_0 = 4\pi \times 10^{-7}$ H/m。该定律也可直接取式（2.3-1）中的微元来表示，即电流元 $I'\mathrm{d}\overline{l'}$ 作用在电流元 $I\mathrm{d}\overline{l}$ 上的力为

$$\mathrm{d}\overline{F} = \frac{\mu_0}{4\pi} \frac{I\mathrm{d}\overline{l} \times (I'\mathrm{d}\overline{l'} \times \hat{R})}{R^2} \qquad (2.3\text{-}2)$$

式（2.3-2）反映了两段运动电荷之间的作用力，这个力与库仑力相似，也具有与距离平方成反比的关系。但是，该力并不能从库仑定律得出，因此是有别于库仑力的另一种力，称为磁力或磁场力。

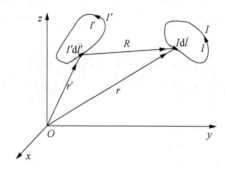

图 2.3-1 两个电流回路间的作用力

2. 磁感应强度

为了描述磁场力，将式（2.3-1）改写为

$$\overline{F} = \oint_l I\mathrm{d}\overline{l} \times \overline{B} \qquad (2.3\text{-}3)$$

式中

$$\overline{B} = \frac{\mu_0}{4\pi} \oint_{l'} \frac{I'\mathrm{d}\overline{l'} \times \hat{R}}{R^2} = \frac{\mu_0}{4\pi} \oint_{l'} \frac{I'\mathrm{d}\overline{l'} \times \overline{R}}{R^3} \qquad (2.3\text{-}4)$$

式（2.3-4）称为毕奥（Jean-Baptiste Biot, 1774—1862, 法）-萨伐尔（Félix Savart, 1791—1841, 法）定律。其中矢量 $\overline{B}$ 可看作电流回路 l' 作用于单位电流元（$I\mathrm{d}l = 1\mathrm{A}\cdot\mathrm{m}$）的磁场力。因此它是表征电流回路 l' 在其周围建立的磁场特性的一个物理量，称为磁通密度或磁感应强度。$\overline{B}$ 的单位是 T（特斯拉）。

若电流体电流密度 $\overline{J}$ 分布在体积 V 内或以面电流密度 $\overline{J}_s$ 二维分布，则

$$\overline{B} = \frac{\mu_0}{4\pi} \int_V \frac{\overline{J}(\overline{r'}) \times \overline{R}}{R^3} \mathrm{d}v' \qquad (2.3\text{-}5)$$

$$\overline{B} = \frac{\mu_0}{4\pi} \int_S \frac{\overline{J}_s(\overline{r'}) \times \overline{R}}{R^3} \mathrm{d}s' \qquad (2.3\text{-}6)$$

对于式（2.3-5），电流元 $I\mathrm{d}\overline{l}$ 可用运动速度为 $\overline{v}$ 的电荷 q 来表示，设载流细导线截面积为 A_0，则 $I\mathrm{d}\overline{l} = \overline{J}A_0\mathrm{d}l = (\rho\overline{v})A_0\mathrm{d}l = (\rho A_0\mathrm{d}l)\overline{v} = q\overline{v}$，故式（2.3-3）可以写成 $\overline{F} = q\overline{v} \times \overline{B}$。而点电荷 q 在静电场中所受的电场力为 $q\overline{E}$，因此，当点电荷 q 以速度 $\overline{v}$ 在静止电荷和电流附近运动时，它所受的总力为

$$\overline{F} = q(\overline{E} + \overline{v} \times \overline{B}) \qquad (2.3\text{-}7)$$

　　这就是著名的洛仑兹（Hendrik Antoon Lorentz, 1853—1928, 荷兰）力公式，其正确性已为实验所证实。因此，电流所受的作用力本质上仍是电荷对电荷的作用力。

　　例 2.3-1　如图 2.3-2 所示，长 $2l$ 的直导线上流过电流 I，求真空中 P 点的磁通密度。

　　解: 采用圆柱坐标系，电流 $Id z'$ 到 P 点的距离矢量为

$$\overline{R} = \hat{\rho}\rho + \hat{z}(z-z'), \quad R = [\rho^2 + (z-z')^2]^{1/2}$$

$$d\overline{l'} \times \overline{R} = \hat{z}dz' \times [\hat{\rho}\rho + \hat{z}(z-z')] = \hat{\varphi}\rho dz'$$

代入式（2.3-5）得

$$\overline{B} = \hat{\varphi}\frac{\mu_0 I}{4\pi}\int_{-l}^{l}\frac{\rho dz'}{[\rho^2 + (z-z')^2]^{3/2}} = \hat{\varphi}\frac{\mu_0 I}{4\pi\rho}\left[\frac{l-z}{\sqrt{\rho^2 + (z-l)^2}} + \frac{l+z}{\sqrt{\rho^2 + (z+l)^2}}\right]$$

若 $z = 0$，则

$$\overline{B} = \hat{\varphi}\frac{\mu_0 I}{2\pi\rho}\frac{l}{\sqrt{\rho^2 + l^2}}$$

对于无限长直导线，即 $l \to \infty$，有

$$\overline{B} = \hat{\varphi}\frac{\mu_0 I}{2\pi\rho} \qquad (2.3\text{-}8)$$

可见，电流产生的磁场方向都在环绕电流的圆周方向，其大小与径向距离成反比。

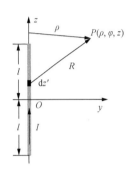

图 2.3-2　载流直导线

3. 磁场的高斯定理

　　利用恒等式 $\nabla(\frac{1}{R}) = -\frac{\overline{R}}{R^3}$ 和 $\nabla \times (\phi\overline{A}) = \nabla\phi \times \overline{A} + \phi\nabla \times \overline{A}$，有

$$\overline{J} \times \frac{\overline{R}}{R^3} = \nabla(\frac{1}{R}) \times \overline{J} = \nabla \times (\frac{\overline{J}}{R}) - \frac{1}{R}\nabla \times \overline{J}$$

右边第二项等于零，因为 $\overline{J}$ 是源点 $\overline{r'}$ 的函数，而 ∇ 算子表示对场点 $\overline{r}$ 求导。于是式（2.3-6）化为

$$\overline{B} = \frac{\mu_0}{4\pi}\nabla \times \int_V \frac{\overline{J}(\overline{r'})}{R}dv' \qquad (2.3\text{-}9)$$

对式（2.3-9）两边取散度，并利用恒等式 $\nabla \cdot (\nabla \times \overline{A}) = 0$，得

$$\nabla \cdot \overline{B} = 0 \qquad (2.3\text{-}10a)$$

把式（2.3-10a）在体积 V 内积分，并利用散度定理，得

$$\oint_S \overline{B} \cdot d\overline{s} = 0 \qquad (2.3\text{-}10b)$$

　　以上两式分别是磁场的高斯定理的微分形式和积分形式，又叫磁通连续性原理。它表明**磁场是无散场，穿过任一封闭曲面的磁通量恒等于零。可见，磁力线总是闭合的，不存在与自由电荷对应的自由磁荷。**

4. 真空中的安培环路定理

　　对式（2.3-9）两边取旋度，有 $\nabla \times \overline{B} = \frac{\mu_0}{4\pi}\nabla \times \nabla \times \int_V \frac{\overline{J}(\overline{r'})}{R}dv'$，利用恒等式 $\nabla \times \nabla \times \overline{A} = \nabla(\nabla \cdot \overline{A}) - \nabla^2 \overline{A}$ 和 $\nabla \cdot (\phi\overline{A}) = (\nabla\phi) \cdot \overline{A} + \phi\nabla \cdot \overline{A}$，并注意到 $\overline{J}(\overline{r'})$ 与 ∇ 无关，有

$$\nabla \times \bar{B} = \frac{\mu_0}{4\pi} \nabla \int_V \bar{J}(\bar{r}') \cdot \nabla \frac{1}{R} dv' - \frac{\mu_0}{4\pi} \int_V \bar{J}(\bar{r}') \nabla^2 \frac{1}{R} dv'$$

利用恒等式 $\nabla \frac{1}{R} = -\nabla' \frac{1}{R}$ 和 $\nabla \cdot (\phi \bar{A}) = (\nabla' \phi) \cdot \bar{A} + \phi \nabla' \cdot \bar{A}$，上式右边第一项可以写成

$$\frac{\mu_0}{4\pi} \nabla \int_V \bar{J}(\bar{r}') \cdot \nabla \frac{1}{R} dv' = -\frac{\mu_0}{4\pi} \nabla \int_V \bar{J}(\bar{r}') \cdot \nabla' \frac{1}{R} dv'$$

$$= -\frac{\mu_0}{4\pi} \nabla \left[\int_V \nabla' \cdot \frac{\bar{J}(\bar{r}')}{R} dv' - \int_V \frac{1}{R} \nabla' \cdot \bar{J}(\bar{r}') dv' \right]$$

$$= -\frac{\mu_0}{4\pi} \nabla \left[\oint_S \frac{\bar{J}(\bar{r}') \cdot}{R} d\bar{s}' - \int_V \frac{1}{R} \nabla' \cdot \bar{J}(\bar{r}') dv' \right]$$

式中，S 为区域 V 的边界面。对于上式右边中括号内的第一项，由于电流完全分布在 V 内，没有电流通过边界 S，所以面积分为零；考虑到是稳恒电流，所以第二项积分也为零。因此，考虑到恒等式 $\nabla^2 \left(\frac{1}{R} \right) = -4\pi \delta(\bar{r} - \bar{r}')$ 和狄拉克函数的取样性，即式（2.1-8），有

$$\nabla \times \bar{B} = \mu_0 \bar{J}(\bar{r}) \tag{2.3-11a}$$

这是安培环路定理的微分形式。它表明磁场是一种有旋场，稳恒磁场的旋涡源是稳定的传导电流，任一磁感应强度的旋度只与该点的电流密度有关，而与其他位置的电流分布无关。

利用斯托克斯定理可得安培环路定理的积分形式为

$$\oint_l \bar{B} \cdot d\bar{l} = \mu_0 I \tag{2.3-11b}$$

表明磁感应强度沿闭合路径的线积分等于该路径所包围的电流 I 的 μ_0 倍。这里的 I 应理解为传导电流的代数和，与闭合曲线 l 的方向成右手螺旋关系的电流取正值，反之取负值。因此，磁场是非保守场。

5. 矢量磁位

根据式（2.3-9）可知，磁感应强度可以写成一个矢量的旋度的形式，即

$$\bar{B} = \nabla \times \bar{A} \tag{2.3-12}$$

式中，$\bar{A}$ 称为恒定磁场的矢量磁位。在电工计算中，利用 $\bar{A}$ 可方便地计算穿过闭合回路所围面积的磁通量：

$$\Phi = \int_S \bar{B} \cdot d\bar{s} = \int_S (\nabla \times \bar{A}) \cdot d\bar{s} = \oint_l \bar{A} \cdot d\bar{l}$$

式中，磁通 Φ 的单位是 Wb（韦伯），因此 $\bar{A}$ 的单位是 Wb/m。与静电场的电位函数不同，恒定磁场的矢量磁位并没有物理意义，它只是辅助计算的一个中间量。

比较式（2.3-9）和式（2.3-12）可知

$$\bar{A}(\bar{r}) = \frac{\mu}{4\pi} \int_V \frac{\bar{J}(\bar{r}')}{R} dv' \tag{2.3-13a}$$

若场源为面电流或线电流，则分别有

$$\bar{A}(\bar{r}) = \frac{\mu}{4\pi} \int_s \frac{\bar{J}_s(\bar{r}')}{R} d\bar{s}' \tag{2.3-13b}$$

$$\bar{A}(\bar{r}) = \frac{\mu}{4\pi} \int_l \frac{I}{R} d\bar{l}' \tag{2.3-13c}$$

可见，$\overline{A}$ 矢量的方向与场源电流的总方向是一致的。

2.3.2 介质的磁化

1. 磁化强度

物质的磁化和电介质的极化一样，也是与物质内部带电粒子的运动密切相关的，这类运动包括电子沿圆形轨道围绕原子核旋转、电子围绕本身的轴做自旋运动，以及原子核的自旋运动。从电磁学的角度来看，这些带电粒子的运动可以等效为一个小的环电流，称为分子电流。分子电流可以用磁偶极矩来描述，可表示为

$$\overline{p}_{\mathrm{m}} = i\overline{s} \tag{2.3-14}$$

式中，i 为分子电流强度；$\overline{s}$ 为分子电流所包围的面积，其方向与电流 i 为右手螺旋关系。

当没有外加磁场时，这些分子磁矩杂乱无章；当有外加磁场时，这些分子磁矩有取向地排列而呈现宏观的磁效应，这种现象叫作介质的磁化。由磁化引起的宏观电流称为磁化电流（也叫束缚电流）。磁化电流将激发宏观磁场，从而改变原来的磁场分布。因此，介质中的磁场由两部分组成，即自由电流产生的外磁场和磁化电流产生的磁场。

为了便于宏观分析物质磁化的程度，引入磁化强度矢量，用 $\overline{M}$ 表示。在磁化后的物质中，**将单位体积内所有磁矩的矢量和定义为磁化强度**，即

$$\overline{M} = \lim_{\Delta V \to 0} \frac{\sum \overline{p}_{\mathrm{m}}}{\Delta V} \tag{2.3-15}$$

磁化强度的单位为 A/m（安培/米）。一般情况下，$\overline{M}$ 是空间和时间坐标的函数。

2. 磁化电流

介质磁化对磁场的影响取决于磁化电流的分布，而磁化电流和磁化强度密切相关。下面就来讨论这种关系。为了区别于自由电流，磁化电流用 I_{m} 表示。

在磁介质中任意取一个由边界曲线 l 限定的曲面 S，使 S 的法向与曲线的绕行方向构成右手螺旋关系，如图 2.3-3（a）所示。可见，只有与边界曲线 l 交链的分子电流才对磁化电流有贡献；其他分子电流要么不穿过曲面 S，要么穿进和穿出 S 各一次，因此对磁化电流都没有贡献。如图 2.3-3（b）所示，在边界曲线上任取线元 $\mathrm{d}\overline{l}$，作一个以其长度为高、分子电流面积 Δs 为底的斜圆柱体。设磁介质单位体积内的分子数为 N，则圆柱体内所有分子贡献的电流为

$$\mathrm{d}I_{\mathrm{m}} = Ni\Delta \overline{s} \cdot \mathrm{d}\overline{l} = N\overline{p}_{\mathrm{m}} \cdot \mathrm{d}\overline{l} = \overline{M} \cdot \mathrm{d}\overline{l}$$

因此，穿过整个曲面 S 的磁化电流为

$$I_{\mathrm{m}} = \oint_l \overline{M} \cdot \mathrm{d}\overline{l} = \int_S \nabla \times \overline{M} \cdot \mathrm{d}\overline{s} \tag{2.3-16}$$

式（2.3-16）采用了斯托克斯定理。如果将磁化电流表示成磁化电流密度 $\overline{J}_{\mathrm{m}}$ 的积分形式，则有

$$I_{\mathrm{m}} = \int_S \overline{J}_{\mathrm{m}} \cdot \mathrm{d}\overline{s} \tag{2.3-17}$$

比较式（2.3-16）和式（2.3-17），得

$$\overline{J}_{\mathrm{m}} = \nabla \times \overline{M} \tag{2.3-18}$$

这是介质中磁化电流体密度和磁化强度的关系，可用来计算介质内部的磁化电流分布。

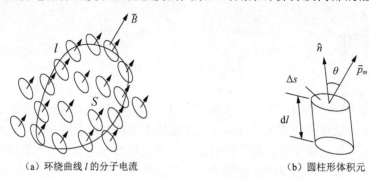

（a）环绕曲线 l 的分子电流　　　　　　（b）圆柱形体积元

图 2.3-3　磁化电流与磁化强度的关系

介质均匀磁化时，$\nabla \times \bar{M} = 0$。介质内部不存在磁化体电流分布，磁化电流只分布在介质分界面上，称为面磁化电流。下面研究面极化电流的计算。

如图 2.3-4 所示，介质两侧的磁化强度分别为 $\bar{M}_1$ 和 $\bar{M}_2$，在两种介质的分界面上作矩形回路 l，长为 Δl 的两条边平行于分界面，宽度为 h。回路所围成的面元法向单位矢量为 $\hat{N}$，它与界面的法向和切向的关系为 $\hat{N} \times \hat{n} = \hat{t}$。将式（2.3-16）应用于上述问题，当 $h \to 0$ 时，沿两条短边的线积分为零。因此有

$$\oint_l \bar{M} \cdot d\bar{l} = (\bar{M}_1 - \bar{M}_2) \cdot \hat{t} \Delta l = \lim_{h \to 0} \bar{J}_m \cdot \Delta \bar{S} = \lim_{h \to 0} \bar{J}_m \cdot \hat{N} h \Delta l = \bar{J}_{ms} \cdot \hat{N} \Delta l$$

式中，$\bar{J}_{ms}$ 为分界面上的磁化电流面密度，于是有

$$\bar{J}_{ms} \cdot \hat{N} = (\bar{M}_1 - \bar{M}_2) \cdot (\hat{N} \times \hat{n}) = \hat{N} \cdot \left[\hat{n} \times (\bar{M}_1 - \bar{M}_2)\right]$$

由此可得

$$\bar{J}_{ms} = \hat{n} \times (\bar{M}_1 - \bar{M}_2) \tag{2.3-19}$$

若介质 1 为真空，则可得

$$\bar{J}_{ms} = -\hat{n} \times \bar{M} = \bar{M} \times \hat{n} \tag{2.3-20}$$

式中，$\hat{n}$ 为介质表面的法向单位矢量。

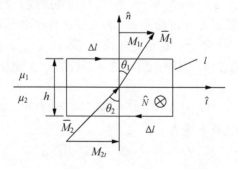

图 2.3-4　磁化强度在分界面上的边界条件

2.3.3　磁场强度与介质中的安培环路定理

磁化介质内部的磁场相当于传导电流 $\bar{J}$ 及磁化电流 $\bar{J}_m$ 在真空中产生的合成磁场。这

样，磁化介质中磁感应强度的旋度方程应该改写为 $\nabla \times \overline{B} = \mu_0(\overline{J} + \overline{J}_m)$，考虑到式（2.3-18），求得 $\nabla \times \overline{B} = \mu_0(\overline{J} + \nabla \times \overline{M})$ 或 $\nabla \times \left(\dfrac{\overline{B}}{\mu_0} - \overline{M} \right) = \overline{J}$。若定义磁场强度矢量为

$$\overline{H} = \frac{\overline{B}}{\mu_0} - \overline{M} \tag{2.3-21}$$

则有

$$\nabla \times \overline{H} = \overline{J} \tag{2.3-22}$$

式中，$\overline{H}$ 称为磁场强度，单位为 A/m。式（2.3-22）称为介质中安培环路定理的微分形式。它表明介质中某点磁场强度的旋度等于该点的传导电流密度。

利用斯托克斯定理，可得其积分形式为

$$\oint_l \overline{H} \cdot \mathrm{d}\overline{l} = \int_S \overline{J} \cdot \mathrm{d}\overline{s} = I \tag{2.3-23}$$

表明介质中的磁场强度沿任一闭合曲线的环量等于闭合曲线所包围的传导电流。

磁化电流并不影响磁场线处处闭合的特性，媒质中的磁感应强度通过任一封闭曲面的通量仍为零，因而磁感应强度的散度仍然处处为零，即

$$\oint_S \overline{B} \cdot \mathrm{d}\overline{s} = 0 \tag{2.3-24}$$

对于大多数介质，磁化强度与磁场强度成正比，即

$$\overline{M} = \chi_m \overline{H} \tag{2.3-25}$$

式中，比例常数 χ_m 称为磁化率，无量纲，可以是正实数或负实数。将式（2.3-25）代入式（2.3-21）得 $\overline{H} = \dfrac{\overline{B}}{\mu_0} - \chi_m \overline{H}$，即

$$\overline{B} = (1 + \chi_m)\mu_0 \overline{H} = \mu_r \mu_0 \overline{H} = \mu \overline{H} \tag{2.3-26}$$

式中，μ 称为磁导率，单位为 H/m（亨利/米）；$\mu_r = 1 + \chi_m$，称为相对磁导率，无量纲。

与介质的电性能一样，介质的磁性能也有均匀与非均匀、线性与非线性、各向同性与各向异性等特点。若介质的磁导率不随空间变化，则称为磁性能均匀媒质；反之，则称为磁性能非均匀媒质。若磁导率与外加磁场强度的大小及方向均无关，磁感应强度与磁场强度成正比，则称为磁性能各向同性的线性媒质。磁性能各向异性的介质的磁导率为张量 $\overline{\overline{\mu}}$，它具有九个分量，$\overline{B}$ 与 $\overline{H}$ 的关系为

$$\overline{B} = \overline{\overline{\mu}} \cdot \overline{H}, \quad \begin{bmatrix} B_x \\ B_y \\ B_z \end{bmatrix} = \begin{bmatrix} \mu_{11} & \mu_{12} & \mu_{13} \\ \mu_{21} & \mu_{22} & \mu_{23} \\ \mu_{31} & \mu_{32} & \mu_{33} \end{bmatrix} \begin{bmatrix} H_x \\ H_y \\ H_z \end{bmatrix}$$

$\chi_m > 0$ 的磁介质称为顺磁体，此时 $\mu_r > 1$；而 $\chi_m < 0$ 的磁介质称为抗磁体，此时 $\mu_r < 1$。但是，无论是抗磁性介质还是顺磁性媒质，其磁化现象均很微弱，因此，可以认为它们的相对磁导率基本上等于 1。另有一类铁磁性媒质的磁化现象非常显著，其磁导率可以达到很大的数值，此时 μ_r 是 $\overline{H}$ 的函数，且与原始的磁化状态有关。

例 2.3-2　如图 2.3-5 所示，无限长线电流 I 位于 z 轴，介质分界面为平面，求空间的磁场分布和磁化电流分布。

解：电流呈轴对称分布，可用安培环路定理求解。磁场方向沿 $\hat{\varphi}$ 方向，且与边界面相切，由边界条件可知，在分界面两边，$\overline{H}$ 连续而 $\overline{B}$ 不连续。

由安培环路定理得

$$\bar{H} = \frac{I}{2\pi\rho}\hat{\varphi}$$

因此

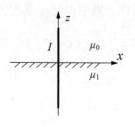

$$\bar{B} = \begin{cases} \dfrac{\mu_0 I}{2\pi\rho}\hat{\varphi} & (z > 0) \\[3mm] \dfrac{\mu_1 I}{2\pi\rho}\hat{\varphi} & (z < 0) \end{cases}$$

图 2.3-5 介质分界面上的磁化电流

$$\bar{M} = \frac{\bar{B}}{\mu_0} - \bar{H} = \frac{(\mu_1 - \mu_0)I}{2\pi\mu_0\rho}\hat{\varphi}$$

$$\bar{J}_{\mathrm{m}} = \nabla \times \bar{M} = \begin{vmatrix} \dfrac{1}{\rho}\hat{\rho} & \hat{\varphi} & \dfrac{1}{\rho}\hat{z} \\[2mm] \dfrac{\partial}{\partial\rho} & \dfrac{\partial}{\partial\varphi} & \dfrac{\partial}{\partial z} \\[2mm] M_\rho & \rho M_\varphi & M_z \end{vmatrix} = 0$$

$$\bar{J}_{\mathrm{sm}} = \bar{M} \times \hat{n} = \frac{(\mu_1 - \mu_0)I}{2\pi\mu_0\rho}\hat{\varphi} \times \hat{z} = \hat{\rho}\frac{(\mu_1 - \mu_0)I}{2\pi\mu_0\rho}$$

在介质内 $\rho = 0$ 的位置，磁介质中还存在磁化线电流 I_{m}。磁化媒质内部的磁场相当于传导电流及磁化电流在真空中产生的合成磁场，因此有

$$I + I_{\mathrm{m}} = \oint_l \frac{\bar{B}}{\mu_0} \cdot \mathrm{d}\bar{l}$$

又因为磁介质内 $\oint_l \bar{B} \cdot \mathrm{d}\bar{l} = \mu_1 I$，所以 $I + I_{\mathrm{m}} = \dfrac{\mu_1 I}{\mu_0}$，得

$$I_{\mathrm{m}} = \left(\frac{\mu_1}{\mu_0} - 1\right)I = (\mu_{\mathrm{r}1} - 1)I$$

§2.4 时变电磁场

2.4.1 法拉第-楞次定律

法拉第-楞次（Heinrich Friedrich Emil Lenz, 1804—1865, 俄）定律又称电磁感应定律，它指出，当导线回路所交链的磁通量随时间改变时，回路中有感应电动势，而且正比于磁通的变化率。**楞次**指出了感应电动势的极性，即它在回路中引起的感应电流产生的磁场总**阻碍磁通的变化**。这两个结果的结合就是电磁感应定律，其数学表达式为

$$\xi = \oint_l \bar{E} \cdot \mathrm{d}\bar{l} = -\frac{\mathrm{d}\Phi}{\mathrm{d}t} \tag{2.4-1a}$$

式中，左边代表回路的感应电动势，$\Phi = \int_s \bar{B} \cdot d\bar{s}$ 代表回路所交链的磁通量。磁通量的变化可以源于磁场随时间的变化，也可以由回路自身的运动产生。这样，式（2.4-1a）可写成

$$\xi = -\frac{d\Phi}{dt} = -\int_s \frac{\partial \bar{B}}{\partial t} \cdot d\bar{s} + \oint_l (\bar{v} \times \bar{B}) \cdot d\bar{l} \tag{2.4-1b}$$

式中，右边第一项是磁场随时间变化在回路中产生的"感生电动势"；第二项是导体回路中的电荷以速度 $\bar{v}$ 在磁场中运动受到洛伦兹力而做功引起的"动生电动势"。

如果回路是静止的，则穿过回路的磁通量的改变只有由于 $\bar{B}$ 随时间变化所引起的项，因而得

$$\oint_l \bar{E} \cdot d\bar{l} = -\int_s \frac{\partial \bar{B}}{\partial t} \cdot d\bar{s} \tag{2.4-2a}$$

应用斯托克斯定理，对于任意的曲面，有

$$\nabla \times \bar{E} = -\frac{\partial \bar{B}}{\partial t} \tag{2.4-2b}$$

以上两式分别是电磁感应定律的积分形式和微分形式。

如果回路是运动的，用 ξ' 表示运动系统中的电动势，用 $\bar{E}'$ 表示运动系统中的电场，则可得

$$\xi' = \oint_l \bar{E}' \cdot d\bar{l} = = -\int_s \frac{\partial \bar{B}}{\partial t} \cdot d\bar{s} + \oint_l (\bar{v} \times \bar{B}) \cdot d\bar{l} \tag{2.4-3a}$$

根据斯托克斯定理，式（2.4-3a）也可写成

$$\int_s \nabla \times (\bar{E}' - \bar{v} \times \bar{B}) \cdot d\bar{s} = \int_s -\frac{\partial \bar{B}}{\partial t} \cdot d\bar{s}$$

对于任意的曲面，有

$$\nabla \times (\bar{E}' - \bar{v} \times \bar{B}) = -\frac{\partial \bar{B}}{\partial t} \tag{2.4-3b}$$

式（2.4-3b）是运动系统的电磁感应定律的微分形式。注意：在运动系统中，$-\partial \bar{B} / \partial t$ 项与回路静止时相同，$\bar{v} \times \bar{B}$ 是运动系统才有的，ξ' 和 $\bar{E}'$ 是运动系统的观测量。

比较式（2.4-2b）和式（2.4-3b）可知

$$\bar{E} = \bar{E}' - \bar{v} \times \bar{B} \tag{2.4-4}$$

式（2.4-4）给出了在运动系统和静止系统中观测到的电场的差别，详细的论述见文献[9]。

2.4.2　位移电流与全电流定律

电磁感应定律揭示了变化的磁场会激发电场，那么，变化的电场是否也会激发磁场呢？麦克斯韦发现，如果将安培环路定理直接应用到时变电磁场中会出现矛盾，为此，提出了位移电流假说，并修正了安培环路定理。

下面来考察安培环路定理，对其两边取散度，有

$$\nabla \cdot (\nabla \times \bar{H}) = 0 = \nabla \cdot \bar{J} \tag{2.4-5}$$

式中，$\nabla \cdot \bar{J} = 0$ 是恒定电流的连续性方程，不适用于时变电磁场，因为它与电荷守恒定律 $\nabla \cdot \bar{J} = -\frac{\partial \rho}{\partial t}$ 相矛盾。下面用含电容器的时变电压电路来说明这一矛盾。如图 2.4-1 所示，

过电容器极板中间作一个封闭曲面 S。封闭曲面内没有电流流出，因此积分 $\int_S \bar{J} \cdot d\bar{S} \neq 0$，这与式（2.4-5）不相符。这个例子佐证了上述矛盾。

针对这一矛盾，麦克斯韦断言，在电容器极板间必存在另一种电流。实际上，电容器极板上的电荷分布随外加电源的时间变化规律而变化，从而在极板间形成时变场。麦克斯韦认为，另一种电流就是由时变电场引起的，称为位移电流。

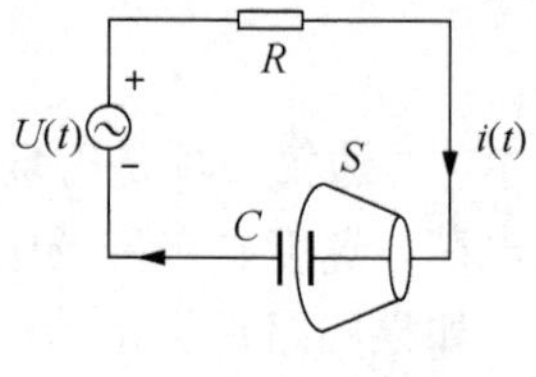

为了考察位移电流，假设静电场中的高斯定理仍然成立，将其代入电荷守恒定律，得 $\nabla \cdot \bar{J} = -\dfrac{\partial \rho}{\partial t} = -\dfrac{\partial}{\partial t} \nabla \cdot \bar{D}$，由此得

图 2.4-1　含电容器的时变电压电路

$$\nabla \cdot \left(\bar{J} + \frac{\partial \bar{D}}{\partial t} \right) = (\bar{J} + \bar{J}_d) = 0$$

式中，附加项 $\partial \bar{D}/\partial t$ 定义为位移电流密度，用 $\bar{J}_d$ 表示，即

$$\bar{J}_d = \frac{\partial \bar{D}}{\partial t} \tag{2.4-6}$$

位移电流的单位是 A/m^2（安培/平方米）。那么，安培环路定理可修正为

$$\nabla \times \bar{H} = \bar{J} + \frac{\partial \bar{D}}{\partial t} \tag{2.4-7a}$$

式（2.4-7a）满足时变场的电荷守恒定律；而对于静态场，$\partial \bar{D}/\partial t = 0$，仍有静电场的电流连续性方程 $\nabla \cdot \bar{J} = 0$。因此式（2.4-7a）是普遍形式，称为全电流定律。它的重大意义是除传导电流外，时变电场也将激发磁场。

应用斯托克斯定理，得式（2.4-7a）的积分形式：

$$\oint_l \bar{H} \cdot d\bar{l} = \int_S \left(\bar{J} + \frac{\partial \bar{D}}{\partial t} \right) \cdot d\bar{s} \tag{2.4-7b}$$

说明**磁场强度沿任意闭合路径的线积分等于该路径所包围曲面上的全部电流之和**。

一般电流有两种：导体中的传导电流和真空或气体中的运流电流。这两种电流都伴随电荷的运动；而位移电流并不代表电荷的运动，仅具有电流密度的量纲，但是也能激发磁场。从这一意义上说，它与传导电流和运流电流是等效的，因而三者合称为全电流。可见，**式（2.4-7a）和式（2.4-7b）中的 $\bar{J}$ 应包括传导电流和运流电流**。

§2.5　电磁场的普遍方程

2.5.1　麦克斯韦方程组

麦克斯韦提出位移电流的概念后，总结以往的电磁学实践和理论，在 1864 年发表了划时代著作《电磁场的动力学理论》，提出了电磁场的普遍方程组。它是既适用于静态场又适用于时变场的宏观电磁场的普遍方程。

为便于引用，现将麦克斯韦方程组的微分形式、积分形式一起列在表 2.5-1 中。

表 2.5-1 麦克斯韦方程组

微分形式		积分形式	
$\nabla \times \bar{E} = -\dfrac{\partial \bar{B}}{\partial t}$	(2.5-1a)	$\oint_l \bar{E} \cdot \mathrm{d}\bar{l} = -\int_s \dfrac{\partial \bar{B}}{\partial t} \cdot \mathrm{d}\bar{s}$	(2.5-1a′)
$\nabla \times \bar{H} = \bar{J} + \dfrac{\partial \bar{D}}{\partial t}$	(2.5-1b)	$\oint_l \bar{H} \cdot \mathrm{d}\bar{l} = \int_s (\bar{J} + \dfrac{\partial \bar{D}}{\partial t}) \cdot \mathrm{d}\bar{s}$	(2.5-1b′)
$\nabla \cdot \bar{D} = \rho$	(2.5-1c)	$\oint_S \bar{D} \cdot \mathrm{d}\bar{s} = Q$	(2.5-1c′)
$\nabla \cdot \bar{B} = 0$	(2.5-1d)	$\oint_S \bar{B} \cdot \mathrm{d}\bar{s} = 0$	(2.5-1d′)

下面阐述一下麦克斯韦方程组的物理意义。式（**2.5-1a**）与式（**2.5-1a′**）描述的是电磁感应定律，说明时变磁场能够激发电场；式（**2.5-1b**）与式（**2.5-1b′**）描述的是全电流定律，说明电流和时变电场都能够激发磁场；式（**2.5-1c**）与式（**2.5-1c′**）描述的是高斯定理，说明穿过任一封闭曲面的电通量等于该曲面所包围的自由电荷电量；式（**2.5-1d**）与式（**2.5-1d′**）描述的是磁通连续性原理，说明穿过任一封闭曲面的磁通量恒等于零。把电磁感应定律和全电流定律结合起来便得出如下概念：时变磁场能够激发时变电场，时变电场也能够激发时变磁场。事实上，即使在无源区，时变磁场和时变电场也可以相互激发而形成电磁波。

麦克斯韦基于这组方程导出了电磁波的运动方程，即波动方程，理论上预言了电磁波的存在。后来，这一预见在 1887 年由德国年青学者海因里希·赫兹（Heinrich Hertz,1857—1894 年,德）用实验证实。自 1894 年以后，尼古拉·特斯拉（Nikola Tesla,1856—1943 年,美）、亚历山大·波波夫（Alexander Popov,1859—1906 年,俄）和伽利尔摩·马可尼（Guglielmo Marconi,1874—1937 年,意）先后成功地进行了无线电传送实验，开创了人类无线电通信的新纪元。

2.5.2 波动方程

1. 本构关系

为了求解麦克斯韦方程组，还需要表达场矢量间相互关系的方程，它们与媒质特性有关，称为本构关系。对于简单媒质，本构关系为

$$\bar{D} = \varepsilon \bar{E} \tag{2.5-1e}$$

$$\bar{B} = \mu \bar{H} \tag{2.5-1f}$$

$$\bar{J} = \sigma \bar{E} \tag{2.5-1g}$$

对于真空（或空气），$\varepsilon = \varepsilon_0$、$\mu = \mu_0$、$\sigma = 0$。而 $\sigma = 0$ 的介质称为理想介质，$\sigma = \infty$ 的导体称为理想导体，σ 介于二者之间的媒质统称为导电媒质。式（2.5-1g）描述的导电媒质中电场和电流的关系实际上是欧姆定律的微分形式，这将在第 3 章中进行详细介绍。

简单媒质是指均匀、线性、各向同性的媒质。 有关定义如下：若媒质参数与位置无关，则称为均匀媒质；若媒质参数与场强大小无关，则称为线性媒质；若媒质参数与场强方向无关，则称为各向同性媒质；**若媒质参数与场强频率无关，则称为非色散媒质，反之则称为色散媒质。**

利用式（2.5-1e）、式（2.5-1f）、式（2.5-1g）所示的关系后，表 2.5-1 中的式（2.5-1a）～式（2.5-1d）可化为

$$\nabla \times \bar{E} = -\mu \frac{\partial \bar{H}}{\partial t} \tag{2.5-2a}$$

$$\nabla \times \bar{H} = \bar{J} + \varepsilon \frac{\partial \bar{E}}{\partial t} \tag{2.5-2b}$$

$$\nabla \cdot \bar{E} = \rho / \varepsilon \tag{2.5-2c}$$

$$\nabla \cdot \bar{H} = 0 \tag{2.5-2d}$$

这四个方程称为麦克斯韦方程组的限定形式,因为它们仅适用于特定的媒质。

2. 波动方程

下面研究一下简单媒质中的波动方程。首先对式(2.5-2a)两边取旋度,并利用矢量恒等式 $\nabla \times \nabla \times \bar{A} = \nabla(\nabla \cdot \bar{A}) - \nabla^2 \bar{A}$,得

$$\nabla \times \nabla \times \bar{E} = \nabla(\nabla \cdot \bar{E}) - \nabla^2 \bar{E} = -\mu \frac{\partial}{\partial t}(\nabla \times \bar{H})$$

再将式(2.5-2b)和式(2.5-2c)代入上式,得

$$\nabla \frac{\rho}{\varepsilon} - \nabla^2 \bar{E} = -\mu \frac{\partial \bar{J}}{\partial t} - \mu\varepsilon \frac{\partial^2 \bar{E}}{\partial t^2}$$

即

$$\nabla^2 \bar{E} - \mu\varepsilon \frac{\partial^2 \bar{E}}{\partial t^2} = \mu \frac{\partial \bar{J}}{\partial t} + \nabla \frac{\rho}{\varepsilon} \tag{2.5-3}$$

同样地,首先对式(2.5-2b)两边取旋度,可得

$$\nabla(\nabla \cdot \bar{H}) - \nabla^2 \bar{H} = \nabla \times \bar{J} + \varepsilon \frac{\partial}{\partial t}(\nabla \times \bar{E})$$

再将式(2.5-2a)和式(2.5-2d)代入上式,可得

$$\nabla^2 \bar{H} - \mu\varepsilon \frac{\partial^2 \bar{H}}{\partial t^2} = -\nabla \times \bar{J} \tag{2.5-4}$$

式(2.5-3)和式(2.5-4)分别是 $\bar{E}$ 与 $\bar{H}$ 的非齐次矢量波动方程。若区域内没有场源电流和电荷,即 $\bar{J} = 0$,$\rho = 0$,则可得齐次波动方程:

$$\nabla^2 \bar{E} - \mu\varepsilon \frac{\partial^2 \bar{E}}{\partial t^2} = 0 \tag{2.5-5}$$

$$\nabla^2 \bar{H} - \mu\varepsilon \frac{\partial^2 \bar{H}}{\partial t^2} = 0 \tag{2.5-6}$$

这两个式子称为 $\bar{E}$ 和 $\bar{H}$ 的齐次矢量波动方程。

2.5.3 达朗贝尔方程

引入位函数的主要目的是使对式(2.5-3)和式(2.5-4)的求解改为对较为简单的位函数方程的求解。在解出位函数后便可容易地得出场量 $\bar{E}$ 和 $\bar{H}$。这里间接法中的积分要比直接法中的积分容易得多。本节就来介绍简单媒质中电磁场位函数的定义与方程。

由表 2.5-1 中的式(2.5-1d)可知 $\nabla \cdot \bar{B} = 0$。利用恒等式 $\nabla \cdot (\nabla \times \bar{A}) = 0$,可引入矢量磁位函数 $\bar{A}$(简称矢位或磁矢位):

$$\bar{B} = \nabla \times \bar{A} \tag{2.5-7}$$

$$\overline{H} = \frac{1}{\mu} \nabla \times \overline{A} \tag{2.5-8}$$

而由表 2.5-1 中的式（2.5-1a）可知 $\nabla \times \overline{E} + \frac{\partial \overline{B}}{\partial t} = 0$。把式（2.5-7）代入，得 $\nabla \times (\overline{E} + \frac{\partial \overline{A}}{\partial t}) = 0$。

由于 $\nabla \times \nabla \phi = 0$，因此可引入标量位函数，使 $\overline{E} + \frac{\partial \overline{A}}{\partial t} = -\nabla \phi$，即

$$\overline{E} = -\nabla \phi - \frac{\partial \overline{A}}{\partial t} \tag{2.5-9}$$

这里 $\nabla \phi$ 前加负号是为了使 $\partial \overline{A}/\partial t = 0$ 时化为静电场的场位关系 $\overline{E} = -\nabla \phi$。

将式（2.5-8）和式（2.5-9）代入表 2.5-1 中的式（2.5-1b），可得 $\overline{A}$ 的方程：

$$\nabla \times \nabla \times \overline{A} = \mu \overline{J} + \mu \varepsilon \frac{\partial}{\partial t} (-\nabla \phi - \frac{\partial \overline{A}}{\partial t})$$

因为 $\nabla \times \nabla \times \overline{A} = \nabla (\nabla \cdot \overline{A}) - \nabla^2 \overline{A}$，所以上式可改写为

$$\nabla^2 \overline{A} - \mu \varepsilon \frac{\partial^2 \overline{A}}{\partial t^2} = -\mu \overline{J} + \nabla (\nabla \cdot \overline{A} + \mu \varepsilon \frac{\partial \phi}{\partial t}) \tag{2.5-10}$$

通过定义 $\overline{A}$ 的散度可把这个方程简化。因为上面引入 $\overline{A}$ 时仅规定了它的旋度。由亥姆霍兹定理可知，一个矢量场仅规定它的旋度，这个矢量还不是唯一的。因此，还必须规定 $\overline{A}$ 的散度，只有这样，$\overline{A}$ 才是唯一确定的。这个附加条件又称为规范条件。对于不同的场合，可以选用不同的规范条件。为使式（2.5-10）具有最简单的形式，令

$$\nabla \cdot \overline{A} = -\mu \varepsilon \frac{\partial \phi}{\partial t} \tag{2.5-11}$$

此式称为洛仑兹规范，将它代入式（2.5-10），得

$$\nabla^2 \overline{A} - \mu \varepsilon \frac{\partial^2 \overline{A}}{\partial t^2} = -\mu \overline{J} \tag{2.5-12a}$$

对于标量位 ϕ，把式（2.5-9）代入表 2.5-1 中的式（2.5-1c），得其方程为

$$\nabla^2 \phi + \frac{\partial}{\partial t} \nabla \cdot \overline{A} = -\frac{\rho}{\varepsilon}$$

采用规范条件式（2.5-11）后，上式化为

$$\nabla^2 \phi - \mu \varepsilon \frac{\partial^2 \phi}{\partial t^2} = -\frac{\rho}{\varepsilon} \tag{2.5-12b}$$

式（2.5-12a）和式（2.5-12b）称为 $\overline{A}$ 与 ϕ 的非齐次波动方程，又叫达朗贝尔（Jean le Rond d'Alembert, 1717—1783，法）方程。

在静态电磁场中，$\frac{\partial}{\partial t} \to 0$，矢量磁位和标量电位满足如下方程：

$$\nabla^2 \overline{A} = -\mu \overline{J} \tag{2.5-13a}$$

$$\nabla^2 \phi = -\frac{\rho}{\varepsilon} \tag{2.5-13b}$$

2.5.4　坡印廷定理

电磁场是具有能量的。例如，我们见到的太阳光就是一种电磁波，地球上的生物正是

从太阳光接收能量而得以生存的。我们日常使用的微波炉正是利用微波所携带的能量给食品加热的。时变电磁场中能量守恒定律的表达形式称为坡印廷定理。它可由表 2.5-1 中的式（2.5-1a）、式（2.5-1b）导出。将式（2.5-1a）、式（2.5-1b）代入下述矢量恒等式：

$$\nabla \cdot (\bar{E} \times \bar{H}) = \bar{H} \cdot (\nabla \times \bar{E}) - \bar{E} \cdot (\nabla \times \bar{H})$$

得

$$\nabla \cdot (\bar{E} \times \bar{H}) = \bar{H} \cdot (-\frac{\partial \bar{B}}{\partial t}) - \bar{E} \cdot (\bar{J} + \frac{\partial \bar{D}}{\partial t})$$

即

$$-\nabla \cdot (\bar{E} \times \bar{H}) = \bar{H} \cdot \frac{\partial \bar{B}}{\partial t} + \bar{E} \cdot \frac{\partial \bar{D}}{\partial t} + \bar{E} \cdot \bar{J}$$

将上式两边对封闭曲面 S 所包围的体积 V 进行积分，并利用散度定理后得

$$-\oint_S (\bar{E} \times \bar{H}) \cdot d\bar{s} = \int_V (\bar{H} \cdot \frac{\partial \bar{B}}{\partial t} + \bar{E} \cdot \frac{\partial \bar{D}}{\partial t} + \bar{E} \cdot \bar{J}) dv \qquad (2.5\text{-}14)$$

这就是适用于一般媒质的坡印廷定理，由英国物理学家约翰·坡印廷（John Poynting, 1852—1914, 英）在 1884 年提出。为便于理解其意义，下面研究简单媒质的情形。此时有

$$\bar{E} \cdot \frac{\partial \bar{D}}{\partial t} = \varepsilon \bar{E} \cdot \frac{\partial \bar{E}}{\partial t} = \varepsilon (E_x \frac{\partial E_x}{\partial t} + E_y \frac{\partial E_y}{\partial t} + E_z \frac{\partial E_z}{\partial t})$$

$$= \varepsilon (\frac{1}{2} \frac{\partial E_x^2}{\partial t} + \frac{1}{2} \frac{\partial E_y^2}{\partial t} + \frac{1}{2} \frac{\partial E_z^2}{\partial t}) = \frac{\partial}{\partial t} (\frac{1}{2} \varepsilon E^2)$$

$$\bar{H} \cdot \frac{\partial \bar{B}}{\partial t} = \mu \bar{H} \cdot \frac{\partial \bar{H}}{\partial t} = \frac{\partial}{\partial t} (\frac{1}{2} \mu H^2)$$

于是式（2.5-14）化为

$$-\oint_S (\bar{E} \times \bar{H}) \cdot d\bar{s} = \frac{\partial}{\partial t} \int_V (\frac{1}{2} \varepsilon E^2 + \frac{1}{2} \mu H^2) dv + \int_V \bar{E} \cdot \bar{J} dv \qquad (2.5\text{-}15)$$

式中

$$\frac{1}{2} \varepsilon E^2 = w_e \qquad (2.5\text{-}16a)$$

$$\frac{1}{2} \mu H^2 = w_m \qquad (2.5\text{-}16b)$$

分别为电场能量密度和磁场能量密度。另外，还有

$$p_\sigma = \bar{E} \cdot \bar{J} = \sigma E^2 \qquad (2.5\text{-}17)$$

式（2.5-17）为传导电流引起的热损耗功率密度。

式（2.5-15）表示流入体积 V 中的电磁场能量等于电磁场能量随时间的增加率和热损耗功率之和。式（2.5-15）还表明，**电磁场既是能量的传递者又是能量的携带者**。

$\oint_S (\bar{E} \times \bar{H}) \cdot d\bar{s}$ 代表单位时间内流出封闭曲面 S 的能量，即流出 S 的功率。因此有

$$\bar{S} = \bar{E} \times \bar{H} \qquad (2.5\text{-}18)$$

式中，$\bar{S}$ 称为能流密度矢量，又称坡印廷矢量，单位是 W/m²，其方向就是功率流的方向。它与矢量 $\bar{E}$ 和 $\bar{H}$ 相互垂直，三者构成右手螺旋关系。于是，式（2.5-15）简写为

$$-\oint_S \bar{S} \cdot d\bar{s} = \frac{\partial}{\partial t} \int_V (w_e + w_m) dv + \int_V p_\sigma dv \qquad (2.5\text{-}19)$$

例 2.5-1 如图 2.5-1 所示，同轴线内、外导体半径分别为 a、b，两导体间充填介电常数为 ε、磁导率为 μ_0 的理想介质。同轴线长 l，内导体电导率为 σ，内、外导体分别通过电流

I 和 $-I$，内、外导体间的电压为 U。证明：①内、外导体间向负载传送的功率为 UI；②流入内导体表面的电磁功率正好等于导线内部的热损耗功率。

证明：①由高斯定理可知（例 2.2-5），介质中的电场为 $\bar{E} = \hat{\rho} U / (\rho \ln(b/a))$；又由安培环路定理可知

$$\bar{B} = \hat{\varphi} \frac{\mu_0 I}{2\pi\rho} \rightarrow \bar{H} = \hat{\varphi} \frac{I}{2\pi\rho}$$

因此

$$\bar{S} = \bar{E} \times \bar{H} = \hat{z} \frac{UI}{2\pi\rho^2 \ln\frac{b}{a}}$$

故传输功率为

$$P = \int_S \bar{S} \cdot \mathrm{d}\bar{s} = \frac{UI}{2\pi \ln\frac{b}{a}} \cdot 2\pi \int_a^b \frac{\rho \mathrm{d}\rho}{\rho^2} = UI$$

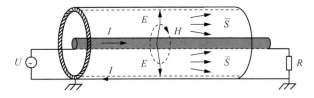

图 2.5-1 同轴线的功率传输

②设内导体截面积为 $A_0 = \pi a^2$，导体表面（$\rho = a$）的切向电场和磁场为

$$\bar{E} = \frac{\bar{J}}{\sigma} = \hat{z} \frac{I}{\sigma A_0} \qquad \bar{H} = \hat{\varphi} \frac{I}{2\pi a}$$

故表面的横向坡印廷矢量为

$$\bar{S} = \bar{E} \times \bar{H} = -\hat{\rho} \frac{I^2}{2\sigma\pi a A_0}$$

因此，进入内导体表面的电磁功率为

$$-\oint_S \bar{S} \cdot \mathrm{d}\bar{s} = \oint_S \frac{I^2}{2\pi a A_0} \mathrm{d}s = \frac{I^2}{2\sigma\pi a A_0} \cdot 2\pi a l = I^2 \frac{l}{\sigma A} = I^2 R$$

式中，$R = l / (\sigma A_0)$。另外，导体内的热损耗功率为

$$P_\sigma = \int_V p_\sigma \mathrm{d}v = \int_V \sigma E^2 \mathrm{d}v = \int_V \frac{J^2}{\sigma} \mathrm{d}v = \frac{I^2}{\sigma A_0} \cdot Al = I^2 \frac{l}{\sigma A_0} = I^2 R \qquad (2.5\text{-}20)$$

由此可证明流入内导体表面的电磁功率正好等于导线内部的热损耗功率。也就是电路理论中的焦耳定律。同时证明了式（2.5-17）是焦耳定律的微分形式，代表场点单位体积内的热损耗功率。

可见，导体的有限电导率使同轴线内导体表面的电场强度不仅有法向分量，还有切向分量。因此，坡印廷矢量出现横向分量代表向导体表面流入的功率，此功率在导体内部转变为热损耗功率。这一过程也说明，**传输线所传输的功率其实是通过内、外导体间的电磁场传送的，导体结构只起着引导的作用，并且在引导中也带来一定的功率损失**。

§2.6 电磁场的边界条件

2.6.1 一般情形

在实际问题中，常常需要求解麦克斯韦方程组在不同区域的特解。为此需要知道两种媒质分界面处电磁场应满足的关系，即边界条件。**由于分界面两侧媒质的性质不同，媒质参数 ε、μ、σ 在突变，因此边界上麦克斯韦方程组的微分形式失去了意义。**下面从积分形式来导出边界两侧电磁场间的关系。

参看图 2.6-1（a），跨越边界两侧作小回路 l，其边长 Δl 紧贴边界，其高度 Δh 为一高阶微量，小回路所包围的面积 $\Delta S = \Delta l \times \Delta h$ 也是高阶微量。对此回路应用表 2.5-1 中的旋度方程式 $\oint_l \overline{H} \cdot \mathrm{d}\overline{l} = \int_S (\overline{J} + \dfrac{\partial \overline{D}}{\partial t}) \cdot \mathrm{d}\overline{s}$，考虑到当 $\Delta h \rightarrow 0$ 时，$\overline{H}$ 沿两条短边的线积分为零；对于是有限值的 $\dfrac{\partial \overline{D}}{\partial t}$，其面积分也可以忽略，因此有

$$\overline{H}_1 \cdot \hat{t} \Delta l - \overline{H}_2 \cdot \hat{t} \Delta l = \lim_{h \to 0} \overline{J} \cdot \Delta \overline{S} = \lim_{h \to 0} \overline{J} \cdot \Delta h \Delta l \hat{N} = \overline{J}_s \cdot \Delta l \hat{N}$$

式中，J_s 是传导电流面密度。略去 Δl，有 $\overline{H}_1 \cdot \hat{t} - \overline{H}_2 \cdot \hat{t} = \overline{J}_s \cdot \hat{N}$，也可以写成

$$(\overline{H}_1 - \overline{H}_2) \cdot (\hat{N} \times \hat{n}) = \hat{n} \times (\overline{H}_1 - \overline{H}_2) \cdot \hat{N} = \overline{J}_s \cdot \hat{N}$$

式中，$\hat{N}$ 是任意的，因此有

$$\hat{n} \times (\overline{H}_1 - \overline{H}_2) = \overline{J}_s \quad \text{或} \quad H_{1t} - H_{2t} = J_s$$

按照类似的推导方法，可得

$$\hat{n} \times (\overline{E}_1 - \overline{E}_2) = 0 \quad \text{或} \quad E_{1t} = E_{2t}$$

可见，在存在自由电流的分界面上，切向磁场不连续，而切向电场总是连续的。

法向分量的边界条件可参照图 2.6-1（b），在边界两侧各取小面元 ΔS，二者相距 Δh（高阶微量）。在计算穿出小体积元 $\Delta S \times \Delta h$ 表面的 $\overline{D}$ 通量时，考虑到 ΔS 很小，其上 $\overline{D}$ 可视为常数，而 Δh 为高阶微量，因此穿出侧壁的通量可忽略，从而得

$$\overline{D}_1 \cdot \hat{n} \Delta S + \overline{D}_2 \cdot (-\hat{n} \Delta S) = (D_{1n} - D_{2n}) \Delta S = \rho_s \Delta S$$

式中，ρ_s 是分界面上自由电荷的面密度。对于理想导体，$\sigma \rightarrow \infty$，其内部不存在电场（否则将产生无限大的电流密度 $\overline{J} = \sigma \overline{E}$），其电荷只存在于理想导体表面，从而形成面电荷 ρ_s。于是有

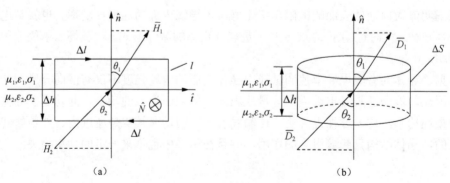

图 2.6-1 电磁场边界条件

$$\hat{n} \cdot (\bar{D}_1 - \bar{D}_2) = \rho_s \quad 或 \quad D_{1n} - D_{2n} = \rho_s$$

同理，可得

$$\hat{n} \cdot (\bar{B}_1 - \bar{B}_2) = 0 \quad 或 \quad B_{1n} - B_{2n} = 0$$

为方便引用，将以上边界条件归纳到表 2.6-1 中。其中 $\hat{n}$ 为分界面的法向单位矢量，由媒质 2 指向媒质 1（媒质 2 的外法向）。

表 2.6-1　电磁场边界条件的一般形式

代数式		矢量式	
$E_{1t} = E_{2t}$	(2.6-1a)	$\hat{n} \times \bar{E}_1 = \hat{n} \times \bar{E}_2$	(2.6-2a)
$H_{1t} - H_{2t} = J_s$	(2.6-1b)	$\hat{n} \times (\bar{H}_1 - \bar{H}_2) = \bar{J}_s$	(2.6-2b)
$D_{1n} - D_{2n} = \rho_s$	(2.6-1c)	$\hat{n} \cdot (\bar{D}_1 - \bar{D}_2) = \rho_s$	(2.6-2c)
$B_{1n} = B_{2n}$	(2.6-1d)	$\hat{n} \cdot \bar{B}_1 = \hat{n} \cdot \bar{B}_2$	(2.6-2d)

2.6.2　两种特殊的边界条件

下面讨论两种常见的特殊情形：①两种理想介质的边界；②理想介质与理想导体间的边界。

对于理想介质间的边界，由于理想介质（$\sigma = 0$）是无欧姆损耗的简单媒质，所以在两种理想介质的分界面上不存在面电流和自由电荷，即 $\bar{J}_s = 0$，$\rho_s = 0$。因此有相应的边界条件，如表 2.6-2 所示。

表 2.6-2　两种理想介质间的边界条件

代数式		矢量式	
$E_{1t} = E_{2t}$	(2.6-3a)	$\hat{n} \times \bar{E}_1 = \hat{n} \times \bar{E}_2$	(2.6-4a)
$H_{1t} = H_{2t}$	(2.6-3b)	$\hat{n} \times \bar{H}_1 = \hat{n} \times \bar{H}_2$	(2.6-4b)
$D_{1n} = D_{2n}$	(2.6-3c)	$\hat{n} \cdot \bar{D}_1 = \hat{n} \cdot \bar{D}_2$	(2.6-4c)
$B_{1n} = B_{2n}$	(2.6-3d)	$\hat{n} \cdot \bar{B}_1 = \hat{n} \cdot \bar{B}_2$	(2.6-4d)

理想导体表面的电磁场如图 2.6-2 所示，媒质①为理想介质（$\sigma = 0$），媒质②为理想导体（$\sigma \to \infty$）。理想导体内部不存在电荷，因此不存在电场，即 $\bar{E}_2 = \bar{D}_2 = 0$。同时，在时变情形下，理想导体内也不存在磁场，否则它们将产生感应电动势，从而形成极大的电流。因此 $\bar{B}_2 = \bar{H}_2 = 0$。这样，一般的边界条件式（2.6-1）、式（2.6-2）就简化为表 2.6-3 中的结果，其中 $\hat{n}$ 为导体的外法向单位矢量。

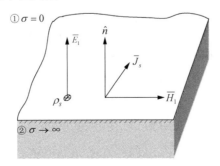

图 2.6-2　理想导体表面的电磁场

表 2.6-3　理想介质和理想导体间的边界条件

代数式		矢量式	
$E_{1t} = 0$	(2.6-5a)	$\hat{n} \times \overline{E}_1 = 0$	(2.6-6a)
$H_{1t} = J_s$	(2.6-5b)	$\hat{n} \times \overline{H}_1 = \overline{J}_s$	(2.6-6b)
$D_{1n} = \rho_s$	(2.6-5c)	$\hat{n} \cdot \overline{D}_1 = \rho_s$	(2.6-6c)
$B_{1n} = 0$	(2.6-5d)	$\hat{n} \cdot \overline{B}_1 = 0$	(2.6-6d)

例 2.6-1 证明导电媒质内部的电荷密度近似为零。

解：利用电流连续性方程，即（2.1-16），并考虑到 $\overline{J} = \sigma \overline{E}$，有 $\sigma \nabla \cdot \overline{E} = -\dfrac{\partial \rho}{\partial t}$。在简单

媒质中，$\nabla \cdot \overline{E} = \rho / \varepsilon$，故上式化为 $\dfrac{\partial \rho}{\partial t} + \dfrac{\sigma}{\varepsilon} \rho = 0$，其解为

$$\rho = \rho_0 e^{-(\sigma/\varepsilon)t}$$

可见，ρ 随时间按指数减小，衰减至 ρ_0 的 1/e，即约 36.8%的时间（称为弛豫时间）为 $\tau = \varepsilon / \sigma$（单位为 s）。对于铜，$\sigma \approx 5.8 \times 10^7 \text{S/m}$，$\varepsilon = \varepsilon_0$，得 $\tau = 1.5 \times 10^{-19} \text{s}$。因此，导体内的电荷极快地衰减，使得其中的 ρ 可看作零。

§2.7　时　谐　场

在时变电磁场中，场矢量既是空间坐标的函数又是时间的函数。例如，电场的一般表达式为

$$\overline{E} = \hat{x} E_x(x, y, z, t) + \hat{y} E_y(x, y, z, t) + \hat{z} E_z(x, y, z, t)$$

式中，电场随时间的变化规律是任意的。但是，在实际问题中，应用最多的是随时间做简谐变化的电磁场（时谐场）。按照傅里叶数学原理，对于非简谐变化的电磁场，可以用级数将其分解为时谐场的线性叠加。因此，研究时谐场是研究时变电磁场的基础。

2.7.1　时谐场的复数表示

如果电场的每个坐标分量都随时间做简谐变化，可以写成以下形式：

$$\begin{aligned}
\overline{E}(x, y, z, t) = &\hat{x} E_{xm}(x, y, z, t) \cos[\omega t + \varphi_x(x, y, z)] + \\
&\hat{y} E_{ym}(x, y, z, t) \cos[\omega t + \varphi_y(x, y, z)] + \\
&\hat{z} E_{zm}(x, y, z, t) \cos[\omega t + \varphi_z(x, y, z)]
\end{aligned} \qquad (2.7\text{-}1)$$

则称 $\overline{E}(x, y, z, t)$ 为时谐电场。其中各坐标分量的振幅 E_{xm}、E_{ym} 和 E_{zm}，以及相位 φ_x、φ_y 和 φ_z 都不随时间变化，只是空间坐标的函数。式（2.7-1）中的每个分量都可以写成一个复数的实部，即

$$E_x = \text{Re}\left[E_{xm}(x, y, z) e^{j(\omega t + \varphi_x)} \right] \qquad (2.7\text{-}2a)$$

$$E_y = \text{Re}\left[E_{ym}(x, y, z) e^{j(\omega t + \varphi_y)} \right] \qquad (2.7\text{-}2b)$$

$$E_z = \text{Re}\left[E_{zm}(x,y,z)\,\text{e}^{\text{j}(\omega t+\varphi_z)}\right] \tag{2.7-2c}$$

进一步简化，得

$$E_x = \text{Re}\left[\dot{E}_x\text{e}^{\text{j}\omega t}\right] \tag{2.7-2d}$$

$$E_y = \text{Re}\left[\dot{E}_y\text{e}^{\text{j}\omega t}\right] \tag{2.7-2e}$$

$$E_z = \text{Re}\left[\dot{E}_z\text{e}^{\text{j}\omega t}\right] \tag{2.7-2f}$$

式中，$\dot{E}_x = E_{xm}\text{e}^{\text{j}\varphi_x}$；$\dot{E}_y = E_{ym}\text{e}^{\text{j}\varphi_y}$；$\dot{E}_z = E_{zm}\text{e}^{\text{j}\varphi_z}$，称为电场各分量的相量。因此电场强度矢量便可记为

$$\bar{E} = \text{Re}[\hat{x}\dot{E}_x\text{e}^{\text{j}\omega t} + \hat{y}\dot{E}_y\text{e}^{\text{j}\omega t} + \hat{z}\dot{E}_z\text{e}^{\text{j}\omega t}] = \text{Re}\left[\dot{\bar{E}}\text{e}^{\text{j}\omega t}\right] \tag{2.7-3}$$

式（2.7-3）为电场 $\bar{E}(x,y,z,t)$ 的复数表示式，其中 $\dot{\bar{E}} = \hat{x}\dot{E}_x + \hat{y}\dot{E}_y + \hat{z}\dot{E}_z$ 称为电场强度复矢量或复振幅。它不是 t 的函数，而只是空间坐标 (x, y, z) 的函数。

那么，时谐电场对时间的一阶导数和二阶导数可表示为

$$\frac{\partial \bar{E}}{\partial t} = \text{Re}\left[\frac{\partial}{\partial t}(\dot{\bar{E}}\text{e}^{\text{j}\omega t})\right] = \text{Re}\left[\text{j}\omega\dot{\bar{E}}\text{e}^{\text{j}\omega t}\right]$$

$$\frac{\partial^2 \bar{E}}{\partial t^2} = \text{Re}\left[\frac{\partial^2}{\partial t^2}(\dot{\bar{E}}\text{e}^{\text{j}\omega t})\right] = \text{Re}\left[-\omega^2\dot{\bar{E}}\text{e}^{\text{j}\omega t}\right]$$

可见，场量的复数形式和瞬时形式有如下关系：

$$\frac{\partial}{\partial t}\longleftrightarrow\text{j}\omega \qquad \frac{\partial^2}{\partial t^2}\longleftrightarrow-\omega^2 \tag{2.7-4}$$

这是采用复数表示的方便之处。

2.7.2　麦克斯韦方程组和边界条件的复数表示

在利用复数表示分析时谐场时，需要导出复数形式的麦克斯韦方程组。对表 2.5-1 中的麦克斯韦方程组的式（2.5-1a）的场量都用复数形式表示，并考虑到式（2.7-4）的关系，有

$$\nabla\times\text{Re}\left[\dot{\bar{E}}\text{e}^{\text{j}\omega t}\right] = -\text{Re}\left[\text{j}\omega\dot{\bar{B}}\text{e}^{\text{j}\omega t}\right]$$

式中，∇ 是对空间坐标的微分算子，它和取实部符号 Re 可以调换次序，从而得

$$\nabla\times\dot{\bar{E}} = -\text{j}\omega\dot{\bar{B}} \tag{2.7-5a}$$

同理，可得

$$\nabla\times\dot{\bar{H}} = \dot{\bar{J}} + \text{j}\omega\dot{\bar{D}} \tag{2.7-5b}$$

$$\nabla\cdot\dot{\bar{D}} = \dot{\rho} \tag{2.7-5c}$$

$$\nabla\cdot\dot{\bar{B}} = 0 \tag{2.7-5d}$$

这就是复数形式的麦克斯韦方程组。同时，由式（2.1-16）得复数形式的电流连续性方程为

$$\nabla\cdot\dot{\bar{J}} = -\text{j}\omega\dot{\rho} \tag{2.7-5e}$$

复数形式的麦克斯韦方程组对应的边界条件与式（2.6-1）和式（2.6-2）形式相同，只是各场量不是瞬时值，而是复数值或复矢量，这里不再重写。

2.7.3 复数形式的波动方程

考虑到式（2.7-4）的关系，式（2.5-3）和式（2.5-4）可写成

$$\nabla^2 \dot{E} + k^2 \dot{E} = j\omega\mu\dot{J} + \nabla(\frac{\dot{\rho}}{\varepsilon}) \qquad (2.7\text{-}6a)$$

$$\nabla^2 \dot{H} + k^2 \dot{H} = -\nabla \times \dot{J} \qquad (2.7\text{-}6b)$$

在无源区，$\dot{J}=0$，$\dot{\rho}=0$，上述方程化为齐次复矢量波动方程：

$$\nabla^2 \dot{E} + k^2 \dot{E} = 0 \qquad (2.7\text{-}7a)$$

$$\nabla^2 \dot{H} + k^2 \dot{H} = 0 \qquad (2.7\text{-}7b)$$

式（2.7-7a）和式（2.7-7b）称为亥姆霍兹方程。一般情况下，在各种无源区域中，时谐场均满足亥姆霍兹方程，它在不同边界条件下的解反映了电磁波在各种环境中的传播特性。

对于位函数的波动方程，考虑到场位关系

$$\dot{E} = -\nabla\dot{\phi} - j\omega\dot{A} \qquad (2.7\text{-}8a)$$

$$\dot{B} = \nabla \times \dot{A} \qquad (2.7\text{-}8b)$$

和洛伦兹规范

$$\nabla \cdot \dot{A} = -j\omega\mu\varepsilon\dot{\phi} \qquad (2.7\text{-}9)$$

有

$$\nabla^2 \dot{A} + k^2 \dot{A} = -\mu\dot{J} \qquad (2.7\text{-}10a)$$

$$\nabla^2 \dot{\phi} + k^2 \dot{\phi} = -\frac{\dot{\rho}}{\varepsilon} \qquad (2.7\text{-}10b)$$

式中

$$k^2 = \omega^2\mu\varepsilon \qquad (2.7\text{-}11)$$

式（2.7-10a）和式（2.7-10b）为时谐场的达朗贝尔方程。

2.7.4 时谐场中的媒质特性

1. 色散媒质

媒质的电磁参数随频率的变化而变化的现象称为媒质色散。在色散媒质中，介电常数和磁导率均为复数，即

$$\dot{\varepsilon} = \varepsilon' - j\varepsilon'' \qquad (2.7\text{-}12)$$

$$\dot{\mu} = \mu' - j\mu'' \qquad (2.7\text{-}13)$$

式中，实部 ε' 和 μ' 分别代表媒质的极化与磁化；而虚部 ε'' 和 μ'' 分别代表由粒子的滞后效应引起的介电损耗与磁滞损耗。其中滞后效应对介电常数的影响较大，一般非铁磁媒质的磁导率仍为常数。

对于有复介电常数的介质，复数形式的麦克斯韦方程组中的 $\bar{H}$ 的旋度方程为

$$\nabla \times \bar{H} = \sigma\bar{E} + j\omega\dot{\varepsilon}\bar{E} = \sigma\bar{E} + j\omega(\varepsilon' - j\varepsilon'')\bar{E} = j\omega\left(\varepsilon' - j\frac{\sigma + \omega\varepsilon''}{\omega}\right)\bar{E} = j\omega\varepsilon_f\bar{E} \qquad (2.7\text{-}14)$$

式中

$$\varepsilon_{\mathrm{f}} = \varepsilon' - \mathrm{j}\frac{\sigma + \omega\varepsilon''}{\omega} \tag{2.7-15}$$

称为等效复介电常数。ε' 对应位移电流，反映极化损耗；σ 对应传导电流，反映焦耳损耗；ε'' 对应电滞电流，产生介电损耗。

2. 媒质的分类

在高频电磁场中，为了区别不同的媒质特性，根据传导电流与位移电流的比值，即

$$\frac{|\sigma E|}{|\mathrm{j}\omega\varepsilon' E|} = \frac{\sigma}{\omega\varepsilon'} \tag{2.7-16}$$

对媒质进行分类。具体的分类如下。

（1）当 $\dfrac{\sigma}{\omega\varepsilon'} \gg 1$ 时，即传导电流远大于位移电流的媒质称为良导体。此时，介电损耗可忽略，$\varepsilon'' \approx 0$；当 σ 无穷大时称为理想导体。

（2）当 $\dfrac{\sigma}{\omega\varepsilon'} \approx 1$ 时，即传导电流与位移电流接近的媒质称为半导体或半电介质。此时，$\varepsilon'' \approx 0$。

（3）当 $\dfrac{\sigma}{\omega\varepsilon'} \ll 1$ 时，即传导电流远小于位移电流的媒质称为电介质或绝缘介质。$\sigma = 0$ 且 $\varepsilon'' \approx 0$ 的介质称为理想介质。

可见，媒质的分类没有绝对界限。工程上通常取 $\dfrac{\sigma}{\omega\varepsilon'} \geqslant 100$ 的媒质为良导体，取 $0.01 < \dfrac{\sigma}{\omega\varepsilon'} < 100$ 的媒质为半导体或半电介质，取 $\dfrac{\sigma}{\omega\varepsilon'} \leqslant 0.01$ 的媒质为电介质。

值得注意的是，媒质属于介质还是良导体与频率有关。图 2.7-1 给出了几种常见媒质的 $\sigma/\omega\varepsilon'$ 与频率的关系，所用的媒质的低频电参数列在表 2.7-1 中。需要说明的是，媒质参数也是随频率而变的，在 10^9 Hz 或更高频率上更为显著。因此图 2.7-1 中的曲线对这些很高的频率范围来说并不准确。

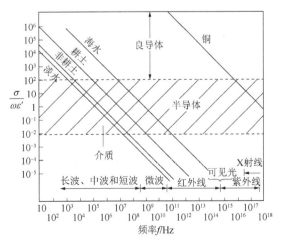

图 2.7-1　几种常见媒质的 $\dfrac{\sigma}{\omega\varepsilon'}$ 与频率的关系

表 2.7-1　几种常见媒质的低频电参数

媒质	$\varepsilon_r=\varepsilon/\varepsilon_0$	$\sigma/$（S/m）
铜	1	5.8×10^7
海水	80	4
耕土	14	10^{-2}
非耕土	3	10^{-4}
淡水	80	10^{-3}

由图 2.7-1 可见，在 1MHz（10^6Hz）时，海水的性质像良导体，而在微波频率上其性质像半导体。铜平常被认为是一种良导体，在普通无线电波频率范围内，其 $\sigma/\omega\varepsilon'$ 的值很大，甚至当频率高至 30GHz 时，其 $\sigma/\omega\varepsilon'$ 的值仍达 3.5×10^7，即仍属于良导体；但是当频率是 10^{20} Hz 时，即对于短 X 射线，其 $\sigma/\omega\varepsilon'$ 的值约为 10^{-2}。这就是说，铜对 X 射线而言犹如介质。因此 X 射线可以透入金属（如铜）一定的深度（从微观来看，这时的波长已短到可与金属原子间的距离相比拟或更小，因而能透入）。值得关注的是，近年来太赫兹（THz）技术发展迅速，对承载电路元件的介质基板提出了更高的要求，这是因为在 THz 频段，优良的金属和介质都相对更难获得。

例 2.7-1 某卫星广播的电视射频信号在空中某点形成频率为 4GHz 的时谐场，其磁场强度复矢量为 $\dot{H}=\hat{y}0.01e^{-j(80\pi/3)z}$（单位为μA/m），求：①磁场强度瞬时值 $\bar{H}(t)$；②电场强度瞬时值 $\bar{E}(t)$；③携带的瞬时功率流密度。

解： ① $\bar{H}(t)=\mathrm{Re}\left[\hat{y}0.01e^{-j(80\pi/3)z}e^{j2\pi\times4\times10^9 t}\right]=\hat{y}0.01\cos\left[8\pi\times10^9 t-(80\pi/3)z\right]$（μA/m）。

② 由 $\nabla\times\dot{H}=j\omega\varepsilon_0\dot{E}$ 可知

$$\dot{E}=\frac{-j}{\omega\varepsilon_0}\nabla\times\dot{H}=\frac{-j}{8\pi\times10^9\times\dfrac{1}{36\pi}\times10^{-9}}\begin{vmatrix}\hat{x} & \hat{y} & \hat{z}\\ \dfrac{\partial}{\partial x} & \dfrac{\partial}{\partial y} & \dfrac{\partial}{\partial z}\\ 0 & 0.01e^{-j(80\pi/3)z} & 0\end{vmatrix}$$

$$=\hat{x}1.2\pi e^{-j(80\pi/3)z}\quad（\mu A/m）$$

$$\bar{E}(t)=\mathrm{Re}\left[\hat{x}1.2\pi e^{-j(80\pi/3)z}e^{j8\pi\times10^9 t}\right]$$

$$=\hat{x}1.2\pi\cos\left[8\pi\times10^9 t-(80\pi/3)z\right]\quad（\mu A/m）$$

③ $\bar{S}(t)=\bar{E}(t)\times\bar{H}(t)=\hat{z}1.2\pi\times10^{-8}\cos^2\left[8\pi\times10^9 t-(80\pi/3)z\right]$（W/m）。

§2.8　时谐场的坡印廷定理

2.8.1　复坡印廷矢量

任意场点处的坡印廷矢量 $\bar{S}(t)=\bar{E}(t)\times\bar{H}(t)$ 代表该点瞬时的电磁场功率流密度。对于时谐场，$\bar{E}(t)$ 和 $\bar{H}(t)$ 都随时间做周期性变化，这时一周期的平均功率密度更有意义。

下面求坡印廷矢量的平均值。由电场的复数公式可知

$$\bar{E}(t) = \mathrm{Re}\left[\dot{\bar{E}}\mathrm{e}^{\mathrm{j}\omega t}\right] = \frac{1}{2}\left[\dot{\bar{E}}\mathrm{e}^{\mathrm{j}\omega t} + \dot{\bar{E}}^*\mathrm{e}^{-\mathrm{j}\omega t}\right]$$

$$\bar{H}(t) = \mathrm{Re}\left[\dot{\bar{H}}\mathrm{e}^{\mathrm{j}\omega t}\right] = \frac{1}{2}\left[\dot{\bar{H}}\mathrm{e}^{\mathrm{j}\omega t} + \dot{\bar{H}}^*\mathrm{e}^{-\mathrm{j}\omega t}\right]$$

从而得坡印廷矢量瞬时值为

$$\bar{S}(t) = \bar{E}(t)\times\bar{H}(t) = \frac{1}{4}\left[\dot{\bar{E}}\times\dot{\bar{H}}^* + \dot{\bar{E}}^*\times\dot{\bar{H}} + \dot{\bar{E}}\times\dot{\bar{H}}\mathrm{e}^{\mathrm{j}2\omega t} + \dot{\bar{E}}\times\dot{\bar{H}}^*\mathrm{e}^{-\mathrm{j}2\omega t}\right]$$

$$= \frac{1}{2}\mathrm{Re}\left[\dot{\bar{E}}\times\dot{\bar{H}} + \dot{\bar{E}}\times\dot{\bar{H}}\mathrm{e}^{\mathrm{j}2\omega t}\right]$$

它在一个周期 $T=2\pi/\omega$ 内的平均值为

$$\bar{S}^{\mathrm{av}} = \frac{1}{T}\int_0^T \bar{S}(t)\mathrm{d}t = \frac{1}{T}\int_0^T\frac{1}{2}\mathrm{Re}\left[\dot{\bar{E}}\times\dot{\bar{H}}^*\right]\mathrm{d}t + \frac{1}{T}\int_0^T\frac{1}{2}\mathrm{Re}\left[\dot{\bar{E}}\times\dot{\bar{H}}\mathrm{e}^{\mathrm{j}2\omega t}\right]\mathrm{d}t$$

式中，$\dot{\bar{E}}$、$\dot{\bar{H}}$、$\dot{\bar{H}}^*$ 均为与时间 t 无关的复矢量；$\mathrm{Re}[\mathrm{e}^{\mathrm{j}2\omega t}] = \cos 2\omega t$ 在一个周期 T 内的积分等于零，因而得

$$\bar{S}^{\mathrm{av}} = \frac{1}{2}\mathrm{Re}\left[\dot{\bar{E}}\times\dot{\bar{H}}^*\right]$$

令

$$\dot{\bar{S}} = \frac{1}{2}\dot{\bar{E}}\times\dot{\bar{H}}^* \tag{2.8-1}$$

则

$$\bar{S}^{\mathrm{av}} = \frac{1}{2}\mathrm{Re}[\dot{\bar{E}}\times\dot{\bar{H}}^*] = \mathrm{Re}[\dot{\bar{S}}] \tag{2.8-2}$$

式（2.8-1）所定义的 $\dot{\bar{S}}$ 称为复坡印廷矢量，式（2.8-2）说明复坡印廷矢量 $\dot{\bar{S}}$ 的实部等于（一个周期内的）平均功率流密度，即实功率密度。

按照式（2.8-2）可定义电场和磁场能量密度的平均值分别为

$$w_{\mathrm{e}}^{\mathrm{av}} = \frac{1}{4}\mathrm{Re}[\bar{E}\cdot\bar{D}^*] \tag{2.8-3}$$

$$w_{\mathrm{m}}^{\mathrm{av}} = \frac{1}{4}\mathrm{Re}[\bar{B}\cdot\bar{H}^*] \tag{2.8-4}$$

2.8.2　复坡印廷定理

下面研究复坡印廷矢量的散度。由矢量恒等式 $\nabla\cdot\left(\bar{A}\times\bar{B}\right) = \bar{B}\cdot\nabla\times\bar{A} - \bar{A}\cdot\nabla\times\bar{B}$ 得

$$\nabla\cdot\left(\frac{1}{2}\dot{\bar{E}}\times\dot{\bar{H}}^*\right) = \frac{1}{2}\dot{\bar{H}}^*\cdot\nabla\times\dot{\bar{E}} - \frac{1}{2}\dot{\bar{E}}\cdot\nabla\times\dot{\bar{H}}^*$$

将简单媒质中的麦克斯韦旋度方程代入上式，得

$$-\nabla\cdot\left(\frac{1}{2}\dot{\bar{E}}\times\dot{\bar{H}}^*\right) = \mathrm{j}2\omega\left(\frac{1}{4}\mu H^2 - \frac{1}{4}\varepsilon E^2\right) + \frac{1}{2}\dot{\bar{E}}\cdot\dot{\bar{J}}^* \tag{2.8-5}$$

表示任意场点处的功率密度关系。对式（2.8-5）两边取积分，便得到相应的积分形式：

$$-\oint_S\left(\frac{1}{2}\dot{\bar{E}}\times\dot{\bar{H}}^*\right)\cdot\mathrm{d}\bar{s} = \mathrm{j}2\omega\int_V\left(\frac{1}{4}\mu H^2 - \frac{1}{4}\varepsilon E^2\right)\mathrm{d}v + \int_V\frac{1}{2}\dot{\bar{E}}\cdot\dot{\bar{J}}^*\mathrm{d}v \tag{2.8-6}$$

这就是用复矢量表达的复坡印廷定理。分别取其实部和虚部，得

$$-\oint_S \text{Re}\left[\frac{1}{2}\dot{\bar{E}} \times \dot{\bar{H}}^*\right] \cdot d\bar{s} = \int_V \frac{1}{2}\dot{\bar{E}} \cdot \dot{\bar{J}}^* dv = \int_V \frac{1}{2}\sigma E^2 dv \qquad (2.8\text{-}7)$$

$$-\oint_S \text{Im}\left[\frac{1}{2}\dot{\bar{E}} \times \dot{\bar{H}}^*\right] \cdot d\bar{s} = 2\omega \int_V \left(\frac{1}{4}\mu H^2 - \frac{1}{4}\varepsilon E^2\right) dv \qquad (2.8\text{-}8)$$

式（**2.8-7**）表示实功率的平衡，即流入封闭曲面 S 的实电磁功率等于体积 V 中热损耗功率的平均值。式（**2.8-8**）表示虚功率的平衡，说明流入封闭曲面 S 的虚电磁功率等于体积 V 中电磁场储能的最大时间变化率，也说明复坡印廷矢量的虚部代表与它垂直的截面上所通过的虚电磁功率密度。

如果将式（2.8-6）应用于有外加的场源电流密度 $\dot{\bar{J}}_e$ 处，则这里的 $\dot{\bar{J}}$ 应为 $\dot{\bar{J}}_e + \dot{\bar{J}}_c$，其中 $\dot{\bar{J}}_c = \sigma\dot{\bar{E}}$。于是式（2.8-6）可表示为

$$-\frac{1}{2}\dot{\bar{E}} \cdot \dot{\bar{J}}_e^* = \nabla \cdot \left(\frac{1}{2}\dot{\bar{E}} \times \dot{\bar{H}}^*\right) + \frac{1}{2}\sigma E^2 + j2\omega\left(\frac{1}{4}\mu H^2 - \frac{1}{4}\varepsilon E^2\right) \qquad (2.8\text{-}9)$$

对此式两边取体积分，并利用散度定理，得

$$-\int_V \frac{1}{2}\dot{\bar{E}} \cdot \dot{\bar{J}}_e^* dv = \oint_S \left(\frac{1}{2}\dot{\bar{E}} \times \dot{\bar{H}}^*\right) \cdot d\bar{s} + \int_V \frac{1}{2}\sigma E^2 dv + j2\omega\int_V \left(\frac{1}{4}\mu H^2 - \frac{1}{4}\varepsilon E^2\right) dv \qquad (2.8\text{-}10)$$

这样就导出了适用于有源区的复坡印廷定理。也可以将式（2.8-10）简写为

$$\dot{P}_S = \oint_S \dot{\bar{S}} \cdot d\bar{s} + \int_V \frac{1}{2}\sigma E^2 dv + j2\omega\int_V \left(w_m^{av} - w_e^{av}\right) dv \qquad (2.8\text{-}11)$$

这就是说，在一个区域内，源新供给的总复数功率等于流出该区域的复电磁功率和区域内部的热损耗功率及体积中电磁场储能的最大时间变化率之和。

为方便书写，在实际的书写中可将复数的标识"·"省掉，也就自然将物理量推广到了复数域。复数公式中会出现 j 而不会有 t，瞬时值写作 $\bar{E}(t)$、$\bar{H}(t)$ 等，以示区别。

§2.9 时变电磁场的唯一性定理

当用麦克斯韦方程组求解某一具体电磁场问题时，需要明确的一个问题是在什么条件下所得解是唯一的？唯一性定理就是用来回答这一问题的。对于时变电磁场，该定理可表述如下：**对封闭曲面 S 所包围的体积 V，若 S 上的电场 $\bar{E}$ 或磁场 $\bar{H}$ 的切向分量给定，则在体积 V 内任一点处的场方程的解是唯一的。** 证明如下。

设两组解和 $\bar{E}_1$、$\bar{H}_1$ 都是体积 V 中满足麦克斯韦方程组与边界条件的解。设媒质是线性的，则麦克斯韦方程也是线性的，因而差场 $\Delta\bar{E} = \bar{E}_1 - \bar{E}_2$ 和 $\Delta\bar{H} = \bar{H}_1 - \bar{H}_2$ 必定也是麦克斯韦方程的解。对这组差场应用坡印廷定理，有

$$-\oint_S (\Delta\bar{E} \times \Delta\bar{H}) \cdot \hat{n} ds = \frac{\partial}{\partial t}\int_V \left(\frac{1}{2}\varepsilon\left|\Delta\bar{E}\right|^2 + \frac{1}{2}\mu\left|\Delta\bar{H}\right|^2\right) dv + \int_V \sigma\left|\Delta E\right|^2 dv$$

因为 S 上的 $\bar{E}$ 或 $\bar{H}$ 的切向分量已给定，即

$$\hat{n} \times \Delta\bar{E} = 0 \quad \text{或} \quad \hat{n} \times \Delta\bar{H} = 0$$

所以必有

$$\hat{n} \cdot \left(\Delta\bar{E} \times \Delta\bar{H}\right) = \Delta\bar{E} \cdot \left(\Delta\bar{H} \times \hat{n}\right) = \Delta\bar{H} \cdot \left(\hat{n} \times \Delta\bar{E}\right) = 0$$

因而面积分等于零，则

$$\frac{\partial}{\partial t}\int_V\left(\frac{1}{2}\varepsilon\left|\Delta\bar{E}\right|^2+\frac{1}{2}\mu\left|\Delta\bar{H}\right|^2\right)\mathrm{d}v=0 \ , \quad \int_V\sigma\left|\Delta\bar{E}\right|^2\mathrm{d}v=0$$

设媒质是有耗的，$\sigma\neq0$，则左式给出 $\Delta\bar{E}=0$，即 $\bar{E}_1=\bar{E}_2$；进而左式给出 $\bar{H}_1=\bar{H}_2$。因此实际上只有一个解，定理得证。

以上证明过程对无耗媒质不适用，但是可将无耗媒质中的场看作有耗媒质中损耗趋于零时相应场的极限。**注意：唯一性的条件只是给定电场 $\bar{E}$ 或磁场 $\bar{H}$ 二者之一的切向分量。具体可有三类情况：给定边界上 $\bar{E}$ 的切向分量，给定边界上 $\bar{H}$ 的切向分量，给定一部分边界上 $\bar{E}$ 的切向分量和其余边界上 $\bar{H}$ 的切向分量。** 另外，为了能由麦克斯韦方程组解出时变电磁场，一般需要同时应用边界上 $\bar{E}$ 和 $\bar{H}$ 二者的切向分量边界条件。因此，对于时变电磁场，只要满足边界条件就必能保证解的唯一性。

本 章 小 结

一、麦克斯韦方程

麦克斯韦方程是适用于一切宏观电磁场的普遍方程，四个方程分别对应电磁感应定律、全电流定律、高斯定理和磁通连续性原理。要求熟练掌握麦克斯韦方程的物理意义、微分形式和积分形式，以及频域时谐场形式（频域微分形式）。这里只给出积分方程的一般形式和简单媒质中的频域微分形式：

时域积分形式 　　　　　　　　频域微分形式

$$\oint_l \bar{E}\cdot\mathrm{d}\bar{l}=-\int_s\frac{\partial\bar{B}}{\partial t}\cdot\mathrm{d}\bar{s} \qquad \nabla\times\bar{E}=-\mathrm{j}\omega\mu\bar{H}$$

$$\oint_l \bar{H}\cdot\mathrm{d}\bar{l}=\int_s(\bar{J}+\frac{\partial\bar{D}}{\partial t})\cdot\mathrm{d}\bar{s} \qquad \nabla\times\bar{H}=\sigma\bar{E}+\mathrm{j}\omega\varepsilon\bar{E}$$

$$\oint_s \bar{D}\cdot\mathrm{d}\bar{s}=Q \qquad\qquad\qquad \nabla\cdot\bar{E}=\rho/\varepsilon$$

$$\oint_s \bar{B}\cdot\mathrm{d}\bar{s}=0 \qquad\qquad\qquad \nabla\cdot\bar{H}=0$$

本构关系为：$\bar{D}=\varepsilon\bar{E}$，$\bar{B}=\mu\bar{H}$，$\bar{J}=\sigma\bar{E}$。

二、电磁场的边界条件

电磁场的边界条件是根据积分形式的麦克斯韦方程推导而来的，以下四个边界条件具有普适性：

$$\hat{n}\times\bar{E}_1=\hat{n}\times\bar{E}_2 \ , \quad \hat{n}\times(\bar{H}_1-\bar{H}_2)=\bar{J}_s \ , \quad \hat{n}\cdot(\bar{D}_1-\bar{D}_2)=\rho_s \ , \quad \hat{n}\cdot\bar{B}_1=\hat{n}\cdot\bar{B}_2$$

注意：边界上的外法向 $\hat{n}$ 是从媒质 2 指向媒质 1 的。电磁场位函数的边界条件也可以从中导出，这将在第 3 章中讲解。

对于介质中的静态电磁场，极化强度和磁化强度的边界条件为

$$\rho_s'=-\hat{n}\cdot(\bar{P}_1-\bar{P}_2) \ , \quad \bar{J}_{\mathrm{ms}}=\hat{n}\times(\bar{M}_1-\bar{M}_2)$$

三、波动方程

1. 无源区（$\rho = 0$，$J = 0$）的电磁波方程的时域形式为 $\nabla^2 \bar{E} - \mu\varepsilon \dfrac{\partial^2 \bar{E}}{\partial t^2} = 0$，$\nabla^2 \bar{H} - \mu\varepsilon \dfrac{\partial^2 \bar{H}}{\partial t^2} = 0$；频域形式为 $\nabla^2 \bar{E} + k^2 \bar{E} = 0$，$\nabla^2 \bar{H} + k^2 \bar{H} = 0$，其中 $k = \omega\sqrt{\mu\varepsilon}$。

2. 位函数与电磁场的关系为 $\bar{H} = \dfrac{1}{\mu}\nabla \times \bar{A}$，$\bar{E} = -\nabla\phi - \dfrac{\partial \bar{A}}{\partial t}$。位函数满足的波动方程时域形式为 $\nabla^2 \bar{A} - \mu\varepsilon \dfrac{\partial^2 \bar{A}}{\partial t^2} = -\mu\bar{J}$，$\nabla^2 \phi - \mu\varepsilon \dfrac{\partial^2 \phi}{\partial t^2} = -\dfrac{\rho}{\varepsilon}$；频域形式为 $\nabla^2 \bar{A} + k^2 \bar{A} = -\mu\bar{J}$，$\nabla^2 \phi + k^2 \phi = -\dfrac{\rho}{\varepsilon}$。注意：位函数的波动方程是在洛伦兹规范下的表现形式，若换成库仑规范，则有其他表现形式。

四、坡印廷定理

1. 时域形式：$-\oint_S \bar{S} \cdot d\bar{s} = \dfrac{\partial}{\partial t}\int_V (w_e + w_m)dv + \int_V p_\sigma dv$。它表示流入体积 V 中的电磁场能量等于电磁场能量随时间的增加率和热损耗功率之和。其中，$w_e = \dfrac{1}{2}\varepsilon E^2$、$w_m = \dfrac{1}{2}\mu H^2$、$p_\sigma = \bar{E} \cdot \bar{J} = \sigma E^2$ 分别表示电场、磁场能量密度和损耗功率密度（焦耳定律的微分形式）。

2. 复数形式：$-\oint_S \left(\dfrac{1}{2}\dot{\bar{E}} \times \dot{\bar{H}}^*\right) \cdot d\bar{s} = j2\omega\int_V \left(\dfrac{1}{4}\mu H^2 - \dfrac{1}{4}\varepsilon E^2\right)dv + \int_V \dfrac{1}{2}\dot{\bar{E}} \cdot \dot{\bar{J}}^* dv$，其中，$-\oint_S \text{Re}\left[\dfrac{1}{2}\dot{\bar{E}} \times \dot{\bar{H}}^*\right] \cdot d\bar{s} = \int_V \dfrac{1}{2}\dot{\bar{E}} \cdot \dot{\bar{J}}^* dv = \int_V \dfrac{1}{2}\sigma E^2 dv$ 表示实功率的平衡，即流入封闭曲面的实电磁功率等于体积中热损耗功率的平均值；$-\oint_S \text{Im}\left[\dfrac{1}{2}\dot{\bar{E}} \times \dot{\bar{H}}^*\right] \cdot d\bar{s} = 2\omega\int_V \left(\dfrac{1}{4}\mu H^2 - \dfrac{1}{4}\varepsilon E^2\right)dv$ 表示虚功率的平衡，说明流入封闭曲面的虚电磁功率等于体积中电磁场储能的最大时间变化率。

五、时谐场中的媒质

1. 复介电常数和复磁导率：$\varepsilon_f = \varepsilon' - j\dfrac{\sigma + \omega\varepsilon''}{\omega}$，$\dot{\mu} = \mu' - j\mu''$。其中，$\varepsilon'$ 反映极化损耗，σ 反映焦耳损耗，ε'' 反映介电损耗，μ'' 反映磁滞损耗。

2. 根据传导电流与位移电流的比值 $\dfrac{\sigma}{\omega\varepsilon'}$，媒质可分为三类，分别是：良导体（$\dfrac{\sigma}{\omega\varepsilon'} \gg 1$），当 σ 无穷大时称为理想导体；半导体或半电介质（$\dfrac{\sigma}{\omega\varepsilon'} \approx 1$），此时 $\varepsilon'' \approx 0$；理想介质（$\dfrac{\sigma}{\omega\varepsilon'} \ll 1$），也称为电介质或绝缘介质，此时 $\sigma = 0$，$\varepsilon'' \approx 0$。

六、时变电磁场的唯一性定理

对于封闭曲面 S 所包围的体积 V，若 S 上的电场 $\bar{E}$ 或磁场 $\bar{H}$ 的切向分量给定，则在体积 V 内任一点处的场方程的解是唯一的。

自　测　题

一、单项选择题（每小题 2 分，共 60 分）

1. 点电荷电场的等电位方程是（　　）。

    A. $\dfrac{q}{4\pi\varepsilon_0 R}=C$　　　　B. $\dfrac{q}{4\pi\varepsilon_0 R^2}=C$　　　　C. $\dfrac{q^2}{4\pi\varepsilon_0 R}=C$　　　　D. $\dfrac{q^2}{4\pi\varepsilon_0 R^2}=C$

2. 磁场强度的单位是（　　）。

    A. 韦伯　　　　　B. 伏特/米　　　　　C. 亨利/米　　　　　D. 安培/米

3. μ_0 是真空中的磁导率，它的值是（　　）。

    A. $4\pi\times10^{-7}\,\mathrm{H/m}$　　　　　　　　B. $4\pi\times10^{7}\,\mathrm{H/m}$

    C. $8.85\times10^{-7}\,\mathrm{F/m}$　　　　　　　　D. $8.85\times10^{-12}\,\mathrm{F/m}$

4. 静电场中试验电荷受到的作用力大小与试验电荷的电量（　　）。

    A. 成反比　　　　　　　　　　B. 成平方关系

    C. 成正比　　　　　　　　　　D. 无关

5. 磁通 Φ 的单位为（　　）。

    A. 特斯拉　　　　　B. 韦伯　　　　　C. 库仑　　　　　D. 安培/匝

6. 真空中介电常数 ε_0 的值为（　　）。

    A. $8.85\times10^{-9}\,\mathrm{F/m}$　　　　　　　　B. $8.85\times10^{-10}\,\mathrm{F/m}$

    C. $8.85\times10^{-11}\,\mathrm{F/m}$　　　　　　　D. $8.85\times10^{-12}\,\mathrm{F/m}$

7. 电场强度的量度单位为（　　）。

    A. 库仑/米　　　　B. 法拉/米　　　　C. 牛顿/米　　　　D. 伏特/米

8. 电位函数的负梯度是（　　）。

    A. 磁场强度　　　B. 电场强度　　　C. 磁感应强度　　　D. 电位移矢量

9. 在一个静电场中，良导体表面的电场方向与导体该点处的法向方向的关系是（　　）。

    A. 平行　　　　　　　　　　B. 垂直

    C. 既不平行又不垂直　　　　　D. 不能确定

10. 静电场中两点电荷之间的作用力与它们之间的距离（　　）。

    A. 成正比　　　　　　　　　　B. 平方成正比

    C. 平方成反比　　　　　　　　D. 成反比

11. 已知平行板电容器中电位函数 $\phi=ax^2$，则电容器中的电场强度为（　　）。

    A. $2ax\,\hat{x}$　　　　B. $2a\varepsilon x\,\hat{x}$　　　　C. $2a\varepsilon\,\hat{x}$　　　　D. $-2ax\,\hat{x}$

12. 矢量磁位的单位是（　　）。

    A. 韦伯/米　　　　B. 伏特/米　　　　C. 亨利/米　　　　D. 安培/米

13. $\hat{n}\cdot(\bar{D}_1-\bar{D}_2)=0$ 成立的条件是在（　　）。

    A. 良导体界面上　　　　　　　B. 任何介质界面上

    C. 一般导电媒质界面上　　　　D. 理想介质上

14. 半径为 a 的球形电荷分布产生的电场的能量储存于（　　）。

    A. 电荷分布不为零的区域　　　B. 整个空间

    C. 电荷分布为零的区域　　　　D. 以上说法都不确切

15. 电位移矢量的时间变化率 dD/dt 的单位是（　　）。

    A. 库仑/平方米　　　　　　　　　　B. 库仑/秒

    C. 安培/平方米　　　　　　　　　　D. 安培/米

16. 具有均匀密度的无限长直线电荷的电场随距离变化的规律为（　　）。

    A. $1/\rho$　　　　　B. $1/\rho^2$　　　　　C. $\ln(1/\rho)$　　　　　D. $1/\rho^3$

17. 内、外半径分别为 R_1 和 R_2 的驻极体球壳被均匀极化，极化强度为 $\overline{P}$，$\overline{P}$ 的方向平行于球壳直径，壳内空腔中球心处的电场强度是（　　）。

    A. $\overline{E} = \overline{P}/3\varepsilon_0$　　　　　　　　　　B. $\overline{E} = 0$

    C. $\overline{E} = -\overline{P}/3\varepsilon_0$　　　　　　　　　D. $\overline{E} = 2\overline{P}/3\varepsilon_0$

18. 一个未带电的空腔导体球壳，内半径为 R。在腔内离球心的距离 d（$d<R$）处固定一个带正电荷的点电荷 q，如自测题图 2-1 所示。用导线把球壳接地后把地线撤去。选无穷远处为零点（电位参考点），则球心 O 处的电势为（　　）。

    A. 0　　　　　　B. $\dfrac{q}{4\pi\varepsilon_0 d}$

    C. $-\dfrac{q}{4\pi\varepsilon_0 R}$　　D. $\dfrac{q}{4\pi\varepsilon_0}\left(\dfrac{1}{d}-\dfrac{1}{R}\right)$

自测题图 2-1

19. 电通量的大小与所包围的封闭曲面的（　　）有关。

    A. 面积　　　　　B. 体积

    C. 自由电荷　　　D. 形状

20. 磁场满足的边界条件是（　　）。

    A. $B_{1n}-B_{2n}=0$，$H_{1t}-H_{2t}=J_s$　　　　B. $H_{1t}-H_{2t}=0$，$B_{1n}-B_{2n}=J_s$

    C. $B_{1n}-B_{2n}=0$，$H_{1n}-H_{2n}=0$　　　D. $B_{1t}-B_{2t}=0$，$H_{1n}-H_{2n}=J_s$

21. 导体处在静电平衡状态下，其体内电荷密度（　　）。

    A. 为常数　　　　B. 为零　　　　C. 不为零　　　　D. 不确定

22. 静电场的源是（　　）。

    A. 相对于观察者静止的且不随时间变化的电荷

    B. 电流

    C. 时变电荷

    D. 非时变电荷

23. "穿过任意封闭曲面的磁感应强度的能量为 0" 可以描述的是（　　）。

    A. 电流连续性　　　　　　　　　　B. 磁通连续性

    C. 安培环路定理　　　　　　　　　D. 库仑定律

24. 电介质极化的结果是电介质内部出现许多沿外电场方向排列的（　　）。

    A. 正电荷　　　　B. 负电荷　　　　C. 电偶极子　　　　D. 极性分子

25. 在不同介质的分界面上，电位是（　　）。

    A. 不连续的　　　B. 连续的　　　　C. 不确定的　　　　D. 等于零的

26. 下列关于麦克斯韦方程的描述错误的一项是（　　）。

    A. 适合任何介质

    B. 静态场方程是麦克斯韦方程的特例

C．麦克斯韦方程中的安培环路定理与静态场中的安培环路定理相同

D．只有代入本构方程，麦克斯韦方程才能求解

27．在恒定电场中，分界面两边电流密度矢量的法向方向是（　　）。

A．不连续的　　　　B．连续的　　　　C．不确定的　　　　D．等于零的

28．在理想导体表面上，电场强度的切向分量（　　）。

A．不连续　　　　B．连续　　　　C．不确定　　　　D．等于零

29．电容器两极板间存在的另一种形式的由时变场引起的电流称为（　　）。

A．位移电流　　　　B．传导电流　　　　C．恒定电流　　　　D．时变电流

30．关于时谐场，下列说法错误的是（　　）。

A．时谐场是研究任意时变电磁场的基础，原因是所有时变场都可表示为时谐场的叠加

B．坡印廷矢量从本质上描述了电磁能量的传输方式，其方向是能量的传播方向

C．坡印廷矢量说明通直流电的导体是通过导体内部空间传输电磁能量的

D．复坡印廷矢量的实部表示的是一个周期内的实功率传输密度

二、多项选择题（每小题 3 分，共 18 分）

1．下列哪几个选项描述的是相同的规律？（　　）

A．电流连续性原理　　　　　　B．电荷守恒定律

C．电流连续性方程　　　　　　D．安培定律

2．下列关于电荷分布的描述正确的是（　　）。

A．体分布：电荷连续分布在空间体积内

B．面分布：电荷分布在厚度很小的薄层上

C．线分布：电荷分布在一根细线上

D．点电荷：当带电体的尺寸远小于观察点至带电体的距离时，带电体可等效为一个几何点

3．下面关于麦克斯韦方程的描述正确的是（　　）。

A．变化的电场产生磁场　　　　B．变化的磁场产生电场

C．磁场无通量源　　　　　　　D．电场有通量源

4．下列关于电磁感应的说法正确的是（　　）。

A．当穿过一个回路的磁通发生变化时，这个回路中将有感应电动势出现，并在回路中产生电流

B．如果回路是静止的，则只有随时间变化的磁场才能产生感应电流

C．感应电流产生的磁场必然阻碍原磁通量的变化

D．电磁感应现象是法国物理学家法拉第发现的，它建立了电与磁的相互联系

5．关于时变电磁场，下列说法正确的是（　　）。

A．时谐场是场源随时间呈正弦变化的场

B．在时变电磁场中，引入位函数是为了简化问题的求解

C．坡印廷矢量是描述电磁场能量流动的物理量，指向电磁波的传播方向

D．达朗贝尔方程是在洛伦兹条件下得到的

6. 关于麦克斯韦方程组，下列说法错误的是（　　　）。

    A. 麦克斯韦方程是宏观电磁场的普遍真理

    B. 麦克斯韦方程的微分形式与积分形式等价，均可以描述所有宏观电磁问题

    C. 位移电流的本质是变化的电场

    D. 只有将电流连续性方程作为辅助方程，麦克斯韦方程才能适用于电路问题

三、填空题（每空 2 分，共 22 分）

1. 分布密度为 ρ_l 的无限长线电荷在空气中任意点处的电场强度是 _____ 。

2. 一个绕有 500 匝导线的平均周长为 50cm 的细螺绕环，其铁芯的相对磁导率为 600，当导线载有 0.3A 的电流时，铁芯中的磁场强度的大小为 _____ 。

3. 空气中无限大均匀面电荷位于 z=0 平面，分布密度为 ρ_s，则 $z>0$ 的上半空间中任意点处的电场强度为 _____ 。

4. 同轴线的内、外导体半径分别为 a 和 b，中间填充电介质的介电常数为 ε，若在内、外导体间加电压 U，则内、外导体间的电场强度等于 _____ 。

5. 无限长直导线载有电流 I，此时其产生的磁通密度等于 _____ 。

6. 在两种不同媒质的分界面上，电场矢量的切向分量总是连续的，_____ 矢量的法向分量总是连续的。

7. 在线性和各向同性的导电媒质中，欧姆定律的微分形式为 _____ 。

8. 表征时变电磁场中电磁能量的守恒关系的坡印廷定理可表示为 _____ 。

9. 空气中的电场强度 $\bar{E} = \hat{x}5\sin(2\pi t - \beta z)$（V/m），其位移电流密度等于 _____ 。

10. 磁场强度 $\bar{H} = \hat{y}H_m\cos(\omega t - \beta z)$，其复数形式为 _____ 。

11. 在复介电常数表达式 $\varepsilon_f = \varepsilon' - j\dfrac{\sigma + \omega\varepsilon''}{\omega}$ 中，能够反映极化损耗的因子是 _____ 。

答案： 一、1～5 ADACB；6～10 DDBAC；11～15 DADBC；16～20 ABDCA；21～25 BABCD；26～30 CBBAC。

二、1. ABC；2. ABCD；3. ABCD；4. ABC；5. ABCD；6. BD。

三、1. $\bar{E} = \dfrac{\rho_l}{2\pi\varepsilon_0\rho}\hat{\rho}$；2. 300A/m；3. $\bar{E} = \hat{z}\dfrac{\rho_s}{2\varepsilon_0}$；4. $\bar{E} = \hat{\rho}\dfrac{U}{\rho\ln\dfrac{b}{a}}$；5. $\bar{B} = \hat{\varphi}\dfrac{\mu_0 I}{2\pi\rho}$；

6. 磁通密度；7. $\bar{J} = \sigma\bar{E}$；8. $-\oint_S(\bar{E}\times\bar{H})\cdot d\bar{s} = \dfrac{\partial}{\partial t}\int_V(\dfrac{1}{2}\varepsilon E^2 + \dfrac{1}{2}\mu H^2)dv + \int_V\bar{E}\cdot\bar{J}dv$；

9. $10\pi\varepsilon_0\cos(2\pi t - \beta z)$（A/m²）；10. $\bar{H} = \hat{y}H_m e^{-j\beta z}$；11. ε'。

习 题 二

2-1 证明 $\nabla^2\left(\dfrac{1}{|\bar{r} - \bar{r}'|}\right) = -4\pi\delta(\bar{r} - \bar{r}')$。

答案：略。

2-2 在球坐标系中，传导电流密度为 $\bar{J} = \hat{r}10r^{-1.5}$ A/m，试求：①通过半径 r＝1mm 的球

面的电流值；②半径 $r=1$mm 的球面上电荷密度的增加率；③半径 $r=1$mm 的球体内总电荷的增加率。

解：① $I = 3.97$A ；② $\dfrac{\mathrm{d}\rho}{\mathrm{d}t} = -1.58\times10^8\,\mathrm{A/m^3}$ ；③ $\dfrac{\mathrm{d}q}{\mathrm{d}t} = -3.97$A 。

2-3　已知真空中有三个点电荷，其电量及位置分别为：$q_1 = 1$C ，$P_1(0,0,1)$ ；$q_2 = 1$C ，$P_2(1,0,1)$ ；$q_3 = 4$C ，$P_3(0,1,0)$ ，试求点 $P(0,-1,0)$ 处的电场强度。

答案：$\overline{E} = -\dfrac{1}{\pi\varepsilon_0}\left[\dfrac{1}{12\sqrt{3}}\hat{x} + \left(\dfrac{1}{8\sqrt{2}} + \dfrac{1}{12\sqrt{3}} + \dfrac{1}{4}\right)\hat{y} + \left(\dfrac{1}{8\sqrt{2}} + \dfrac{1}{12\sqrt{3}}\right)\hat{z}\right]$

2-4　已知真空中半径为 a 的圆环上均匀分布的线电荷密度为 ρ_l ，试求通过圆心的轴线上任一点处的电位及电场强度。

答案：$\phi = \dfrac{\rho_l a}{2\varepsilon_0\sqrt{a^2 + z^2}}$ ，　$\overline{E} = \hat{z}\dfrac{\rho_l a z}{2\varepsilon_0\left(a^2 + z^2\right)^{3/2}}$ 。

2-5　如习题图 2-1 所示，半径为 a 的圆面上均匀带电，电荷面密度为 ρ_s ，试求：①轴线上离圆心为 z 处的场强；②在保持 ρ_s 不变的情况下，当 $a\to 0$ 和 $a\to\infty$ 时的结果；③在保持总电荷 $q = \pi a^2\delta$ 不变的情况下，当 $a\to 0$ 和 $a\to\infty$ 时的结果。

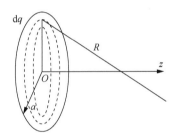

习题图 2-1

答案：① $E_z = \dfrac{\rho_s}{2\varepsilon_0}\left(1 - \dfrac{z}{\sqrt{a^2 + z^2}}\right)$ ；②当 $a\to 0$ 时 $E_z = 0$ ，当 $a\to\infty$ 时 $E_z = \dfrac{\rho_s}{2\varepsilon_0}$ ；③当

$a\to 0$ 时 $E_z = \dfrac{q}{4\pi\varepsilon_0 z^2}$ ，当 $a\to\infty$ 时 $E_z = 0$ 。

2-6　若在一个电荷密度为 ρ 、半径为 a 的均匀带电球中存在一个半径为 b 的球形空腔，空腔中心与带电球中心的间距为 d ，如习题图 2-2 所示，试求空腔中的电场强度。

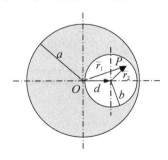

习题图 2-2

答案：$\bar{E} = \dfrac{\rho}{3\varepsilon_0}\bar{d}$。

2-7 证明：均匀介质内部任意点的体束缚电荷密度 ρ' 总等于体自由电荷密度 ρ 的 $\left(\dfrac{\varepsilon_0}{\varepsilon} - 1\right)$ 倍。

答案：略。

2-8 证明：在稳定情况下，均匀磁介质内部的磁化电流 $\bar{J}_m$ 总等于传导电流 $\bar{J}$ 的 $\left(\dfrac{\mu}{\mu_0} - 1\right)$ 倍。

答案：略。

2-9 已知空气中有一导体球，半径为 a，带电量为 Q，其外面套有外半径为 b、介电常数为 ε 的介质球壳，试求：①$r<a$、$a<r<b$、$r>b$ 各区域的 $\bar{D}$ 和 $\bar{E}$；②介质球壳中的体束缚电荷密度 ρ' 和其内外表面处的面束缚电荷密度 ρ'_s。

答案：① $\begin{cases} D = 0, & r < a \\ \bar{D} = \hat{r}\dfrac{Q}{4\pi r^2}, & a \leq r \leq b \\ \bar{D} = \hat{r}\dfrac{Q}{4\pi r^2}, & r > b \end{cases}$，$\begin{cases} \bar{E} = 0, & r < a \\ \bar{E} = \hat{r}\dfrac{Q}{4\pi\varepsilon r^2}, & a \leq r \leq b \\ \bar{E} = \hat{r}\dfrac{Q}{4\pi\varepsilon_0 r^2}, & r > b \end{cases}$；② $\rho' = \left(\dfrac{\varepsilon_0}{\varepsilon} - 1\right)\rho$，

$\rho'_s\big|_{r=a} = -\left(1 - \dfrac{\varepsilon_0}{\varepsilon}\right)\dfrac{Q}{4\pi a^2}$，$\rho'_s\big|_{r=b} = \left(1 - \dfrac{\varepsilon_0}{\varepsilon}\right)\dfrac{Q}{4\pi b^2}$。

2-10 在真空中，电荷按体密度 $\rho = \rho_0\left(1 - \dfrac{r^2}{a^2}\right)$ 分布在半径为 a 的球形区域内，其中 ρ_0 为常数。试计算：①球内外的电场强度；②球内外的电位函数。

答案：①电场强度 $\bar{E}_1 = \hat{r}\dfrac{\rho_0}{\varepsilon_0}\left(\dfrac{r}{3} - \dfrac{r^3}{5a^2}\right)$（$r > a$），$\bar{E}_2 = \hat{r}\dfrac{2\rho_0 a^3}{15\varepsilon_0 r^2}$（$r > a$）；②球内外的电位 $\phi_1 = \dfrac{\rho_0}{2\varepsilon_0}\left(\dfrac{a^2}{2} - \dfrac{r^2}{3} + \dfrac{r^4}{10a^2}\right)$（$r < a$），$\phi_2 = \dfrac{2\rho_0 a^3}{15\varepsilon_0 r}$（$r > a$）。

2-11 已知边长为 a 的等边三角形回路电流为 I，周围媒质为真空，如习题图 2-3 所示，试求回路中心点的磁感应强度。

答案：$\bar{B} = \hat{z}\dfrac{9\sqrt{3}\mu_0 I}{2\pi a}$。

2-12 已知电流环半径为 a，电流为 I，电流环位于 $z = 0$ 平面，如习题图 2-4 所示，试求 $P(0,0,h)$ 处的磁感应强度。

答案：$\bar{B} = \mu_0\bar{H} = \hat{z}\dfrac{\mu_0 I a^2}{2(a^2 + h^2)^{\frac{3}{2}}}$。

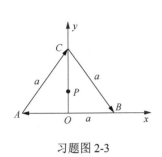

习题图 2-3

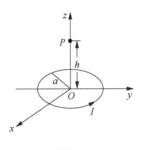

习题图 2-4

2-13　已知无限长导体圆柱的半径为 a，其内部存在半径为 b 的圆柱空腔，导体圆柱的轴线与空腔圆柱的轴线之间的间距为 c，如习题图 2-5 所示。若导体中均匀分布的电流密度为 $\bar{J} = \hat{z}J_0$，试求空腔中的磁感应强度。

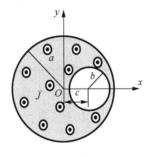

习题图 2-5

答案：$\bar{B} = \hat{y}\dfrac{\mu_0 J_0 c}{2}$。

2-14　已知半径为 a 的铁氧体球内部的磁化强度 $\bar{P}^{\mathrm{m}} = \hat{z}P_0^{\mathrm{m}}$，试求：①球内磁化电流密度 $\bar{J}'$ 及球面的表面磁化电流密度 $\bar{J}_s$；②磁化电流在球心处产生的磁感应强度。

答案：① $\bar{J}' = 0$，$\bar{J}_s' = \hat{\varphi}P_0^{\mathrm{m}}\sin\theta$；② $\bar{B} = \hat{z}\dfrac{2}{3}\mu P_0^{\mathrm{m}}$。

2-15　已知位于坐标原点的磁化球的半径为 a，若球内的磁化强度 $\bar{M} = \hat{z}(Az^2 + B)$，其中 A 和 B 均为常数，试求球面上的磁化电流。

答案：$\bar{I} = \hat{\varphi}\left(\dfrac{2}{3}Aa^3 + 2Ba\right)$。

2-16　一硬同轴线内导体半径为 a，外导体内、外半径分别为 b、c，中间介质为空气（见习题图 2-6）。当内、外导体分别通过直流 I 和 $-I$ 时，求内导体（$\rho < a$），内、外导体之间（$a < \rho < b$），外导体中（$b < \rho < c$）三个区域的 $\bar{H}$、$\bar{B}$ 和 $\nabla \times \bar{H}$、$\nabla \cdot \bar{B}$。

答案：当 $r < a$ 时，$\bar{H} = \hat{\varphi}\dfrac{I\rho}{2\pi a^2}$，$\bar{B} = \hat{\varphi}\dfrac{\mu_0 Il}{2\pi a^2}$，$\nabla \times \bar{H} = \bar{J}$，$\nabla \cdot \bar{B} = 0$。

当 $a < r < b$ 时，$\bar{H} = \hat{\varphi}\dfrac{I}{2\pi\rho}$，$\bar{B} = \hat{\varphi}\dfrac{\mu_0 I}{2\pi\rho}$，$\nabla \times \bar{H} = 0$，$\nabla \cdot \bar{B} = 0$。

当 $b < r < c$ 时，$\bar{H} = \hat{\varphi}\dfrac{I}{2\pi\rho}\dfrac{c^2 - \rho^2}{c^2 - b^2}$，$\bar{B} = \hat{\varphi}\dfrac{\mu_0 I}{2\pi\rho}\dfrac{c^2 - \rho^2}{c^2 - b^2}$，$\nabla \times \bar{H} = -\bar{J}'$，$\nabla \cdot \bar{B} = 0$。

2-17 设带有滑条 AB 的两根平行导线的终端并联电阻 $R=0.2\Omega$，导线间距为 0.2m，如习题图 2-7 所示。若正弦电磁场 $\bar{B}=\hat{z}5\sin\omega t$ 垂直穿过该回路，则当滑条 AB 的位置以 $x=0.35(1-\cos\omega t)$m 的规律变化时，试求回路中的感应电流。

答案：$I=1.75\omega\left(\cos 2\omega t-\cos\omega t\right)$A 。

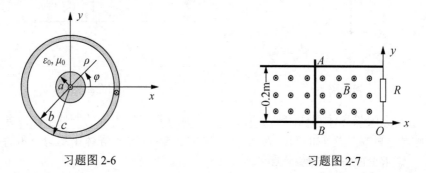

习题图 2-6   习题图 2-7

2-18 一个面积为 $a\times b$ 的矩形线圈位于双导线之间，位置如习题图 2-8 所示。两导线中的电流方向始终相反，其变化规律为 $I_1=I_2=10\sin(2\pi\times 10^9 t)$A，试求线圈中的感应电动势。

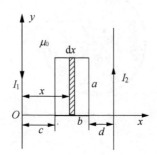

习题图 2-8

答案：$\xi=-\dfrac{\mathrm{d}\varPhi}{\mathrm{d}t}=-\mu_0 a\cos\left(2\pi\times 10^9 t\right)\ln\left[\dfrac{(b+c)(b+d)}{cd}\right]\times 10^{10}$ V

2-19 一平行板电容器由两块导体圆片构成，圆片半径为 a，间距为 d，$d\ll a$，其间填充介电常数为 ε、磁导率为 μ_0 的介质。在电容器中心加一正弦电压 $U=U_0\sin\omega t$，求：①介质中的电场强度和磁场强度；②介质中位移电流总值，并证明它等于电容器的充电电流；③设介质的电导率为 σ，求介质中传导电流与位移电流之比。若 $\varepsilon_r=5.5$，$\sigma=10^{-3}$S/m，$f=3\times 10^6$Hz，则此比值多大？

答案：①$\bar{E}=\hat{z}\dfrac{U_0}{d}\sin\omega t$，$\bar{H}=\hat{\varphi}\dfrac{\omega\varepsilon\rho}{2d}U_0\cos\omega t$；②$I_d=I=\dfrac{\omega\varepsilon\pi a^2}{d}U_0\cos\omega t$；③3.27。

2-20 试由麦克斯韦方程组导出电流连续性方程和泊松方程。

答案：略。

2-21 设真空中的磁感应强度为 $\bar{B}(z,t)=\hat{y}10^{-3}\sin(6\pi\times 10^8 t-kz)$Wb/m，试求空间位移电流密度。

答案：$\bar{J}_d=\hat{x}5\times 10^3\cos(6\pi\times 10^8 t-kz)$A/m 。

2-22 已知真空中无源区域有时变电场 $\bar{E}=\hat{x}E_0\cos\left(\omega t-kz\right)$，试求：①由麦克斯韦方程

求时变磁场 $\bar{H}(t)$；②证明 $k = \omega\sqrt{\mu_0\varepsilon_0}$，$E/H = \sqrt{\mu_0/\varepsilon_0} = 377\Omega$。

答案：① $\bar{H} = \hat{y}\dfrac{k}{\omega\mu_0}E_0\cos(\omega t - kz)$；②略。

2-23　如习题图 2-9 所示，半径为 a 的圆形平行板电容器间距为 $d \ll a$，其间填充电导率为 σ 的介质，极板间加直流电压 U_0，试求：①介质中的电场强度和磁场强度；②介质中的功率流密度，并证明其总损耗功率的公式与电路理论中的相同。

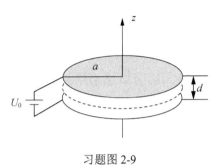

习题图 2-9

答案：① $\bar{E} = \hat{z}\dfrac{U_0}{d}$，$\bar{H} = \hat{\varphi}\dfrac{\sigma U_0}{2d}\rho$；② $\bar{S} = -\hat{\rho}\dfrac{\sigma}{2d^2}U_0^2\rho$，证明略。

2-24　将一块无限大的厚度为 d 的介质板放在均匀电场 $\bar{E}$ 中，周围媒质为真空。已知介质板的介电常数为 ε，均匀电场的方向与介质板法线的夹角为 θ_1，如习题图 2-10 所示。当介质板中的电场线方向 $\theta_2 = \dfrac{\pi}{4}$ 时，试求角度 θ_1 及介质表面的束缚电荷面密度。

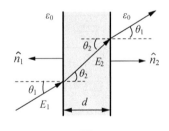

习题图 2-10

答案：$\theta_1 = \arctan\left(\dfrac{\varepsilon_0}{\varepsilon}\right)$；$\rho'_{s_1} = -\left(1 - \dfrac{\varepsilon_0}{\varepsilon}\right)\varepsilon_0 E\cos\theta_1$，$\rho'_{s_2} = \left(1 - \dfrac{\varepsilon_0}{\varepsilon}\right)\varepsilon_0 E\cos\theta_1$。

2-25　对于非均匀的各向同性线性媒质，请导出其无源区电场强度复矢量的波动方程。

答案：$\nabla^2\bar{E} + \omega^2\mu\varepsilon\bar{E} + \nabla\left(\bar{E}\cdot\dfrac{\nabla\varepsilon}{\varepsilon}\right) + \dfrac{\nabla\mu}{\mu}\times\nabla\times\bar{E} = 0$。

2-26　媒质 1 的电参数为 $\varepsilon_1 = 5\varepsilon_0$，$\mu_1 = 3\mu_0$，$\sigma_1 = 0$；媒质 2 可视为理想导体（$\sigma_2 \to \infty$）。设 $y = 0$ 处为理想导体界面，$y > 0$ 的区域（媒质 1）内的电场强度为 $\bar{E} = \hat{y}20\cos(2\times10^8 t - 2.58z)$（V/m），试计算 $t = 6$ns 时点 $P(2, 0, 0.3)$ 处的面电荷密度、磁场强度、面电流密度。

答案：$\rho_s = 8.06\times10^{-10}$C/m^2，$\bar{H} = -\hat{x}0.2053\mathrm{e}^{-\mathrm{j}2.58z}$（A/m），$J_s = -\hat{x}0.0623$（A/m）。

2-27　已知空气中 $\bar{E} = \hat{y}0.1\sin10\pi x\cos(6\pi\times10^9 t - kz)$（V/m），试求：①$k$；②磁场的复数形式和瞬时表达式。

答案：① 62.86rad/m；② $\bar{H} = -\hat{x}2.65 \times 10^{-4} \sin 10\pi x e^{-jkz} + \hat{z}\text{j}1.3310^{-4} \cos 10\pi x e^{-jkz}$ （A/m），

$\bar{H}(z,t) = -\hat{z}1.33 \times 10^{-4} \cos 10\pi x \sin(6\pi \times 10^9 t - 62.86z)$ （A/m）。

2-28 分别在 3kHz、3GHz 和 300THz 下计算下列媒质中传导电流与位移电流的振幅之比，并指出是否为介质或导体：①海水，$\varepsilon_r = 80$，$\sigma = 4 \times 10^{-4}\text{S/m}$；②聚四氟乙烯，$\varepsilon_r = 2.1$，$\sigma = 10^{-16}\text{S/m}$；③铝，$\varepsilon_r = 1$，$\sigma = 3.54 \times 10^7\,\text{S/m}$。

答案：① $f = 3\text{kHz}$ 时海水是不良导体，$f = 3\text{GHz}$ 时海水是介质，$f = 300\text{THz}$ 时海水依然是介质；② $f = 3\text{kHz}$ 时聚四氟乙烯是介质，频率变高时聚四氟乙烯依然是介质；③ $f = 3\text{kHz}$ 时铝是良导体，$f = 3\text{GHz}$ 时铝依然是良导体，$f = 300\text{THz}$ 时铝是不良导体。

2-29 已知真空中时变电磁场的电场强度在球坐标系中的瞬时值为

$$\bar{E}(r,t) = \hat{\theta}\frac{E_0}{r}\sin\theta\cos(\omega t - k_0 r)$$

式中，$k_0 = \omega\sqrt{\varepsilon_0\mu_0}$，试求磁场强度的储能密度及能流密度的平均值。

答案：$w_{\text{av}} = \dfrac{\varepsilon_0 E_0^2}{2r^2}\sin^2\theta$，$\bar{S}_{\text{av}} = \hat{r}\sqrt{\dfrac{\varepsilon_0}{\mu_0}}\dfrac{E_0^2}{4r^2}\sin^2\theta$。

2-30 两个无限大理想导体平行板相距 d，坐标如习题图 2-11 所示。在平行板间存在时谐场，其电场强度为 $\bar{E}(t) = \hat{x}E_0\sin\dfrac{\pi y}{d}\cos(\omega t - kz)$ （V/m），试求：①磁场强度 $\bar{H}(t)$；②复坡印廷矢量 $\bar{S}$ 及平均功率流密度 $\bar{S}_{\text{av}}$；③$y = 0$ 时导体板内表面的面电流分布 $\bar{J}_s(t)$。

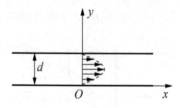

习题图 2-11

答案：① $\bar{H} = \hat{y}\dfrac{k}{\omega\mu}E_0\sin\dfrac{\pi y}{d}\cos(\omega t - kz) + \hat{z}\dfrac{\pi}{\omega\mu d}E_0\cos\dfrac{\pi y}{d}\sin(\omega t - kz)$ （A/m）；② $\bar{S} = \hat{z}\dfrac{k}{2\omega\mu}E_0^2\sin^2\left(\dfrac{\pi y}{d}\right) - \hat{y}\dfrac{\text{j}\pi}{4\omega\mu d}E_0^2\sin\left(\dfrac{2\pi y}{d}\right)$ （W/m²），$\bar{S}_{\text{av}} = \hat{z}\dfrac{k}{2\omega\mu}E_0^2\sin^2\left(\dfrac{\pi y}{d}\right)$ （W/m²）；

③ $\bar{J}_s(t) = \hat{x}\dfrac{\pi}{\omega\mu d}E_0\sin(\omega t - kz)$ （A/m）。

第 3 章

似稳电磁场与静态电磁场

　　电磁场和电路是电子信息与电气工程类专业最基本的知识，是电工电子学最重要的基础理论。电路课程的编排考虑到是面向大学低年级学生的，因此未涉及特别深入的数学理论，学生学起来比较容易；电磁场比较难学，需要更多的数学与物理基础，以致在教学与学习的过程中易忽略两者的内在联系，甚至将电路和电磁场割裂开来。本章的目的是呈现电路与电磁场的内在统一性，以及电磁场理论是电路理论的物理基础这一基本物理规律。

　　本章从麦克斯韦方程出发，给出电磁场的两种特例——似稳电磁场和静态电磁场，接着介绍电磁元件（R、L、C）和电磁参数的计算方法。这里，似稳电磁场是电路原理的理论支撑，对理解电路与电磁场的统一性具有重要意义；静态电磁场是分析电磁元件的工具，是计算传输线分布参数的物理基础。本章的学习目标就是理解电路与电磁场的关系。

§3.1　似稳电磁场

3.1.1　似稳电磁场的基本方程

　　在很多情况下常常会碰到一种电磁场，其**电场随时间变化很缓慢**，即 $\partial \bar{D} / \partial t \to 0$；或者即使变化不缓慢，由于媒质的关系，位移电流也总远小于传导电流，即 $\partial \bar{D} / \partial t << \bar{J} = \sigma \bar{E}$，这时位移电流可忽略。以上两种情况都满足简化的麦克斯韦方程组，即

$$\nabla \times \bar{H} = \bar{J} = \sigma \bar{E} \tag{3.1-1a}$$

$$\nabla \times \bar{E} = -\frac{\partial \bar{B}}{\partial t} \tag{3.1-1b}$$

$$\nabla \cdot \bar{D} = 0 \tag{3.1-1c}$$

$$\nabla \cdot \bar{B} = 0 \tag{3.1-1d}$$

对式（3.1-1a）两边求散度有

$$\nabla \cdot \nabla \times \bar{H} = \frac{\sigma}{\varepsilon} \nabla \cdot \bar{D} = 0$$

因为 $\nabla \cdot \nabla \times \bar{H} \equiv 0$，所以必然有 $\nabla \cdot \bar{D} = 0$，即式（3.1-1c），说明**似稳电磁场中不可能存在自由电荷分布**。满足式（3.1-1）的电磁场称为似稳电磁场。

　　下面讨论似稳电磁场的一种典型情况——缓变电磁场。

3.1.2 低频电路的似稳电磁场本质

1. 基尔霍夫电流定律

缓变电磁场就是随时间变化很慢，或者频率很低的电磁场。低频电路理论就是典型的缓变电磁场的实例。根据电流连续性方程的积分形式 $\oint_S \bar{J} \cdot d\bar{s} = -\int_V \dfrac{\partial \rho}{\partial t} dv$ ，将式（3.1-1c）代入公式右端得

$$\oint_S \bar{J} \cdot d\bar{s} = 0 \tag{3.1-2}$$

说明**穿出任意封闭曲面的传导电流总为零**。

若曲面 S 为包围电路任意节点的封闭曲面（见图 3.1-1），则式（3.1-2）可改写成 $\int_{s_1} \bar{J}_1 \cdot d\bar{s} - \int_{s_2} \bar{J}_2 \cdot d\bar{s} + \int_{s_3} \bar{J}_3 \cdot d\bar{s} = 0$ ，即 $i_1 - i_2 + i_3 = 0$ 。这是电路理论中的基尔霍夫（Gustav Robert Kirchhoff, 1824—1887, 德）电流定律：

$$\sum_{j=1}^{N} i_j = 0 \tag{3.1-3}$$

即**从电路中任一节点流出电流的代数和等于零**。

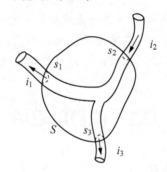

图 3.1-1　电流连续性与基尔霍夫定律之间的关系

根据式（3.1-1d），磁感应强度可以写成

$$\bar{B} = \nabla \times \bar{A} \tag{3.1-4}$$

代入式（3.1-1b），可得 $\nabla \times (\bar{E} + \dfrac{\partial \bar{A}}{\partial t}) = 0$ ，因此

$$\bar{E} = -\nabla \phi - \frac{\partial \bar{A}}{\partial t} \tag{3.1-5}$$

为了唯一确定 $\bar{A}$ ，还必须定义它的散度。似稳电磁场中无自由电荷，即 $\nabla \cdot \bar{D} = 0$ ，将式（3.1-5）代入此式得 $\nabla \cdot \left[-\varepsilon \nabla \phi - \varepsilon \dfrac{\partial \bar{A}}{\partial t} \right] = 0$ 。在这里，可令

$$\nabla \cdot \bar{A} = 0 \tag{3.1-6}$$

式（3.1-6）称为库仑规范。结合式（3.1-4），将式（3.1-6）代入式（3.1-1a），可得位函数方程为

$$\nabla^2 \bar{A} = -\mu \bar{J} \tag{3.1-7a}$$

$$\nabla^2 \phi = 0 \tag{3.1-7b}$$

说明**缓变电磁场的位函数遵循静态电磁场的规律**。这就是它被称为"似稳"电磁场的原因。

2．基尔霍夫电压定律

下面研究缓变电磁场中的一个由电阻、电感和电容（电容器）组成的串联电路，如图 3.1-2 所示。对于缓变电磁场，因为传导电流是连续的，所以电路中的任意时刻 t 的电流 $i(t)$ 处处相等。在图 3.1-2 中，电路的导线损耗电阻和电源内阻可分别用 r 和 R_i 表示。电路中任一点的传导电流密度为

$$\bar{J} = \sigma(\bar{E} + \bar{E}_a) \tag{3.1-8}$$

式中，$\bar{E}$ 是缓变电场；$\bar{E}_a$ 是由局外力产生的电场，只存在于电源内部。

考虑到式（3.1-5），有 $\bar{E}_a = \dfrac{\partial \bar{A}}{\partial t} + \nabla\phi + \dfrac{\bar{J}}{\sigma}$，沿导线由 A 到

B 积分为

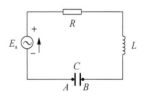

图 3.1-2　RLC 串联电路

$$\int_A^B \bar{E}_a \cdot d\bar{l} = \int_A^B \frac{\partial \bar{A}}{\partial t} \cdot d\bar{l} + \int_A^B \nabla\phi \cdot d\bar{l} + \int_A^B \frac{\bar{J}}{\sigma} \cdot d\bar{l} \tag{3.1-9}$$

等式左边为电源电动势。

对于等式右边第一项，考虑到 $\oint_l \bar{A} \cdot d\bar{l} = \int_S \nabla \times \bar{A} \cdot d\bar{s} = \int_S \bar{B} \cdot d\bar{s}$，因此其物理意义是磁通量的变化率，即感生电动势（电容极板间距很小，积分可近似看作环路积分）。由于外电路的磁通量远小于线圈中的磁链，所以该项应等于 $L\dfrac{di(t)}{dt}$。

等式右边第二项为梯度的积分，积分结果与路径无关，可在电容内部积分，结果为电容极板间电压，即 $\dfrac{1}{C}\int i(t)dt$。

对于等式右边第三项，考虑到 $\int_A^B \dfrac{S\bar{J}}{\sigma S} \cdot d\bar{l} = \int_A^B \dfrac{i(t)}{\sigma S}dl$（$S$ 为电流穿过的横截面），即所有集总电阻的压降等于 $(R_i + r + R) \cdot i$。

综上所述，式（3.1-9）可以写成

$$\varepsilon = L\frac{di(t)}{dt} + \frac{1}{C}\int i(t)dt + (R_i + r + R) \cdot i$$

这正是低频串联电路中的基尔霍夫电压定律。将上式移项，也可以笼统地写成

$$\sum_{j=1}^N U_j = 0 \tag{3.1-10}$$

即一般形式的基尔霍夫电压定律。可见，**似稳电磁场的麦克斯韦方程实际上完全等效于电路中的基尔霍夫电流/电压定律。**

也就是说，**电路理论只不过是低频条件的麦克斯韦电磁理论。**这再一次说明麦克斯韦方程具有普遍意义。在研究缓变电磁场问题时，究竟采用场的分析方法，还是路的分析方法，要视具体问题的条件而定。

3．电路与电磁场的关系

为了方便理解电路理论是电磁理论的特殊情况这一物理事实，表 3.1-1 列出了电路中的物理量与电磁场量的对应关系，以及电路原理的电磁场描述。

表 3.1-1　电路理论与电磁理论的对应关系

电磁场	电路
$\bar{E}$（电场强度）	u（电压）
$\bar{H}$（磁场强度）	i（电流）
$\bar{D}$（电通密度）	q（电荷）
$\bar{B}$（磁感应强度）	q_{m}（磁荷 [1]）
$\bar{J}$（电流密度）	i（电流）
$\bar{J}_{m}$（磁流密度）	i_{m}（磁流 [1]）
$\bar{J}_{d} = \varepsilon \dfrac{\partial E}{\partial t}$（位移电流密度）	$i_{C} = C \dfrac{\mathrm{d}u_{C}}{\mathrm{d}t}$（流过电容的电流）
$\bar{J}_{\mathrm{md}}$（位移磁流密度）	$u_{\mathrm{L}} = L \dfrac{\mathrm{d}i_{\mathrm{L}}}{\mathrm{d}t}$（电感两端的电压）
本构关系 （1）$\bar{J} = \sigma \bar{E}$ （2）$\bar{D} = \varepsilon \bar{E}$ （3）$\bar{B} = \mu \bar{H}$	本构关系的积分形式 （1）$i = Gu = u/R$（欧姆定律） （2）$q = Cu$（电容的电荷量） （3）$\psi = Li$（磁通量）
$\oint_{l} \bar{E} \cdot \mathrm{d}\bar{l} = -\int_{s} \dfrac{\partial \bar{B}}{\partial t} \cdot \mathrm{d}\bar{s}$（电磁感应定律）	$\sum_{j=1}^{N} u_{j} = -L_{s} \dfrac{\partial i}{\partial t} = 0$（基尔霍夫电压定律 [2]）
$\oint_{s} \bar{J} \cdot \mathrm{d}\bar{S} = -\dfrac{\partial q}{\partial t}$（电流连续性原理 [3]）	$\sum_{j=1}^{N} i_{j} = -\dfrac{\partial q}{\partial t} = -C_{s} \dfrac{\partial u}{\partial t} = 0$（基尔霍夫电流定律 [3]）
功率与能量 （1）$\oint_{s} (\bar{E} \times \bar{H}) \cdot \mathrm{d}\bar{s}$（功率流密度） （2）$p = \sigma E^{2}$（功率损耗） （3）$\dfrac{1}{2} \int_{V} \varepsilon E^{2} \mathrm{d}v$（电场储能） （4）$\dfrac{1}{2} \int_{V} \mu H^{2} \mathrm{d}v$（磁场储能）	功率与能量 （1）$P = iu$（功率） （2）$P = Gu^{2} = u^{2}/R$（焦耳定律） （3）$\dfrac{1}{2} Cu^{2}$（电容储能） （4）$\dfrac{1}{2} Li^{2}$（电感储能）

注：[1] 自然界中并不存在磁荷与磁流，但在理论上可借助它们求解电磁场问题；广义麦克斯韦方程将在第 5 章学习，届时可比较方便地求解某些辐射问题。

[2] 公式中的 L_s 是回路的分布电感，由于低频情形下的回路尺寸很小，所以分布电感很小，可视为零。结果与式（3.1-10）是吻合的。

[3] 似稳电磁场［见式（3.1-1）］中不存在自由电荷，公式等于零；在低频电路中，分布电容 C_s 很小，可视为零。结论与式（3.1-3）是吻合的。

　　需要指出的是，这里所研究的缓变电磁场，即低频电路理论仅仅是似稳电磁场的一种形式，而且"低频"并不是似稳电磁场的本质。下面两种电磁场所具有的"似稳"特征就不受"低频"约束：一种是导电媒质中的电磁场，一种是场源近区的电磁场。下面依次讨论。

3.1.3　良导体中的电磁场

　　良导体中的传导电流远大于位移电流，因此位移电流可忽略不计。电磁场满足的方程仍是式（3.1-1）。下面研究一下简单良导体中的波动方程。首先对式（3.1-1b）两端取旋度，并利用矢量恒等式 $\nabla \times \nabla \times \bar{A} = \nabla(\nabla \cdot \bar{A}) - \nabla^{2}\bar{A}$，得

$$\nabla \times \nabla \times \overline{E} = \nabla(\nabla \cdot \overline{E}) - \nabla^2 \overline{E} = -\mu \frac{\partial}{\partial t}(\nabla \times \overline{H})$$

再将式（3.1-1a）和式（3.1-1c）代入上式，得

$$\nabla^2 \overline{E} = \mu\sigma \frac{\partial \overline{E}}{\partial t} \tag{3.1-11}$$

同理，先对式（3.1-1a）两边取旋度，再将式（3.1-1b）和式（3.1-1d）代入，即得

$$\nabla^2 \overline{H} = \mu\sigma \frac{\partial \overline{H}}{\partial t} \tag{3.1-12}$$

下面讨论半无限大导体中的电磁场。如图 3.1-3 所示，在 $z>0$ 的半空间存在时谐电磁场，假设电场强度只有 x 分量，并在 xOy 平面上处处相等，在 $z=0$ 平面上，电场等于 E_0。式（3.1-11）的复数形式为 $\nabla^2 \overline{E} = \mathrm{j}\omega\mu\sigma\overline{E}$，根据假设条件，又考虑到只是 z 的函数，方程可简化为

$$\frac{\partial^2 E_x}{\partial^2 z} = \mathrm{j}\omega\mu\sigma E_x \tag{3.1-13}$$

该方程是二阶齐次常系数微分方程，令

$$\gamma^2 = \mathrm{j}\omega\mu\sigma \tag{3.1-14}$$

则其通解为

$$E_x = C_1 \mathrm{e}^{-\gamma z} + C_2 \mathrm{e}^{\gamma z} \tag{3.1-15}$$

由于

$$\gamma = \sqrt{\mathrm{j}\omega\mu\sigma} = \sqrt{\frac{\omega\mu\sigma}{2}} + \mathrm{j}\sqrt{\frac{\omega\mu\sigma}{2}} = \alpha + \mathrm{j}\beta \tag{3.1-16}$$

式中

$$\alpha = \beta = \sqrt{\frac{\omega\mu\sigma}{2}} \tag{3.1-17}$$

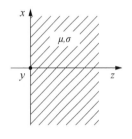

图 3.1-3　导体中的电磁场

所以式（3.1-15）中的 $C_2=0$，否则场强无限大，这是不可能的。利用 $z=0$ 处的边界条件可知，$C_1=E_0$。因此导体中的电场强度为

$$E_x = E_0 \mathrm{e}^{-\alpha z} \mathrm{e}^{-\mathrm{j}\beta z} \tag{3.1-18a}$$

伴随的磁场可根据 $\nabla \times \overline{E} = -\mathrm{j}\omega\mu\overline{H}$ 求出：

$$H_y = \frac{-\mathrm{j}\gamma}{\omega\mu} E_0 \mathrm{e}^{-\alpha z} \mathrm{e}^{-\mathrm{j}\beta z} \tag{3.1-18b}$$

可见，导体中电磁场的振幅沿纵深方向按照指数规律衰减。也就是说，导体中的电磁场只能存在于导体表面很浅的区域内，这就是集肤效应。按照式（3.1-17），导体的导电性能越好，信号频率越高，电磁场衰减越剧烈，集肤现象就越明显。

3.1.4　场源近区的电磁场

在电磁场变化既不缓慢，媒质中的位移电流与传导电流相比又不能忽略的一般条件下，电磁场满足麦克斯韦方程的一般形式：

$$\nabla \times \overline{E} = -\mu \frac{\partial \overline{H}}{\partial t}$$

$$\nabla \times \bar{H} = \sigma \bar{E} + \varepsilon \frac{\partial \bar{E}}{\partial t}$$

$$\nabla \cdot \bar{E} = \rho / \varepsilon$$

$$\nabla \cdot \bar{H} = 0$$

位函数满足达朗贝尔方程，即式（2.5-12）和式（2.5-13），它们有如下形式的解——滞后位（将在第 5.1 节学习）：

$$\bar{A}(r) = \frac{\mu}{4\pi} \int_V \bar{J}(r') \frac{\mathrm{e}^{-jkR}}{R} \mathrm{d}v' \qquad \phi(r) = \frac{1}{4\pi\varepsilon} \int_V \rho(r') \frac{\mathrm{e}^{-jkR}}{R} \mathrm{d}v'$$

如果观察点与源的距离满足 $kR \ll 1$ ，则 $\mathrm{e}^{-jkR} \approx 1$ ，滞后位近似为

$$\bar{A}(r) = \frac{\mu}{4\pi} \int_V \frac{\bar{J}(r')}{R} \mathrm{d}v' \tag{3.1-19a}$$

$$\phi(r) = \frac{1}{4\pi\varepsilon} \int_V \frac{\rho(r')}{R} \mathrm{d}v' \tag{3.1-19b}$$

这是泊松方程的解。

下面以式（3.1-19b）为例，验证 $\nabla^2 \phi(\bar{r}) = -\frac{\rho(\bar{r})}{\varepsilon}$ ，将其代入有

$$\nabla^2 \phi = \frac{1}{4\pi\varepsilon} \int_V \nabla^2 \frac{\rho(\bar{r'})}{R} \mathrm{d}v'$$

式中， $\rho(\bar{r'})$ 对 ∇^2 而言是常数，利用恒等式 $\nabla^2 \left(\frac{1}{|\bar{r} - \bar{r'}|} \right) = -4\pi\delta(\bar{r} - \bar{r'})$ 可得

$$\nabla^2 \phi = \frac{1}{4\pi\varepsilon} \int_V \rho(\bar{r'}) \nabla^2 \frac{1}{R} \mathrm{d}v' = -\frac{1}{\varepsilon} \int_V \rho(\bar{r'})\delta(\bar{r} - \bar{r'})\mathrm{d}v'$$

利用冲激函数的取样性质，有

$$\nabla^2 \phi(\bar{r}) = -\frac{\rho(\bar{r})}{\varepsilon}$$

同理可知，式（3.1-19a）也是 $\nabla^2 \bar{A} = -\mu\bar{J}$ 的解。

可见，在辐射场的近区，电磁场具有静态电磁场的特征，虽然其本质上仍然是动态场。因此，辐射问题近区的时变电磁场是一种似稳电磁场。

那么，近区的范围 $R \ll \frac{1}{k}$ 是多大呢？由于 $k = \frac{\omega}{v} = \frac{2\pi f}{v} = \frac{2\pi}{\lambda}$ ，其中，v 是电磁波的传播速度，λ 是电磁波的波长，所以

$$R \ll \frac{\lambda}{2\pi} \approx \frac{\lambda}{6} \tag{3.1-20}$$

这就是近区场条件。这说明，在**以场源为中心、远小于 $\lambda/6$ 为半径的空间区域内，电磁场的分布与静态电磁场的分布相似**。

在自由空间中，电磁波的波长为 $c = 3 \times 10^8 \mathrm{m/s}$ ，频率为 50Hz 的信号波长为 6000km，1MHz 的信号波长为 100m，而 3GHz 的信号波长则仅为 10cm，因此这里的近区场条件因信号频率的不同而差距迥异。以电路中能量的传输为例，在直流（波长可视为无限长）或低频电路中，$\lambda/6$ 是很大的（电路尺寸远小于 $\lambda/6$），场源与负载间的距离符合近区场条件，因此电路周围空间的电磁场是似稳电磁场（这与 3.1.2 节是吻合的）。而 3GHz 微波信号的 $\lambda/6$ 仅有 1.67cm，考虑到电路的实际尺寸，电路周围区域不满足近区场条件，因此射频电路

周围的电磁场一般不是似稳电磁场。射频电路中的电磁场问题将在第 4 章中学习。

§3.2　静态电磁场

我们知道，静电场的源是静止的电荷——相对于观察者静止且不随时间变化的电荷。恒定电流是由外加电压导致的，并在导体中存在。恒定电流不仅会产生恒定电场，还会产生恒定磁场。由于电流是恒定的，所以恒定电场与恒定磁场之间不会相互影响而独立存在。注意：这里即将学习的静态电磁场是为计算传输线分布参数奠定基础的。

3.2.1　静态电磁场方程

麦克斯韦方程组概括了所有宏观电磁现象的规律，各种电磁现象都可以用特定条件下的麦克斯韦方程来描述。静态电磁场可视为时变场的一种特殊情况。静电场满足的条件是麦克斯韦方程中的 $\partial \bar{D}/\partial t = 0$ 和 $\partial \bar{B}/\partial t = 0$ 且不存在自由电流，即 $\bar{J} = 0$。当导体中存在恒定电流时，导体内部必存在不随时间变化的电场来驱动电荷做定向运动，不存在自由电荷。恒定电场问题中的基本物理量是电场强度 $\bar{E}$ 和电流 $\bar{J}$，满足的条件是 $\partial \bar{D}/\partial t = 0$，$\partial \bar{B}/\partial t = 0$，$\bar{J} \neq 0$，$\rho = 0$。恒定磁场满足的条件是 $\partial \bar{D}/\partial t = 0$，$\partial \bar{B}/\partial t = 0$，$\bar{J} \neq 0$。因此，静态电磁场的基本方程归纳为表 3.2-1 所示的公式。表 3.2-1 中的三组方程可以概括静态电磁场的所有规律。

表 3.2-1　静态电磁场方程

场类型	微分形式		积分形式	
静电场	$\nabla \times \bar{E} = 0$	(3.2-1a)	$\oint_l \bar{E} \cdot \mathrm{d}\bar{l} = 0$	(3.2-1a')
	$\nabla \cdot \bar{D} = \rho$	(3.2-1b)	$\oint_S \bar{D} \cdot \mathrm{d}\bar{s} = Q$	(3.2-1b')
恒定电场	$\nabla \times \bar{E} = 0$	(3.2-1c)	$\oint_l \bar{E} \cdot \mathrm{d}\bar{l} = 0$	(3.2-1c')
	$\nabla \cdot \bar{J} = 0$	(3.2-1d)	$\oint_S \bar{J} \cdot \mathrm{d}\bar{s} = 0$	(3.2-1d')
恒定磁场	$\nabla \times \bar{H} = \bar{J}$	(3.2-1e)	$\oint_l \bar{H} \cdot \mathrm{d}\bar{l} = \int_S \bar{J} \cdot \mathrm{d}\bar{s}$	(3.2-1e')
	$\nabla \cdot \bar{B} = 0$	(3.2-1f)	$\oint_S \bar{B} \cdot \mathrm{d}\bar{s} = 0$	(3.2-1f')

静态电磁场的矢量磁位和标量电位分别满足式（2.5-13a）和式（2.5-13b），重写为

$$\nabla^2 \bar{A} = -\mu \bar{J} \tag{3.2-1g}$$

$$\nabla^2 \phi = -\frac{\rho}{\varepsilon} \tag{3.2-1h}$$

这是泊松方程。利用式（3.2-1h），结合定解条件可求出电位函数，从而根据关系 $\bar{E} = -\nabla \phi$ 求得电场强度 $\bar{E}$。由于电位 ϕ 是标量，所以求解电位方程将比直接求解矢量 $\bar{E}$ 方便很多。如果在无源区（$\rho = 0$），则式（3.2-1h）将退化为齐次形式：

$$\nabla^2 \phi = 0 \tag{3.2-1i}$$

即拉普拉斯方程。由于恒定电场中不存在自由电荷，所以电位函数自然满足上式。

3.2.2 静态电磁场的边界条件

静态电磁场的边界条件是第 2 章已得出的普遍形式边界条件的特例，然而，在 2.6 节中，推导边界条件的过程和结果都与时间无关，因此最终静电场和恒定磁场的边界条件的书写形式与表 2.6-1～表 2.6-3 中所列的表达式相同，重写于表 3.2-2 中。

表 3.2-2 静电场与恒定磁场的边界条件

边界类型	代数式		矢量式	
一般形式	$E_{1t} = E_{2t}$	(3.2-2a)	$\hat{n} \times \bar{E}_1 = \hat{n} \times \bar{E}_2$	(3.2-2a')
	$D_{1n} - D_{2n} = \rho_s$	(3.2-2b)	$\hat{n} \cdot (\bar{D}_1 - \bar{D}_2) = \rho_s$	(3.2-2b')
	$H_{1t} - H_{2t} = J_s$	(3.2-2c)	$\hat{n} \times (\bar{H}_1 - \bar{H}_2) = \bar{J}_s$	(3.2-2c')
	$B_{1n} = B_{2n}$	(3.2-2d)	$\hat{n} \cdot \bar{B}_1 = \hat{n} \cdot \bar{B}_2$	(3.2-2d')
理想介质边界：媒质 1 为理想介质 (μ_1,ε_1, $\sigma_1=0$)，媒质 2 为也理想介质 ($\mu_2,\varepsilon_2,\sigma_2=0$)	$E_{1t} = E_{2t}$	(3.2-3a)	$\hat{n} \times \bar{E}_1 = \hat{n} \times \bar{E}_2$	(3.2-3a')
	$D_{1n} = D_{2n}$	(3.2-3b)	$\hat{n} \cdot \bar{D}_1 = \hat{n} \cdot \bar{D}_2$	(3.2-3b')
	$D_{1n} = D_{2n}$	(3.2-3c)	$\hat{n} \times \bar{H}_1 = \hat{n} \times \bar{H}_2$	(3.2-3c')
	$B_{1n} = B_{2n}$	(3.2-3d)	$\hat{n} \cdot \bar{B}_1 = \hat{n} \cdot \bar{B}_2$	(3.2-3d')
理想导体边界：媒质 1 为理想介质 ($\sigma_1=0$)，媒质 2 为理想导体 ($\sigma_2=\infty$)	$E_{1t} = 0$	(3.2-4a)	$\hat{n} \times \bar{E}_1 = 0$	(3.2-4a')
	$D_{1n} = \rho_s$	(3.2-4b)	$\hat{n} \cdot \bar{D}_1 = \rho_s$	(3.2-4b')
	$H_{1t} = J_s$	(3.2-4c)	$\hat{n} \times \bar{H}_1 = \bar{J}_s$	(3.2-4c')
	$B_{1n} = 0$	(3.2-4d)	$\hat{n} \cdot \bar{B}_1 = 0$	(3.2-4d')

至于恒定电场的边界条件，可以从其基本方程，即式（3.2-1c）和式（3.2-1d）出发，比较磁感应强度 $\bar{B}$ 满足的方程形式和边界条件，可知恒定电场的边界条件如表 3.2-3 所示。

表 3.2-3 恒定电场的边界条件

代数式		矢量式	
$E_{1t} = E_{2t}$	(3.2-5a)	$\hat{n} \times \bar{E}_1 = \hat{n} \times \bar{E}_2$	(3.2-5a')
$J_{1n} = J_{2n}$ 或 $\sigma_1 E_{1n} = \sigma_2 E_{2n}$	(3.2-5b)	$\hat{n} \cdot \bar{J}_1 = \hat{n} \cdot \bar{J}_2$	(3.2-5b')

可见，在边界上，电流密度矢量法向是连续的。

3.2.3 静态电磁场位函数的边界条件

位函数的边界条件可以从场的边界条件，结合场和位函数的关系来推导。首先推导电位的边界条件。

1. 电位的边界条件

在静电场中，在两种媒质分界面上，如图 3.2-1 所示，沿分界面绘制一个矩形回路 ABCD。其中，与界面相平行的两条边的长度为 Δl，垂直于界面的另两条边的长度为 Δh，为无穷小量。此时，A、D 间与 B、C 间的电位差分别为

$$\phi_1(A) - \phi_1(D) = \int_A^D \overline{E}_1 \cdot \mathrm{d}\overline{l} = E_{1t}\Delta l$$

$$\phi_2(B) - \phi_2(C) = \int_B^C \overline{E}_2 \cdot \mathrm{d}\overline{l} = E_{2t}\Delta l$$

令 $\Delta h \to 0$，即 C 与 D 趋于同一点，取为电位参考点，于是由式（3.2-3a）可知 A 点与 B 点具有相同的电位，即 $\phi_1 = \phi_2$；对于另一边界条件式（3.2-2b），

考虑到

$$E_{1n} = \hat{n} \cdot \overline{E}_1 = -\hat{n} \cdot \nabla \phi_1 = -\frac{\partial \phi_1}{\partial n}$$

$$E_{2n} = \hat{n} \cdot \overline{E}_2 = -\hat{n} \cdot \nabla \phi_2 = -\frac{\partial \phi_2}{\partial n}$$

有

$$\varepsilon_1 \frac{\partial \phi_1}{\partial n} - \varepsilon_2 \frac{\partial \phi_2}{\partial n} = -\rho_s$$

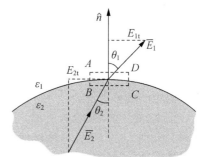

根据经验，借助式（3.2-3）和式（3.2-4）可得理想介质边界与理想导体边界上电位的两种特殊边界条件，现一并列于表 3.2-4 中。

图 3.2-1　两种媒质的分界面

表 3.2-4　静电场中电位的边界条件

边界类型	电位		电位导数	
一般形式	$\phi_1 = \phi_2$	（3.2-6a）	$\varepsilon_1 \dfrac{\partial \phi_1}{\partial n} - \varepsilon_2 \dfrac{\partial \phi_2}{\partial n} = -\rho_s$	（3.2-6b）
理想介质边界：媒质 1 为理想介质（μ_1，$\varepsilon_1, \sigma_1=0$），媒质 2 也为理想介质（$\mu_2, \varepsilon_2, \sigma_2=0$）	$\phi_1 = \phi_2$	（3.2-7a）	$\varepsilon_1 \dfrac{\partial \phi_1}{\partial n} = \varepsilon_2 \dfrac{\partial \phi_2}{\partial n}$	（3.2-7b）
理想导体边界：媒质 1 为理想介质（$\sigma_1=0$），媒质 2 为理想导体（$\sigma_2=\infty$）	$\phi_1 = \mathrm{const.}$（常数）	（3.2-8a）	$\varepsilon_1 \dfrac{\partial \phi_1}{\partial n} = -\rho_s$	（3.2-8b）

在恒定电场中，电场强度方程与静电场相同，因此边界条件式（3.2-6a）依然成立，即

$$\phi_1 = \phi_2$$

通过比较电通密度矢量 $\overline{D}$ 满足的方程形式和边界条件可知，在两种导电媒质的边界上，电位的微分形式应满足

$$\sigma_1 \frac{\partial \phi_1}{\partial n} = \sigma_2 \frac{\partial \phi_2}{\partial n} \tag{3.2-9}$$

2. 矢量磁位的边界条件

根据关系 $\overline{B} = \nabla \times \overline{A}$，由恒定磁场的边界条件式（3.2-2c′）可知，在不同磁介质的边界上有

$$\hat{n} \times \left(\frac{1}{\mu_1} \nabla \times \overline{A}_1 - \frac{1}{\mu_2} \nabla \times \overline{A}_2 \right) = \overline{J}_s \tag{3.2-10a}$$

由式（3.2-3d′）可知 $\hat{n} \cdot \left(\nabla \times \overline{A}_1 - \nabla \times \overline{A}_2 \right) = 0$。基于此式还可得出更简单的关系。为此，对该式在边界上做面积分：

$$\int_S \left(\nabla \times \overline{A}_1 - \nabla \times \overline{A}_2 \right) \cdot \hat{n} \mathrm{d}s = 0$$

利用斯托克斯公式，上式可改写为 $\oint_l (\bar{A}_1 - \bar{A}_2) \cdot \mathrm{d}\bar{l} = 0$，这要求 $(\bar{A}_1 - \bar{A}_2) \cdot \mathrm{d}\bar{l} = 0$。其中 $\hat{l}$ 为分界面上的任意切线方向，表示 $\bar{A}$ 的切向分量连续，即

$$\hat{n} \times (\bar{A}_1 - \bar{A}_2) = 0$$

同时，在库仑规范下，$\nabla \cdot \bar{A} = 0$，容易推导出以下边界条件：

$$\hat{n} \cdot (\bar{A}_1 - \bar{A}_2) = 0$$

结合以上两式可知

$$\bar{A}_1 = \bar{A}_2 \tag{3.2-10b}$$

式（3.2-10b）表明，在分界面两侧，$\bar{A}$ 是连续的。式（3.2-10a）和式（3.2-10b）就是矢量磁位的边界条件。

例 3.2-1　如图 3.2-2 所示，无限长同轴线内、外导体半径分别为 a、b，外导体接地，内导体电位为 U，内、外导体间部分填充介电常数为 ε_1 的介质，其余部分介电常数为 ε_2，第二层介质的分界面半径为 c，试求：①内、外导体表面线电荷密度；②内、外导体间的电场强度。

解：①在两层介质的分界面上，电通密度矢量连续，假设内导体表面线电荷密度为 ρ_l，则根据高斯定理得

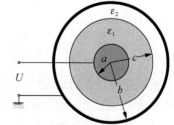

图 3.2-2　双层介质填充的同轴电缆

$$\bar{D}_1 = \bar{D}_2 = \hat{\rho} \frac{\rho_l}{2\pi\rho}$$

因此，在 $a < \rho < c$ 区域有

$$\bar{D}_1 = \hat{\rho} \frac{\rho_l}{2\pi\rho} \qquad \bar{E}_1 = \frac{\bar{D}_1}{\varepsilon_1} = \hat{\rho} \frac{\rho_l}{2\pi\varepsilon_1\rho} \tag{3.2-11}$$

在 $c < \rho < b$ 区域有

$$\bar{D}_2 = \hat{\rho} \frac{\rho_l}{2\pi\rho} \qquad \bar{E}_2 = \frac{\bar{D}_2}{\varepsilon_2} = \hat{\rho} \frac{\rho_l}{2\pi\varepsilon_2\rho} \tag{3.2-12}$$

则

$$U = \int_a^c \bar{E}_1 \cdot \hat{\rho}\mathrm{d}\rho + \int_c^b \bar{E}_2 \cdot \hat{\rho}\mathrm{d}\rho = \frac{\rho_l}{2\pi}\left(\frac{1}{\varepsilon_1}\ln\frac{c}{a} + \frac{1}{\varepsilon_2}\ln\frac{b}{c}\right)$$

故

$$\rho_l = \frac{2\pi U}{\dfrac{1}{\varepsilon_1}\ln\dfrac{c}{a} + \dfrac{1}{\varepsilon_2}\ln\dfrac{b}{c}}$$

由于电荷守恒，所以外导体内表面线电荷密度应为 $-\rho_l$。

② 将电荷密度 ρ_l 代入式（3.2-11）和式（3.2-12）得

$$\bar{E}_1 = \hat{\rho} \frac{U}{\rho\left(\ln\dfrac{c}{a} + \dfrac{\varepsilon_1}{\varepsilon_2}\ln\dfrac{b}{c}\right)} \quad (a < \rho < c)$$

$$\bar{E}_2 = \hat{\rho} \frac{U}{\rho\left(\dfrac{\varepsilon_2}{\varepsilon_1}\ln\dfrac{c}{a} + \ln\dfrac{b}{c}\right)} \quad (c < \rho < b)$$

本题还可以通过求解介质中的泊松方程来求电场强度。由于介质中无电荷分布，所以

其中的电位满足圆柱坐标系中的拉普拉斯方程，即

$$\frac{1}{\rho}\frac{\partial}{\partial\rho}\left(\rho\frac{\partial\phi_1}{\partial\rho}\right)=0$$

$$\frac{1}{\rho}\frac{\partial}{\partial\rho}\left(\rho\frac{\partial\phi_2}{\partial\rho}\right)=0$$

将上述方程积分两次分别得到解为

$$\phi_1=A\ln\rho+B$$

$$\phi_2=C\ln\rho+D$$

根据边界条件 $\phi_1|_{\rho=c}=\phi_2|_{\rho=c}$，$\varepsilon_1\dfrac{\partial\phi_1}{\partial\rho}\bigg|_{\rho=c}=\varepsilon_2\dfrac{\partial\phi_2}{\partial\rho}\bigg|_{\rho=c}$，$\phi_1|_{\rho=a}=0$，$\phi_2|_{\rho=b}=U$，即

$$\begin{cases} A\ln c+B=C\ln c+D \\ \varepsilon_1 A\cdot\dfrac{1}{c}=\varepsilon_2 C\cdot\dfrac{1}{c} \\ A\ln a+B=0 \\ C\ln b+D=U \end{cases}$$

可确定常数 A、B、C、D，并将常数代入 ϕ_1 和 ϕ_2 的表示式，得

$$\phi_1=\frac{U(\ln c-\ln\rho)}{\ln\dfrac{c}{a}+\dfrac{\varepsilon_1}{\varepsilon_2}\ln\dfrac{b}{c}}+\frac{U(\ln b-\ln c)}{\dfrac{\varepsilon_2}{\varepsilon_1}\ln\dfrac{c}{a}+\ln\dfrac{b}{c}}$$

$$\phi_2=\frac{U(\ln b-\ln\rho)}{\dfrac{\varepsilon_2}{\varepsilon_1}\ln\dfrac{c}{a}+\ln\dfrac{b}{c}}$$

两区域的电场强度为

$$\overline{E}_1=\hat{\rho}\,\frac{U}{\rho\left(\ln\dfrac{c}{a}+\dfrac{\varepsilon_1}{\varepsilon_2}\ln\dfrac{b}{c}\right)}\quad(a<\rho<c)$$

$$\overline{E}_2=\hat{\rho}\,\frac{U}{\rho\left(\dfrac{\varepsilon_2}{\varepsilon_1}\ln\dfrac{c}{a}+\ln\dfrac{b}{c}\right)}\quad(c<\rho<b)$$

上述两种求解方法的结果相同。第二种求解方法是电磁场边值问题的常规解法，即在特定边界条件下求解泊松方程或拉普拉斯方程。本例是最简单的一维问题，二维以上的边值问题将专门作为一个主题在第 7 章中学习，其中的分离变量法是求解波导传输线内部场结构的基本方法。

例 3.2-2 如图 3.2-3 所示，两无限大平板电极距离 S，电位分别为 0 和 U，板间充满体密度为 $\rho_0 x/S$ 的电荷，求：①板间电位分布；②板上的电荷密度。

解：两平板间的电位满足直角坐标系中的泊松方程 $\nabla^2\phi=-\dfrac{\rho_0 x}{\varepsilon_0 S}$，解一维二阶常系数微分方程得

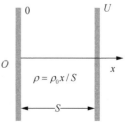

图 3.2-3　无限大平板电极

$$\phi = -\frac{\rho_0}{6\varepsilon_0 S}x^3 + Ax + B$$

利用 $\phi(0) = 0$ 得 $B=0$，利用 $\phi(S) = U$ 得 $A = \frac{\rho_0 S}{6\varepsilon_0} + \frac{U}{S}$，因此有

$$\phi = -\frac{\rho_0}{6\varepsilon_0 S}x^3 + \left(\frac{\rho_0 S}{6\varepsilon_0} + \frac{U}{S}\right)x$$

由 $\bar{E} = -\nabla\phi$ 得

$$\bar{E} = -\hat{x}\frac{\partial\phi}{\partial x} = \hat{x}\left[\frac{\rho_0 x^2}{2\varepsilon_0 S} - \left(\frac{\rho_0 S}{6\varepsilon_0} + \frac{U}{S}\right)\right]$$

因此有

$$\rho_{s_1}\Big|_{x=0} = \varepsilon_0 E\big|_{x=0} = -\left(\frac{\rho_0 S}{6} + \frac{\varepsilon_0 U}{S}\right)$$

$$\rho_{s_2}\Big|_{x=S} = -\varepsilon_0 E\big|_{x=S} = \frac{\varepsilon_0 U}{S} - \frac{\rho_0 S}{3}$$

§3.3 电　　容

3.3.1 电容的定义

下面首先研究任意两个导体。无论两个导体的形状和尺寸如何，都可以将其看作一个电容，如图 3.3-1 所示。假设每个导体分别带有电荷 $+Q$ 和 $-Q$，二者之间存在电位差 U。在电磁学中，Q 与 U 的比值称为电容，用 C 表示，即

$$C = \frac{Q}{U} \tag{3.3-1}$$

电容的单位是 F（法拉），等于 C/V（库仑/伏特）。

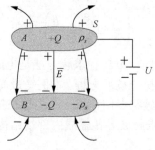

图 3.3-1　双导体电容

如果只存在一个导体，则电容定义为

$$C = \frac{Q}{\phi} \tag{3.3-2}$$

式中，ϕ 为导体带有电量 Q 时以无穷远处为电位参考点的电位；C 是一孤立导体的电容。例如，一个半径为 a 的孤立带电导体球，其表面电荷量为 Q，则导体上的电位为

$\phi = Q / (4\pi\varepsilon_0 a)$ ，此孤立带电导体球的电容为

$$C = 4\pi\varepsilon_0 a \tag{3.3-3}$$

地球半径约为 6378km，若地球可视为一导体球，则其电容为

$$C = 4\pi \times 8.854 \times 10^{-12} \times 6378 \times 10^3 \text{F} \approx 7.096 \times 10^{-4} \text{F} = 709.6 \mu\text{F}$$

可见，F 是一个很大的单位。常用更小的单位：$1\mu\text{F} = 10^{-6}\text{F}$，$1\text{pF} = 10^{-12}\text{F}$。

在电容 C 的定义式（3.3-1）中，导体上的电量 Q 和电压 U 可由静电场基本方程求出，即

$$C = \frac{Q}{U} = \frac{\int_S \varepsilon \overline{E} \cdot \mathrm{d}\overline{s}}{\int_l \varepsilon \overline{E} \cdot \mathrm{d}\overline{l}} \tag{3.3-4}$$

式中，分子和分母都有 $\overline{E}$，因此任何电容的电容值总与 $\overline{E}$ 的大小无关，但与 $\overline{E}$ 的分布有关。**可见，电容是导体的固有属性，与导体上的电荷无关，电容的大小只取决于导体系统的形状、尺寸及导体周围的媒质参数。**

3.3.2　部分电容

对由三个以上导体组成的系统，电容概念需要扩充。作为例子，下面来研究导体系由三个导体及大地构成的情形，如图 3.3-2 所示。考虑大地影响的架空三相输电线就属于这类情形。

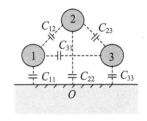

图 3.3-2　3+1 导体系的部分电容

设三个导体的荷电量分别为 Q_1、Q_2、Q_3。根据叠加原理，每个导体的电位与各导体电荷之间的线性关系为

$$\begin{cases} \phi_1 = \alpha_{11}Q_1 + \alpha_{12}Q_2 + \alpha_{13}Q_3 \\ \phi_2 = \alpha_{21}Q_1 + \alpha_{22}Q_2 + \alpha_{23}Q_3 \\ \phi_3 = \alpha_{31}Q_1 + \alpha_{32}Q_2 + \alpha_{33}Q_3 \end{cases} \tag{3.3-5}$$

式中，α 称为电位系数，单位为 1/F（法拉$^{-1}$）。由式（3.3-5）可知，$\alpha_{11} = \dfrac{\phi_1}{Q_1}\Big|_{Q_2 = Q_3 = 0}$，

$\alpha_{12} = \dfrac{\phi_1}{Q_2}\Big|_{Q_1 = Q_3 = 0}$，$\alpha_{13} = \dfrac{\phi_1}{Q_3}\Big|_{Q_1 = Q_2 = 0}$。因此，式（3.3-5）也可改写为

$$\begin{cases} Q_1 = \beta_{11}\phi_1 + \beta_{12}\phi_2 + \beta_{13}\phi_3 \\ Q_2 = \beta_{21}\phi_1 + \beta_{22}\phi_2 + \beta_{23}\phi_3 \\ Q_3 = \beta_{31}\phi_1 + \beta_{32}\phi_2 + \beta_{33}\phi_3 \end{cases} \tag{3.3-6}$$

或

$$[Q] = [\beta][\phi] = [\alpha]^{-1}[\phi]$$

式中，β 称为电容系数，单位为 F。由式（3.3-6）可知，$\beta_{11} = \dfrac{Q_1}{\phi_1}\Big|_{\phi_2 = \phi_3 = 0}$，$\beta_{12} = \dfrac{Q_1}{\phi_2}\Big|_{\phi_1 = \phi_3 = 0}$，

$\beta_{13} = \dfrac{Q_1}{\phi_3}\Big|_{\phi_1 = \phi_2 = 0}$。

工程上往往已知各导体间的电压，即电位差。为此，对式（3.3-6）进行改写（以第一式为例）：

$$\begin{aligned} Q_1 &= \beta_{11}\phi_1 + \beta_{12}\phi_1 - \beta_{12}(\phi_1 - \phi_2) + \beta_{13}\phi_1 - \beta_{13}(\phi_1 - \phi_3) \\ &= (\beta_{11} + \beta_{12} + \beta_{13})\phi_1 - \beta_{12}(\phi_1 - \phi_2) - \beta_{13}(\phi_1 - \phi_3) \end{aligned}$$

于是，式（3.3-6）改写为

$$Q_1 = C_{11}\phi_1 + C_{12}(\phi_1 - \phi_2) + C_{13}(\phi_1 - \phi_3)$$
$$Q_2 = C_{21}(\phi_2 - \phi_1) + C_{22}\phi_2 + C_{23}(\phi_2 - \phi_3) \qquad (3.3\text{-}7)$$
$$Q_3 = C_{31}(\phi_3 - \phi_1) + C_{32}(\phi_3 - \phi_2) + C_{33}\phi_3$$

式中

$$\begin{cases} C_{ii} = \beta_{i1} + \beta_{i2} + \beta_{i3} \\ C_{ij} = -\beta_{ij} \end{cases} \qquad (3.3\text{-}8)$$

式中，C_{ii} 和 C_{ij} 称为部分电容，单位为 F。

为了解其含义，下面以导体 1 为例，由式（3.3-7）的第一式可知

$$Q_1 = C_{11}(\phi_1 - \phi_0) + C_{12}(\phi_1 - \phi_2) + C_{13}(\phi_1 - \phi_3) = Q_{11} + Q_{12} + Q_{13}$$

可见，在该 3+1 导体系中，任一导体上的电荷都由三部分组成：$Q_{11}=C_{11}(\phi_1 - \phi_0)$，$Q_{12}=C_{12}(\phi_1 - \phi_2)$，$Q_{13}=C_{13}(\phi_1 - \phi_3)$。部分电量 Q_{11} 正比于 $\phi_1 - \phi_0$（$\phi_0 = 0$），由电容定义式（3.3-1）可知，比值 C_{11} 就是导体 1 与大地（取为零点的导体 0）之间的部分电容；另一部分电量 Q_{12} 正比于 $\phi_1 - \phi_2$，其比值 C_{12} 是导体 1 与导体 2 之间的部分电容。因此，C_{ii} 是导体 i 与大地之间的部分电容，又称自电容；C_{ij} 是导体 i 与导体 j 之间的部分电容，又称互电容。所有的部分电容都是正值，且 $C_{ij} = C_{ji}$。由于每两个导体之间都有一个互电容，因此在由 $N+1$ 个导体组成的导体系中，共有 $N(N+1)/2$ 个互电容，它们构成一个电容网络，又称静电网络。

在多导体系统中，若将电源的正、负极分别接到某二导体上，那么我们关心的是从电源端口看入的等效电容，也称为工作电容。它可基于部分电容由网络方法算出。例如，对于输电常用的三芯电缆，其截面图如图 3.3-3（a）所示；其电容网络如图 3.3-3（b）所示，其中，$C_{11}=C_{22}=C_{33}$，$C_{12}=C_{23}=C_{13}$。由 $\Delta \to Y$ 变换可得如图 3.3-3（c）所示的等效电容网络，从而得每根相邻导线单位长度的工作电容为

$$C_1 = C_{11} + 3C_{12}$$

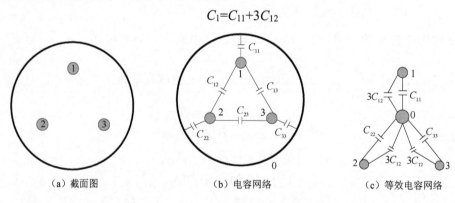

（a）截面图　　　　　　　（b）电容网络　　　　　　　（c）等效电容网络

图 3.3-3　　三芯电缆与其部分电容

3.3.3　电容的计算方法

根据式（3.3-4）计算两导体之间的电容一般应遵循以下步骤。

（1）假定两导体带等量异号的电量 Q，计算出该电荷产生的电场（一般采用高斯定理更简洁）。

（2）根据电场计算出两导体间的电位差。

（3）按照式（3.3-4）算出电容，这是一般途径。

例 3.3-1　同轴线内、外导体半径分别为 a、b，其中所填充介质的介电常数为 ε，如图 3.3-4 所示，求该同轴线单位长度的电容。

解：设内、外导体分别带电荷密度 $+\rho_l$、$-\rho_l$，忽略边缘效应，则介质中的电场由高斯定理可得

$$\bar{E} = \hat{\rho}E = \hat{\rho}\frac{\rho_l}{2\pi\varepsilon\rho}$$

两导体间的电位差为

$$U = \int_a^b \hat{\rho}E \cdot \hat{\rho}\mathrm{d}\rho = \frac{\rho_l}{2\pi\varepsilon}\int_a^b \frac{\mathrm{d}\rho}{\rho} = \frac{\rho_l}{2\pi\varepsilon}\ln\frac{b}{a}$$

故

$$C_1 = \frac{Q}{U} = \frac{2\pi\varepsilon}{\ln(b/a)} \tag{3.3-9}$$

例 3.3-2　平行双线的导线半径为 a，导线轴线距离为 D（$D \gg a$），放置在空气中，如图 3.3-5 所示，求平行双线单位长度的电容。

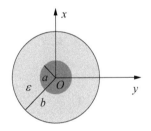

图 3.3-4　同轴线横截面

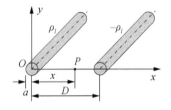

图 3.3-5　平行双线

解：设导线单位长度带电分别为 ρ_l 和 $-\rho_l$，则易求得 P 点的电场强度为

$$\bar{E}_1 = \hat{x}\frac{\rho_l}{2\pi\varepsilon_0 x} \qquad\qquad \bar{E}_2 = (-\hat{x})\frac{-\rho_l}{2\pi\varepsilon_0(D-x)}$$

因此
$$\bar{E} = \bar{E}_1 + \bar{E}_2$$

$$U = \int_a^{D-a} \bar{E}\cdot\mathrm{d}\bar{x} = \int_a^{D-a}\frac{\rho_l}{2\pi\varepsilon_0}\left(\frac{1}{x}+\frac{1}{D-x}\right)\hat{x}\cdot\hat{x}\mathrm{d}x = \frac{\rho_l}{\pi\varepsilon_0}\ln\frac{D-a}{a}$$

$$C_1 = \frac{\rho_l}{U} = \frac{\pi\varepsilon_0}{\ln(D-a)-\ln a}$$

考虑到 $D \gg a$，有

$$C_1 \approx \frac{\pi\varepsilon_0}{\ln(D/a)} \tag{3.3-10}$$

例 3.3-3　如图 3.3-6 所示，平板电容每个极板的面积为 $W \times L$，间距为 d，其中部分填充介电常数为 ε 的介质，另一侧为空气，求该平板电容的电容值。

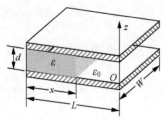

图 3.3-6 部分填充的平板电容

解： 由于每个导体板上的电位都是相等的，所以该电容等效为两个电容并联，记填充介质的电容为 C_x，填充空气的电容为 C_0。

先求 C_0。设其导体上所带电量为 Q，则对应的电荷密度为

$$\rho_s = \frac{Q}{(L-x)W}$$

利用理想导体界面上的边界条件 $\rho_s = \varepsilon_0 E_z$，将上式代入后有

$$E_z = \frac{Q}{(L-x)W\varepsilon_0}$$

那么，两导体板间的电位差为

$$U = E_z d = \frac{dQ}{(L-x)W\varepsilon_0}$$

因此

$$C_0 = \frac{Q}{U} = \frac{\varepsilon_0(L-x)W}{d}$$

同理可得

$$C_x = \frac{Q}{U} = \frac{\varepsilon x W}{d} \tag{3.3-11}$$

综上可得

$$C = C_0 + C_x = \varepsilon_0\frac{(L-x)W}{d} + \varepsilon\frac{xW}{d}$$

例 3.3-4 半径分别为 a、b 的同轴线（部分填充）如图 3.3-7 所示，外加电压为 U，圆柱面电极间在 θ_1 角部分充满介电常数为 ε 的介质，其余部分为空气，求介质与空气中的电场与单位长度的电容。

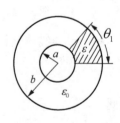

图 3.3-7 部分填充的
同轴线

解： 由边界条件可知，边界两边的电场强度是连续的（$E_1=E_2$）。设同轴线内导体单位长度带电量为 ρ_l，根据高斯定理 $\oint_S \overline{D} \cdot d\overline{s} = Q$，有 $\theta_1\rho l\varepsilon E_1 + (2\pi-\theta_1)\rho l\varepsilon_0 E_2 = \rho_l l$，因此

$$\overline{E} = \frac{\rho_l}{[\theta_1\varepsilon + (2\pi-\theta_1)\varepsilon_0]\rho}\hat{\rho}$$

内、外导体间的电位差为

$$U = \int_a^b \overline{E} \cdot d\overline{\rho} = \frac{\rho_l}{[\theta_1\varepsilon + (2\pi-\theta_1)\varepsilon_0]}\ln\frac{b}{a}$$

故

$$\rho_l = \frac{[\theta_1\varepsilon + (2\pi-\theta_1)\varepsilon_0]U}{\ln b - \ln a}$$

将上式代入电场表达式可得

$$\overline{E} = \frac{U}{\rho \ln(b/a)} \hat{\rho} \qquad (3.3\text{-}12)$$

于是同轴线单位长度的电容为

$$C_l = \frac{\rho_l}{U} = \frac{[\theta_1 \varepsilon + (2\pi - \theta_1)\varepsilon_0]}{\ln b - \ln a}$$

§3.4　电　　阻

导体是一种含有大量可以自由移动的带电粒子的物质。导体可分为两种——金属导体和电解质导体。金属导体的导电靠的是自由电子，由于自由电子的质量比原子核的质量小得多，所以导电过程中没有明显的质量迁移，也不伴随任何化学变化。而碱、酸、盐等电解液则属于第二种导体，其导电靠的是带电离子，导电过程中伴随有质量迁移，也要发生化学变化。这些载流子的定向移动形成电流。在物理学中，用电阻表示导体对电流的阻碍作用的大小。导体的电阻越大，表示导体对电流的阻碍作用越大。本节主要讨论金属导体在电场中的特性，并给出表征材料导电特性的参量——电导率。

3.4.1　静电场中的导体

金属导体，如金、银、铜、铝等内部含有大量的自由电子。在自然状态下，导体中的自由电子所带的负电荷和原子核所带的正电荷处处等量分布，相互抵消，因此导体呈电中性。这时，导体中的自由电子只做微观的热运动，没有任何宏观的电荷运动。

当将导体置于静电场中时，导体中将呈现所谓的静电感应现象，形成导体中电荷的重新分布。在外加电场的作用下，正电荷将沿电场方向、负电荷沿其反方向向导体表面移动。同时，这些正、负电荷又形成与外加电场反向的二次场来抵消原电场的作用。最终导致导体中的合成电场为零，电荷运动停止，这种状态称为静电平衡。我们的讨论都限于达到平衡状态以后的现象。

导体的电导率只影响从不平衡状态过渡到平衡状态所需的时间（称为弛豫时间）。例 2.6-1 已表明，电导率 σ 越大，弛豫时间越短。对大多数金属来说，弛豫时间都是极短的。而导体电导率的大小并不影响平衡状态本身。因此，在静电场中并不考虑电导率，不区分良导体、不良导体等。从这个意义上来说，它们都可看成是理想导体。

基于上述关于导体的定义与概念，静电场中的导体具有以下特征。

（1）导体内部电场处处为零。

（2）导体为等位体，其表面为等位面。

（3）导体内部不存在任何净电荷，电荷都以面电荷的形式分布于导体表面。

（4）导体表面切向电场为零，只有法向电场分量：$E_n = \hat{n} \cdot \overline{E} = \rho_s / \varepsilon$。

3.4.2　恒定电场中的导体

将一段导体与直流电源连接，此时导体内部会存在恒定电场 $\overline{E}$，导体内的自由电子在电场的作用下逆电场方向运动。根据牛顿第一定律，在电场力的作用下，电子（自由电子）要做加速运动，然而，电子在运动过程中不断与金属结晶点阵相碰撞，由于这种阻尼作用，所以在宏观意义上，电子的运动变成了等速运动，其平均运动速度称为漂移速度，用 $\bar{v}_d$ 表示。电子在连续两次与结晶点阵相互作用间隔中得到一个动量 $m\bar{v}_d$，而两次相互作用的时间间隔为 τ，称为平均自由时间（τ 也是一个平均值），电子在 τ 时间（单位为 s）内获得的动量 $m\bar{v}_d$ 等于电场力 $e\bar{E}$ 的冲量，即 $m\bar{v}_d = -e\tau\bar{E}$ 或

$$\bar{v}_d = -\frac{e\tau\bar{E}}{m} \tag{3.4-1}$$

式中，$m = 9.1055 \times 10^{-31} \text{kg}$ 为电子的质量；$e = 1.602 \times 10^{-19} \text{C}$ 为电子的电荷量；负号是由于电子的漂移方向与电场方向相反。

令

$$\mu_e = \frac{e\tau}{m} \tag{3.4-2}$$

则式（3.4-1）变为

$$\bar{v}_d = -\mu_e\bar{E} \tag{3.4-3}$$

式中，μ_e 称为电子的迁移率，单位为 $\text{m}^2/(\text{V}\cdot\text{s})$。不同的金属导体有不同的电子迁移率，典型数据为：铝是 0.0012，紫铜是 0.0032，银是 0.0056。电子在金属中的漂移速度很小，为**每秒钟几毫米**。顺便指出，**此处的漂移速度和电流传导的速度是两码事，后者为电磁场的传播速度，等于光速。**

我们知道，电荷的定向运动形成电流。设在垂直于电场 $\bar{E}$ 的方向上取面元 dS，如图 3.4-1 所示，以 dS 为底，作一体积元，该体积元沿电场方向的长度为 v_d，因此，由于漂移运动，体积元内的电子在单位时间内将全部穿过 dS 面，设电子密度为 N_e，则单位时间内通过 dS 的电荷量为

$$dq = -N_e e v_d dS$$

故电流密度为

$$\bar{J} = -N_e e \bar{v}_d \tag{3.4-4}$$

将式（3.4-3）代入式（3.4-4）得

$$\bar{J} = N_e e \mu_e \bar{E} \tag{3.4-5}$$

或表示成

$$\bar{J} = \sigma\bar{E} \tag{3.4-6}$$

式中，$\sigma = N_e e \mu_e$ 称为金属的电导率，单位为 S/m（西门子/米）。式（3.4-6）描述了导电媒质中传导电流与电场的关系，与 $\bar{D} = \varepsilon\bar{E}$ 和 $\bar{B} = \mu\bar{H}$ 构成了电磁场在媒质中的三个基本物态方程，即麦克斯韦方程的本构关系。

如果电导率是一个比例常数，那么这种导电媒质称为线性媒质。另外，导电媒质的电导率是均匀不变的，它不是空间的函数，因此该导电媒质又是一种均匀媒质；若导电媒质的性质与场矢量的方向无关，那么它也是一种各向同性媒质。本书中涉及的导电媒质都是各向同性媒质。

电导率与材料本身的性质，如材料中的电子密度和平

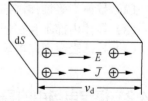

图 3.4-1　恒定电场中的导体

均自由时间有关，也与环境温度有关。对于金属导体材料，在给定场强下，温度升高，金属结晶点阵振动加剧，对电子运动的阻尼作用也增大，使电子漂移速度减小，电子迁移率变小，结果使金属电导率变小，电阻率增大。金属电导率和热力学温度近似为反比关系，或者说电阻率和热力学温度近似为线性关系。某些金属导体在低温条件下（接近 0K 或−273℃）的电阻率趋向于零，可变为超导体，如铝在 1.2K 时就呈现超导状态。超导技术有可能引起新的技术革命。

在气体或真空中，如果存在自由电荷，那么在电场的作用下，其将发生定向运动而形成电流，称为运流电流。需要指出的是，运流电流不服从欧姆定律。设在空间中一点，电荷的运动速度为 $\bar{v}$（m/s），该点的电荷密度为 ρ（C/m³），过该点取一垂直于电荷运动方向的面元 dS，并沿着电荷运动方向取长度元 dl，则体积元 $dv = d\bar{S} \cdot d\bar{l}$ 内的电荷量为 $dq = \rho d\bar{S} \cdot d\bar{l}$，这些电荷在 dt 时间内全部流过 dS，由电流强度的定义可知

$$dI = \frac{dq}{dt} = \frac{\rho dSdl}{dl/v} = \rho v dS$$

则电流密度为

$$J = \frac{dI}{dS} = \rho v$$

即

$$\bar{J} = \rho \bar{v} \tag{3.4-7}$$

3.4.3 欧姆定律与焦耳定律

1. 欧姆定律

欧姆（Georg Simon Ohm, 1789—1854, 德）定律是电路的基本定律之一。它反映电阻两端的电压和流经电阻的电流的关系，即

$$U = IR \tag{3.4-8}$$

式中，电阻 R 表示消耗电能的理想电路元件，单位为 Ω（欧姆）。**欧姆定律只在线性、各向同性媒质的假设下才成立**。式（3.4-8）不涉及电流在电阻元件中的分布情况，也不涉及元件中各点电场强度的大小和方向，以及电阻元件的形状、大小或种类。例如，特定阻值的电阻可以由一段尺寸均匀的直导线构成，也可以由形状不规则的导体构成；可以为碳膜电阻，也可以为金属膜电阻等。

下面计算一段导体的电阻。为简单起见，在直流电路中取一段均匀导体，其长度为 l，截面积为 S，如图 3.4-2 所示。在图 3.4-2 中，导体也可以看作从均匀电流场中取出的一段长为 l、截面积为 S 的电流管，端面与电流线正交，导体两端面为等位面，此时两端面间的电压降为

$$U = \int \bar{E} \cdot d\bar{l} = El = \frac{J}{\sigma} l = \frac{I}{S\sigma} l = IR$$

式中，$R = \dfrac{l}{S\sigma}$（Ω）为均匀直导体的电阻。如果不是均匀直导体，那么由于上式为积分的一般形式，所以也能够求出电阻值。以上过程的实质是对式（3.4-6）进行的积分运算，因

此式（3.4-6）和式（3.4-8）就分别是欧姆定律的微分形式与积分形式。

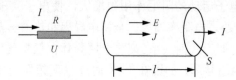

图 3.4-2　均匀直导体中的电流

2. 焦耳定律

在一段含有电阻 R 的电路中，计算损耗功率的关系式为

$$P = UI \tag{3.4-9a}$$

该式通常称为焦耳（James Prescott Joule, 1818—1889，英）定律，适用于稳态和似稳态电路。它也可根据场论推导出来。导电媒质中的电子在电场力的作用下运动，在运动过程中，电子和结晶点阵不断发生碰撞，电子的动能被转化为热能，称为功率损耗。设电子电荷 e 在电场力作用下移动的距离为 Δl，则电场力所做的功为

$$\Delta W = -e\bar{E} \cdot \Delta \bar{l}$$

相应的功率为

$$p = \frac{\mathrm{d}W}{\mathrm{d}t} = -e\bar{E} \cdot \bar{v}$$

式中，$\bar{v}$ 为电子漂移速度。体积元 $\mathrm{d}v$ 中全部电子的损耗功率为

$$\mathrm{d}P = \Sigma p = \bar{E} \cdot (-N_e e\bar{v})\,\mathrm{d}v$$

式中，N_e 为单位体积内的电子数。将式（3.4-4）代入上式，于是有 $\mathrm{d}P = \bar{E} \cdot \bar{J}\,\mathrm{d}v$ 或 $\mathrm{d}P / \mathrm{d}v = \bar{E} \cdot \bar{J} = \sigma E^2$，因此

$$p = \frac{\mathrm{d}P}{\mathrm{d}v} = \bar{E} \cdot \bar{J} = \sigma E^2 \tag{3.4-9b}$$

该式是恒定电场的功率密度关系式，即**焦耳定律的微分形式**，表示单位体积内损耗的电功率。因此式（3.4-9a）也称为焦耳定律的积分形式。这一点与坡印廷定理中的式（2.5-17）是一致的。

在体积为 V 的一段导体中，总的损耗功率为

$$P = \int_V \bar{E} \cdot \bar{J}\,\mathrm{d}v \tag{3.4-10a}$$

对于一段均匀直导体，令 $\mathrm{d}v = \mathrm{d}\bar{s} \cdot \mathrm{d}\bar{l}$，$\mathrm{d}l$ 和电流线平行，$\mathrm{d}s$ 和电流线垂直，则

$$P = \int_V \bar{E} \cdot \bar{J}\,\mathrm{d}v = \int_l E\mathrm{d}l \int_S J\mathrm{d}s = UI \tag{3.4-10b}$$

所得结果和式（3.4-9a）一致。这又一次反映了电路和电磁场的统一性。

3.4.4　静电比拟法

将导体内（电源外）的恒定电场与介质中（无源区）的静电场加以比较，总结 3.1 节的结果并列于表 3.4-1 中。

表 3.4-1　恒定电场与静电场的比较

内容	导体内的恒定电场	介质中的静电场（$\rho = 0$）
基本方程	$\nabla \times \bar{E} = 0$ $\nabla \cdot \bar{J} = 0$ $\bar{J} = \sigma \bar{E}$	$\nabla \times \bar{E} = 0$ $\nabla \cdot \bar{D} = 0$ $\bar{D} = \varepsilon \bar{E}$
导出方程[1]	$\bar{E} = -\nabla \phi$ $\nabla^2 \phi = 0$ $\phi = \int_l \bar{E} \cdot \mathrm{d}\bar{l}$ $I = \oint_s \bar{J} \cdot \mathrm{d}\bar{s}$	$\bar{E} = -\nabla \phi$ $\nabla^2 \phi = 0$ $\phi = \int_l \bar{E} \cdot \mathrm{d}\bar{l}$ $Q = \oint_s \bar{D} \cdot \mathrm{d}\bar{s}$
边界条件	$E_{1t} = E_{2t}$ $J_{1n} = J_{2n}$ $\phi_1 = \phi_2$ $\sigma_1 \dfrac{\partial \phi_1}{\partial n} = \sigma_2 \dfrac{\partial \phi_2}{\partial n}$	$E_{1t} = E_{2t}$ $D_{1n} = D_{2n}$ $\phi_1 = \phi_2$ $\varepsilon_1 \dfrac{\partial \phi_1}{\partial n} = \varepsilon_2 \dfrac{\partial \phi_2}{\partial n}$

注：[1] 导出方程中 $\nabla^2 \phi = 0$ 的推导为将 $\bar{E} = -\nabla \phi$ 代入 $\nabla \cdot \bar{D} = 0$ 或 $\nabla \cdot \bar{J} = 0$ 中，可得 $-\nabla \cdot (\varepsilon \nabla \phi) = 0$ 或 $-\nabla \cdot (\sigma \nabla \phi) = 0$，考虑到简单媒质情形，可得 $\nabla^2 \phi = 0$。

由表 3.4-1 可知，两组方程具有相似的形式，导电媒质中的 $\bar{E}$、$\bar{J}$、ϕ、I 和 σ 分别与介质中的 $\bar{E}$、$\bar{D}$、ϕ、Q 和 ε 相对应，它们互为对偶量。这样，如果两种场具有相同的边界条件，则根据唯一性定理，它们具有相同形式的解。这就是说，**在相同条件下，如果已知静电场的解，只要用对偶量代替，就可以得出恒定电场的解。这种方法称为静电比拟法。**

应用静电比拟法可方便地由静电场中两导体间的电容 C 得出恒定电场中两导体间的电导 G。已知介质中两导体电极间的电容为

$$C = \frac{Q}{U} = \frac{\oint_s \bar{D} \cdot \mathrm{d}\bar{s}}{\int_l \bar{E} \cdot \mathrm{d}\bar{l}} = \frac{\varepsilon \oint_s \bar{E} \cdot \mathrm{d}\bar{s}}{\int_l \bar{E} \cdot \mathrm{d}\bar{l}} \tag{3.4-11}$$

而恒定电场中两导体电极间的电导为

$$G = \frac{I}{U} = \frac{\oint_s \bar{J} \cdot \mathrm{d}\bar{s}}{\int_l \bar{E} \cdot \mathrm{d}\bar{l}} = \frac{\sigma \oint_s \bar{E} \cdot \mathrm{d}\bar{s}}{\int_l \bar{E} \cdot \mathrm{d}\bar{l}} \tag{3.4-12}$$

比较以上两式得

$$\frac{C}{G} = \frac{\varepsilon}{\sigma} \tag{3.4-13}$$

因而恒定电场中两导体电极间的（漏）电阻为

$$R = \frac{1}{G} = \frac{\varepsilon}{\sigma C} \tag{3.4-14}$$

例 3.4-1 同轴线内、外导体半径分别为 a、b，中间填充介电常数为 ε、电导率为 σ 的介质，求该同轴线单位长度的绝缘电阻（漏电阻）R_1。

解：由例 3.3-1 的计算结果可知，同轴线单位长度的电容为

$$C_1 = \frac{2\pi\varepsilon}{\ln(b/a)}$$

根据静电比拟法，将上式代入式（3.4-14）中，得

$$R_1 = \frac{\varepsilon}{\sigma C_1} = \frac{1}{2\pi\sigma} \ln \frac{b}{a} \tag{3.4-15}$$

例 3.4-2 一半径为 $a = 0.5\text{m}$ 的半球形铜电极埋在地面下（半球形接地器），如图 3.4-3 所示，大地的电导率为 $\sigma = 10^{-1}\,\text{S/m}$。

（1）求此半球形接地器的接地电阻 R。

（2）求离其球心 $r = 3\text{m}$ 处，当成人跨步 $d = 0.8\text{m}$ 间隔时，两点间的"跨步电压" U；若接地电流 $I = 20\text{A}$，计算此电压值。

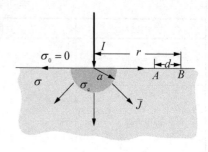

图 3.4-3 半球形接地器

解： 铜的电导率 $\sigma_c \approx 1.57 \times 10^7\,\text{S/m}$，故 $\sigma_c \gg \sigma$。由边界条件可知，大地中的电流密度 $\bar{J}$ 将垂直于铜球表面，而空气中的 $\sigma_0 = 0$，将无漏电流。因此大地中任一点的电流密度为

$$\bar{J} = \hat{r}\frac{I}{2\pi r^2}$$

电场强度为

$$\bar{E} = \frac{\bar{J}}{\sigma} = \hat{r}\frac{I}{2\pi\sigma r^2}$$

铜球至无穷远处电压为

$$U = \int_a^\infty \bar{E}\cdot\mathrm{d}\bar{r} = \frac{I}{2\pi\sigma}\int_a^\infty\frac{\mathrm{d}r}{r^2} = \frac{I}{2\pi\sigma a}$$

故接地电阻为

$$R = \frac{U}{I} = \frac{1}{2\pi\sigma a} = \frac{1}{2\pi\times10^{-1}\times0.5}\Omega \approx 3.2\Omega$$

该结果也可利用静电比拟法计算。由式（3.3-3）可知，静电场中孤立带电导体球的电容为 $C_0 = 4\pi\varepsilon a$，则半球的电容为 $C = 2\pi\varepsilon a$，由式（3.4-15）得接地电阻 $R = 1/(2\pi\sigma a)$。

地面上与球心之间的距离为 r 的 B 点和距离为 $(r-d)$ 的 A 点的电位分别为

$$\phi_B = \int_r^\infty \bar{E}\cdot\mathrm{d}\bar{r} = \frac{I}{2\pi\sigma r}$$

$$\phi_A = \int_{r-d}^\infty \bar{E}\cdot\mathrm{d}\bar{r} = \frac{I}{2\pi\sigma(r-d)}$$

于是，跨步电压为

$$U = \phi_A - \phi_B = \frac{I}{2\pi\sigma}\left(\frac{1}{r-d}-\frac{1}{r}\right) = \frac{I}{2\pi\sigma r}\cdot\frac{d}{r-d} = \frac{20}{2\pi\times10^{-1}\times3}\cdot\frac{0.8}{2.2}\text{V} \approx 3.9\text{V}$$

这里顺便指出，如果跨步电压过高，那么对人畜是很危险的，而且地面上的电位分布将影响附近电子仪器的正常工作。对人身安全来说，可规定 $U < U_0$，U_0 为 50～70V。不过，实际危及生命安全的首先是电流值。当通过人体的电流值 $I > 8\text{mA}$ 时，即有可能发生危险。

于是由上式可近似确定危险区半径 r_0。由于 $U_0 \approx Id/(2\pi\sigma r_0^2)$，所以

$$r_0 \approx \sqrt{\frac{Id}{2\pi\sigma U_0}} = \sqrt{\frac{adIR}{U_0}}$$

可见，减小接地电极的接地电阻 R 可减小危险区（禁区）半径。

例 3.4-3 图 3.4-4 所示的同心球电容的内球半径为 a，外球壳内半径为 c，中间充有两层介质，其分界面为 $r = b$。内、外层介质的介电常数及电导率分别为 ε_1、σ_1 和 ε_2、σ_2。若在内、外球间加电压 U_0，试求：①电容的漏电电阻；②两层介质中的电流密度 $\bar{J}$ 及 $r = a, b, c$

处的自由电荷密度。

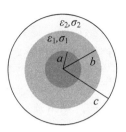

图 3.4-4　同心球电容

解： ①根据题意，设从内球面流出的总电流为 I，可知 $\bar{J} = \hat{r}\dfrac{I}{4\pi r^2} = \sigma\bar{E}$，则内层介质和外层介质中的电场强度分别为

$$\bar{E}_1 = \frac{\bar{J}}{\sigma_1} = \hat{r}\frac{I}{4\sigma_1\pi r^2} \qquad \bar{E}_2 = \hat{r}\frac{I}{4\sigma_2\pi r^2}$$

容易验证上面两式满足介质分界面（$r = b$）处的边界条件，而内、外球间的电压为

$$U_0 = \int_a^b \bar{E}_1 \cdot \mathrm{d}\bar{r} + \int_b^c \bar{E}_2 \cdot \mathrm{d}\bar{r} = \int_a^b \frac{I}{4\sigma_1\pi r^2}\mathrm{d}r + \int_b^c \frac{I}{4\sigma_2\pi r^2}\mathrm{d}r$$

$$= \frac{I}{4\pi}\left(\frac{b-a}{\sigma_1 ab} + \frac{c-b}{\sigma_2 bc}\right) = \frac{IK}{4\pi}$$

式中，$K = \dfrac{b-a}{\sigma_1 ab} + \dfrac{c-b}{\sigma_2 bc}$。因此，电容的漏电电阻为

$$R = \frac{U_0}{I} = \frac{K}{4\pi}$$

②由①可知，$I = 4\pi U_0/K$，因此电流密度矢量为

$$\bar{J} = \hat{r}\frac{I}{4\pi r^2} = \hat{r}\frac{U_0}{r^2 K}$$

根据 $\bar{J} = \sigma\bar{E}$，有

$$\rho_{s_1} = \varepsilon_1 E_1\big|_{r=a} = \frac{\varepsilon_1 U_0}{\sigma_1 a^2 K}$$

$$\rho_{s_2} = (\varepsilon_2 E_2 - \varepsilon_1 E_1)\big|_{r=b} = \left(\frac{\varepsilon_2}{\sigma_2} - \frac{\varepsilon_1}{\sigma_1}\right)\frac{U_0}{b^2 K}$$

$$\rho_{s_3} = -\varepsilon_2 E_2\big|_{r=c} = -\frac{\varepsilon_2 U_0}{\sigma_2 c^2 K}$$

§3.5　电　　感

实验指出，当一个导体回路中的电流随时间变化时，在自身回路中要产生感应电动势，这种现象称为自感。如果空间内有两个或两个以上的导体回路，则当其中一个回路中的电流随时间变化时，将在其他回路中产生感应电动势，这种现象称为互感。自感和互感都是电磁感应现象。下面学习自感和互感参数的计算方法。

3.5.1 自感

磁通量与电流的比值称为电感，包括自感（记为 L）和互感（记为 M）。在 SI 单位制中，电感的单位是 H（亨利）。一个导体回路的自感定义为

$$L = \frac{\psi}{I} \tag{3.5-1}$$

式中，I 为回路电流；ψ 为磁链或全磁通，是电流回路各匝所交链的磁通量的总和。参看图 3.5-1，通过单匝回路 l_1 所包围的面积 S_1 的磁通量为

$$\psi_1 = \int_{S_1} \vec{B} \cdot \mathrm{d}\vec{s}$$

通过多匝（图 3.5-1 中为 3 匝）导体回路所包围面积的磁通量，即磁链为

$$\psi = \int_{S_1} \vec{B} \cdot \mathrm{d}\vec{s} + \int_{S_2} \vec{B} \cdot \mathrm{d}\vec{s} + \int_{S_3} \vec{B} \cdot \mathrm{d}\vec{s} = \psi_1 + \psi_2 + \psi_3$$

若 N 匝密绕且各匝交链的磁通量相同，则磁链为

$$\psi = N\psi_1 = N\int_{S_1} \vec{B} \cdot \mathrm{d}\vec{s} \tag{3.5-2}$$

由于 $\vec{B}$ 是由电流 I 产生的，ψ 正比于 I，故比例系数 L 与 I 无关，它取决于导体回路的形状、大小、材料及周围媒质的磁导率等。

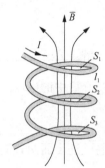

图 3.5-1　磁链

1．外自感与内自感

图 3.5-2 所示为同轴线的横截面，内导体通过直流 I，与外导体（流过反向直流 I）构成导体回路。导体外部的磁链称为外磁链，用 ψ_o 表示（下标表示 outside），由它计算的自感称为外自感 L_o。在图 3.5-2 中，通过 $a<\rho<b$ 区域的磁通为外磁链，它与内导体中的全部电流交链。由式（2.3-11b）可知，在该区域有

$$\vec{B} = \hat{z}\frac{\mu I}{2\pi\rho}$$

故轴向长度为 l 时的外磁链为

$$\psi_o = \int_0^l \mathrm{d}z \int_a^b \frac{\mu I}{2\pi\rho} = \frac{\mu I l}{2\pi}\ln\frac{b}{a}$$

对应的外自感为

$$L_o = \frac{\psi_o}{I} = \frac{\mu l}{2\pi}\ln\frac{b}{a} \tag{3.5-3}$$

通过导体内部的磁链称为内磁链，用 ψ_i 表示（下标表示 inside）。由内磁链算出的自感称为内自感 L_i。在图 3.5-2 中，通过 $\rho<a$ 区域的磁通为内磁链，它只与内导体中的部分电流交链。在 $\rho<a$ 区域通过轴向长度为 l、宽为 $\mathrm{d}\rho$ 的矩形面元的元磁通为

$$\mathrm{d}\psi_{i1} = B_i \mathrm{d}s = \frac{\mu_0 I \rho}{2\pi a^2}l\mathrm{d}\rho$$

需要注意的是，与该元磁通交链的电流不是 I，而是它的一部分 I'，即

$$I' = \frac{I}{\pi a^2} \cdot \pi\rho^2 = \frac{\rho^2}{a^2}I$$

这相当于 $\mathrm{d}\psi_{i1}$ 所交链的匝数 N 小于 1，即

$$N = \frac{\rho^2}{a^2}$$

因此，元磁链为

$$d\psi_i = N d\psi_{i1} = \frac{\rho^2}{a^2} \cdot \frac{\mu_0 I \rho}{2\pi a^2} l d\rho$$

长为 l 的导体的内磁链为

$$\psi_i = \int_l d\psi_i = \frac{\mu_0 I l}{2\pi a^4} \int_0^a \rho^3 d\rho = \frac{\mu_0 I l}{8\pi}$$

故长为 l 的圆柱导体的内自感为

$$L_i = \frac{\psi_i}{I} = \frac{\mu_0 l}{8\pi} \tag{3.5-4}$$

此式表明，圆柱导体的内自感与导体半径无关。因此也可用它计算一般导线的内自感。综上，长为 l 的同轴线的自感为

$$L = L_i + L_o = \frac{\mu_0 l}{8\pi} + \frac{\mu l}{2\pi} \ln \frac{b}{a} \tag{3.5-5}$$

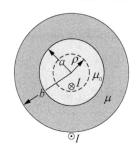

图 3.5-2　同轴线的横截面

2. 自感的诺伊曼公式

下面推导一般导线回路的外自感的计算公式。

参看图 3.5-3，这是一个任意导线回路，可近似地认为电流集中在导线中心轴 l_o 上。对于单匝回路，由式（2.3-13c）可知，电流回路 l_o 在导线内侧边界 l 以外某点产生的矢量磁位为

$$\overline{A} = \frac{\mu I}{4\pi} \int_{l_o} \frac{d\overline{l}_o}{R}$$

导线回路交链的外磁链为

$$\psi_o = \int_S (\nabla \times \overline{A}) \cdot d\overline{s} = \oint_l \overline{A} \cdot d\overline{l} = \frac{\mu I}{4\pi} \oint_{l_o} \oint_l \frac{d\overline{l}_o \cdot d\overline{l}}{R}$$

因此，单匝导线回路的外自感为

$$L_o = \frac{\psi_o}{I} = \frac{\mu}{4\pi} \int_{l_o} \oint_l \frac{d\overline{l}_o \cdot d\overline{l}}{R} \tag{3.5-6}$$

式中，l_o 和 l 分别为导线回路中心轴的周长与内侧周长。此式称为自感的诺伊曼公式。

对于 N 匝紧密绕制的线圈，电流 I 通过时产生的磁通可认为是单匝时的 N 倍，而这些磁通现在又是与 N 匝电流相交链的，因而其外磁链为

$$\Phi_{\rm o} = N\psi_{\rm o} = N\frac{\mu NI}{4\pi}\oint_{l_{\rm o}}\oint_{l}\frac{{\rm d}\bar{l}_{\rm o}\cdot{\rm d}\bar{l}}{R}$$

故 N 匝线圈的外自感为

$$L_{\rm o} = \frac{\Phi_{\rm o}}{I} = N^2\frac{\mu}{4\pi}\oint_{l_{\rm o}}\oint_{l}\frac{{\rm d}\bar{l}_{\rm o}\cdot{\rm d}\bar{l}}{R} \tag{3.5-7}$$

可见，N 匝线圈的外自感是单匝时的 N^2 倍。

在工程应用中，除铁磁导电材料构成的回路外，一般导线回路的内自感远小于外自感，因而往往就将其自感取为外自感：$L = L_{\rm o} + L_{\rm i} \approx L_{\rm o}$。

例 3.5-1 平行双导线横截面如图 3.5-4 所示，导线半径为 a，两轴线间距为 D，$D \gg a$，通有大小相等、方向相反的电流，求长为 l 的双导线的外自感和内自感，以及总自感。

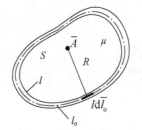

图 3.5-3 导线回路

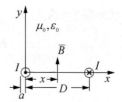

图 3.5-4 平行双导线横截面

解： 如图 3.5-4 所示，x 处的磁通密度为 $\bar{B} = \frac{\mu_0 I}{2\pi x}\hat{y} + \frac{\mu_0 I}{2\pi(D-x)}\hat{y}$，长为 l、宽为 $(D-2a)$ 面积上的外磁链为 $\psi_{\rm o} = \int_{S}\bar{B}\cdot{\rm d}\bar{s} = \frac{\mu_0 I}{2\pi}l\int_{a}^{D-a}\left(\frac{1}{x} + \frac{1}{D-x}\right){\rm d}x = \frac{\mu_0 Il}{\pi}\ln\frac{D-a}{a}$，故外自感为

$$L_{\rm o} = \frac{\psi_{\rm o}}{I} = \frac{\mu_0 l}{\pi}\ln\frac{D-a}{a}$$

内自感为

$$L_{\rm i} = 2\times\frac{\mu_0 l}{8\pi} = \frac{\mu_0 l}{4\pi}$$

最后得

$$L = L_{\rm i} + L_{\rm o} = \frac{\mu_0 l}{\pi}\left(\frac{1}{4} + \ln\frac{D-a}{a}\right) \tag{3.5-8}$$

例 3.5-2 一螺线环及其纵向截面如图 3.5-5 所示，共有 N 匝线圈，绕在磁导率为 μ 的磁环上，请计算其外自感。

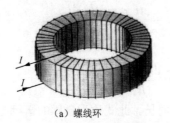

（a）螺线环

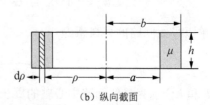

（b）纵向截面

图 3.5-5 螺线环及其纵向截面

解： 因为线圈是密绕的，所以磁场均集中在螺线环内；又由于电流分布的对称性，磁

力线都是以 O 为中心的同心圆。应用安培环路定理，在螺线环内以 ρ 为半径取一圆周作为积分路径，则

$$\oint_l \bar{H} \cdot \mathrm{d}\bar{l} = NI$$

即

$$2\pi\rho H = NI$$

因此

$$\bar{H} = \hat{\varphi}\frac{NI}{2\pi\rho} , \quad \bar{B} = \hat{\varphi}\frac{\mu NI}{2\pi\rho}$$

通过螺线环一匝线圈的磁通量为

$$\psi_1 = \int_S \bar{B} \cdot \mathrm{d}\bar{s} = \int_a^b \frac{\mu NI}{2\pi\rho}h\mathrm{d}\rho = \frac{\mu NhI}{2\pi}\ln\frac{b}{a}$$

穿过整个螺线环的磁链为

$$\Phi = N\psi_1 = \frac{\mu N^2 hI}{2\pi}\ln\frac{b}{a}$$

该螺线环的外自感为

$$L = \frac{\Phi}{I} = \frac{\mu N^2 h}{2\pi}\ln\frac{b}{a} \tag{3.5-9}$$

可见，螺线环的自感与其匝数的平方成正比。

3.5.2　互感

1. 互感的定义

对于两个彼此靠近的导体回路，一个回路电流产生的磁力线除穿过自身回路外，还与另一回路相交链，如图 3.5-6 所示。由回路电流 I_1 所产生而与回路 l_2 相交链的磁链称为互感磁链，以 ψ_{21} 表示。显然，ψ_{21} 与 I_1 成正比，即 $\psi_{21} = M_{21}I_1$，故

$$M_{21} = \frac{\psi_{21}}{I_1} \tag{3.5-10}$$

式中，M_{21} 称为回路 l_1 对回路 l_2 的互感。同理，回路 l_2 对回路 l_1 的互感为

$$M_{12} = \frac{\psi_{12}}{I_2} \tag{3.5-11}$$

2. 互感的诺伊曼公式

下面利用矢量磁位来计算互感。电流 I_1 在回路 l_2 的 $\mathrm{d}\bar{l}_2$ 处的矢量磁位为

$$\bar{A}_{21} = \frac{\mu I_1}{4\pi}\oint_{l_1}\frac{\mathrm{d}\bar{l}_1}{R}$$

穿过回路 l_2 的互感磁链为

$$\psi_{21} = \oint_{l_2}\bar{A}_{21}\cdot\mathrm{d}\bar{l}_2 = \frac{\mu I_1}{4\pi}\oint_{l_2}\oint_{l_1}\frac{\mathrm{d}\bar{l}_1\cdot\mathrm{d}\bar{l}_2}{R}$$

因而回路 l_1 对回路 l_2 的互感为

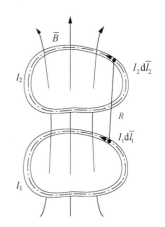

图 3.5-6　两回路间的互感

$$M_{21} = \frac{\psi_{21}}{I_1} = \frac{\mu}{4\pi} \oint_{l_2} \oint_{l_1} \frac{\mathrm{d}\overline{l}_1 \cdot \mathrm{d}\overline{l}_2}{R} \tag{3.5-12}$$

同理，回路 l_2 对回路 l_1 的互感为

$$M_{12} = \frac{\psi_{12}}{I_2} = \frac{\mu}{4\pi} \oint_{l_1} \oint_{l_2} \frac{\mathrm{d}\overline{l}_1 \cdot \mathrm{d}\overline{l}_2}{R} \tag{3.5-13}$$

式（3.5-12）和式（3.5-13）称为互感的诺伊曼公式。比较此二式可知

$$M_{12} = M_{21} = M \tag{3.5-14}$$

可见，互感的大小只与两导体回路的形状、大小、相对位置及周围媒质的磁导率等有关，而与回路中的电流无关。

例 3.5-3 真空中长直导线电流 I 的磁场中有一等边三角形回路，如图 3.5-7 所示，求长直导线与等边三角形回路之间的互感 M。

解： 长直导线电流产生的磁感应强度为

$$\overline{B} = -\hat{z}\frac{\mu_0 I}{2\pi x}$$

磁通量为

$$\psi = \int_s \overline{B} \cdot \mathrm{d}\overline{s} = \int_s \frac{\mu_0 I}{2\pi x}\mathrm{d}s$$

如图 3.5-7 所示，阴影面积的 2 倍为

$$\mathrm{d}s = (-\hat{z})2y\mathrm{d}x = (-\hat{z})\frac{2\sqrt{3}}{3}(x-d)\mathrm{d}x$$

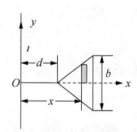

图 3.5-7 直导线与三角回路

因此

$$\psi = \int_d^{d+\sqrt{3}b/2} \frac{\mu_0 I}{2\pi x}(-\hat{z}) \cdot (-\hat{z})\frac{2\sqrt{3}}{3}(x-d)\mathrm{d}x$$

$$= \frac{\sqrt{3}\mu_0 I}{3\pi}\left[\frac{\sqrt{3}b}{2} - d\ln\left(1 + \frac{\sqrt{3}b}{2d}\right)\right]$$

故长直导线与等边三角形回路之间的互感为

$$M = \frac{\psi}{I} = \frac{\mu_0}{\pi}\left[\frac{b}{2} - \frac{d}{\sqrt{3}}\ln\left(1 + \frac{\sqrt{3}b}{2d}\right)\right]$$

§3.6 电磁场的能量*

3.6.1 静电场的能量

2.2.1 节中已指出，电场中某点处的电位就是将单位正电荷从无穷远处（电位参考点）移到该点所做的功。根据能量守恒定律，该功以位能的形式存储在电场中。因此，根据移动电荷所做的功便可以导出电场的储能。

将电荷 q_2 在电荷 q_1 的场中从无穷远处移到其所在点所做的功是电荷 q_2 与该点由电荷 q_1 所产生的电位 ϕ_{21} 的乘积，即

$$W_2 = q_2 \phi_{21} = q_2 \frac{q_1}{4\pi\varepsilon r_{21}} \tag{3.6-1}$$

式中，ϕ_{21} 的第一个下标指位置，第二个下标指源；r_{21} 为 q_2 与 q_1 之间的距离。

同理，依次将 $q_3, q_4, \cdots$ 放置在已有电荷的场中所需做的功分别为

$$W_3 = q_3 \phi_{31} + q_3 \phi_{32}$$

$$W_4 = q_4 \phi_{41} + q_4 \phi_{42} + q_4 \phi_{43}$$

$$\cdots$$

把以上各项加起来就是总功，即整个电场的位能为

$$W_e = q_2 \phi_{21} + q_3 \phi_{31} + q_3 \phi_{32} + q_4 \phi_{41} + q_4 \phi_{42} + q_4 \phi_{43} \tag{3.6-2}$$

注意：W_2 也可表示为

$$W_2 = q_1 \frac{q_2}{4\pi\varepsilon r_{12}} = q_1 \phi_{12} \tag{3.6-3}$$

其他 W_i 项也都可用等价形式来代替，即有

$$W_e = q_1 \phi_{12} + q_1 \phi_{13} + q_2 \phi_{23} + q_1 \phi_{14} + q_2 \phi_{24} + q_3 \phi_{34} + \cdots \tag{3.6-4}$$

将式（3.6-2）与式（3.6-4）相加，得

$$2W_e = q_1 (\phi_{12} + \phi_{13} + \phi_{14} + \cdots) + q_2 (\phi_{21} + \phi_{23} + \phi_{24} + \cdots) + q_3 (\phi_{31} + \phi_{32} + \phi_{34} + \cdots) +$$

$$q_4 (\phi_{41} + \phi_{42} + \phi_{43}) + \cdots$$

每个括号中的电位和就是除该处电荷以外，所有其他电荷在该处所产生的电位。例如：

$$\phi_{12} + \phi_{13} + \phi_{14} + \cdots = \phi_1$$

从而对几个点电荷系统，电场总能量为

$$W_e = \frac{1}{2}(q_1 \phi_1 + q_2 \phi_2 + q_3 \phi_3 + \cdots) = \frac{1}{2}\sum_{i=1}^{n} q_i \phi_i \tag{3.6-5}$$

能量单位是 $C \cdot V = J$（焦耳）。

对由两个导体极板构成的平面电容，设电容量为 C，两个导体极板上的电量分别为 $+Q$ 与 $-Q$，对应电位分别为 ϕ_1 和 ϕ_2，则该电容存储的电场能量是

$$W_e = \frac{1}{2}Q\phi_1 - \frac{1}{2}Q\phi_2 = \frac{1}{2}Q(\phi_1 - \phi_2) = \frac{1}{2}QU = \frac{1}{2}CU^2 = \frac{1}{2}\frac{Q^2}{C} \tag{3.6-6}$$

式中，U 是两个导体极板间的电压。

式（3.6-5）可以推广到电荷连续分布的情形。对于体密度为 ρ（C/m^3）的体电荷分布，式（3.6-5）可改写为

$$W_e = \frac{1}{2}\int_S \rho\phi \mathrm{d}v \tag{3.6-7}$$

式中，ϕ 为体电荷所在点的电位。

电场能量也可以用场量来表示。先用 $\nabla \cdot \bar{D}$ 替代式（3.6-7）中的 ρ，有 $W_e = \frac{1}{2}\int_V (\nabla \cdot \bar{D})\phi \mathrm{d}v$，

再利用矢量场等式 $\nabla \cdot (\phi\bar{D}) = \phi\nabla \cdot \bar{D} + \bar{D} \cdot \nabla\phi$，得

$$W_e = \frac{1}{2}\int_V \nabla \cdot (\phi\bar{D})\mathrm{d}v - \frac{1}{2}\int_V \bar{D} \cdot \nabla\phi \mathrm{d}v \tag{3.6-8}$$

根据散度定理，式（3.6-8）中的第一个体积分可换为封闭曲面积分 $\frac{1}{2}\oint_S \phi\bar{D} \cdot \mathrm{d}\bar{s}$，封闭

曲面 S 可取为包围电荷而半径 $r \to \infty$ 的球面，此时 ϕ 以 $1/r$ 的速度减小（在无穷远处，电荷可近似看作点电荷），而 D 以 $1/r^2$ 的速度减小，积分面元仅以 r^2 的速度增大，因而该面积分将以 $1/r$ 的速度减小，随着 $r \to \infty$ 而趋近于零。这样，式（3.6-8）的右边只剩第二个体积分，将 $\bar{E} = -\nabla\phi$ 代入，得

$$W_e = \frac{1}{2}\int_V \bar{D} \cdot \bar{E} \mathrm{d}v \tag{3.6-9}$$

这就是用场量表示的静电场能量公式，其中被积函数是电场中任一点处的电能密度，即

$$w_e = \frac{1}{2}\bar{D} \cdot \bar{E} \tag{3.6-10}$$

对于简单媒质，有 $\bar{D} = \varepsilon\bar{E}$，得

$$w_e = \frac{1}{2}\varepsilon\bar{E} \cdot \bar{E} = \frac{1}{2}\varepsilon E^2 \tag{3.6-11}$$

此结果与式（2.5-16a）一致，表明空间任一点处只要有电场，就存在能量。

3.6.2 电场力

两个点电荷之间的作用力可利用库仑定律来计算，对于更复杂的带电系统中物体受力的计算，这里介绍一种通过静电场能量求电场力的方法——虚位移法，分以下两种情形进行处理。

1. Q 为常数

设想在虚位移过程中，各导体的电荷量不变（各导体与电源断开）。假设在外力 $\bar{F}$ 的作用下，电场中某导体有一小位移 Δx，这时，外力克服电场力做机械功。由于电源不提供能量，所以将导致电场储能的减少，从而有

$$\bar{F} \cdot \hat{x}\Delta x = F_x\Delta x = -\Delta W_e$$

故

$$F_x = -\frac{\Delta W_e}{\Delta x} \quad 即 \quad F_x = -\frac{\partial W_e}{\partial x} \tag{3.6-12}$$

取电位移在 y 和 z 方向上，同理有

$$F_y = -\frac{\partial W_e}{\partial y}, \quad F_z = -\frac{\partial W_e}{\partial z}$$

从而得出电场力的矢量公式为

$$\bar{F} = \hat{x}F_x + \hat{y}F_y + \hat{z}F_z = -\nabla W_e \tag{3.6-13}$$

2. ϕ 为常数

设想在电位移过程中，各导体的电位不变（各导体与电源相接）。假设某导体有一小位移 Δx，使电源向导体输送电量而做功，此时各导体上的电量改变，外电源所做的功为

$$\Delta W = \sum_{i=1}^{n}\phi_i\Delta Q_i$$

由式（3.6-5）可知，系统电场能量的增量为

$$\Delta W_e = \frac{1}{2}\sum_{i=1}^{n}\phi_i \Delta Q_i = \frac{1}{2}\Delta W$$

外电源所做的功应为其机械功与系统储能增量之和，即

$$\Delta W = F_x \Delta x + \Delta W_e$$

$$F_x \Delta x = \Delta W - \Delta W_e = \Delta W_e$$

从而得

$$F_x = \frac{\Delta W_e}{\Delta x} \quad 即 \quad F_x = \frac{\partial W_e}{\partial x} \tag{3.6-14}$$

矢量形式为

$$\overline{F} = \nabla W_e \tag{3.6-15}$$

例 3.6-1　在例 3.3-3 所示的电容（见图 3.3-6）中，假设导体间的电位差为 U，求电容中储存的电场能量，以及介质受到的静电力。

解：第一种情形，$\phi = \mathrm{const.}$。

根据电容量

$$C = C_0 + C_x = \varepsilon_0 \frac{(L-x)W}{d} + \varepsilon \frac{xW}{d}$$

可计算出电容储存的能量为

$$W_e = \frac{1}{2}CU^2 = \frac{WU^2}{2d}[\varepsilon_0(L-x) + \varepsilon x]$$

介质受到的静电力为

$$F_x = \left.\frac{\partial W_e}{\partial x}\right|_{\phi=\mathrm{const.}} = \frac{(\varepsilon-\varepsilon_0)WU^2}{2d}$$

第二种情形，$Q = \mathrm{const.}$：

$$W_e = \frac{1}{2}\frac{Q^2}{C} = \frac{dQ^2}{2W[\varepsilon_0(L-x)+\varepsilon x]}$$

$$F_x = \left.-\frac{\partial W_e}{\partial x}\right|_{Q=\mathrm{const.}} = \frac{d(\varepsilon-\varepsilon_0)Q^2}{2W[\varepsilon_0(L-x)+\varepsilon x]^2}$$

考虑到下面的关系：

$$Q = CU = \frac{WU}{d}[\varepsilon_0(L-x)+\varepsilon x]$$

同样得到

$$F_x = \left.\frac{\partial W_e}{\partial x}\right|_{\phi=\mathrm{const.}} = \frac{(\varepsilon-\varepsilon_0)WU^2}{2d}$$

可见，两种情形下的计算结果是相同的。

3.6.3　恒定磁场的能量

在电荷系统中移动电荷需要做功，在电流回路中传送电流自然也需要做功，该功就形成磁场的储能。考察两个导线回路 l_1 和 l_2，其电流分别为 i_1 和 i_2。当 $i_2=0$ 时，把 i_1 从 0 增加到 I_1，设 i_1 在 $\mathrm{d}t$ 时间内的增量为 $\mathrm{d}i_1$，在 l_1 中将产生自感电动势 $\varepsilon_{11} = -\mathrm{d}\psi_{11}/\mathrm{d}t$，同时在

l_2 中产生互感电动势 $\varepsilon_{21} = -\mathrm{d}\psi_{21}/\mathrm{d}t$（参看图 3.6-1）。这些感应电动势将产生感应电流来阻止回路中原有电流的变化。

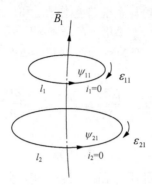

图 3.6-1 $i_2=0$、$i_1 \rightarrow I_1$ 时外电源做功的计算

为使 l_1 回路中的电流增加 $\mathrm{d}i_1$，外电源必须外加 $-\varepsilon_{11}$ 的电压以抵消 ε_{11}，为使 l_2 回路保持 $i_2=0$，必须加 $-\varepsilon_{21}$ 的电压以抵消 ε_{21}。因而在 $\mathrm{d}t$ 时间内，外电源所做的功为

$$\mathrm{d}W_1 = -\varepsilon_{11}i_1\mathrm{d}t = -(-\frac{\mathrm{d}\psi_{11}}{\mathrm{d}t})i_1\mathrm{d}t = i_1\mathrm{d}\psi_{11}$$

$$\mathrm{d}W_{21} = -\varepsilon_{21}i_2\mathrm{d}t = 0$$

设回路 l_1 的自感为 L_1，则 $\mathrm{d}\psi_1 = L_1\mathrm{d}i_1$。因而当 $i_2=0$ 时，在 i_1 由 0 增加到 I_1 的过程中，外电源所做的功为

$$W_1 = \int_0^{I_1} L_1 i_1 \mathrm{d}i_1 = \frac{1}{2}L_1 I_1^2 \tag{3.6-16}$$

下面讨论 l_1 回路中的电流为 I_1，l_2 回路中的电流 i_2 由 0 增加到 I_2 时外电源所做的功。当 i_2 在 $\mathrm{d}t$ 时间内有一增量 $\mathrm{d}i_2$ 时，在 l_2 中产生自感电动势 $\varepsilon_{22} = -\dfrac{\mathrm{d}\psi_{22}}{\mathrm{d}t}$，在 l_1 中产生互感电动势 $\varepsilon_{12} = -\dfrac{\mathrm{d}\psi_{12}}{\mathrm{d}t}$。与前面相同，外电源必然在两个回路中分别产生 $-\varepsilon_{22}$ 和 $-\varepsilon_{12}$。因而在 $\mathrm{d}t$ 时间内，外电源所做的功为

$$\mathrm{d}W_2 = -\varepsilon_{22}i_2\mathrm{d}t = \frac{\mathrm{d}\psi_{22}}{\mathrm{d}t}i_2\mathrm{d}t = L_2 i_2\mathrm{d}i_2$$

$$\mathrm{d}W_{12} = -\varepsilon_{12}I_1\mathrm{d}t = \frac{\mathrm{d}\psi_{12}}{\mathrm{d}t}I_1\mathrm{d}t = MI_1\mathrm{d}i_2$$

式中，L_2 为回路 l_2 的自感；M 为回路 l_2 对回路 l_1 的互感。于是，保持 I_1 不变，在使 i_2 由 0 增至 I_2 的过程中，外电源所做的功为

$$W_2 + W_{12} = \int_0^{I_2} L_2 i_2 \mathrm{d}i_2 + \int_0^{I_2} MI_1 \mathrm{d}i_2 = \frac{1}{2}L_2 I_2^2 + MI_1 I_2 \tag{3.6-17}$$

将式（3.6-16）和式（3.6-17）相加，便是在回路 l_1 和 l_2 中分别建立 I_1 与 I_2 时外电源所做的总功，即两个电流回路中所建立磁场的储能。因此磁场能量为

$$W_\mathrm{m} = \frac{1}{2}L_1 I_1^2 + \frac{1}{2}L_2 I_2^2 + MI_1 I_2 \tag{3.6-18}$$

式（3.6-18）也可用磁通来表示，即

$$W_{\mathrm{m}} = \frac{1}{2}(L_1 I_1 + M_{21} I_2) I_1 + \frac{1}{2}(M_{12} I_1 + L_2 I_2) I_2$$

$$= \frac{1}{2}(\psi_{11} + \psi_{21}) I_1 + \frac{1}{2}(\psi_{12} + \psi_{22}) I_2 \qquad (3.6\text{-}19)$$

$$= \frac{1}{2}\psi_1 I_1 + \frac{1}{2}\psi_2 I_2$$

式中，$\psi_1 = \psi_{11} + \psi_{21}$ 是与回路 l_1 交链的总磁通量；$\psi_2 = \psi_{12} + \psi_{22}$ 是与回路 l_2 交链的总磁通量。

将式（3.6-19）进行推广，如果空间中有 n 个电流回路，则系统的磁场能量为

$$W_{\mathrm{m}} = \frac{1}{2}\sum_{j=1}^{n} \psi_j I_j \qquad (3.6\text{-}20)$$

磁场能量也可用场量来表示。为此，将回路 l_j 上的总磁通用矢量磁位来表示，即

$$\psi_j = \oint_{l_j} \overline{A} \cdot \mathrm{d}\overline{l} \qquad (3.6\text{-}21)$$

式中，$\overline{A}$ 是 n 个回路在 $\mathrm{d}l_j$ 处的总矢量磁位。将式（3.6-21）代入式（3.6-20），得

$$W_{\mathrm{m}} = \frac{1}{2}\sum_{j=1}^{n} \oint_{l_j} \overline{A} \cdot I_j \mathrm{d}l_j$$

现将电流 I_j 改用电流密度 J 来表示，即

$$I_j \mathrm{d}l_j = J \Delta s_j \mathrm{d}l_j = J \Delta v_j$$

当 $n \to \infty$ 时，Δv_j 变为 $\mathrm{d}v$，求和可写成积分的形式，从而得

$$W_{\mathrm{m}} = \frac{1}{2}\int_V \overline{A} \cdot \overline{J} \mathrm{d}v \qquad (3.6\text{-}22)$$

因为 $\nabla \times \overline{H} = \overline{J}$，所以式（3.6-22）可化为

$$W_{\mathrm{m}} = \frac{1}{2}\int_V \overline{A} \cdot (\nabla \times \overline{H}) \mathrm{d}v = \frac{1}{2}\int_V [\overline{H} \cdot (\nabla \times \overline{A}) - \nabla \cdot (\overline{A} \times \overline{H})] \mathrm{d}v$$

$$= \frac{1}{2}\int_V \overline{H} \cdot \overline{B} \mathrm{d}v - \frac{1}{2}\oint_S (\overline{A} \times \overline{H}) \cdot \mathrm{d}\overline{s}$$

此式已应用了散度定理，其中 S 是包围 V 的封闭曲面。若 V 足够大，则其表面 S 上的点将离源电流很远，与静电场的情形类似，第二项面积分趋于零。于是得

$$W_{\mathrm{m}} = \frac{1}{2}\int_V \overline{H} \cdot \overline{B} \mathrm{d}v \qquad (3.6\text{-}23)$$

式中，被积函数是磁场中任一点的磁能密度，即

$$w_{\mathrm{m}} = \frac{1}{2}\overline{H} \cdot \overline{B} \qquad (3.6\text{-}24\mathrm{a})$$

对于简单媒质，$\overline{B} = \mu \overline{H}$，得

$$w_{\mathrm{m}} = \frac{1}{2}\overline{H} \cdot \mu \overline{H} = \frac{1}{2}\mu H^2 \qquad (3.6\text{-}24\mathrm{b})$$

此式与第 2 章 2.5.4 节的结果一致，表明磁场不为零的空间中储存有磁场能量。

例 3.6-2　利用磁场储能求出空气中无限长圆柱导体每单位长度的内自感。

解：设导体半径为 a，通过电流 I，则距离中心 z 轴处的磁感应强度为

$$\bar{B} = \hat{\varphi} \frac{\mu_0 I \rho}{2\pi a^2}$$

单位长度的磁场能量为

$$W_{\mathrm{m}} = \frac{1}{2\mu_0} \int_V B^2 \mathrm{d}v = \frac{1}{2\mu} \int_0^a (\frac{\mu_0 I \rho}{2\pi a^2})^2 2\pi \rho \mathrm{d}\rho \int_0^1 \mathrm{d}z$$

$$= \frac{\mu_0 I^2}{4\pi a^4} \int_0^a \rho^3 \mathrm{d}\rho = \frac{\mu_0 I^2}{16\pi}$$

单位长度的内自感为

$$L_{\mathrm{i}} = \frac{2W_{\mathrm{m}}}{I^2} = \frac{\mu_0}{8\pi} \tag{3.6-25}$$

此结果与式（3.5-4）一致，而其导出更为简单些。代入 μ_0 值可知，单位长度圆柱导体的内自感为 $5 \times 10^{-8}\,\mathrm{H}$。

3.6.4 磁场力

2.3 节已给出了有关磁场力的安培力定律和洛仑磁力公式。这里介绍广泛应用的基于磁场能量变化来计算磁场力的虚位移法，分两种情形来处理。

1. ψ 为常数

假设某电流回路有一小位移 Δx，若各回路的磁通量不变，表示电源并不提供能量，则磁场力所做的功对应于磁场能量的减小，即

$$\bar{F} \cdot \hat{x} \Delta x = F_x \Delta x = -\Delta W_{\mathrm{m}}$$

故

$$F_x = -\frac{\Delta W_{\mathrm{m}}}{\Delta x} \quad \text{即} \quad F_x = -\frac{\partial W_{\mathrm{m}}}{\partial x} \tag{3.6-26}$$

2. I 为常数

假设有虚位移 Δx 时各回路电流不变（各电路与电流源相连），则各回路中磁通量将发生变化而产生感应电动势。外电源所做的功为

$$\Delta W = \sum_{j=1}^{n} I_j \mathrm{d}\psi_j$$

由式（3.6-20）可知，此时磁场能量的增量为

$$\Delta W_{\mathrm{m}} = \frac{1}{2} \sum_{j=1}^{n} I_j \mathrm{d}\psi_j = \frac{1}{2} \Delta W$$

设外力为 $\bar{F}$，则它所做的机械功为 $\bar{F} \cdot \hat{x} \Delta x = F_x \mathrm{d}x$。该机械功和磁场能量增量之和应等于外力所做的总功，即 $F_x \Delta x + \Delta W_{\mathrm{m}} = \Delta W$，因此 $F_x \Delta x = \Delta W - \Delta W_{\mathrm{m}} = \Delta W_{\mathrm{m}}$，得

$$F_x = \frac{\Delta W_{\mathrm{m}}}{\Delta x} \quad \text{或} \quad F_x = \frac{\partial W_{\mathrm{m}}}{\partial x} \tag{3.6-27}$$

本 章 小 结

一、似稳电磁场

1．低频电路中的场：电场随时间变化很缓慢，可忽略，即 $\partial \bar{D}/\partial t \rightarrow 0$。它满足的电磁场方程为 $\nabla \times \bar{H} = \bar{J} = \sigma \bar{E}$，$\nabla \times \bar{E} = -\dfrac{\partial \bar{B}}{\partial t}$，$\nabla \cdot \bar{D} = 0$，$\nabla \cdot \bar{B} = 0$ ；它是基尔霍夫定律的理论支撑，是麦克斯韦方程在缓慢变化情况下的特例。

2．良导体中的电磁场：传导电流远大于位移电流，即 $\partial \bar{D}/\partial t \ll \bar{J} = \sigma \bar{E}$，这里位移电流可忽略。它满足的电磁场方程为 $\nabla \times \bar{H} = \bar{J} = \sigma \bar{E}$，$\nabla \times \bar{E} = -\dfrac{\partial \bar{B}}{\partial t}$，$\nabla \cdot \bar{D} = 0$，$\nabla \cdot \bar{B} = 0$。电磁场在良导体中的纵深方向上衰减越剧烈，呈现的集肤现象越明显；而且频率越高，集肤现象越明显。

3．场源近区的电磁场：近区场的范围是 $R \ll \dfrac{\lambda}{2\pi} \approx \dfrac{\lambda}{6}$，在以场源为中心，以远小于 $\lambda/6$ 为半径的空间区域内，电磁场的分布与静态电磁场相似。它遵循麦克斯韦方程的一般形式：$\nabla \times \bar{H} = \sigma \bar{E} + \varepsilon \dfrac{\partial \bar{E}}{\partial t}$，$\nabla \times \bar{E} = -\dfrac{\partial \bar{B}}{\partial t}$，$\nabla \cdot \bar{D} = \rho$，$\nabla \cdot \bar{B} = 0$。天线近区场就属于这类问题。

以上三种似稳电磁场的共同特点是电场能量只能在相对于波长很有限的近区运动，这种运动属于本地振荡；宏观上，电磁能量的变化与位置无关，这是似稳电磁场的重要特征。

二、静态电磁场

1．静电场的基本方程为 $\nabla \times \bar{E} = 0$，$\nabla \cdot \bar{D} = \rho$；位函数满足泊松方程 $\nabla^2 \phi = -\dfrac{\rho}{\varepsilon}$。恒定磁场的基本方程为 $\nabla \times \bar{H} = \bar{J}$，$\nabla \cdot \bar{B} = 0$ ；位函数满足 $\nabla^2 \bar{A} = -\mu \bar{J}$。恒定电场的基本方程为 $\nabla \times \bar{E} = 0$，$\nabla \cdot \bar{J} = 0$；位函数满足拉普拉斯方程 $\nabla^2 \phi = 0$。

2．静态电磁场的边界条件与时变场的边界条件相同，其位函数的边界条件也可以从中导出。其中，电位的边界条件为 $\phi_1 = \phi_2$，$\varepsilon_1 \dfrac{\partial \phi_1}{\partial n} - \varepsilon_2 \dfrac{\partial \phi_2}{\partial n} = -\rho_s$ （静电场），$\sigma_1 \dfrac{\partial \phi_1}{\partial n} = \sigma_2 \dfrac{\partial \phi_2}{\partial n}$ （恒定电场）；矢量磁位的边界条件为 $\bar{A}_1 = \bar{A}_2$，$\hat{n} \times \left(\dfrac{1}{\mu_1} \nabla \times \bar{A}_1 - \dfrac{1}{\mu_2} \nabla \times \bar{A}_2 \right) = \bar{J}_s$。

三、电路元件参数的计算

电容、电阻、自感和互感是电路的基本参数，它们都是导体系统的固有属性，其大小只取决于导体系统的几何参数（形状、尺寸和相对位置）及导体周围的媒质参数，而与电荷、电压、电流和磁链等物理量无关。

1．电容的计算式为 $C = \dfrac{Q}{U} = \dfrac{\int_S \varepsilon \bar{E} \cdot \mathrm{d}\bar{s}}{\int_l \varepsilon \bar{E} \cdot \mathrm{d}\bar{l}}$，电容储能为 $W_e = \dfrac{1}{2} C U^2$。

2. 电阻的计算式为 $\dfrac{1}{R}=\dfrac{I}{U}=\dfrac{\oint_S \bar{J}\cdot \mathrm{d}\bar{s}}{\int_l \bar{E}\cdot \mathrm{d}\bar{l}}=\dfrac{\sigma\oint_S \bar{E}\cdot \mathrm{d}\bar{s}}{\int_l \bar{E}\cdot \mathrm{d}\bar{l}}$。导体的耗散功率满足焦耳定律 $P=\int_V \bar{E}\cdot \bar{J}\mathrm{d}v$，其微分形式为 $p=\bar{E}\cdot \bar{J}=\sigma E^2$；同时导体中的电流遵守欧姆定律 $U=IR$，其微分形式为 $\bar{J}=\sigma \bar{E}$。

定律的两种表达形式充分证明了电路与电磁场的统一性。

3. 恒定电场的求解可以借助静电比拟法：$\dfrac{C}{G}=\dfrac{\varepsilon}{\sigma}$。

4. 电感可以分为自感和互感。其中，自感的计算式为 $L=\dfrac{\psi}{I}=\dfrac{\int_S \bar{B}\cdot \mathrm{d}\bar{s}}{I}=\dfrac{\oint_l \bar{A}\cdot \mathrm{d}\bar{l}}{I}$，电感储能为 $W_m=\dfrac{1}{2}LI^2$；互感的计算式为 $M=M_{12}=M_{21}=\dfrac{\psi_{21}}{I_1}=\dfrac{\mu}{4\pi}\oint_{l_2}\oint_{l_1}\dfrac{\mathrm{d}\bar{l_1}\cdot \mathrm{d}\bar{l_2}}{R}$，线圈系统的储能为 $W_m=\dfrac{1}{2}L_1I_1^2+\dfrac{1}{2}L_2I_2^2+MI_1I_2$。

5. 电场、磁场能量的计算式分别为 $W_e=\dfrac{1}{2}\int_V \rho\phi \mathrm{d}v=\dfrac{1}{2}\int_V \bar{D}\cdot \bar{E}\mathrm{d}v$，$W_m=\dfrac{1}{2}\int_V \bar{A}\cdot \bar{J}\mathrm{d}v=\dfrac{1}{2}\int_V \bar{H}\cdot \bar{B}\mathrm{d}v$。

自 测 题

一、单项选择题（每小题 3 分，共 30 分）

1. 电路中的基尔霍夫电流定律是什么定理的自然结果？（　　）
　　A. 电流连续性　　　　　　　　B. 电磁感应
　　C. 库仑定律　　　　　　　　　D. 磁通连续性

2. 无源区域的泊松方程即（　　）。
　　A. 电流连续性方程　　　　　　B. 拉普拉斯方程
　　C. 电场的旋度方程　　　　　　D. 磁场的旋度方程

3. 导体中任一点的电流密度与该点的电场强度成正比，这句话描述的是什么定律？（　　）
　　A. 欧姆定律　　　　　　　　　B. 库仑定律
　　C. 安培定律　　　　　　　　　D. 电荷守恒定律

4. 在恒定电场中，当（　　）时，两种媒质的分界面上的自由面电荷为零。
　　A. $\varepsilon_1\sigma_1=\varepsilon_2\sigma_2$　　　　　　B. $\varepsilon_1\sigma_2=\varepsilon_2\sigma_1$
　　C. $\varepsilon_1\varepsilon_2=\sigma_1\sigma_2$　　　　　　D. $\sigma_1=\sigma_2$

5. 某平板电容的板间距离为 d，介质的电导率为 σ，接有电流为 I 的恒流源，如果把其介质换为电导率为 2σ 的材料，则此电容的功率损耗为原来的（　　）。
　　A. 2 倍　　　　B. 0.5 倍　　　　C. 4 倍　　　　D. 1.5 倍

6. 两截面大小完全相同的一段直铁丝和直铜丝串联后接入一直流电路，假设直铁丝和直铜丝中的电流密度与电场强度分别为 J_1、E_1 和 J_2、E_2，则（　　）。

　A. $J_1 = J_2$，$E_1 > E_2$　　　　　B. $J_1 = J_2$，$E_1 < E_2$

　C. $J_1 > J_2$，$E_1 = E_2$　　　　　D. 以上都不正确

7. 关于静态电磁场的边界条件的说法错误的是（　　）。

　A. 磁场强度的切向分量必连续

　B. 电场强度切向必连续

　C. 电位导数的法向在无源边界必连续

　D. 电流密度矢量法向必连续

8. 在线性磁介质中，由 $L = \psi / I$ 的关系可知，影响电感系数的因素不包含（　　）。

　A. 导线的几何尺寸　　　　　　　B. 磁介质的材料特性

　C. 线圈匝数　　　　　　　　　　D. 通过线圈的电流

9. 下列说法不正确的是（　　）。

　A. 焦耳定律仅适用于稳态和似稳态电路

　B. $U = IR$ 是欧姆定律的积分形式

　C. 电子漂移速度和电流传导速度相同

　D. 电流传导速度是光速

10. 下列关于电磁场能量说法不正确的是（　　）。

　A. 电磁能量存在于整个有电磁场分布的空间中

　B. 电容是电能存储元件

　C. 电感是磁场能量存储元件

　D. 电路中的能量只存储在存储元件中

二、多项选择题（每小题 5 分，共 30 分）

1. 下面关于似稳电磁场的特点描述正确的是（　　）。

　A. 似稳电磁场中的位移电流总远小于传导电流

　B. 似稳电磁场的位函数满足 $\nabla^2 \vec{A} = -\mu \vec{J}$ 和 $\nabla^2 \phi = 0$，因此其性质与静态电磁场相同

　C. 似稳电磁场中没有自由电荷

　D. 集总电路理论都符合似稳电磁场理论

2. 关于一均匀直导体的电阻，下列说法正确的是（　　）。

　A. 导体越粗，电阻越小

　B. 电导率越大，电阻越小

　C. 导体中信号的频率越高，电阻越大

　D. 导体的电阻取决于其横截面、电导率和长度

3. 下列说法错误的是（　　）。

　A. 泊松方程适用于有源区域，拉普拉斯方程适用于无源区域

　B. 静电场中导体的内部没有净电荷，在导体面也没有电荷分布

　C. 电磁场的能量分布于存在电磁场的任意空间

　D. 电路中的能量只分布在线路的元件和导线中

4. 两导体间的电容与（　　）有关。

　A. 导体间的相对位置　　　　　　B. 导体上的电量

C. 导体的几何尺寸　　　　　　　　D. 导体间介质的材料特性

5. 下面关于"场"与"路"的关系说法正确的是（　　）。

　　A. 基尔霍夫定律完全满足电磁场理论，因此"低频"是似稳电磁场的物理本质

　　B. 工频电磁场是典型的似稳电磁场

　　C. 工作于 3GHz 的微波电路不属于似稳电磁场

　　D. 整个电路理论只不过是低频条件下的麦克斯韦电磁场理论

6. 下列物理概念描述正确的是（　　）。

　　A. 辐射源近区的电磁场属于似稳电磁场

　　B. 导电媒质中的电磁场是一种似稳电磁场

　　C. 电路中的电磁场是一种似稳电磁场

　　D. 似稳电磁场的本质是没有随位置变化的能量传输

三、填空题（每空 4 分，共 40 分）

1. 空气中半径为 a 的导体球的电容是 ＿＿＿＿＿＿ 。

2. 若电位 $\phi = Ax + B$，其中 A 和 B 均为常数，则空间电荷密度 $\rho =$ ＿＿＿＿＿＿ 。

3. 某空气中半径为 a 的带电导体球，已知球体电位为 U，则球外的电位为 ＿＿＿＿＿＿ ，电场强度为 ＿＿＿＿＿＿ ，球表面电荷密度为 ＿＿＿＿＿＿ 。

4. 矢量磁位满足的泊松方程为 ＿＿＿＿＿＿ ；若 $\bar{A} = \hat{x}5x^3$（Wb/m），则电流密度 $\bar{J} =$ ＿＿＿＿＿＿ 。

5. 在土壤（电导率为 σ）中，半径为 a 的半球形接地器的接地电阻是 ＿＿＿＿＿＿ 。

6. 长直导线单位长度的内自感为 ＿＿＿＿＿＿ 。

7. 某载有电流为 $I = 2.5\text{A}$ 的 40 匝线圈系统储存的磁场能量为 7.5×10^{-3}（mW），则线圈的单匝电感为 ＿＿＿＿＿＿ 。

答案：一、1～5 ABABB；6～10 AADCD。

二、1. ACD；2. ABC；3. BD；4. ACD；5. BCD；6. AD

三、1. $4\pi\varepsilon_0 a$；2. 0；3. $\dfrac{aU}{r}$，$-\hat{r}\dfrac{aU}{r^2}$，$\varepsilon_0\dfrac{U}{a}$；4. $\nabla^2\bar{A} = -\mu\bar{J}$，0；5. $\dfrac{1}{2\pi\sigma a}$；6. $\dfrac{\mu_0}{8\pi}$；

7. 0.6nH。

习　题　三

3-1 已知空间某一区域内的电位分布为 $\phi = ax^2\sin(2y)\text{ch}(3z)$，求此空间内的体电荷分布及电场强度。

　　答案：$\rho = -\varepsilon_0 a(5x^2 + 2)\sin(2y)\text{ch}(3z)$，$\bar{E} = \hat{x}\left[-2ax\sin(2y)\text{ch}(3z)\right] + \hat{y}\left[-2ax^2\cos(2y)\text{ch}(3z)\right] + \hat{z}\left[-3ax^2\sin(2y)\text{sh}(3z)\right]$。

3-2 如习题图 3-1 所示，半径为 a 的无限长导体圆柱的单位长度的带电量为 ρ_l，其一半埋于介电常数为 ε 的介质中，一半露在空气中，试求其空间电位和电场强度分布。

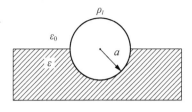

习题图 3-1

答案：$\phi = \dfrac{\rho_l}{\pi(\varepsilon_0 + \varepsilon)} \ln \dfrac{a}{\rho}$，$\overline{E} = -\nabla\phi = \hat{\rho}\dfrac{\rho_l}{\pi(\varepsilon_0 + \varepsilon)\rho}$。

3-3　某半径为 a 的带电导体球置于空气中，已知球体电位为 U，试求：①整个空间电位分布及电场强度分布；②球面上的电荷密度。

答案：① $\begin{cases} \phi = U \ (r \leqslant a) \\ \phi = \dfrac{aU}{r} \ (r > a) \end{cases}$，$\begin{cases} \overline{E} = 0 \ (r < a) \\ \overline{E} = \hat{r}\dfrac{aU}{r^2} \ (r \geqslant a) \end{cases}$；② $\rho_s = \dfrac{\varepsilon_0 U}{a}$。

3-4　平行板电容的宽和长分别为 a、b，两极板间距 $d \ll a, b$，板间电压为 U，如习题图 3-2 所示。电容的左半空间（$0 \sim a/2$）用介电常数为 ε 的介质填充，下半空间（$0 \sim d/2$）用介电常数为 ε 的介质填充，另一半均为空气，试分别针对以上两种情况求极板上的自由电荷密度和介质表面的束缚电荷密度。

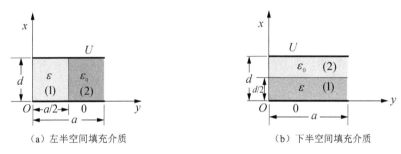

（a）左半空间填充介质　　　　　（b）下半空间填充介质

习题图 3-2

答案：（1）上板 $\rho_{s_1} = \dfrac{\varepsilon U}{d}$，$\rho_{s_2} = \dfrac{\varepsilon_0 U}{d}$；下板 $\rho_{s_1} = -\dfrac{\varepsilon U}{d}$，$\rho_{s_2} = -\dfrac{\varepsilon_0 U}{d}$；$\rho_s'|_{x=0} = -(\varepsilon - \varepsilon_0)\dfrac{U}{d}$，

$\rho_s'|_{x=d} = (\varepsilon - \varepsilon_0)\dfrac{U}{d}$，$\rho_s'|_{y=a/2} = 0$。

（2）$\rho_{s_上} = \dfrac{2\varepsilon\varepsilon_0 U}{(\varepsilon + \varepsilon_0)d}$，$\rho_{s_下} = -\dfrac{2\varepsilon\varepsilon_0 U}{(\varepsilon + \varepsilon_0)d}$；$\rho_s'|_{x=0} = \dfrac{2\varepsilon_0(\varepsilon - \varepsilon_0)U}{(\varepsilon + \varepsilon_0)d}$，$\rho_s'|_{x=d/2} =$

$-\dfrac{2\varepsilon_0(\varepsilon_0 - \varepsilon)U}{(\varepsilon_0 + \varepsilon)d}$。

3-5　对于如习题图 3-2（b）所示的平行板电容，$\varepsilon = 3\varepsilon_0$，平板面积为 A_0，求：①两个区域的电场强度和电位函数；②电容。

答案：① $\overline{E}_1 = -\hat{x}\dfrac{U}{2d}$，$\overline{E}_2 = -\hat{x}\dfrac{3U}{2d}$，$\phi_1 = \dfrac{Ux}{2d}$，$\phi_2 = \dfrac{3U}{2d}\left(x - \dfrac{d}{2} + \dfrac{d}{b}\right)$；② $C = \dfrac{3\varepsilon_0 A_0}{2d}$。

3-6　一球形电容的内、外导体球半径分别为 a、b，中间介质的介电常数为 ε，设内导体

球加电压 U_0，外导体球接地，试由电位方程 $\nabla^2\phi = 0$ 求解电容中的电位、电场和内/外球面上的面电荷密度。

答案：$\phi = \dfrac{aU_0}{b-a}\left(\dfrac{b}{r}-1\right)$，$\overline{E} = \dfrac{abU_0}{(b-a)r^2}\hat{r}$，$\rho_s|_{r=a} = \dfrac{\varepsilon bU_0}{(b-a)a}$，$\rho_s|_{r=b} = -\dfrac{\varepsilon aU_0}{(b-a)b}$。

3-7 两同心导体球的半径分别为 a 和 b，中间三个区域的介电常数分别为 ε_1、ε_2、ε_3，如习题图 3-3 所示，试求：①中间介质区域的电位函数 ϕ 和电场强度 $\overline{E}$；②此同心导体球的电容。

答案：① $\phi = \dfrac{Q}{\pi(2\varepsilon_1 + \varepsilon_2 + \varepsilon_3)}\left(\dfrac{1}{r}-\dfrac{1}{b}\right)$，$\overline{E} = \hat{r}\dfrac{Q}{\pi r^2(2\varepsilon_1 + \varepsilon_2 + \varepsilon_3)}$；

② $C = \dfrac{\pi ab}{b-a}\,(2\varepsilon_1 + \varepsilon_2 + \varepsilon_3)$。

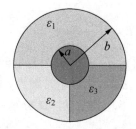

习题图 3-3

3-8 已知一根长直导线的长度为 1km，半径为 0.5mm，当两端外加电压为 6V 时，线中产生的电流为 1/6A，试求：①导线的电导率；②导线中的电场强度；③导线中的损耗功率。

答案：① $\sigma = 3.54\times10^7\,\text{S/m}$；② $E = 6\times10^{-3}\,\text{V/m}$；③ $P = 1\text{W}$。

3-9 设同轴线内导体的半径为 a，外导体的内半径为 b，填充媒质的电导率为 σ，根据恒定电流场方程，计算单位长度内同轴线的漏电导。

答案：$G = \dfrac{2\pi\sigma}{\ln a - \ln b}$。

3-10 两半球形接地器埋在地下（见习题图 3-4）。若球的半径为 a，土壤的电导率为 σ，球心间的距离为 d，且 $d \gg a$，请计算两球间的电阻。

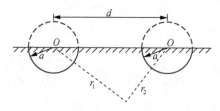

习题图 3-4

答案：$R = \dfrac{I}{\pi\sigma}\left(\dfrac{1}{a}-\dfrac{1}{d-a}\right)$。

3-11 已知圆柱电容的长度为 L，内、外电极的半径分别为 a 和 b，填充的介质分为两层，界面半径为 c。在 $a < \rho < c$ 区域中，填充媒质的参数为 ε_1、σ_1；在 $c < \rho < b$ 区域中，填充媒质的参数为 ε_2、σ_2。若接上电动势为 e 的电源，试求：①各区域中的电流密度；②内、

外导体表面及介质表面的驻立电荷密度。

答案：① $\overline{J}_1 = \overline{J}_2 = \sigma_1 \overline{E}_1 = \hat{\rho} \dfrac{\sigma_1 \sigma_2 e}{\left(\sigma_2 \ln\dfrac{c}{a} + \sigma_1 \ln\dfrac{b}{c}\right)\rho L}$；② $\rho_s\big|_{\rho=a} = \dfrac{\varepsilon_1 \sigma_2 e}{\left(\sigma_2 \ln\dfrac{c}{a} + \sigma_1 \ln\dfrac{b}{c}\right)aL}$，

$\rho_s\big|_{\rho=b} = \dfrac{\varepsilon_2 \sigma_1 e}{\left(\sigma_2 \ln\dfrac{c}{a} + \sigma_1 \ln\dfrac{b}{c}\right)bL}$，　$\rho_s\big|_{\rho=c} = \dfrac{(-\varepsilon_1 \sigma_2 + \varepsilon_2 \sigma_1)e}{\left(\sigma_2 \ln\dfrac{c}{a} + \sigma_1 \ln\dfrac{b}{c}\right)cL}$。

3-12　已知环形导体块的厚度为 d，其他尺寸如习题图 3-5 所示，试求 $\rho = a$ 与 $\rho = b$ 两个表面之间（沿半径方向）的电阻。

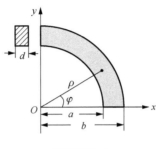

习题图 3-5

答案：$R = \dfrac{2(\ln b - \ln a)}{\pi d \sigma}$。

3-13　若两个同心的球形金属壳的半径分别为 r_1 和 r_2（$r_1 < r_2$），球壳之间填充媒质的电导率 $\sigma = \sigma_0\left(1 + \dfrac{k}{r}\right)$，试求两球壳之间的电阻。

答案：$R = \dfrac{U}{I} = \dfrac{1}{4\pi\sigma_0 k}\ln\dfrac{r_2(r_1 + k)}{r_1(r_2 + k)}$。

3-14　当恒定电流通过无限大的非均匀电媒质时，试证任意一点的电荷密度可以表示为

$$\rho = \overline{E} \cdot \left[\nabla \varepsilon - \left(\dfrac{\varepsilon}{\sigma}\right)\nabla \sigma\right]$$

答案：略。

3-15　如习题图 3-6 所示，现有一长直导线与一直角三角形导线回路，求此长直导线与此直角三角形导线回路间的互感。

答案：$M = \dfrac{\sqrt{3}\mu_0 b}{2\pi}\left\{\left[1 + \dfrac{d}{b}\right]\ln\left(1 + \dfrac{b}{d}\right) - 1\right\}$。

3-16　一根很长的直导线附近有一矩形导线回路，如习题图 3-7 所示，求二者间的互感。

答案：$M = \dfrac{\psi}{I} = \dfrac{\mu_0 c}{2\pi}\ln\dfrac{a+b}{a}$。

3-17　如习题图 3-8 所示，一对平行双线传输线的平面上有一矩形导线回路，求二者之间的互感。

答案：$M = \dfrac{\mu_0 c}{2\pi}\ln\dfrac{(a+b)(d-a)}{a(d-a-b)}$。

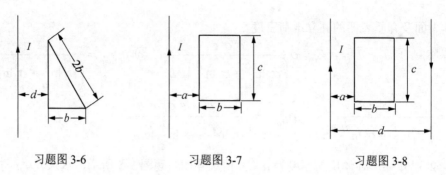

习题图 3-6   习题图 3-7   习题图 3-8

3-18 半径为 a 的圆柱形螺线管长 l_1，绕有 N_1 匝线圈，在其上同心地绕有 N_2 匝线圈，如习题图 3-9 所示，求两线圈间的互感。

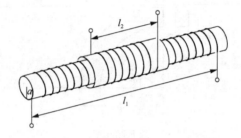

习题图 3-9

答案：$M_{21} = \dfrac{\mu_0 N_1 N_2 \pi a^2}{l_1}$。

第 4 章

传输线理论基础

凡是能够传输电磁能量和信号的线路都称为传输线。传输线的作用是将能量和信号从一个点传输到另一个点，特别是从电源传输到负载。例如，常见的例子包括通信发射机和天线之间的连接，网络中计算机之间的连接，有线电视服务供应商与电视机之间的连接；不太常见的例子包括发射机或接收机内部组件之间的连接，射频电路板上电子元件之间的互连等。所有这些例子都有一个共同点，那就是待连接的设备被以波长或更大的尺度距离隔开。而在经典低频或直流（集总参数）电路中，信号波长很大，因此元件之间的连接线长度是可忽略的。在射频（分布参数）电路中，传输线上的信号频率很高，电路的尺度变得很大，时延效应明显，延迟诱导的相位差不能忽略。事实上，研究射频传输线上点对点能量传输的问题本质上就是要研究电磁波的传播问题。这也是本章的主要研究内容。

本章的学习目标是建立分布参数电路的电磁场理论体系，包括：第一，通过学习用波动方程和电报方程描述传输线上的电磁波，理解传输线是具有复杂阻抗特性的电路元件，而且阻抗是线路长度和频率的函数；第二，通过学习电磁波在线路上的基本传播特点，学会分析端接负载的传输线的工作特性。

§4.1　长线与短线

按照线上信号的频率（波长）与电路尺度的关系，传输线可分为长线和短线。**所谓长线，就是指传输线的几何长度和线上传输的电磁波波长的比值（电尺寸）大于或接近 1；反之则称为短线。** 例如，在射频电路中，工作于 300MHz 的传输线的波长为

$$\lambda = \frac{c}{f} = \frac{3 \times 10^8 \, \text{m} / \text{s}}{300 \times 10^6 \, \text{Hz}} = 1\text{m}$$

此时，电路尺度与信号波长是可比拟的，应视为长线；在电力工程中，即使长度为 1000m 的传输线，对频率为 50Hz（波长为 6000km）的交流电来说，仍远小于波长，应视为短线。然而，对于远距离电力传输，如线路长达几千 km 时，又应视为长线。

长线和短线的区别还在于前者为分布参数电路，后者为集总参数电路。 低频（直流）信号的波长是 km 量级（无限长）的，远大于电路元件和硬件系统的尺寸，可视为无限小。因此认为电场能量全部集中在电容中，而磁场能量则全部集中在电感中，电阻元件是消耗电磁能量的，元件的引线是理想导体（无欧姆损耗）。这类电路中的**信号仅是时间的函数，**

在线上不同位置可视为处处相等，称为集总参数电路。在直流和低频电路中（元件均属于理想模型）采用基尔霍夫定律求解可以得到令人满意的结果。

然而，随着频率的升高，电路元件的辐射损耗、导体损耗和介质损耗增加，电路元件的参数也随之变化。当电路传输的信号波长与电路尺度可比拟时（一般信号频率已达微波频段），电路中存在明显的分布电容和分布电感，线上信号不仅是时间的函数，还与位置有关，这种电路称为分布参数电路。例如，在图 4.1-1 中，某双导线上载有频率为 3GHz 的微波信号，在 0.6m 的长度上包含 6 个波长。在每个波长范围内，线上各点的电压、电流信号的振幅和相位都是不同的，它们既是时间的函数，又是位置的函数。此时，长线上的电容、电感和电阻的分布效应不敢忽略。要研究这类传输线的工作原理，需要介入电磁场理论，采用场路结合的分析方法分析元件的分布参数效应。

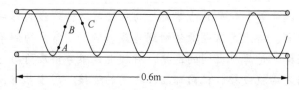

图 4.1-1　微波传输线上的信号

与之相对应，低频信号的波长往往与电路尺度相比为无穷大，因此，线上各点的电压、电流信号的振幅和相位都近似相同，它们仅仅是时间的函数；线上的电容、电感和电阻的分布效应忽略不计，这是短线的典型特征。注意：本章要学习的传输线指的是长线。

§4.2　平行板传输线

如图 4.2-1 所示，平行板传输线是一对长直平行板导体。作为传输线，平行板导体能够引导的电磁波是多样的，这也是微波传输线的共性。但本章只研究平行板传输线引导的横电磁波（TEM 波）的传输，这也是最简单的情形。

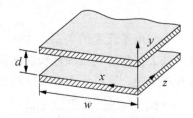

图 4.2-1　平行板传输线

一般情况下，传输线可引导三种形式的波型：横电磁波、横电波和横磁波，分别简称为 TEM 波、TE 波和 TM 波：TEM 波的电矢量与磁矢量都与传播方向垂直；TE 波的电场矢量与传播方向垂直，或者说传播方向上没有电矢量；TM 波的磁场矢量与传播方向垂直，或者说传播方向上没有磁矢量。关于 TE 波和 TM 波传输线，将在第 8 章进一步学习。

本节首先从麦克斯韦方程出发，按照场路结合的分析方法推导平行板传输线满足的电路方程，并给出电路传输参数；然后从波动方程出发求其 TEM 波的电磁场分布。从以上两个角度可以全面透视平行板传输线 TEM 波的物理性质。

4.2.1 平行板传输线的电报方程

如图 4.2-1 所示，平行板传输线的截面尺寸的宽度为 w，间距为 d，且 $w \gg d$（可忽略边缘效应），填充介质的参数为 μ、ε，金属板沿 z 方向无限长，即能量在 z 方向上传输。

对于 TEM 波，平行板传输线中的电磁场均只有一个分量，分别是 E_y 和 H_x，它们满足方程 $\nabla \times \bar{E} = -j\omega\mu\bar{H}$ 和 $\nabla \times \bar{H} = -j\omega\varepsilon\bar{E}$，具体可写成

$$\frac{\mathrm{d}E_y}{\mathrm{d}z} = j\omega\mu H_x \tag{4.2-1a}$$

$$\frac{\mathrm{d}H_x}{\mathrm{d}z} = j\omega\varepsilon E_y \tag{4.2-1b}$$

式中，场量仅为 z 的函数，因此此式中只出现了常微分。

将式（4.2-1a）从 0 到 d 对 y 积分，得

$$\frac{\mathrm{d}}{\mathrm{d}z}\int_0^d E_y \mathrm{d}y = j\omega\mu\int_0^d H_x \mathrm{d}y \text{ 或 } -\frac{\mathrm{d}U(z)}{\mathrm{d}z} = j\omega\mu J_{\mathrm{su}}(z)d = j\omega\left(\mu\frac{d}{w}\right)\left[J_{\mathrm{su}}(z)w\right] = j\omega L I(z)$$

即

$$\frac{\mathrm{d}U(z)}{\mathrm{d}z} = -j\omega L I(z) \tag{4.2-2}$$

式中，$U(z) = -\int_0^d E_y \mathrm{d}y$ 为上、下两板间的电压；$I(z) = J_{\mathrm{su}}(z)w$ 为总电流；而

$$L = \mu\frac{d}{w} \text{（H/m）} \tag{4.2-3}$$

为平行板传输线单位长度的电感。

同理，将式（4.2-1b）从 0 到 w 对 x 积分，得

$$\frac{\mathrm{d}}{\mathrm{d}z}\int_0^w H_x \mathrm{d}x = j\omega\varepsilon\int_0^w E_y \mathrm{d}x \text{ 或 } -\frac{\mathrm{d}I(z)}{\mathrm{d}z} = -j\omega\varepsilon E_y(z)w = j\omega\left(\varepsilon\frac{w}{d}\right)\left[-E_y(z)d\right] = j\omega C U(z)$$

$$\frac{\mathrm{d}I(z)}{\mathrm{d}z} = -j\omega C U(z) \tag{4.2-4}$$

而

$$C = \varepsilon\frac{w}{d} \text{（F/m）} \tag{4.2-5}$$

为平行板传输线单位长度的电容。式（4.2-2）和式（4.2-4）**构成了相量 $U(z)$ 与 $I(z)$ 的传输线方程，也称为电报方程。** 对它们分别求导数后组合代换，可分别整理出关于两个独立物理量的二阶微分方程

$$\frac{\mathrm{d}^2 U(z)}{\mathrm{d}z^2} = -\omega^2 LC U(z) \tag{4.2-6a}$$

$$\frac{\mathrm{d}^2 I(z)}{\mathrm{d}z^2} = -\omega^2 LC I(z) \tag{4.2-6b}$$

注意：这里的电报方程是在忽略欧姆损耗的前提下得出的结论，双导体系统遵循的一般规律将在后面进行介绍。

对于沿正 z 方向传播的波，以上两式的解为

$$U(z) = U_0 e^{-j\beta z} \tag{4.2-7}$$

$$I(z) = I_0 e^{-j\beta z} \tag{4.2-8}$$

式中，相位常数

$$\beta = \omega\sqrt{LC} = \omega\sqrt{\mu\varepsilon} \tag{4.2-9}$$

式（4.2-9）考虑了式（4.2-3）和式（4.2-5）的结果。通过式（4.2-7）和式（4.2-8）可求出 U_0 和 I_0 的关系为

$$Z_0 = \frac{U(z)}{I(z)} = \frac{U_0}{I_0} = \sqrt{\frac{L}{C}} \tag{4.2-10a}$$

利用式（4.2-3）和式（4.2-5），式（4.2-10a）变为

$$Z_0 = \frac{d}{w}\sqrt{\frac{\mu}{\varepsilon}} = \frac{d}{w}\eta \tag{4.2-10b}$$

即传输线的特性阻抗。其中，η 为平行板间介质的本征阻抗，即

$$\eta = \sqrt{\frac{\mu}{\varepsilon}} \tag{4.2-10c}$$

可见，该平行板传输线的特性阻抗为本征阻抗的 d/w 倍。

4.2.2　平行板传输线中的电磁场

对于时谐场，在无源电介质区域，满足齐次亥姆霍兹方程 $\nabla^2 \overline{E} + k^2 \overline{E} = 0$，即

$$\left(\frac{\partial^2}{\partial x^2} + \frac{\partial^2}{\partial y^2} + \frac{\partial^2}{\partial z^2}\right)\overline{E}(x,y,z) + k^2\overline{E}(x,y,z) = 0 \tag{4.2-11}$$

对于 TEM 波，$E_z = H_z = 0$，两导体间的电场只可能有 x 和 y 两个分量，又考虑到平行板传输线在 z 方向上无限长，可令

$$\overline{E}(x,y,z) = \overline{e}(x,y)e^{-j\beta z} \tag{4.2-12}$$

式中，$\overline{e}(x,y)$ 为横向电场；$e^{-j\beta z}$ 是正 z 方向波的传播因子，β 为 z 向传播常数。在不考虑介质和导体损耗时，β 为实数，且等于自由空间中的传播常数 k，即

$$\beta = k = \omega\sqrt{\mu\varepsilon} \tag{4.2-13}$$

鉴于式（4.2-12）的形式，有 $\dfrac{\partial^2 \overline{E}}{\partial z^2} = -\beta^2 \overline{E}$。利用式（4.2-13），式（4.2-11）可化为

$$\left(\frac{\partial^2}{\partial x^2} + \frac{\partial^2}{\partial y^2}\right)\overline{E}(x,y,z) = 0 \tag{4.2-14a}$$

式中，$\dfrac{\partial^2}{\partial x^2} + \dfrac{\partial^2}{\partial y^2} = \nabla_t^2$。显然，式（4.2-14a）可简化为

$$\nabla_t^2 \overline{e}(x,y) = 0 \tag{4.2-14b}$$

它与二维拉普拉斯方程 $\nabla_t^2 \phi(x,y) = 0$ 具有相同形式的解，因此可以借助求解横截面上的二维场分布来求解 TEM 波传输线的场结构。

如图 4.2-1 所示，假设下板接地，上板电势为 V_0，两板间的电势函数及边界条件满足

$$\begin{cases} \nabla_t^2 \phi(x,y) = 0 \\ \phi(x,0) = 0 \\ \phi(x,d) = V_0 \end{cases}$$ （4.2-15）

若忽略边缘效应，则 x 方向上的电场无变化，解得

$$\phi(x,y) = V_0 y / d$$

因此

$$\overline{e}(x,y) = -\nabla\phi(x,y) = -\hat{y} V_0 / d$$

即

$$\overline{E}(x,y,z) = -\hat{y}\frac{V_0}{d}\mathrm{e}^{-\mathrm{j}\beta z}$$

故在 z 轴正方向上传播的 TEM 波的相量解可写为（令 $E_0 = -V_0/d$ ）

$$\overline{E} = \hat{y} E_y = \hat{y} E_0 \mathrm{e}^{-\mathrm{j}\beta z}$$ （4.2-16a）

利用方程 $\nabla \times \overline{E} = -\mathrm{j}\omega\mu\overline{H}$ ，可求得与之伴随的磁场为

$$\overline{H} = \hat{x} H_x = -\hat{x}\frac{E_0}{\eta}\mathrm{e}^{-\mathrm{j}\beta z}$$ （4.2-16b）

式中，η 为介质的本征阻抗，与式（4.2-10c）相同。

考虑到介质和理想导体界面的边界条件，在 $y=0$（下板）处，有

$$\hat{y}\cdot\overline{D} = \rho_{s_{\text{下}}} \rightarrow \rho_{s_{\text{下}}} = \varepsilon E_y = \varepsilon E_0 \mathrm{e}^{-\mathrm{j}\beta z}$$ （4.2-17a）

$$\hat{y}\times\overline{H} = \overline{J}_{s_{\text{下}}} \rightarrow \overline{J}_{s_{\text{下}}} = -\hat{z} H_x = \hat{z}\frac{E_0}{\eta}\mathrm{e}^{-\mathrm{j}\beta z}$$ （4.2-17b）

在 $y=d$（上板）处，有

$$-\hat{y}\cdot\overline{D} = \rho_{s_{\text{上}}} \rightarrow \rho_{s_{\text{上}}} = -\varepsilon E_y = -\varepsilon E_0 \mathrm{e}^{-\mathrm{j}\beta z}$$ （4.2-18a）

$$-\hat{y}\times\overline{H} = \overline{J}_{s_{\text{上}}} \rightarrow \overline{J}_{s_{\text{上}}} = \hat{z} H_x = -\hat{z}\frac{E_0}{\eta}\mathrm{e}^{-\mathrm{j}\beta z}$$ （4.2-18b）

式（4.2-16）～式（4.2-18）都是随时间满足简谐（$\mathrm{e}^{\mathrm{j}\omega t}$）变化的量，因此导体板上的面电荷和面电流沿 z 方向呈正弦分布，电场和磁场也一样按照正弦规律变化，如图 4.2-2 所示。

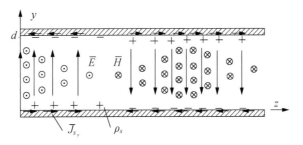

图 4.2-2 平行板传输线上的场分布、电荷分布和电流分布

以上分析表明，采用电路方法研究传输线可以比较容易得到阻抗特性等电路参数，而电磁场分析可以清晰地透视传输线横截面上的电磁场分布及纵向传输规律。因此，场路结合的分析方法在传输线研究中被普遍采用。平行板传输线的研究过程再次印证了电路与电磁场的统一性。

§4.3 双 导 线

4.3.1 传输线的集总电路模型

双导线是广泛应用于米波和短波频段的传输线。它与同轴线一样，也工作于 TEM 波，其横截面上的场分布与静态场的分布相同，因而可引进电容、电感、电导等电路参数，通常将它作为分布参数电路来分析。参看图 4.3-1（a），当信号通过这类传输线时，将产生如下分布参数效应：导线因电流流过而发热，表明导线具有分布电阻；导线周围有磁场，因而导线上存在分布电感；导线间存在漏电流，表明有分布电导；导线间有电压，从而形成电场，于是在导线间存在分布电容。因此，微分长度为 Δz 的一段双导线的等效电路如图 4.3-1（b）所示。它可用下面四个参数来描述。

（1）单位长度（两导体上）的电阻 R_1，Ω / m。

（2）单位长度（两导体上）的电感 L_1，H / m。

（3）单位长度（两导体间）的电导 G_1，S / m。

（4）单位长度（两导体间）的电容 C_1，F / m。

其中，R_1 和 L_1 为串联元件，G_1 和 C_1 为并联元件。在射频频段，传输线的长度可与信号波长相比拟或更长，因此传输线又称为长线，传输线理论又称为长线理论。与低频电路不同，传输中存在波动效应，必须按分布参数电路进行分析。

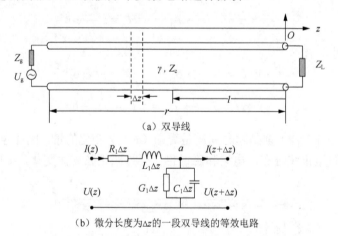

（a）双导线

（b）微分长度为 Δz 的一段双导线的等效电路

图 4.3-1　双导线与其微分长度的等效电路

在时谐情形下，设在 z 和 $z + \Delta z$ 处的（复）电压分别为 $U(z)$ 与 $U(z + \Delta z)$，（复）电流分别为 $I(z)$ 与 $I(z + \Delta z)$，由基尔霍夫电压定律可得

$$U(z) - R_1 \Delta z I(z) - \mathrm{j}\omega L_1 \Delta z I(z) - U(z + \Delta z) = 0$$

$$-\frac{U(z + \Delta z) - U(z)}{\Delta z} = R_1 I(z) + \mathrm{j}\omega L_1 I(z)$$

当 $\Delta z \to 0$ 时，上式可化为

$$-\frac{\mathrm{d}U(z)}{\mathrm{d}z} = (R_1 + \mathrm{j}\omega L_1) I(z) = Z I(z) \tag{4.3-1}$$

同理，对图 4.3-1（b）中的节点 a 应用基尔霍夫电流定律，得

$$I(z) - G_1 \Delta z U(z + \Delta z) - j\omega C_1 \Delta z U(z + \Delta z) - I(z + \Delta z) = 0$$

将上式除以 Δz，并令 $\Delta z \to 0$，化为

$$-\frac{\mathrm{d}I(z)}{\mathrm{d}z} = (G_1 + j\omega C_1)U(z) = YU(z) \tag{4.3-2}$$

式（4.3-1）和式（4.3-2）称为时谐传输线方程，也称为时谐长线方程，又称为时谐电报方程。

为求解 $U(z)$，对式（4.3-1）求导后将式（4.3-2）代入，得 $\dfrac{\mathrm{d}^2 U(z)}{\mathrm{d}z^2} = ZYU(z)$，即

$$\frac{\mathrm{d}^2 U(z)}{\mathrm{d}z^2} = \gamma^2 U(z) \tag{4.3-3}$$

式中

$$\gamma = \sqrt{ZY} = \sqrt{(R_1 + j\omega L_1)(G_1 + j\omega C_1)} = \alpha + j\beta \tag{4.3-4}$$

式中，γ 称为传播常数；α 为衰减常数（Np/m）；β 为相位常数（rad/m）。同理可得

$$\frac{\mathrm{d}^2 I(z)}{\mathrm{d}z^2} = \gamma^2 I(z) \tag{4.3-5}$$

式（4.3-3）和式（4.3-5）的解分别为

$$U(z) = U^+ \mathrm{e}^{-\gamma z} + U^- \mathrm{e}^{\gamma z} \tag{4.3-6a}$$

$$I(z) = I^+ \mathrm{e}^{-\gamma z} + I^- \mathrm{e}^{\gamma z} \tag{4.3-6b}$$

式中，U^+、I^+ 和 U^-、I^- 分别表示 $+z$ 方向的行波（入射波）与 $-z$ 方向的行波（反射波）在 $z=0$ 处的电压、电流复振幅（初始振幅）。

对于无限长传输线，含 γz 的指数项必须为零（不可能有无穷大量），因而不存在反射波，即

$$U(z) = U^+ \mathrm{e}^{-\gamma z} \tag{4.3-7a}$$

$$I(z) = I^+ \mathrm{e}^{-\gamma z} \tag{4.3-7b}$$

注意：图 4.3-1 中的 z 坐标原点位于负载端。由式（4.3-6a）可知，电源端（$z=-r$）和传输线上任意点（$z=-l$）的电压分别为 $U_i = U(z=-r) = U^+ \mathrm{e}^{\gamma r}$，$U_l = U(z=-l) = U^+ \mathrm{e}^{\gamma l} = U_i^+ \mathrm{e}^{-\gamma(r-l)}$。可见，由电源端传输 $r-l=b$ 距离后，电压振幅的变化为

$$\frac{|U_l|}{|U_i|} = \frac{|U(z=-l)|}{|U(z=-r)|} = \mathrm{e}^{-\alpha(r-l)} = \mathrm{e}^{-\alpha b} \tag{4.3-8a}$$

传输距离 b 后，实际传输功率的变化为

$$\frac{P_l}{P_i} - \frac{P(z=-l)}{P(z=-r)} = \frac{|U(z=-l)|^2}{|U(z=-r)|^2} = \mathrm{e}^{-2\alpha b} \tag{4.3-8b}$$

4.3.2 特性阻抗

根据式（4.3-1）的电流和电压的关系 $I(z) = -\dfrac{\mathrm{d}U(z)}{Z\mathrm{d}z}$，将式（4.3-6a）代入式（4.3-1）

并考虑式（4.3-4）的关系，可得

$$I(z) = \frac{\gamma}{Z}U^+ e^{-\gamma z} - \frac{\gamma}{Z}U^- e^{\gamma z}$$

比较上式和式（4.3-6b）可得 $I^+ = \frac{\gamma}{Z}U^+$ 和 $I^- = -\frac{\gamma}{Z}U^-$，因此

$$\frac{U^+}{I^+} = \frac{Z}{\gamma} = \sqrt{\frac{Z}{Y}} = Z_c \text{ 和 } \frac{U^-}{I^-} = -\frac{Z}{\gamma} = -\sqrt{\frac{Z}{Y}} = -Z_c \qquad (4.3\text{-}9)$$

正负号的出现完全是由于规定的电压、电流及 z 的正方向造成的，并不是出现了负阻抗。其中 Z_c 定义为传输线的特性阻抗，即

$$Z_c = \sqrt{\frac{R_1 + \mathrm{j}\omega L_1}{G_1 + \mathrm{j}\omega C_1}} = R_c + \mathrm{j}X_c \qquad (4.3\text{-}10)$$

γ 和 Z_c 是传输线的主要特性参数，下面讨论两种重要情形。

1. 无耗传输线

无耗传输线的分布电阻和电导忽略不计，即 $R_1 = 0$，$G_1 = 0$，此时，式（4.3-4）简化为

$$\gamma = \mathrm{j}\omega\sqrt{L_1 C_1}，\quad \alpha = 0，\quad \beta = \omega\sqrt{L_1 C_1} \qquad (4.3\text{-}11)$$

传输线的特性阻抗，即式（4.3-10）简化为

$$Z_c = \sqrt{\frac{L_1}{C_1}}，\quad R_c = \sqrt{\frac{L_1}{C_1}}，\quad X_c = 0 \qquad (4.3\text{-}12)$$

以电压波信号为例，线上行波解，即式（4.3-7a）可写成

$$U(z) = U^+ e^{-\mathrm{j}\beta z} \qquad (4.3\text{-}13a)$$

其瞬时表达式为

$$U(z,t) = \mathrm{Re}\left[U^+ e^{-\mathrm{j}\beta z} e^{\mathrm{j}\omega t}\right] = \left|U^+\right|\cos(\omega t - \beta z + \varphi) \qquad (4.3\text{-}13b)$$

假设初始相位 $\varphi=0$，则 $U(z,t) = \left|U^+\right|\cos(\omega t - \beta z)$，它既是时间的周期函数，又是空间的周期函数。该信号的时间相位项是 ωt、空间相位项是 βz。我们知道，时间相位变化 2π 意味着信号在时域中运动了一个周期，记为 $\omega T = 2\pi$，这里

$$T = \frac{2\pi}{\omega} \qquad (4.3\text{-}14)$$

称为信号周期。

按照相同的理念，空间相位变化 2π 意味着信号在空域中运动了一个周期，而一个周期运动的距离是一个波长（λ），因此有 $\beta\lambda = 2\pi$，即

$$\beta = \frac{2\pi}{\lambda} \qquad (4.3\text{-}15)$$

而电压波的整体相位要按照关系 $\omega t - \beta z$ 变化，当其等于常数，即 $\omega t - \beta z =$const. 时，代表某时刻波的等相位面。我们知道，等相位面的移动速度实际上是信号的传播速度，因此由 $\omega \mathrm{d}t - \beta \mathrm{d}z = 0$ 可得电压波的相速为

$$v_p = \frac{\mathrm{d}z}{\mathrm{d}t} = \frac{\omega}{\beta} = \frac{1}{\sqrt{L_1 C_1}} \qquad (4.3\text{-}16)$$

式（4.3-16）利用了式（4.3-11）。

2. 低耗传输线

当 $R_1 \ll \omega L_1$，$G_1 \ll \omega C_1$ 时，式（4.3-4）简化为

$$\gamma = \alpha + \mathrm{j}\beta \simeq \frac{1}{2}\left(R_1\sqrt{\frac{C_1}{L_1}} + G_1\sqrt{\frac{L_1}{C_1}}\right) + \mathrm{j}\omega\sqrt{L_1 C_1} \tag{4.3-17}$$

式中，相位常数 $\beta = \omega\sqrt{L_1 C_1}$，与无耗情形相同。因此，传输线上的相速与无耗情形也相同，即

$$v_{\mathrm{p}} = \frac{\omega}{\beta} = \frac{1}{\sqrt{L_1 C_1}} \tag{4.3-18}$$

此时的特性阻抗，即式（4.3-10）简化为

$$Z_{\mathrm{c}} = \sqrt{\frac{L_1}{C_1}}\left(1 + \frac{R_1}{\mathrm{j}\omega L_1}\right)^{1/2}\left(1 + \frac{G_1}{\mathrm{j}\omega C_1}\right)^{-1/2} \approx \sqrt{\frac{L_1}{C_1}}\left[1 + \frac{1}{2\mathrm{j}\omega}\left(\frac{R_1}{L_1} - \frac{G_1}{C_1}\right)\right] \tag{4.3-19a}$$

考虑到 $R_1 \ll \omega L_1$，$G_1 \ll \omega C_1$，虚部可进一步近似，结果为

$$Z_{\mathrm{c}} = \sqrt{\frac{L_1}{C_1}}, \quad R_{\mathrm{c}} \approx \sqrt{\frac{L_1}{C_1}}, \quad X_{\mathrm{c}} \approx 0 \tag{4.3-19b}$$

结果与无耗传输线的特性阻抗，即式（4.3-12）相同。

由上可见，低耗传输线与无耗传输线的特性相近，近似地也具有恒定的相速和恒定的实特性阻抗；衰减常数不为零，是恒定的。这是很有意义的，因为信号通常由许多频率分量组成，只有在不同的频率分量都以相同的速度沿传输线传播，同时沿线传播的衰减也相同时，才能实现信号无失真地传播。

对于双导线和同轴线，将以上式中的四个参数 L_1、C_1、R_1 和 G_1 总结在表 4.3-1 中。其中，式（4.3-20）和式（4.3-21）是无耗时的特性阻抗 Z_{c}。这里式（4.3-20）已考虑到双导线都架设于空气中，取 $\varepsilon_{\mathrm{r}} = 1$。

表 4.3-1　双导线和同轴线的分布参数

双导线	同轴线
$C_1 = \dfrac{\pi\varepsilon}{\ln(d/a)}$	$C_1 = \dfrac{2\pi\varepsilon}{\ln(b/a)}$
$L_1 = \dfrac{\mu}{\pi}\ln\dfrac{d}{a}$	$L_1 = \dfrac{\mu}{2\pi}\ln\dfrac{b}{a}$
$G_1 = \dfrac{\sigma}{\varepsilon}C_1 = \dfrac{\pi\sigma}{\ln(d/a)}$	$G_1 = \dfrac{\sigma}{\varepsilon}C_1 = \dfrac{2\pi\sigma}{\ln(b/a)}$
$R_1 = 2\left(\dfrac{R_{\mathrm{s}}}{2\pi a}\right) = \dfrac{1}{\pi a}\sqrt{\dfrac{\pi f \mu_{\mathrm{c}}}{\sigma_{\mathrm{c}}}}$	$R_1 = \dfrac{R_{\mathrm{s}}}{2\pi a} + \dfrac{R_{\mathrm{s}}}{2\pi b} = \sqrt{\dfrac{f\mu_{\mathrm{c}}}{4\pi\sigma_{\mathrm{c}}}}\left(\dfrac{1}{a} + \dfrac{1}{b}\right)$
$Z_{\mathrm{c}} = 120\ln\dfrac{d}{a}$ (4.3-20)	$Z_{\mathrm{c}} = \dfrac{60}{\sqrt{\varepsilon_{\mathrm{r}}}}\ln\dfrac{b}{a}$ (4.3-21)

工作于 2GHz 的铜制同轴线的参数为 $b=2\mathrm{cm}$，$a=0.8\mathrm{cm}$，中间介质 $\varepsilon_{\mathrm{r}} = 2.5$，$\sigma = 10^{-8}\,\mathrm{S/m}$。

由表 4.3-1 求得此同轴线的分布参数为 $L_1 \approx 1.83 \times 10^{-7}$ H/m，$C_1 \approx 0.15 \times 10^{-9}$ F/m，$R_1 \approx 0.32 \times 10^{-2}$ Ω/m 和 $G_1 = 6.8 \times 10^{-8}$ S/m，特性阻抗为 $Z_c = 35$Ω。并且得 $\omega L_1 \approx 2.3 \times 10^3$ Ω/m 和 $\omega C_1 \approx 1.89$S/m。可见，有 $R_1 \ll \omega L_1$，$G_1 \ll \omega C_1$。

例 4.3-1 由半径为 $a = 1.5$cm 的导线构成的双线传输线的特性阻抗为300Ω，架于空气中，衰减常数为 0.02dB/m，试求：①双导线的间距 d；②双导线单位长度的电导、电阻、电容和电感；③波的传播速度；④当波传播 100m 和 1km 后，传输功率减小到百分之几？

解： ①这是低耗传输线，已给定 $Z_c = 300$Ω，特性阻抗可按式（4.3-20）来确定，从而得

$$\ln \frac{d}{a} = \frac{300}{120} = 2.5$$

$$\frac{d}{a} = e^{2.5} \approx 12.18$$

将 $a = 1.5$cm 代入，得 $d \approx 18.27$ cm。

②由表 4.3-1 求得

$$C_1 = \frac{\pi \varepsilon_0}{\ln(d/a)} \approx \frac{\pi \frac{1}{36\pi} \times 10^{-9}}{2.5} \text{ F/m} \approx 11.1 \times 10^{-12} \text{ F/m}$$

$$L_1 = \frac{\mu_0}{\pi} \ln \frac{d}{a} = \frac{4\pi \times 10^{-7}}{\pi} \times 2.5 \text{H/m} = 1 \times 10^{-6} \text{ H/m}$$

由于此双线传输线的特性阻抗为实数，所以由式（4.3-19a）可得

$$\frac{R_1}{L_1} - \frac{G_1}{C_1} = 0$$

因此

$$G_1 = \sqrt{\frac{C_1}{L_1}} = \frac{1}{300} \text{S/m} \approx 3.33 \times 10^{-3} \text{S/m}$$

$$R_1 = \frac{1}{G_1} \approx 300 \text{Ω/m}$$

③ 由式（4.3-18）可得

$$v_p = \frac{\omega}{\beta} = \frac{1}{\sqrt{L_1 C_1}} = 3 \times 10^8 \text{ m/s}$$

④ 由式（4.3-8b）可得

$$P_l / P_i = e^{-2\alpha b}$$

$$\alpha = 0.02\text{dB/m} = 0.02 \times \frac{1}{8.686} \text{Np/m} \approx 0.0023 \text{Np/m}$$

当波传播 $b = 100$m 后，有

$$P_l / P_i = e^{-2 \times 0.0023 \times 100} = e^{-0.46} \approx 63.13\%$$

即功率衰减到原来的 63.13%。

当波传播 $b = 1$km 后，有

$$P_l / P_i = e^{-2 \times 0.0023 \times 1000} = e^{-4.6} \approx 1\%$$

即功率衰减到原来的 1%。

§4.4　端接负载的无耗传输线

本节研究实际应用的端接负载的传输线（长线）问题。在大多数情形下，传输线的损耗可以忽略，即可看成是无耗的。这里只研究无耗的情形。这些分析可直接应用于双导线和同轴线，原理上也适用于其他射频传输线。例如，微波波导中可基于反射系数引入等效的归一化输入阻抗等参数。

4.4.1　长线上的信号与输入阻抗

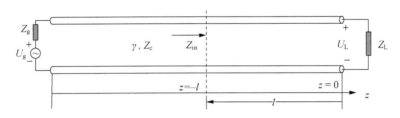

图 4.4-1　端接负载的无耗传输线

考察终端接任意负载阻抗的有限长无耗传输线情形。如图 4.4-1 所示，在传输线上的 $z=0$ 处，应有式（4.3-6）成立，并有

$$Z_c = \frac{U^+}{I^+} = -\frac{U^-}{I^-} \tag{4.4-1}$$

对于无耗传输线，$\gamma = j\beta$，从而在 z 处有

$$U(z) = U^+ e^{-j\beta z} + U^- e^{j\beta z} \tag{4.4-2a}$$

$$I(z) = I^+ e^{-j\beta z} + I^- e^{j\beta z} \tag{4.4-2b}$$

在负载端（$z=0$），由式（4.4-1）和式（4.4-2）求得

$$U_L = U^+ + U^-$$

$$I_L = I^+ + I^- = \frac{U^+}{Z_c} - \frac{U^-}{Z_c}$$

以上两式相除，得负载阻抗为

$$Z_L = \frac{U_L}{I_L} = Z_c \frac{U^+ + U^-}{U^+ - U^-}$$

在负载端（$z=0$），反射波和入射波的电压复振幅之比称为终端的电压反射系数：

$$\Gamma_0 = \frac{U^-}{U^+} = |\Gamma_0| e^{j\phi} \tag{4.4-3}$$

将其代入求负载阻抗的公式可知

$$Z_L = Z_c \frac{1 + \Gamma_0}{1 - \Gamma_0} \tag{4.4-4}$$

$$\Gamma_0 = \frac{Z_L - Z_c}{Z_L + Z_c} \tag{4.4-5}$$

并有

$$\Gamma_0 = -\frac{I^-}{I^+} \tag{4.4-6}$$

可见，负载端的反射波与入射波的电流复振幅之比即终端电流反射系数，等于 $-\Gamma_0$。

在离负载端 l 距离（$z = -l$）处，式（4.4-2a）和式（4.4-2b）可化为

$$U_l = U^+ \left[e^{j\beta l} + \Gamma_0 e^{-j\beta l} \right] \tag{4.4-7a}$$

$$I_l = \frac{U^+}{Z_c} \left[e^{j\beta l} - \Gamma_0 e^{-j\beta l} \right] \tag{4.4-7b}$$

或

$$U_l = U^+ e^{j\beta l} \left[1 + |\Gamma_0| e^{j(\phi_L - 2\beta l)} \right] \tag{4.4-7c}$$

$$I_l = \frac{U^+}{Z_c} e^{j\beta l} \left[1 - |\Gamma_0| e^{j(\phi_L - 2\beta l)} \right] \tag{4.4-7d}$$

我们知道，式（4.4-7a）的两项 $U^+ e^{j\beta l}$ 和 $U^+ \Gamma_0 e^{-j\beta l}$ 分别表示入射波与反射波，那么，可以求得传输线上任意一点的反射系数，即

$$\Gamma(l) = |\Gamma_0| e^{j(\phi_L - 2\beta l)} \tag{4.4-8}$$

将式（4.4-7a）和式（4.4-7b）相除，或者将式（4.4-7c）和式（4.4-7d）相除，便求得 $z = -l$ 处的等效阻抗 Z_l，它也就是在 $z = -l$ 处向负载看去的输入阻抗：

$$Z_{in} = Z_l = \frac{U_l}{I_l} = Z_c \frac{e^{j\beta l} + \Gamma_0 e^{-j\beta l}}{e^{j\beta l} - \Gamma_0 e^{-j\beta l}}$$

或

$$Z_{in} = Z_l = Z_c \frac{1 + \Gamma_0 e^{-j2\beta l}}{1 - \Gamma_0 e^{-j2\beta l}} \tag{4.4-9a}$$

把式（4.4-9a）中的 Γ_0 用式（4.4-5）代入，并利用三角函数与指数函数的关系式 $\sin x = (e^{jx} - e^{-jx})/2j$ 和 $\cos x = (e^{jx} + e^{-jx})/2$，可求得在 $z = -l$ 处向负载看去的输入阻抗（传输线上任意一点的输入阻抗）的下述重要表达式：

$$Z_{in} = Z_c \frac{Z_L + jZ_c \tan \beta l}{Z_c + jZ_L \tan \beta l} \tag{4.4-9b}$$

4.4.2 几种典型情形

下面来考察传输线接几种典型负载的情形。

1. 匹配负载（$Z_L = Z_c$）

由式（4.4-5）可知此时 $\Gamma = 0$；由式（4.4-9a）可知，$Z_{in} = Z_c$。由于无反射波项，所以此时其电压和电流分布与传输线无限长时相同，只有入射波分量：

$$U_l = U^+ e^{j\beta l} \tag{4.4-10a}$$

$$I_l = \frac{U^+}{Z_c} e^{j\beta l} \tag{4.4-10b}$$

这种工作状态称为**匹配状态**。电压波的瞬时表达式为

$$U_l(l,t) = \text{Re}\left[U^+ e^{j\beta l} e^{j\omega t}\right] = |U^+|\cos(\omega t + \beta l + \varphi) \qquad (4.4\text{-}11)$$

当处于匹配状态时，传输线上传输简谐行波。

2. 短路传输线（$Z_L = 0$）

由式（4.4-5）可得此时 $\Gamma = -1$。因此，式（4.4-7a）和式（4.4-7b）化为

$$U_l = j2U^+ \sin\beta l \qquad (4.4\text{-}12a)$$

$$I_l = \frac{2U^+}{Z_c}\cos\beta l \qquad (4.4\text{-}12b)$$

电压波的瞬时表达式为

$$U_l(l,t) = \text{Re}\left[j2U^+ \sin(\beta l) e^{j\omega t}\right] = |2U^+|\sin(\omega t + \varphi)\sin\beta l \qquad (4.4\text{-}12c)$$

对于式（4.4-12c），当 $\sin\beta l = 0$ 时，信号有不变的零点位置，不同时刻的幅值不同，按照简谐规律变化。

事实上，短路传输线上的电压和电流都为驻波，其变化规律如图 4.4-2（a）所示。由于传输线上的电压和电流都是入射波及与之等幅的反射波的叠加结果，所以信号最大点（波腹）是同相相加的结果，信号最小点（波节）是反相相消的结果。在电压波节处，电压最小且 $|U|_{\min} = 0$，电压取零点的位置为 $d = n\lambda/2$，$n = 0,1,2,3,\cdots$；电流与电压在相位上相差 $90°$，即电压波节处的电流最大，且 $|I|_{\max} = 2|I^+|$。在电流波节处，电流最小且 $|I|_{\min} = 0$，电流取零点的位置与电压取零点的位置相距 $\lambda/4$，满足 $d = (2n+1)\lambda/4$，$n = 0,1,2,3,\cdots$；电流波节处的电压最大，且 $|U|_{\max} = 2|U^+|$。

式（4.4-12a）和式（4.4-12b）相除，得传输线上任意点的输入阻抗为

$$Z_{\text{in}} = jX_{\text{in}} = jZ_c \tan\beta l \qquad (4.4\text{-}13)$$

式中，X_{in} 随 l 的变化关系（输入阻抗分布）如图 4.4-2（b）所示。

可以看出，在终端（$z=0$）处，输入阻抗等于零，电流最大，这个性质类似于串联 LC 谐振电路；当 $0 < l < \lambda/4$，且 X_{in} 为正值时，输入阻抗呈感性；而当 $\lambda/4 < l < \lambda/2$ 且 X_{in} 为负值时，输入阻抗呈容性；当 $l = \lambda/4$ 时，输入阻抗为 $\pm j\infty$（实际上是开路），电压最大，这个性质类似于并联 LC 谐振电路。图 4.4-2（c）给出了不同长度的传输线阻抗特性对应的等效电路。

3. 开路传输线（$Z_L = \infty$）

由式（4.4-5）得此时 $\Gamma = 1$。式（4.4-7a）和式（4.4-7b）化为

$$U_l = 2U^+ \cos\beta l \qquad (4.4\text{-}14a)$$

$$I_l = j\frac{2U^+}{Z_c}\sin\beta l \qquad (4.4\text{-}14b)$$

电压的瞬时表达式为

$$U_l(l,t) = \text{Re}\left[2U^+ \cos(\beta l) e^{j\omega t}\right] = |2U^+|\cos(\omega t + \varphi)\cos\beta l \qquad (4.4\text{-}14c)$$

对于式（4.4-14c），当 $\cos\beta l = 0$ 时，信号有不变的零点位置，不同时刻的幅值不同，按照简谐规律变化。传输线上的电压和电流都为驻波分布。此时，短路与开路传输线［见图 4.4-2（d）］上的电压、电流幅度分布与 X_{in} 随 l 的变化曲线均与端接短路线时相同，只是

坐标系右移了 $\lambda/4$。

此时，输入阻抗为

$$Z_{in} = jX_{in} = -jZ_c \cot \beta l \qquad (4.4\text{-}15)$$

可见，当 $0 < l < \lambda/4$ 时，输入阻抗呈容性，这与短路线的感性恰好相反；而当 $\lambda/4 < l < \lambda/2$ 时，输入阻抗呈感性；当 $l = \lambda/4$ 时，输入阻抗为零，相当于短路。这种开路传输线在短波时可用来实现无限大的负载阻抗；但是随着频率的升高，开路端的辐射和邻近耦合将变得严重。

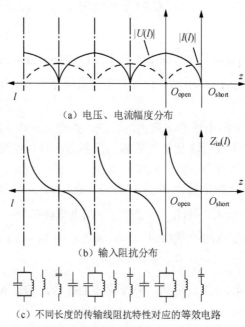

（a）电压、电流幅度分布

（b）输入阻抗分布

（c）不同长度的传输线阻抗特性对应的等效电路

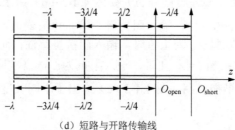

（d）短路与开路传输线

图 4.4-2　短路与开路传输线特性曲线

4．电阻性终端（$Z_L = R_L$）

当 $Z_L = R_L$ 时，式（4.4-5）可化为

$$\Gamma = \frac{R_L - Z_c}{R_L + Z_c} = \pm|\Gamma|$$

此时，电压反射系数为纯实数，有两种情形：$R_L > Z_c$ 与 $R_L < Z_c$。

（1）$R_L > Z_c$：Γ 为正实数，$\phi_L = 0$。

传输线上的电压和电流分布可由式（4.4-7c）和式（4.4-7d）得出，传输线上形成行驻波分布，如图 4.4-3（a）所示。电压波腹处的最大值 $|U|_{\max}$ 发生于

$$\varphi - 2\beta l = -2n\pi, \quad n = 0,1,2,\cdots \tag{4.4-16a}$$

负载处（$n = 0$）为电压波腹（电流波节）；其他电压波腹（电流波节）依次出现在 $2\beta l = 2n\pi$，即 $l = n\lambda/2$（$n = 1,2,\cdots$）处。

电压波节处的最小值 $|U|_{min}$ 发生于

$$\varphi - 2\beta l = -(2n+1)\pi, \quad n = 0,1,2,\cdots \tag{4.4-16b}$$

电压波节（电流波腹）依次出现在 $2\beta l = (2n+1)\pi$，即 $l = (2n+1)\lambda/4$（$n = 0,1,2,\cdots$）处。

（2）$R_L < Z_c$：Γ 为负实数，$\phi_L = -\pi$。

由式（4.4-16b）可知，负载处（$n = 0$）为电压波节（电流波腹），相隔 $\lambda/2$ 依次出现电压波节（电流波腹）。而在 $l = (2n+1)\lambda/4$（$n = 0,1,2,\cdots$）处，则依次出现电压波腹（电流波节），如图 4.4-3（b）所示。

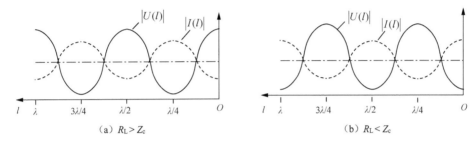

图 4.4-3 接电阻性终端的传输线特性曲线

在传输线上传输行驻波时，负载能够从入射波中获取一部分能量，也会以反射波的形式反射一部分能量。根据式（4.4-7c）和式（4.4-7d），结合式（4.4-8）可以看出，传输线上的信号最大值和最小值为

$$|U|_{max} = |U^+|(1 + |\Gamma|)$$

$$|U|_{min} = |U^+|(1 - |\Gamma|)$$

下面定义传输线上最大电压与最小电压之比为电压驻波比（**Voltage Standing Wave Ratio，VSWR** 或 ρ），用来反映传输线上驻波成分的相对大小。由上可知

$$\rho = \frac{|U|_{max}}{|U|_{min}} = \frac{1 + |\Gamma|}{1 - |\Gamma|} \tag{4.4-17a}$$

其逆关系为

$$|\Gamma| = \frac{\rho - 1}{\rho + 1} \tag{4.4-17b}$$

此时，可以求出电压波腹处和波节处分别对应的输入阻抗（纯电阻），即

$$R_{in}^{max} = \frac{|U|_{max}}{|I|_{min}} = Z_c \frac{1 + |\Gamma|}{1 - |\Gamma|} = Z_c \rho \tag{4.4-18a}$$

$$R_{in}^{min} = \frac{|U|_{min}}{|I|_{max}} = Z_c \frac{1 - |\Gamma|}{1 + |\Gamma|} = \frac{Z_c}{\rho} \tag{4.4-18b}$$

也就是说，电压波腹处的输入阻抗最大，电压波节处的输入阻抗最小，而且成周期性变化，每隔 $\lambda/4$，阻抗性质（与特性阻抗的大小关系）变换一次；每隔 $\lambda/2$，阻抗值重复一次。

有时也用回波损耗（Return Loss）作为反映传输线工作状态的衡量指标：

$$RL = -20\lg|\Gamma|\,\mathrm{dB} \qquad (4.4\text{-}19)$$

通过式（4.4-19）可知，**传输线纯行波工作状态的条件是反射系数等于零。这就是所谓的阻抗匹配。可见，回波损耗越大（反射系数越小），阻抗匹配越好。**

下面讨论两种特殊长度的传输线。

（1）半波长传输线。

当 $l = \lambda/2$ 时，由于 $\beta l = \pi$，$\tan\beta l = 0$，所以式（4.4-9b）化为 $Z_{\mathrm{in}} = Z_L$。可见，负载阻抗经 $\lambda/2$ 线段变换到输入端后，如同直接接此阻抗（注意：这里的前提是传输线本身无耗）。可见，传输线输入阻抗具有半波长变化的周期性。

（2）四分之一波长（$\lambda/4$）阻抗变换器。

对于电阻负载 $Z_L = R_L$，为实现与特性阻抗为 Z_c 的传输线的匹配，一种最简单的匹配方法是插入一段 $\lambda/4$ 阻抗变换器，如图 4.4-4 所示，设其特性阻抗为 Z'_c，当 $l = \lambda/4$ 时，由于 $\beta l = \dfrac{\pi}{2}$，$\tan\beta l \to \infty$，所以式（4.4-9b）化为

$$Z_{\mathrm{in}} = \frac{Z'^2_c}{Z_L} \qquad (4.4\text{-}20a)$$

若令 $Z_{\mathrm{in}} = Z_c$，即要求

$$Z'_c = \sqrt{Z_c Z_L} \qquad (4.4\text{-}20b)$$

则该 $\lambda/4$ 线段输入端将与传输线（主馈线）相匹配。

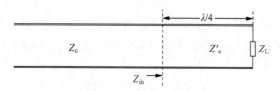

图 4.4-4　$\lambda/4$ 阻抗变换器

例如，若与电源端相接的主馈线的特性阻抗为 $Z_c = 50\,\Omega$，而实际负载阻抗为 $Z_L = 98\,\Omega$，则为实现匹配，可在负载前先接一段 $\lambda/4$ 线段，其特性阻抗为 $Z'_c = \sqrt{50 \times 98}\,\Omega = \sqrt{4900}\,\Omega = 70\,\Omega$。

这样，该传输线的输入阻抗就是 $50\,\Omega$，实现了与 $50\,\Omega$ 的主馈线的匹配。因此，这 $\lambda/4$ 线段又称为 $\lambda/4$ 阻抗变换器。由于长度与波长有关，所以这种方法的效果与频率有关，是窄频带的。关于宽带阻抗匹配器，将在微波技术课程中学习。

例 4.4-1 如图 4.4-5 所示，无耗传输线的特性阻抗 $Z_c = 105\,\Omega$，负载阻抗 $Z_L = (45 + \mathrm{j}30\sqrt{3})\,\Omega$，利用 $\lambda/4$ 阻抗变换器实现匹配，试求：①变换器与负载之间连线上的驻波比 ρ，②在电压波腹处进行匹配时连线的长度 l（以线上波长 λ 计）；③变换器的特性阻抗 Z_{c1}；④变换器上的驻波比 ρ'。

解： ①先求终端反射系数：

$$\Gamma_0 = \frac{Z_L - Z_c}{Z_L + Z_c} = \frac{45 + \mathrm{j}30\sqrt{3} - 105}{45 + \mathrm{j}30\sqrt{3} + 105} = \frac{1}{2}\mathrm{e}^{\mathrm{j}120^\circ}$$

因此

$$\rho = \frac{1+|\Gamma_0|}{1-|\Gamma_0|} = \frac{1+0.5}{1-0.5} = 3$$

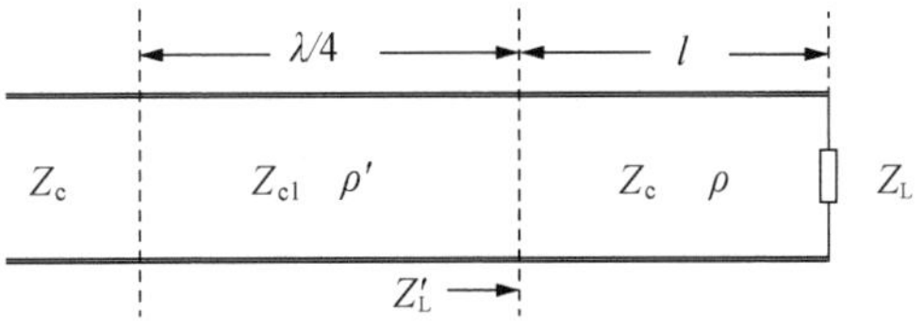

图 4.4-5 例 4.4-1 图

② 因为 $\Gamma(z) = |\Gamma_0|e^{j(\phi_L - 2\beta z)} = 0.5e^{j(120°-2\beta z)}$，而在电压波腹处有 $120° - 2\beta z = 0$ 的关系，因此有

$$z_1' = \frac{120°}{720°}\lambda = \frac{\lambda}{6} \qquad 即 \qquad l = \frac{\lambda}{6}$$

③ 根据式（4.4-18a）可知，接入处的输入阻抗为

$$Z_L' = Z_c \rho = 105 \times 3\Omega = 315\Omega$$

因此根据式（4.4-20b）可得变换器的特性阻抗为

$$Z_{c1} = \sqrt{Z_c Z_L'} = Z_c \sqrt{\rho} = 105\sqrt{3}\Omega$$

④ 在第二个端面处是电压波节，利用式（4.4-18b）可得

$$Z_c = Z_{c1}/\rho'$$

因此变换器上的驻波比为

$$\rho' = \sqrt{3}$$

例 **4.4-2** 一特性阻抗为 50Ω 的无耗空气双导线长 $r = 3.5\text{m}$，端接负载阻抗 $Z_{in} = Z_L = (55+j15)\Omega$，射频信号源的电压为 $U_g = 20\text{V}$，内阻为 50Ω，频率为 100MHz，试求：① 输入端的输入阻抗；② 传输线的终端电压反射系数和电压驻波比；③ 输入端的电压振幅；④ 负载端的电压振幅和负载端接收的平均功率。

解：① $\lambda = c/f = \frac{3\times10^8}{100\times10^6}\text{m} = 3\text{m}$，$\beta r = \frac{2\pi}{3}\times3.5 \approx 2.333\pi \approx 420°$，由式（4.4-9b）可得

$$Z_{in} = 50 \times \frac{55 + j15 + j50\tan420°}{50 + j(55+j15)\tan420°} \approx 50 \times \frac{55+j101.6}{24+j95.3} \approx 58.7\angle-14.3° \approx (56.9-j4.5)\Omega$$

② $\Gamma_0 = \frac{Z_L - Z_c}{Z_L + Z_c} = \frac{55+j15-50}{55+j15+50} = \frac{5+j15}{105+j15} \approx \frac{15.8\angle71.6°}{106.1\angle8.1°} \approx 0.149\angle63.5°$，$\rho = \frac{1+|\Gamma_0|}{1-|\Gamma_0|} = \frac{1+0.149}{1-0.149} \approx 1.35$。

③ $|U_i| = \left|\frac{U_g Z_{in}}{Z_{in}+R_g}\right| = \left|\frac{20\times58.7}{56.9-j14.5+50}\right|\text{V} \approx \left|\frac{20\times58.7}{107.9}\right|\text{V} \approx 10.9\text{V}$。

④ $|U_L| = |U(z=0)| = |U^+||1+\Gamma| = 10|1+0.149\angle63.5°|\text{V} \approx 10.7\text{V}$，$P_{av} = \frac{1}{2}\left|\frac{U_L}{Z_L}\right|^2 \times R_L = \frac{1}{2}\times\frac{10.7^2}{3250}\times55\text{W} \approx 0.97\text{W}$。

§4.5 史密斯圆图与阻抗匹配

4.5.1 史密斯圆图

史密斯（Phillip Hagar Smith, 1905—1987，美）圆图[1]是一种计算辅助图形，是射频工程师必不可少的辅助工具之一。它是在 1939 年由史密斯在贝尔实验室工作时开发的。在没有计算机的年代，史密斯圆图作为快速简便的计算工具发挥了重要作用。在科学计算和计算机功能强大的今天，图形求解法在现代工程中是不是没有地位了呢？事实上，史密斯圆图不仅是一种图形技术，还是众多流行的 CAD 软件和检测设备的组成部分，提供了使传输线可视化的重要方法。若读者学会用史密斯圆图，则可在求解传输线问题及阻抗匹配设计时提高直观想象力。因此，无论是从学习角度还是从教学角度来讲，史密斯圆图都是重要的。

1. 阻抗图的构建

史密斯圆图由三种圆构成，分别是等反射系数圆、等电阻圆和等电抗圆，辅助以传输线长度标注的刻度构成圆图的完整结构。在史密斯圆图中，采用归一化阻抗参数。归一化电阻和电抗标注在反射系数 $\Gamma = |\Gamma|e^{j\phi}$ 的极坐标平面上。由于 $|\Gamma| \leqslant 1$，全图绘制在单位圆内，因而称为圆图。

为了解如何构建无耗传输线的史密斯圆图，可从反射系数的关系式（4.4-5）出发进行推导。先将负载阻抗 Z_L 对特性阻抗 Z_c 进行归一化，有

$$z_L = \frac{Z_L}{Z_c} = \frac{R_L}{Z_c} + j\frac{X_L}{Z_c} = r + jx \tag{4.5-1}$$

式中，r 和 x 分别为归一化电阻和归一化电抗。于是，式（4.4-5）可写为

$$\Gamma = \frac{z_L - 1}{z_L + 1} = \Gamma_r + j\Gamma_i \tag{4.5-2}$$

其逆关系为

$$z_L = \frac{1+\Gamma}{1-\Gamma} = \frac{1 + \Gamma_r + j\Gamma_i}{1 - \Gamma_r - j\Gamma_i} = \frac{1 - \Gamma_r^2 - \Gamma_i^2 + j2\Gamma_i}{(1-\Gamma_r)^2 + \Gamma_i^2} \tag{4.5-3}$$

从而得

$$r = \frac{1 - \Gamma_r^2 - \Gamma_i^2}{(1-\Gamma_r)^2 + \Gamma_i^2} \qquad x = \frac{2\Gamma_i}{(1-\Gamma_r)^2 + \Gamma_i^2}$$

通过代数运算可将以上两式整理为

$$\left(\Gamma_r - \frac{r}{r+1}\right)^2 + \Gamma_i^2 = \left(\frac{1}{r+1}\right)^2 \tag{4.5-4}$$

$$(\Gamma_r - 1)^2 + \left(\Gamma_i - \frac{1}{x}\right)^2 = \left(\frac{1}{x}\right)^2 \tag{4.5-5}$$

在 Γ_r-Γ_i 平面上，式（4.5-4）是圆心为 $\left(\dfrac{r}{r+1},\ 0\right)$、半径为 $\dfrac{1}{r+1}$ 的圆，不同的 r 值对应

---

[1]源自 Smith P H.Transmission Line Calculator[J].Electronics, 1939,12(1): 29-31.

不同的圆，即**等电阻圆**，如图 4.5-1 中的实线圆所示。等电阻圆的特点如下。

（1）当 $r=0$ 时，是圆心为原点的最大圆，其半径为单位值 1（纯电抗终端的反射系数为 1），称该单位圆为纯电抗圆。

（2）$r=1$，圆心位于 $(1,0)$ 处，半径为 0.5。

（3）$r=\infty$，此时 $\Gamma=1+\mathrm{j}0$，圆心位于 $(1,0)$ 处，半径为 0——退化为开路点。

（4）当 r 由 0 增加到 ∞ 时，是一个一个的内切圆，半径逐渐变小，由 1 缩至 0，但都经过点 $(1,0)$，且圆心都在 Γ_r 轴上。

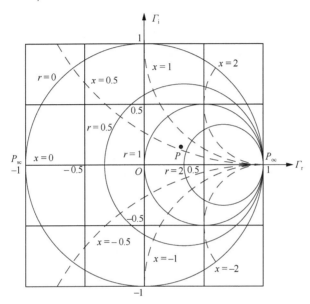

图 4.5-1　直角坐标系中的史密斯圆图

在 Γ_r-Γ_i 平面上，式（4.5-5）是圆心为 $\left(1,\dfrac{1}{x}\right)$、半径为 $1/|x|$ 的圆，不同的 x 值对应不同的圆，即**等电抗圆**，如图 4.5-1 中的虚线所示。等电抗圆的特点如下。

（1）$x=0$，圆的半径无限大，退化为实轴（Γ_r 轴），故称实轴为纯电阻线。

（2）$x=1$，圆心位于 $(1,1)$ 处，半径为 1，该圆位于第一象限。

（3）$x=-1$，圆心位于 $(1,-1)$ 处，半径为 1，该圆在 Γ_r 轴下方，位于第四象限。

（4）$x=\pm\infty$，退化为 $(1,0)$ 处的点——开路点。

（5）$x>0$（呈感性）的圆位于 Γ_r 轴上方，而 $x<0$（呈容性）的圆则在 Γ_r 轴下方；$|x|$ 由 0 增至 ∞，圆逐渐变小，直至退化为开路点 $(1,0)$。

上述两组圆的交点代表归一化负载阻抗 $z_\mathrm{L}=r+\mathrm{j}x$，对应的真实阻抗值为 $Z_\mathrm{L}=Z_\mathrm{c}(r+\mathrm{j}x)$。以圆中的 P 点为例，它是 $r=1.7$ 的圆与 $x=0.6$ 的圆的交点，因此它表示 $z_\mathrm{L}=1.7+\mathrm{j}0.6$。当然，也可读出其 Γ_r 和 Γ_i 值。但是，通常更关心的是 $|\Gamma|$ 值，为此可采用极坐标系，如图 4.5-2 所示，几个虚线圆表示不同 $|\Gamma|$ 值的同心圆，即**等反射系数圆**。Γ 的相角 ϕ 标记在 $|\Gamma|=1$ 的圆周上。

等反射系数圆的特点如下。

（1）所有 $|\Gamma|$ 圆的圆心都为坐标原点，其半径由 0 均匀变化至 1。

（2）连接原点与 z_L 点的直线与 $|\Gamma|=1$ 的圆的交点的刻度（原点到该交点连线与正实轴的夹角）等于 ϕ。

（3）$|\Gamma|$ 圆与正实轴的交点代表 $r>1$、$x<0$ 的点，该点的反射系数为

$$\Gamma = \frac{r-1}{r+1} = |\Gamma|$$

从而有

$$r = \frac{1+|\Gamma|}{1-|\Gamma|} = \rho \tag{4.5-6}$$

可见，阻抗圆图上的归一化电阻 $r(r>1)$ 就等于电压驻波比 ρ。例如，P_M 点可读出 $\rho=r=2$。但是，当 $r<1$ 时，归一化电阻的倒数等于电压驻波比。例如，P_m 点是 $r<1$ 的点，此时 $r=1/\rho$。对于 P 点，可读出 $|\Gamma|=1/3$，$\phi=28°$，$\rho=1.7$。

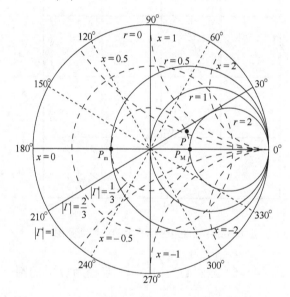

图 4.5-2　极坐标系中的史密斯圆图

2．阻抗点的转换

以上通过两组坐标系的重叠便可由归一化负载阻抗 $z_\text{L}=r+\text{j}x$ 读出负载端反射系数 $|\Gamma|$ 值和相角 ϕ_L 或反之。为了详解史密斯圆图的进一步应用，下面来考察由式（4.4-9a）得出的归一化输入阻抗 z_in 与式（4.4-4）所表示的归一化负载阻抗 z_L：

$$z_\text{in} = \frac{1+\Gamma\text{e}^{-\text{j}2\beta l}}{1-\Gamma\text{e}^{-\text{j}2\beta l}} \qquad z_\text{L} = \frac{1+\Gamma}{1-\Gamma}$$

式中，Γ 是负载处（终端）的反射系数；l 为传输线的长度（正值），起点坐标是负载处。

比较以上两式可知，用 $\Gamma\text{e}^{-\text{j}2\beta l}$ 代替负载端的反射系数 Γ，就可得到任意点 $z=-l$ 处（传输线全部位于 $z=0$ 的负半轴上）的输入阻抗 z_in。也就是说，把 Γ 的相角减小 $2\beta l$，就如同从负载端移到了任意点 $z=-l$ 处，移动时保持 $|\Gamma|$ 值大小不变。这样，已知负载阻抗 z_L，在史密斯圆图上沿等 $|\Gamma|$ 圆按顺时针方向转动 $2\beta l$ 就得到了任意点的输入阻抗 z_in。

由于 $2\beta l$ 变化 $360°$ 在史密斯圆图上移动了一圈，对应移动的距离 l 变化了半个波长。因

此为了方便起见，在史密斯圆图外圈画上了变化 0.5λ 的刻度（见图 4.5-3）。这样，史密斯圆图就完成了。而且，通常给出两个刻度：一个是**按照顺时针方向移动的距离（l/λ），标为"向电源的波长数"**；另一个是**按照逆时针方向移动的距离，标为"向负载的波长数"**。实用的史密斯圆图见书后拉页。

综上所述，**史密斯圆图上的阻抗转换关系可归纳为以下几点。**

（1）对于史密斯圆图上的任意点，可读出其归一化阻抗值 $z = r + jx$ 及对应的反射系数模值 $|\Gamma|$ 和相角 $\phi = 2\beta l = 4\pi l/\lambda$。

（2）若该点为负载阻抗 z_L，则沿等 $|\Gamma|$ 圆按顺时针方向转过 $2\beta l$（看外圈），就能得到对应点的归一化输入阻抗 z_{in}。

（3）若该点为输入阻抗 z_{in}，则可沿等 $|\Gamma|$ 圆按逆时针方向转过 $2\beta l$（看里圈），就得到归一化负载阻抗 z_L。

注意史密斯圆图上的三个特殊点。

（1）圆心 O（$r = 1$，$x = 0$），该点阻抗 $z_{in} = 1$，输入阻抗等于传输线特性阻抗，为**阻抗匹配**（impedance matching）点。

（2）实轴左端点 P_{sc}（$r = 0$，$x = 0$）为**短路**（shorted-circuit）点。

（3）实轴右端点 P_{oc}（$r = \infty$，$x = \infty$）为**开路**（open-circuit）点。

另外，史密斯圆图上还有三条特殊线。

（1）圆图上实轴为 $x=0$ 的轨迹，其中正实半轴为电压波腹点轨迹，线上的 r 值即驻波比 ρ 的读数，电压波腹点对应的输入电阻最大，等于 ρZ_0。

（2）负实半轴为电压波节点的轨迹，线上的 r 值即行波系数 K（驻波比的倒数）的读数，电压波节点对应的输入电阻最小，等于 Z_0/ρ。

（3）最外面的单位圆为 $r=0$ 的纯电抗轨迹，即反射系数模为 1 的全反射系数圆的轨迹。

下面举两个例子来说明史密斯圆图的应用。

例 4.5-1 利用阻抗圆图计算长为 0.1λ、特性阻抗为 50Ω、终端短路的无耗传输线的输入阻抗。

解：在史密斯圆图上找到实轴左端点（$r = 0$，$x = 0$），沿 $|\Gamma| = 1$（$r = 0$）圆按顺时针方向转过"向电源的波长数" 0.1 至 P_1 点，如图 4.5-3 所示，读出 $x = 0.725$，故

$$z_{in} = j0.725, \quad Z_{in} = Z_c z_{in} = 50 \times (j0.725)\Omega = j36.25\Omega$$

用式（4.4-13）验证：

$$Z_{in} = jZ_c \tan \beta l = j50 \tan \frac{2\pi \cdot 0.1\lambda}{\lambda}\Omega \approx j50 \tan 36°\Omega \approx j36.3\Omega$$

例 4.5-2 长为 0.434λ、特性阻抗为 100Ω 的无耗传输线的终端接负载阻抗为 $Z_L = (260 + j180)\ \Omega$，试求：①驻波比；②电压反射系数；③输入阻抗；④传输线上何处电压最大？此处的输入阻抗是多少？

解：A．计算归一化负载阻抗，$z_L = Z_L / Z_c = 2.6 + j1.8$，在圆图上找到此点，见图 4.5-3 中的 P_2 点。

B．过 P_2 点作原点为圆心的圆，交于右实轴的 P_M 点，读出该点的归一化电阻 $r = 4.2$，即驻波比 $\rho=4.2$，因此 $|\Gamma| = \dfrac{\rho - 1}{1 + \rho} \approx 0.62$，①解毕。

C．作直线 OP_2 并延伸，与外圆相交于 P_2' 点，读出"向电源的波长数" 0.220。由于圆周

上的角度以 $2\beta l$ 即 $4\pi l / \lambda$ 计，反射系数相角 ϕ 对应 OP_2' 与正实轴的夹角，故

$$\phi = 4\pi \times (0.25 - 0.22)\mathrm{rad} \approx 0.377\mathrm{rad} \approx 21.6°$$

因此，$\Gamma = |\Gamma|\mathrm{e}^{\mathrm{j}\phi} \approx 0.62\angle 21.6°$，②解毕。

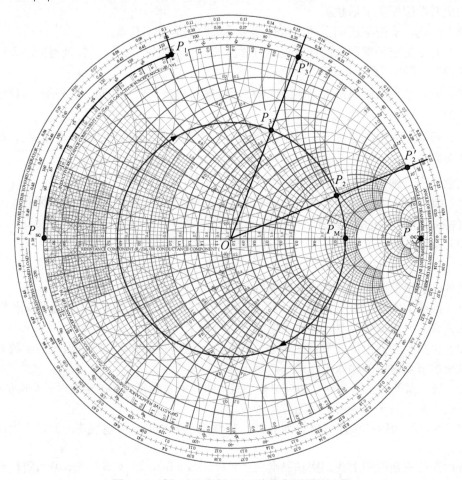

图 4.5-3　例 4.5-1 和例 4.5-2 史密斯圆图的计算

D. 由 P_2' 点转过"向电源的波长数"0.434，即转至 $0.22 + 0.434 - 0.5 = 0.154$ 处的 P_3' 点；作直线 OP_3'，与 $|\Gamma| = 0.62$ 圆交于 P_3 点；读出该点 $r = 0.7$，$x = 1.2$，故

$$Z_{\mathrm{in}} = Z_{\mathrm{c}}z_{\mathrm{in}} = 100 \times (0.7 + \mathrm{j}1.2)\Omega = (70 + \mathrm{j}120)\ \Omega$$

③解毕。

E. 过 P_2 点的 $|\Gamma| = 0.62$ 圆与右实轴的交点 P_{M} 是电压最大点，它与负载的距离为

$$l / \lambda = 0.25 - 0.22 = 0.03$$

此处输入阻抗呈纯电阻性，$R_{\mathrm{in}} = Z_{\mathrm{c}}\rho = 100 \times 4.2\Omega = 420\Omega$，④解毕。

3. 导纳圆图

史密斯圆图也可用于导纳运算，这样用时，称之为导纳圆图。无耗传输线上任意点的输入导纳公式为

$$Y_{\text{in}} = \frac{1}{Z_{\text{in}}} = \frac{1}{Z_c} \frac{Z_c + jZ_L \tan\beta l}{Z_L + jZ_c \tan\beta l} = Y_c \frac{\dfrac{1}{Y_c} + j\dfrac{1}{Y_L}\tan\beta l}{\dfrac{1}{Y_L} + j\dfrac{1}{Y_c}\tan\beta l} = Y_c \frac{Y_L + jY_c \tan\beta l}{Y_c + jY_L \tan\beta l} \quad (4.5\text{-}7a)$$

此式与输入阻抗公式的形式完全相同。因而导纳圆图与阻抗圆图的形式也完全相同，只是物理意义不同，归一化阻抗 $z_{\text{in}} = r + jx$ 换为归一化导纳 $y_{\text{in}} = g + jb$。

注意：关于导纳圆图与阻抗圆图的区别，读者应该明晰以下几点。

（1）导纳圆图的实轴左端点 P_{sc}（$g = 0$，$b = 0$）为开路点。

（2）导纳圆图的实轴右端点 P_{oc}（$g = \infty$，$b = \infty$）为短路点。

（3）导纳圆图的实轴上方 $b > 0$，呈容性；实轴下方 $b < 0$，呈感性。

（4）归一化导纳的确定。由归一化阻抗公式可知

$$y_{\text{in}} = \frac{1}{z_{\text{in}}} = \frac{1 - \Gamma e^{-j2\beta l}}{1 + \Gamma e^{-j2\beta l}} = \frac{1 + \Gamma e^{-j(2\beta l - \pi)}}{1 - \Gamma e^{-j(2\beta l - \pi)}} \quad (4.5\text{-}7b)$$

式（4.5-7b）表明，由 z_{in} 求 y_{in} 只需沿等 $|\Gamma|$ 圆按顺时针方向转过 180° 即可。同样，由 y_{in} 求 z_{in} 也只需沿等 $|\Gamma|$ 圆转过 180°。通常，导纳圆图在用于处理并联结构的阻抗匹配时更为方便，而串联问题则使用阻抗圆图求解更方便。对于混合问题，需要灵活切换两种工具。

4.5.2 传输线匹配的意义

1. 传输线完全匹配的含义

传输线的完全匹配有两个含义，下面分别讨论。

首先研究**第一种情况：电源端匹配**。此时，振荡器输出功率最大。设振荡器内阻为 $Z_g = R_g + jX_g$，传输线在电源端处的输入阻抗为 $Z_i = R_i + jX_i$，则传输线电源端的等效电路如图 4.5-4 所示。

此时，电源端的电流为

$$I_i = \frac{U_g}{Z_g + Z_i} = \frac{U_g}{(R_g + R_i) + j(X_g + X_i)}$$

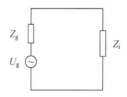

图 4.5-4 传输线电源
端的等效电路

传输给负载的功率为

$$P_i = \frac{1}{2}\text{Re}\left[I_i I_i^* R_i\right] = \frac{1}{2}\frac{|U_g|^2 R_i}{(R_g + R_i)^2 + (X_g + X_i)^2}$$

上式分母中的平方项均为正值，当其第二项为零时，可使 P_i 最大：

$$X_g + X_i = 0$$

此时有

$$P_i = \frac{|U_g|^2 R_i}{2(R_g + R_i)^2}$$

P_i 最大发生于

$$\frac{dP_i}{dR_i} = \frac{\left|U_g\right|^2}{2} \frac{(R_g + R_i)^2 - 2R_i(R_g + R_i)}{(R_g + R_i)^4} = 0$$

此时 $R_g = R_i$。综上可见，为使输出功率最大，要求 $R_g = R_i$，$X_g = -X_i$，即

$$R_g + jX_g = R_i - jX_i \quad 或 \quad Z_g = Z_i^* \tag{4.5-8a}$$

式中，Z_i^* 是 Z_i 的共轭复数。因此，电源端匹配的条件是电源端传输线的输入阻抗与振荡器的内阻相共轭，称为共轭匹配。此时，振荡器的输出功率最大，且为

$$P_{imax} = \frac{\left|U_g\right|^2}{8R_g} \tag{4.5-8b}$$

第二种情况：负载端匹配。此时，负载端无反射。设负载阻抗为 $Z_L = R_L + jX_L$，传输线的特性阻抗为 $Z_c = R_c + jX_c$。为使负载无反射，$\Gamma = 0$，由式（4.4-5）可知，要求：

$$Z_L = Z_c \tag{4.5-9}$$

即

$$R_L = R_c, \quad X_L = X_c \tag{4.5-10}$$

可见，负载端匹配的条件是负载阻抗与传输线的特性阻抗完全相等，称为恒等匹配。通常也把这一状态直接称为阻抗匹配。

由上可以看到，只有当传输线特性阻抗为纯电阻（这时它与它的共轭数是相同的）且振荡器内阻等于传输线特性阻抗时，上述两种状态才可能同时出现。因此，**为实现传输线的完全匹配，要求：①传输线特性阻抗为纯电阻；②振荡器内阻和负载阻抗均为纯电阻，且等于传输线特性阻抗。**

为此，实用的传输线一般都设计成特性阻抗为纯电阻的标准传输线，而且以 50Ω 和 75Ω 的特性阻抗居多。相应地，各种仪器设备的接口或电路的测试端口也都使用 50Ω 或 75Ω 的特性阻抗。

2. 阻抗匹配的意义

当传输线终端所接负载阻抗 Z_L 等于其特性阻抗 Z_c 时，传输线上传输行波，此即阻抗匹配状态，其意义如下。

（1）负载无反射，即全部输出功率都传输给了负载。若存在反射，则 $\left|\Gamma\right| \neq 0$，由式（4.4-7c）、式（4.4-7d）和式（4.4-8）可知，负载端反射功率为负载端入射功率的 $\left|\Gamma\right|^2$ 倍：

$$P_L^- = \left|\Gamma\right|^2 P_L^+$$

因而阻抗匹配效率为

$$\eta_z = \frac{P_L^+ - P_L^-}{P_L^+} = 1 - \left|\Gamma\right|^2 = 1 - \left(\frac{\rho - 1}{\rho + 1}\right)^2 = \frac{4\rho}{(\rho + 1)^2} \tag{4.5-11}$$

传输线的驻波状态通常用电压驻波比 ρ 来表示，将不同的 ρ 值所对应的 $\left|\Gamma\right|$ 及阻抗匹配效率 η_z 列在表 4.5-1 中。可见，当 $\rho \leqslant 2.0$ 时，$\eta_z \geqslant 88.9\%$；而若 $\rho \leqslant 1.2$，则 $\eta_z \geqslant 97.2\%$。

表 4.5-1 电压驻波比与阻抗匹配效率典型值

ρ	$|\Gamma|^2$	L_R / dB	η_z	η_z/dB
1.0	0	$-\infty$	100%	0
1.2	0.8%	-20.8	97.2%	-0.04
1.5	4.0%	-14.0	96.0%	-0.18
2.0	11.1%	-4.2	88.9%	-0.51
3.0	25.0%	-6.0	75.0%	-1.25
10	66.9%	-3.5	33.1%	-4.81

（2）传输线功率容量最大。当负载阻抗 Z_L 不等于传输线特性阻抗 Z_c 时，传输线上传输行驻波，如图 4.4-3 所示。此时，传输线上的最高电压为

$$|U|_{\max} = |U^+| \left[1 + |\Gamma| \right] \tag{4.5-12}$$

可见，当 $|\Gamma| \neq 0$ 时，传输线上的最高电压升高将使传输线功率容量减小。

（3）传输效率最高。由于此时无反射波所损耗的功率，所以其传输线损耗将最低而传输效率最高，其传输效率推导如下。对于长度为 r 的传输线，输出端入射功率为

$$P_L^+ = P_i^+ e^{-2\alpha r}$$

输出端反射功率为

$$P_L^- = |\Gamma|^2 P_L^+ = |\Gamma|^2 P_i^+ e^{-2\alpha r}$$

输入端反射功率为

$$P_i^- = P_i^+ |\Gamma|^2 e^{-4\alpha r}$$

于是，匹配时的传输效率为

$$\eta_0 = \frac{P_L^+}{P_i^+} = e^{-2\alpha r} \tag{4.5-13}$$

失配时的传输效率为

$$\eta = \frac{P_L^+ - P_L^-}{P_i^+ - P_i^-} = \frac{e^{-2\alpha r}\left(1 - |\Gamma|^2\right)}{1 - |\Gamma|^2 e^{-4\alpha r}} = \eta_0 \frac{1 - |\Gamma|^2}{1 - |\Gamma|^2 e^{-4\alpha r}} \tag{4.5-14}$$

可见，当 $|\Gamma| \neq 0$ 时，$\eta < \eta_0$。

（4）对振荡源工作稳定性的影响最小。此时不会有反射波反射回振荡源，不致影响振荡器的输出频率和输出功率。否则，振荡器的负载呈现电抗分量，要产生频率牵引及影响输出功率。

电压驻波比 ρ 是传输线的主要指标之一，一般要求 $\rho \leqslant 2$，在有些场合，尤其在对振荡源工作稳定性要求很高时，往往需要 $\rho \leqslant 1.5$ 甚至 $\rho \leqslant 1.2$。

4.5.3 传输线的阻抗匹配

最基本的匹配装置是在 4.4 节介绍的 $\lambda/4$ 阻抗变换器。下面基于阻抗圆图工具介绍另一种常用匹配技术——枝节匹配。

1. 单枝节匹配

为实现阻抗匹配，一般的方法是在传输线上的适当位置加一阻抗变换元件。最常用的阻抗变换元件是短路线（短截线），这里称之为短路枝节，它是一纯电抗元件。用单一短路枝节实现匹配的原理，即单枝节匹配如图 4.5-5 所示，采用的是并联枝节以抵消电抗的方法，利用导纳圆图来完成。

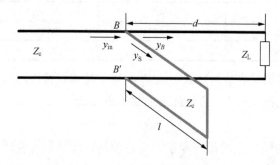

图 4.5-5　单枝节匹配

在传输线上找到 BB' 端面，该处归一化输入导纳为

$$y_B = 1 + jb_B$$

选择短路枝节长度 l，使其输入导纳为

$$y_S = -jb_B$$

于是，在 BB' 处朝负载端看过去的总输入导纳为

$$y_{in} = y_B + y_S = 1$$

从而实现了匹配。

将史密斯圆图用作导纳图，实现匹配的步骤如下。

（1）在圆图上找出归一化导纳为 y_L 的点。

（2）画出 y_L 上的 $|\Gamma|$ 圆，找出它与 $g = 1$ 圆的交点：$y_{B_1} = 1 + jb_{B_1}$，$y_{B_2} = 1 + jb_{B_2}$。

（3）根据 y_L 点与 y_{B_1} 或 y_{B_2} 点间的夹角求负载段的长度 d_1 或 d_2。

（4）根据导纳圆图短路点（P_{oc}）与 y_{B_1} 或 y_{B_2} 点间的夹角求短路枝节的长度 l_{B_1} 或 l_{B_2}。

例 4.5-3 50Ω 无耗传输线端接负载阻抗 $Z_L = (35 - j47.5)\Omega$，求单枝节匹配的位置 d 和枝节长度 l。

解： A. 首先计算归一化负载阻抗，$z_L = Z_L / Z_c = (35 - j47.5) / 50 = 0.70 - j0.95$；然后在圆图上找到 z_L 点 P_1（见图 4.5-6），连接 $P_1 O$（O 为圆心）并以其为半径作等反射系数圆，即 $|\Gamma|$ 圆；延长直线 $P_1 O$，与 $|\Gamma|$ 圆交于点 P_2，此点代表归一化导纳 y_L；最后延长 $P_1 O$ 至外圆，交于点 P_2'，其"向电源的波长数"为 0.109（外环刻度）。

B. 标注 $|\Gamma|$ 圆与 $g = 1$ 圆的交点 P_3 和 P_4，这两点处的归一化导纳分别为 $y_{B_1} = 1 + j1.2$ 和 $y_{B_2} = 1 - j1.2$。

C. 延长 OP_3 和 OP_4 至外圆，分别交于点 P_3' 和 P_4'。通过这两点的外环刻度与点 P_2' 的外环刻度之差确定单枝节的位置。

P_3 点：$d_1 / \lambda = 0.168 - 0.109 = 0.059$。

P_4 点：$d_2 / \lambda = 0.332 - 0.109 = 0.223$。

D. 通过点 P_3' 和 P_4' 的内环刻度与点 P_{sc} 的内环刻度之差确定单枝节长度。

P_3 点：从 P_{sc} 点到 P_3' 点，得 $l_{B_1}=0.361-0.250=0.111$。

P_4 点：从 P_{sc} 点到 P_4' 点，得 $l_{B_2}=0.139+0.250=0.389$。

应用中往往将枝节做成可调的，因此也称之为枝节调配器。

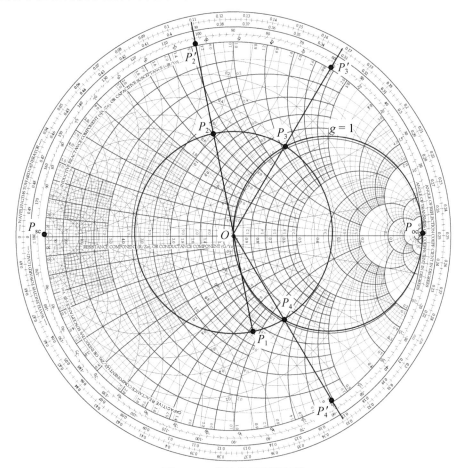

图 4.5-6　单枝节匹配的运算

2. 双枝节匹配

双枝节匹配结构如图 4.5-7 所示。与单枝节匹配相比，它增加了一个枝节，但距离 d_0 可任意选择，因此有其方便之处。为使 BB' 处有 $y_{in}=y_B+y_{S_B}=1$，要求 $y_B=1+jb_B$（取 $y_{S_B}=-jb_B$）。这需要 y_B 点在 $g=1$ 圆上。如果已选定 d_0，则要使 y_L 用 y_{S_A} 并联后的 y_A 转过 d_0/λ 恰好落在 $g=1$ 圆上。使用导纳圆图的运算步骤如下。

（1）画出 $g=1$ 圆，并逆时针旋转 d_0 所对应的"向负载的波长数"。

（2）标出 $y_L=g_L+jb_L$ 的点，并找出 $g=g_L$ 圆与旋转后的 $g=1$ 圆的交点 P_A，读出 $y_A=g_L+jb_A$。

（3）用圆规在 $g=1$ 圆上标出与 P_A 点对应的 P_B 点，得 $y_B=1+jb_B$。

（4）根据 y_A 点与 y_L 点间的夹角求 AA' 处的枝节长度 l_A。

（5）根据外圆上 $-jb_B$ 点与 P_{sc} 点间的夹角求 BB' 处的枝节长度 l_B。

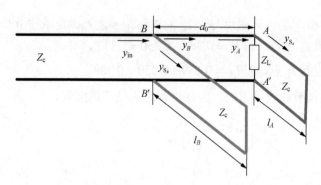

图 4.5-7 双枝节匹配结构

例 4.5-4 50Ω 无耗传输线端接负载阻抗 $Z_L = (60 + j80)\Omega$，用 $\lambda/8$ 双枝节调配器来实现匹配，求所需的枝节长度。

解： A. 首先计算归一化导纳，$y_L = Z_c / Z_L = 50 / (60 + j80) = 0.30 - j0.40$；然后画出 $g = 1$ 圆（见图 4.5-8），并逆时针转过"向负载的波长数"0.125，即 $2 \times 360° \times 0.125 = 90°$。

B. 标出 y_L 与 P_L 点，并找出 $g_L = 0.30$ 的圆与旋转后的 $g = 1$ 圆的交点 P_{A_1} 和 P_{A_2}，得

$$y_{A_1} = 0.30 + j0.29, \quad y_{A_2} = 0.30 + j1.75$$

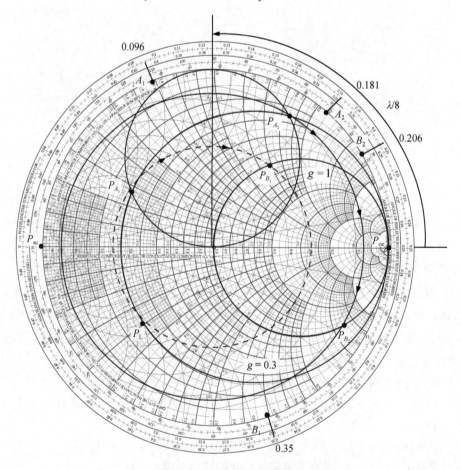

图 4.5-8 双枝节匹配的运算

C. 用圆规在 $g=1$ 圆上标出与点 P_{A_1}、P_{A_2} 对应的点 P_{B_1}、P_{B_2}，得

$$y_{B_1} = 1 + \text{j}1.38, \quad y_{B_2} = 1 - \text{j}3.5$$

D. 求 AA' 处的枝节长度。

要求 $y_{S_{A_1}} = y_{A_1} - y_L = \text{j}0.69$，在外圆上找到对应的点 A_1，得 $l_{A_1}/\lambda = 0.096 + 0.25 = 0.346$。

要求 $y_{S_{A_2}} = y_{A_2} - y_L = \text{j}2.15$，在外圆上找到对应的点 A_2，得 $l_{A_2}/\lambda = 0.181 + 0.25 = 0.431$。

E. 求 BB' 处的枝节长度。

要求 $y_{S_{B_1}} = -\text{j}b_{B_1} = -\text{j}1.38$，在外圆上找到对应的点 B_1，得 $l_{B_1}/\lambda = 0.35 - 0.25 = 0.10$。

要求 $y_{S_{B_2}} = -\text{j}b_{B_2} = \text{j}3.5$，在外圆上找到对应的点 B_2，得 $l_{B_2}/\lambda = 0.206 + 0.25 = 0.456$。

观察图 4.5-8 可知，若 $g_L > 2$，则 $g = g_L$ 圆与旋转的 $g = 1$ 圆不相交，此时 $d_0 = \lambda/8$ 的双枝节调配器无效。显然，可通过改变 d_0 来解决，也可在 Z_L 与 AA' 端面间加一段线段来完成。

以上单枝节与双枝节匹配运算采用的是图解法，精度自然有限。在实际设计时，都利用计算机软件来完成，这里的主要目的是给出原理。有兴趣的读者可以尝试得出解析解，并编制计算机程序。以上匹配技术一般只在很有限的工作带宽内才有效。

§4.6　同 轴 线

同轴线是最常用的一种双导体传输系统之一，如图 4.6-1 所示，a、b 分别为内、外导体的半径。在实际应用中，硬同轴线的内、外导体间一般为空气，软同轴线（同轴电缆）在内、外导体间填充介电常数为 ε 的电介质。

按照 4.2 节的分析，式（4.2-14b）不但适用于平行板传输线，而且适用于其他双导体传输线。下面按照同样的方法研究无耗同轴线中的 TEM 波。该 TEM 波的电场在横截面上的分布与二维静电场的分布相同，因此其电位方程为

$$\nabla_t^2 \phi = 0 \qquad (4.6\text{-}1)$$

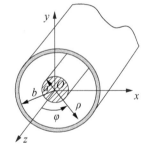

图 4.6-1　同轴线结构

采用如图 4.6-1 所示的圆柱坐标系，同轴线沿 z 轴方向是均匀的，因而电位分布与 z 无关，即 $\partial\phi/\partial z = 0$；同时该结构还具有旋转对称性，即 $\partial\phi/\partial\varphi = 0$，从而有

$$\frac{1}{\rho}\frac{\partial}{\partial\rho}\left(\rho\frac{\partial\phi}{\partial\rho}\right) = 0$$

其解为

$$\phi = -C_1 \ln\rho + C_2$$

那么横截面上的电场可写成

$$\overline{E} = (-\nabla\phi)\text{e}^{-\text{j}\beta z}$$

从而有

$$\overline{E} = -\left(\hat{\rho}\frac{\partial\phi}{\partial\rho} + \hat{\varphi}\frac{1}{\rho}\frac{\partial\phi}{\partial\varphi} + \hat{z}\frac{\partial\phi}{\partial z}\right)\text{e}^{-\text{j}kz} = -\hat{\rho}\frac{\partial\phi}{\partial\rho}\text{e}^{-\text{j}kz} = -\hat{\rho}\frac{C_1}{\rho}\text{e}^{-\text{j}kz}$$

可见，同轴线 TEM 波的电场只有 E_ρ 分量，电场方向与传播方向垂直。其中常数 C_1 可由边界条件确定。设 $z=0$ ，$\rho=a$ 的电场为 E_0 ，代入上式得 $E_0=C_1/a$ ，故

$$E_\rho=\frac{E_0 a}{\rho}\mathrm{e}^{-\mathrm{j}kz} \tag{4.6-2a}$$

磁场可由麦克斯韦旋度方程求出，鉴于电场只有 E_ρ 分量，因而磁场只有 H_φ 分量：

$$\bar{H}=\mathrm{j}\frac{1}{\omega\mu}\nabla\times\bar{E}=\hat{\varphi}\mathrm{j}\frac{1}{\omega\mu}\frac{\partial E_\rho}{\partial z}=\hat{\varphi}\frac{k}{\omega\mu}\frac{E_0 a}{\rho}\mathrm{e}^{-\mathrm{j}kz}$$

即

$$H_\varphi=\frac{E_0 a}{\eta\rho}\mathrm{e}^{-\mathrm{j}kz}=\frac{E_\rho}{\eta} \tag{4.6-2b}$$

式中，$\eta=\sqrt{\mu/\varepsilon}$ 为介质的波阻抗。

由式（4.6-2a）和式（4.6-2b）得出的同轴线 TEM 波的电磁场分布如图 4.6-2 所示。可见，越靠近内导体表面，电磁场越强。

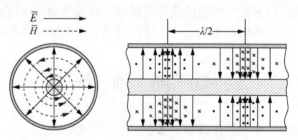

图 4.6-2　同轴线 TEM 波的电磁场分布

同轴线内、外导体间的电压为

$$U=\int_a^b E_\rho\mathrm{d}\rho=E_0 a\ln\frac{b}{a}\mathrm{e}^{-\mathrm{j}kz}$$

同轴线内、外导体间的电流为

$$I=\oint_l H_\varphi\mathrm{d}l=\int_0^{2\pi}H_\varphi\rho\mathrm{d}\varphi=\frac{2\pi a}{\eta}E_0\mathrm{e}^{-\mathrm{j}kz}$$

因而其特性阻抗为

$$Z_\mathrm{c}=\frac{U}{I}=\frac{\eta}{2\pi}\ln\frac{b}{a}=\frac{60}{\sqrt{\varepsilon_\mathrm{r}}}\ln\frac{b}{a} \tag{4.6-3}$$

同轴线特性阻抗与参数的关系曲线如图 4.6-3 所示。例如，同轴线 $2b=10\mathrm{mm}$，$2a=1.27\mathrm{mm}$，填充的电介质为石蜡，其相对介电常数 $\varepsilon_\mathrm{r}=3.4$，由上式计算的特性阻抗 $Z_\mathrm{c}\approx67\Omega$。

同轴线传输 TEM 波的功率容量为

$$P_\mathrm{br}=\frac{|U_\mathrm{br}|^2}{2Z_\mathrm{c}}=\sqrt{\varepsilon_\mathrm{r}}\left(\frac{a^2}{120}\ln\frac{b}{a}\right)E_\mathrm{br}^2 \tag{4.6-4}$$

若固定 b，则改变 a 以使功率容量最大，即对上式求 $\mathrm{d}P_\mathrm{br}/\mathrm{d}a=0$，得

$$\frac{b}{a}=1.649 \tag{4.6-5}$$

这时对应的空气同轴线的特性阻抗为 30Ω。

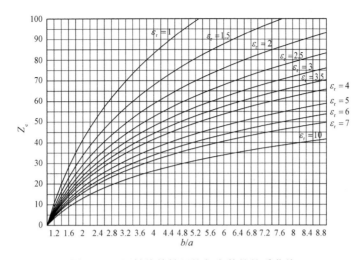

图 4.6-3 同轴线特性阻抗与参数的关系曲线

下面分析同轴线传输 TEM 波的导体衰减。利用式（4.6-2a）和式（4.6-2b），可得同轴线 $z = 0$ 处横截面的传输功率：

$$P = \frac{1}{2\eta} \oint_S |H_\varphi|^2 \mathrm{d}s \tag{4.6-6}$$

式中，$|H_\varphi|_{z=0} = \dfrac{E_0 a}{\eta \rho}$。在 $z = 0$ 处，单位长度上的导体损耗功率为

$$P_c = \frac{1}{2} R_s \oint_l |J|^2 \mathrm{d}l = \frac{1}{2} R_s \oint_l |H_\varphi|^2_{\rho=a,b} \mathrm{d}l \tag{4.6-7}$$

式中，R_s 是导体表面电阻。该积分应为内导体和外导体表面处的闭路积分之和，其中 $|H_\varphi|_{\rho=a,b} = \dfrac{E_0}{\eta}, \dfrac{E_0 a}{\eta b}$。从而求得导体衰减常数为

$$\alpha_c = \frac{P_c}{2P} = \frac{R_s}{2\eta} \frac{\oint_l |H_\varphi|^2_{\rho=a,b} \mathrm{d}l}{\oint_S |H_\varphi|^2 \mathrm{d}S} = \frac{R_s}{2\eta \ln(b/a)} \left(\frac{1}{a} + \frac{1}{b} \right) \text{（Np/m）} \tag{4.6-8}$$

如果固定 b，则改变 a 以使导体衰减最小，即对上式求 $\mathrm{d}\alpha_c / \mathrm{d}a = 0$，得

$$\frac{b}{a} = 3.591 \tag{4.6-9}$$

此值对应的空气同轴线的特性阻抗为 76.7Ω。

计算表明，b/a 在一个比较宽的范围内变化时，衰减常数变化并不大。例如，当 b/a 由 2.6 增至 5.2 时，衰减常数仅增加 5%。若空气同轴线的特性阻抗为 50Ω，则对应 $b/a = 2.303$，将此值与式（4.6-5）和式（4.6-9）相比可知，它实际上是兼顾了最大功率容量和最小衰减的一个折中值。这类问题在工程设计中经常遇到。

§4.7 微 带 线

微带线是应用最广泛的平面传输线。它可以利用印刷工艺方便地加工，而且便于与各种无源和有源微波电路相集成。微带线的结构和电磁场分布如图 4.7-1 所示。它由宽度为

w、厚度为 t 的导体带印刷在薄的接地基片上形成，基片是厚度为 h、相对介电常数为 ε_r 的电介质片。

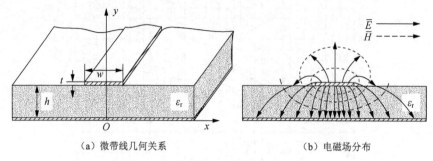

（a）微带线几何关系　　　　　　　（b）电磁场分布

图 4.7-1　微带线的结构和电磁场分布

微带线属于双导体传输系统。它是开放式线路，而且存在空气和介质两个区域。如图 4.7-1（b）所示，在空气和介质分界面处出现边缘场分量 E_x 和 H_y，并将激发 E_z 和 H_z 分量，从而使其电场和磁场都包含三个坐标的所有分量。因此，这种混合介质系统中不可能传输单一的纯横向场——TEM 模。不过，在频率不太高的情况下，如在 12GHz 以下，基片厚度远小于工作波长，能量大部分集中在导体带下面的介质基片内，而且此区域的纵向场分量很弱，此时微带线传输的主模与 TEM 模的场分布非常接近，称为准 TEM 模。

当频率较高，且微带线宽度 w 和高度 h 与波长可比拟时，微带线中可能出现波导型横向谐振模（TE 模和 TM 模）。最低次 TE 模是 TE_{10} 模，其截止波长与导体带的宽度有关：

$$\lambda_c^H = 2\left(W + 0.4h\right)\sqrt{\varepsilon_r} \tag{4.7-1}$$

式中，$0.4h$ 是计入边缘效应后的等效宽度延伸量。最低次 TM 模是 TM_{01} 模，其截止波长与厚度有关：

$$\lambda_c^E = 2h\sqrt{\varepsilon_r} \tag{4.7-2}$$

此外，微带线中还存在表面被。最低次 TM 型表面波（TM_0 表面波）的截止波长为 ∞，即无论工作于多低的频率，TM_0 表面波都能传输。最低次 TE 型表面波（TE_1 表面波）的截止波长为

$$\lambda_c = 4h\sqrt{\varepsilon_r - 1} \tag{4.7-3}$$

上述波导模和表面波模都是微带线的高次模。为抑制高次模的出现，微带线尺寸的选择需要满足以下条件：

$$w + 0.4h < \frac{\lambda_{\min}}{2\sqrt{\varepsilon_r}}, \quad h < \frac{\lambda_{\min}}{2\sqrt{\varepsilon_r}}, \quad h < \frac{\lambda_{\min}}{4\sqrt{\varepsilon_r - 1}} \tag{4.7-4}$$

式中，$\lambda_{\min}$ 是最短工作波长。

如果工作频率较低，则可把微带线的传输模式看作纯 TEM 模进行近似分析，通过求结构的分布电容来确定其特性参数。这种方法称为准静态法，包括保角变换法和谱域法等。当频率较高时，需要计入混合模的色散特性，只有用色散模型和全波分析法等严格的方法才能得出较精确的结果。不过，这里只关注其准 TEM 模的特性参数，具体推导过程这里也不再详述。

微带线准 TEM 模的传输相速 v_p 和微带线上的波长 λ_m 可用等效相对介电常数 ε_e 表示为

$$v_p = \frac{c}{\sqrt{\varepsilon_e}} \qquad \lambda_m = \frac{\lambda}{\sqrt{\varepsilon_e}} \tag{4.7-5}$$

式中，c 和 λ 分别为自由空间的光速与波长；ε_e 实际上就是用其等效的均匀介质充填空间而传输相速不变时，该介质的相对介电常数。故有

$$\varepsilon_e = 1 + q(\varepsilon_r - 1) \tag{4.7-6}$$

式中，q 称为充填因子。当为空气介质时，$q = 0$；当全部充填时，$q = 1$。因而 $0 \leqslant q \leqslant 1$。

施耐德（M. V. Schneider）已得出 ε_e 的一个简单经验公式：

$$\varepsilon_e = \frac{\varepsilon_r + 1}{2} + \frac{\varepsilon_r - 1}{2}\left(1 + \frac{10h}{w}\right)^{-1/2} \tag{4.7-7}$$

惠勒（H. A. Wheeler）给出特性阻抗 Z_c 的计算公式如下：

$$\begin{cases} Z_c = \dfrac{377}{\sqrt{\varepsilon_r}}\left\{\dfrac{w}{h} + 0.883 + 0.165\dfrac{\varepsilon_r - 1}{\varepsilon_r^2} + \dfrac{\varepsilon_r + 1}{\pi\varepsilon_r}\left[\ln\left(\dfrac{w}{h} + 1.88\right) + 0.758\right]\right\}^{-1}, & \dfrac{w}{h} > 1 \\[4mm] Z_c = \dfrac{120}{\sqrt{2(\varepsilon_r + 1)}}\left[\ln\dfrac{8h}{w} + \dfrac{1}{32}\left(\dfrac{w}{h}\right)^2 - \dfrac{\varepsilon_r - 1}{\varepsilon_r + 1}\left(0.2258 + \dfrac{0.1208}{\varepsilon_r}\right)\right], & \dfrac{w}{h} \leqslant 1 \end{cases} \tag{4.7-8}$$

不同 ε_r 值的微带线特性阻抗曲线如图 4.7-2 所示。可见，Z_c 随 w/h 的增大而减小。

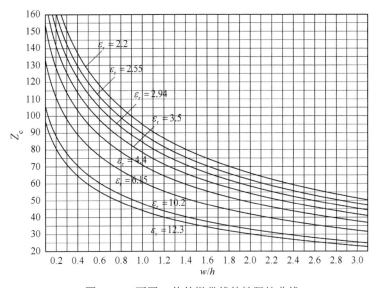

图 4.7-2　不同 ε_r 值的微带线特性阻抗曲线

给定 Z_c，可用下列公式求得所需的宽度 w：

$$\begin{cases} \dfrac{w}{h} = \dfrac{2}{\pi}\left\{R - 1 - 2\ln(2R - 1) + \dfrac{\varepsilon_r - 1}{2\varepsilon_r}\left[\ln(R - 1) + 0.293 - \dfrac{0.517}{\varepsilon_r}\right]\right\} \\[4mm] R = \dfrac{377\pi}{2Z_c\sqrt{\varepsilon_r}}, \quad Z_c < (44 - 2\varepsilon_r)\,\Omega \\[4mm] \dfrac{w}{h} = \dfrac{8\exp H}{\exp(2H) - 2} \\[4mm] H = \dfrac{Z_c\sqrt{2(\varepsilon_r + 1)}}{120} + \dfrac{\varepsilon_r - 1}{\varepsilon_r + 1}\left(0.2258 + \dfrac{0.1208}{\varepsilon_r}\right), \quad Z_c \geqslant (44 - 2\varepsilon_r)\,\Omega \end{cases} \tag{4.7-9}$$

式（4.7-9）给出了一种设计微带线的依据。在实际应用时，参照相关射频软件，计算更为快捷。

微带线的损耗主要包括介质损耗和导体损耗，故衰减常数 α 可近似表示为

$$\alpha = \alpha_d + \alpha_c \tag{4.7-10}$$

式中，α_d 和 α_c 分别为由介质与导体损耗引起的衰减常数。设基片材料的损耗角正切为 $\tan\delta$，则有

$$\alpha_d = 27.3 \frac{\varepsilon_r(\varepsilon_e-1)}{\varepsilon_e(\varepsilon_r-1)} \frac{\tan\delta}{\lambda_m} \tag{4.7-11}$$

铜导体：
$$\alpha_c = 0.0717 \frac{\sqrt{f(\text{GHz})}}{wZ_c} \tag{4.7-12}$$

当频率达 20GHz 时，对于聚苯乙烯基片上的 50Ω 微带线，用上述公式计算的衰减常数为 $\alpha = 0.032\text{dB/cm} = 0.021\text{dB}/\lambda$。实际上还应计入辐射和表面波损耗。聚四氟乙烯玻璃纤维一类微带线在 30GHz～100GHz 频率上的衰减将达到 $(0.1\sim0.2)\text{dB}/\lambda$。

本 章 小 结

一、分布参数与集总参数电路

长线是指几何长度和线上传输的电磁波的波长的比值（电尺寸）大于或接近 1 的传输线，反之则称为短线。短线理论适用于集总参数电路，长线理论属于分布参数电路理论。

集总参数电路：信号仅是时间的函数，在线上不同位置可视为处处相等。集总参数电路中的电场能量全部集中在电容中，而磁场能量全部集中在电感中，电阻元件是消耗电磁能量的，元件的引线是理想导体（无欧姆损耗）。

分布参数电路：线上信号不仅是时间的函数，还与位置有关。电路中存在明显的分布电容和分布电感；线上信号频率越高，分布参数效应越明显。

二、传输线上的波

1. 双导线传输线满足电报方程：

$$-\frac{dU(z)}{dz} = ZI(z) \qquad \frac{d^2U(z)}{dz^2} = \gamma^2 U(z)$$
$$-\frac{dI(z)}{dz} = YU(z) \qquad \frac{d^2I(z)}{dz^2} = \gamma^2 I(z)$$

或

式中，$\gamma = \sqrt{ZY} = \alpha + j\beta$。注意：不同传输线的阻抗和导纳不同，其通解为 $U(z) = U^+e^{-\gamma z} + U^-e^{\gamma z}$，$I(z) = I^+e^{-\gamma z} + I^-e^{\gamma z}$，包含入射波和反射波两部分。

2. 传输线上的特性阻抗定义为 $Z_c = \frac{U^+}{I^+} = \sqrt{\frac{Z}{Y}}$。

3. 无耗传输线的特性参量为 $\gamma = j\omega\sqrt{L_1C_1}$，$\alpha = 0$，$\beta = \omega\sqrt{L_1C_1}$，$v_p = \frac{\omega}{\beta} = \frac{1}{\sqrt{L_1C_1}}$。

三、无耗传输线的工作状态

1. 反射系数：$\Gamma(l)=\left|\Gamma_0\right|e^{j(\phi_L-2\beta l)}$，其中 $\Gamma_0=\dfrac{U^-}{U^+}=\left|\Gamma_0\right|e^{j\phi_L}=\dfrac{Z_L-Z_c}{Z_L+Z_c}$ 为终端反射系数。

2. 输入阻抗：$Z_{in}=Z_c\dfrac{Z_L+jZ_c\tan\beta l}{Z_c+jZ_L\tan\beta l}$，与反射系一样，都与位置有关。

3. 端接负载的传输线特点如表 4-1 所示。

表 4-1　端接负载的传输线特点

传输线状态	电磁波的状态	负载阻抗	输入阻抗	终端反射系数
匹配	行波	$Z_L=Z_c$	$Z_{in}=Z_c$	0
短路	驻波	$Z_L=0$	$Z_{in}=jX_{in}=jZ_c\tan\beta l$	-1
开路	驻波	$Z_L=\infty$	$Z_{in}=jX_{in}=-jZ_c\cot\beta l$	1
电阻性终端	行驻波	$Z_L=R_L\neq Z_c$	$Z_{in}=Z_c\dfrac{R_L+jZ_c\tan\beta l}{Z_c+jR_L\tan\beta l}$	$\Gamma=\dfrac{R_L-Z_c}{R_L+Z_c}$

为了描述行驻波上驻波的大小，引入电压驻波比（VSWR，ρ）的概念，即

$$\text{VSWR}=\frac{1+\left|\Gamma_0\right|}{1-\left|\Gamma_0\right|}$$

四、史密斯圆图与阻抗匹配

1. 阻抗匹配包括电源端与传输线的匹配，以及传输线与负载端的匹配两部分。为实现传输线的完全匹配，要求：①传输线特性阻抗为纯电阻；②振荡器内阻和负载阻抗均为纯电阻，且等于传输线特性阻抗。为了方便地实现阻抗匹配，实用的传输线一般都设计成特性阻抗为纯电阻的标准传输线，而且以 50Ω 和 75Ω 的特性阻抗居多。

2. 史密斯圆图是传输线的重要辅助工具，熟练使用可大幅降低计算工作量，并且是阻抗匹配设计的重要工具。为实现阻抗匹配，一般的方法是在传输线上的适当位置加一阻抗变换元件。最常用的阻抗变换元件是电抗元件，可以通过短路线或开路线实现单枝节或双枝节匹配。

自 测 题

一、填空题（每空 2 分，共 60 分）

1. 根据传输线上各点电压或电流的大小和相位是否相同，可将电路分为 _____ 参数电路和 _____ 参数电路。

2. 传输线的传播特性有两种分析方法：一种是"场"的分析方法，即从 _____ 出发，在特定边界条件下解波动方程，求场量的时空变化规律，分析电磁波沿线的各种传输特性；另一种是"路"的分析方法，即将传输线作为分布参数电路处理，用 _____ 建立传输线方程，求线上电压和电流的时空变化规律，分析电压和电流的各种传输特性。

3. 阻抗圆图的正实半轴为电压 _____ 点的轨迹，负实半轴为电压 _____ 点的

轨迹。

4. 圆图中的阻抗一般式为 $Z=R+jX$，传输线特性阻抗为 Z_0，根据各点在自测题图 4-1 的阻抗圆图中的位置判断其性质。

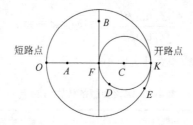

自测题图 4-1

（1）$R<Z_0$，$X>0$（ _____ ）　　　（2）$\Gamma=1$（ _____ ）

（3）$\Gamma=0$（ _____ ）　　　（4）$R=0$，$X<0$（ _____ ）

5. 驻波比的取值范围为_____。

6. 当特性阻抗为 50Ω 的均匀传输线终端接负载 Z_1 为 j20Ω、50Ω 和 20Ω 时，传输线上分别形成 _____ 波、_____ 波和 _____ 波。

7. 均匀传输线特性阻抗为 50Ω，线上工作波长为 10cm，如自测题图 4-2 所示。

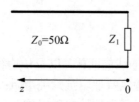

自测题图 4-2

（1）若 $Z_1=50\Omega$，则 $z=5$cm 处的输入阻抗 $Z_{in}=$ _____ 。

（2）若 $Z_1=0\Omega$，则 $z=2.5$cm 处的输入阻抗 $Z_{in}=$ _____ ；$z=5$cm 处的输入阻抗 $Z_{in}=$ _____ ；当 $0<z<2.5$cm 时，Z_{in} 呈 _____ 性；当 2.5cm$<z<5$cm 时，Z_{in} 呈 _____ 性。

（3）若 $Z_1=$j50Ω，则传输线上的驻波比 $\rho=$ _____ 。

8. 当无耗传输线的终端短路和开路时，阻抗分布曲线的主要区别是终端开路时在终端等效为 _____ 谐振电路，终端短路时在终端等效为 _____ 谐振电路。

9. 一段长度为 l（$0<l<\lambda/4$）的短路线和开路线的输入阻抗分别呈 _____ 性和 _____ 性。

10. 阻抗匹配分为 _____ 阻抗匹配、_____ 阻抗匹配和 _____ 阻抗匹配，它们反映了传输线上三种不同的工作状态。

11. 特性阻抗为 50Ω 的均匀无耗传输线的终端负载阻抗为 100Ω，此时，传输线上的反射系数为 _____ ，线上的驻波比为 _____ 。若要实现阻抗匹配，则只需在负载和传输线之间接一段长度为四分之一波长、特性阻抗为 _____ 的传输线即可。

二、多项选择题（每小题 4 分，共 20 分）

1. 下面关于分布参数与集总参数描述正确的是（ _____ ）。

    A. 长线一般属于分布参数传输线

    B. 低频电路元件属于集总参数元件

    C. 分布参数电路与集总参数电路的根本区别是工作频率高，导致信号是位置的函数

    D. 集总电路理论都符合似稳场理论

2. 关于电报方程，下列说法正确的是（　　　）。

    A. 电报方程是双导体传输线系统麦克斯韦方程的衍生方程

    B. 电报方程可以从基尔霍夫定律推导出来，因此它是一种集总参数电路方程

    C. 电报方程适用于各种双导体传输线，但其解反映的只是 TEM 波的传播特性

    D. 电报方程无法直接描述传输线上的电磁场分布

3. 下面关于长线和短线的概念说法错误的是（　　　）。

    A. 照明线路用的传输线属于长线传输线

    B. 射频电路中的传输线一般属于短线传输线

    C. 长线与短线的区别是传输线的长度

    D. 工作于 3GHz 的同轴线，线上信号既是时间的函数，又是位置的函数

4. 下列关于端接负载的无耗传输线说法错误的是（　　　）。

    A. 线上传输的是电磁波，电场能量分布在整个空间

    B. 开路传输线的线路上无信号

    C. 短路传输线上没有负载的阻碍作用，线路上传输线行波

    D. 将端接负载的无耗传输线加长半个波长，其传输特性不变

5. 关于无耗传输线上反射系数与输入阻抗描述正确的是（　　　）。

    A. 它们都是位置的函数

    B. 一般情况下，它们都是复数

    C. 反射系数的大小取决于负载和传输线特性阻抗的大小

    D. 输入阻抗的大小取决于负载和传输线特性阻抗的大小

三、计算题（每小题 10 分，共 20 分）

1. 特性阻抗 $Z_0=50\Omega$ 的无耗传输线终端接未知负载 Z_L，实验已测得各项数据，如自测题图 4-3 所示，试求：①驻波系数 ρ；②负载阻抗 Z_L。

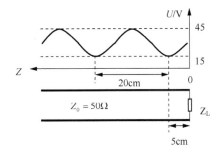

自测题图 4-3　无耗传输线

2. 用史密斯圆图计算：已知传输线特性阻抗为 50Ω，工作波长为 10cm，负载阻抗为

$(15+j30)\Omega$，求出第一电压波腹点到负载的距离，以及线上驻波比。

答案：一、1. 分布，集总；2. 麦克斯韦方程，基尔霍夫定律；3. 波腹，波节；4. B，K、O，F，E；5. $[1,\infty)$；6. 驻，行，行驻；7. 串联，并联；8. 感，容；9. 电源端、传输线，负载端；10. $1/3$，2，70.71Ω。

二、1. ABCD；2. ACD；3. ABC；4. BC；5. ABC。

三、1. 3，$Z_L=(30-j40)\,\Omega$；2. 1.6cm，4.7。

习 题 四

4-1 如习题图 4-1 所示，两块无限大理想导体，间距为 a，已知其中的电场 $E_x=E_z=0$，满足麦克斯韦方程的 $E_y=(A\sin k_x x+B\cos k_x x)\cos(\omega t-k_y z)$，试求：①常数 B 和 k_x；②导体板上的表面电流密度。

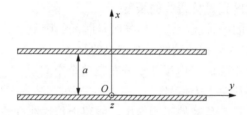

习题图 4-1　无限大平行板传输线

答案：① $B=0$，$k_x=\dfrac{m\pi}{a}$；② $\bar{J}_{s_下}=\hat{y}\dfrac{A}{\omega\mu}\dfrac{m\pi}{a}\sin(\omega t-k_y z)$，$\bar{J}_{s_上}=-\hat{y}\dfrac{A}{\omega\mu}\dfrac{m\pi}{a}(-1)^m\sin(\omega t-k_y z)$。

4-2 空气无耗双导线的特性阻抗为 300Ω，终端电压为 50V，工作频率为 150MHz，试求：①分布电容和分布电感；②终端开路时距终端 $\dfrac{1}{3}$ m，$\dfrac{1}{2}$ m，1m 和 2m 处的电压。

答案：① $C_1=11.1\times10^{-12}\,\text{F/m}$，$L_1=10^{-6}\,\text{H/m}$；②25V，0V，$-50$V，50V。

4-3 空气无耗双导线的导线半径为 a=0.5cm，间距 d=8cm，试求：①分布电容和分布电感；②特性阻抗及 f=300MHz 时的相位常数。

答案：① $C_1=10\text{pF/m}$，$L_1=1.1\mu\text{H/m}$；② $Z_c=333\Omega$，$\beta=6.28\text{rad/m}$。

4-4 某射频信号源的电压为 10V，内阻为 50Ω，工作频率 f=100MHz，通过长 r=6.6m 的 50Ω 无耗传输线接到负载上，负载阻抗为$(25+j25)\Omega$，试求：①传输线终端反射系数和传输线上的电压驻波比；②电源端的电压振幅；③负载端的电压振幅和负载端接收的平均功率；④被负载反射的平均功率。

答案：① $\Gamma=0.447\angle111.6°$，$\rho=2.62$；② $|U_i|=7.07\text{V}$；③ $|U_L|=4.47\text{V}$，$P_{av}=0.20\text{W}$；④ $P_{av}|_{max}=0.25\text{W}$。

4-5 一无耗传输线在分别接不同负载时，线上存在驻波。设第一个波节点（U_{min} 处）分别位于以下各点，请说明各负载的特性（如短路、电容负载等）：①负载端；②离负载 $\lambda/4$ 处；③负载和 $\lambda/4$ 距离之间；④离负载 $\lambda/4$ 和 $\lambda/2$ 之间；⑤离负载 $\lambda/2$ 处。

答案：①短路；②开路；③纯电容负载；④纯电感负载；⑤短路。

4-6 计算特性阻抗为 100Ω、长 0.12λ、终端负载为 $Z_L = (50 - \text{j}150)\,\Omega$ 的无耗传输线的输入阻抗和输入导纳。

答案：$Z_{in} = (15 - \text{j}27.5)\,\Omega$ ， $Y_{in} = \dfrac{1.6 + \text{j}2.8}{100}\text{S} = (0.016 + \text{j}0.028)\text{S}$ 。

4-7 无耗传输线的特性阻抗为 600Ω，长 0.79λ，试求以下情形的输入阻抗和输入导纳：①终端短路；②终端开路。

答案：① $Z_{in} = -\text{j}2336.8\Omega$ ， $Y_{in} = \text{j}0.000428\text{S}$ ；② $Z_{in} = \text{j}154.1\Omega$ ， $Y_{in} = \text{j}0.0065\text{S}$ 。

4-8 特性阻抗为 400Ω 的无耗传输线长 0.12λ，若输入导纳为 $Y_{in} = (0.0025 + \text{j}0.005)\text{S}$ ，试求归一化输入导纳和负载阻抗。

答案：建议采用史密斯圆图求解， $y_{in} = 1 + \text{j}2$ ， $Z_L = (360 + \text{j}820)\,\Omega$ 。

4-9 无耗传输线的特性阻抗为 600Ω，长 0.36λ，输入阻抗为 $Z_{in} = (600 + \text{j}450)\,\Omega$ ，试求其负载阻抗和负载导纳。

答案：建议采用史密斯圆图求解， $Z_L = (1020 - \text{j}450)\,\Omega$ ， $Y_L = (0.00875 + \text{j}0.00042)\text{S}$ 。

4-10 无耗传输线长 0.4λ，电压驻波比为 2，电压波节距负载 0.2λ，试求：①负载阻抗和负载导纳的归一化值；②输入阻抗和输入导纳的归一化值。

答案：① $z_L = 1.55 - \text{j}0.75$ ， $y_L = 0.53 + \text{j}0.25$ ；② $z_{in} = 1.58 + \text{j}0.75$ ， $y_{in} = 0.54 - \text{j}0.24$ 。

4-11 测得 300Ω 无耗传输线上的电压驻波比为 2.15，第一电压波腹点距离负载 0.05λ，λ=3m，试求：①负载阻抗 Z_L ；②实现单枝节匹配所需的最近的枝节与负载的距离 d 及最短的枝节长度 l。

答案：① $Z_L = (495 + \text{j}210)\,\Omega$ ；② $d = 0.612\text{m}$ ， $l = 0.441\text{m}$ 。

4-12 无耗传输线的特性阻抗 $Z_c = 250\Omega$ ，负载阻抗为纯电阻 $R_L = 1000\Omega$ ，全长 15m，工作波长为 λ=3m，试求：①单枝节匹配的位置 d 及长度 l；②匹配前和匹配后传输线上的最大电压，已知射频电压源的电压为 $U_g = 100\text{V}$ ，内阻为 $R_g = 250\Omega$ 。

答案：① $d = 0.528\text{m}$ ， $l = 0.282\text{m}$ ；②128V，80V。

4-13 无耗传输线上的信号波长为 λ=2m，负载导纳归一化值为 $y_L = 0.2 - \text{j}0.3$ ，在离负载 $d_1 = 0.15\lambda$ 处加短路枝节 l_1 ，在相隔 $d_0 = \dfrac{3}{8}\lambda$ 处加短路枝节 l_2 ，以实现完全匹配。请确定此双枝节匹配所需的枝节长度 l_1 和 l_2 。

答案：$l_1 = 0.25\text{m}$ ， $l_2 = 0.81\text{m}$ 。

4-14 聚四氯乙烯基片的相对介电常数为 ε_r=2.55，厚 2mm，当微带线宽 4.2mm 时，试求：①5GHz 电磁波的线上波长 λ_m ；②特性阻抗 Z_c ；③除 TM_0 外，不出现其他表面波模的截止波长和最高频率。

答案：① $\lambda_m = \dfrac{\lambda}{\sqrt{\varepsilon_e}} = 4.14\text{cm}$ ；② $Z_c = 60\Omega$ ；③ $\lambda_c = 9.96\text{mm}$ ， $f_{max} = 30.1\text{GHz}$ 。

4-15 微带线宽 w = 4.2mm，高 h =1.5mm，其聚苯乙烯基片 ε_r=2.53， $\tan\delta$ =4.7×10⁻⁴，导体材料为铜，工作于 10GHz，试求：①工作波长 λ_m ；②特性阻抗 Z_c ；③介质损耗 α_d ；④导体损耗 α_c 。

答案：① $\lambda_m = 2.06\text{cm}$ ；② $Z_c = 54.5\Omega$ ；③ $\alpha_d = 5.45\times10^{-3}\,\text{dB/cm}$ ；④ $\alpha_c = 9.9\times10^{-3}\,\text{dB/cm}$ 。

第5章

电磁波的辐射

电磁波的辐射是指电磁场能量脱离场源，以电磁波的形式在空间传播的现象。在无线系统中，实现电磁波辐射或接收的装置称为天线（**Antenna**）。它是移动通信、卫星通信、导航、雷达、测控、遥感、射频识别、射电天文及电子对抗等各种民用和军用电子系统中必不可少的部件之一。它的性能不但直接关系到整个系统的性能指标，而且往往是确定系统整体工作方式的重要依据。

天线既可以用于发射（Transmit）电磁波，又可以用于接收（Receive）电磁波。发射天线的功能是将发射机（Transmitter）经传输线输出的射频导行波能量变换成无线电波能量向空间辐射，如图 5.0-1（a）所示；而接收天线的功能则是将入射波的电磁能量变换成射频导波能量传输给接收机（Receiver）。可见，**天线就是导行波与空间电磁波之间的能量转换器**。

天线发射系统的等效电路如图 5.0-1（b）所示，这里的信号源可视为理想信号源，传输线的性质可用特性阻抗 Z_c 来描述，其端接负载阻抗 $Z_A = (R_L + R_r) + jX_A$。其中，R_r 为天线的辐射电阻，是衡量天线性能的重要指标之一；R_L 为天线的介质损耗和导体损耗，如果传输线和天线之间不能完美地实现阻抗匹配，那么断面处的反射损耗也应包含在内；X_A 为天线的辐射电抗，研究辐射电抗的变化趋势可以有助于实现阻抗匹配，**一般天线的中心工作频率附近的电抗为零，这是谐振式天线的典型特征**。

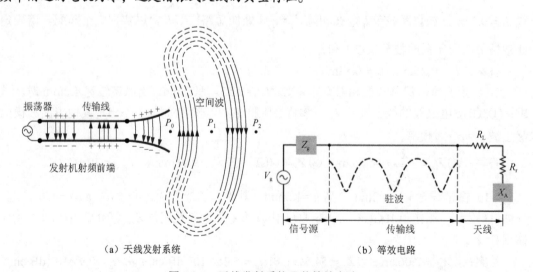

（a）天线发射系统　　　　　　　　（b）等效电路

图 5.0-1　天线发射系统及其等效电路

在电磁波的辐射理论中，电流元、磁流元和惠更斯元是三种基本的辐射模型，是求解各种天线辐射特性的基础，也是本章的核心内容。

§5.1　滞　后　位

5.1.1　电磁场的矢量磁位描述

要研究辐射问题，就要求解有源区的波动方程，即根据场源分布来求其所产生的空间电磁场。但工程中较简单的方法是先求其位函数，再由之得出 $\bar{E}$ 和 $\bar{H}$。从洛伦兹规范 $\nabla \cdot \bar{A} = -\mathrm{j}\omega\mu\varepsilon\phi$ 中提取 ϕ，代入 $\bar{E} = -\nabla\phi - \mathrm{j}\omega\bar{A}$ 中可得

$$\bar{E} = -\mathrm{j}\omega\bar{A} + \frac{1}{\mathrm{j}\omega\mu\varepsilon}\nabla(\nabla \cdot \bar{A}) \tag{5.1-1}$$

根据 $\bar{B} = \nabla \times \bar{A}$ 可得

$$\bar{H} = \frac{1}{\mu}\nabla \times \bar{A} \tag{5.1-2}$$

可见，$\bar{E}$ 和 $\bar{H}$ 都可由矢量位 $\bar{A}$ 来确定。

重写达朗贝尔方程如下：

$$\nabla^2\bar{A} + k^2\bar{A} = -\mu\bar{J} \tag{5.1-3}$$

$$\nabla^2\phi + k^2\phi = -\frac{\rho}{\varepsilon} \tag{5.1-4}$$

式中，$k^2 = \omega^2\mu\varepsilon$。

5.1.2　时谐场位函数的解

下面先来求解标量电位 ϕ 的方程，即式（5.1-4），考察无界空间中位于坐标原点的单位点源电荷做时谐变化的情形。用 δ 函数表示单位强度的点源。由于球的对称性，ϕ 只是场点与源点的距离 r 的函数。这样，在球坐标系中，式（5.1-4）可化为

$$\frac{1}{r^2}\frac{\mathrm{d}}{\mathrm{d}r}\left(r^2\frac{\mathrm{d}\phi}{\mathrm{d}r}\right) + k^2\phi = -\frac{\delta(r)}{\varepsilon}$$

对于 $r \neq 0$ 处，$\delta(r) = 0$，故有

$$\frac{1}{r^2}\frac{\mathrm{d}}{\mathrm{d}r}\left(r^2\frac{\mathrm{d}\phi}{\mathrm{d}r}\right) + k^2\phi = 0 \tag{5.1-5}$$

令 $\phi = u/r$，并将式（5.1-5）化简得 $\dfrac{\mathrm{d}^2u}{\mathrm{d}r^2} + k^2u = 0$，其通解为 $u = C_1\mathrm{e}^{-\mathrm{j}kr} + C_2\mathrm{e}^{\mathrm{j}kr}$，因此 ϕ 的通解为

$$\phi = C_1\frac{\mathrm{e}^{-\mathrm{j}kr}}{r} + C_2\frac{\mathrm{e}^{\mathrm{j}kr}}{r} \tag{5.1-6}$$

式中，C_1、C_2 为待定常数。第一项代表向外传输的波，第二项代表内向波。由于无界空间中从无穷远处无内向波（这称为辐射条件），故第二项应为零，得 $C_2 = 0$。于是

$$\phi = C_1 \frac{\mathrm{e}^{-jkr}}{r} \qquad (5.1\text{-}7)$$

常数 C_1 需要由激励条件来确定。对于静电场，$k = 0$，取单位电荷（$q = 1$）的位函数与式（5.1-7）进行比较，可以得出 $C_1 = \dfrac{1}{4\pi\varepsilon}$，将其代入式（5.1-7），得

$$\phi = G(r) = \frac{\mathrm{e}^{-jkr}}{4\pi\varepsilon r} \qquad (5.1\text{-}8)$$

一般地说，凡是单位点源在场点产生的响应都被称为格林函数。式（5.1-8）就是无界空间中单位点源电荷在场点 r 处的格林函数，用 $G(r)$ 来表示。

对场源分布在任意给定区域的情况，都可用格林函数的叠加原理来求出其合成场。设时谐电荷以体密度 ρ 分布在体积 V 中，如图 5.1-1 所示，则全部电荷产生的标量位为

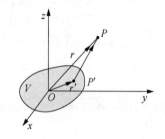

$$\phi(r) = \int_V G(\overline{r}-\overline{r}')\rho(\overline{r}')\mathrm{d}v = \frac{1}{4\pi\varepsilon}\int_V \rho(\overline{r}')\frac{\mathrm{e}^{-jkR}}{R}\mathrm{d}v' \quad (5.1\text{-}9)$$

式中，$R = |\overline{r} - \overline{r}'|$。此式就是标量位方程，即式（5.1-4）在无界空间区域（不包括源点）中的解。

矢量位方程，即式（5.1-3）可分解为三个标量方程，每个标量方程的形式都与式（5.1-4）类似，因而解的形式

图 5.1-1　计算位函数的坐标关系

也相似。因此，若时谐电流以体密度 $\overline{J}$ 分布在三维区域 V 中，则它们在场点 $\overline{r}$ 处产生的矢量位为

$$\overline{A}(r) = \frac{\mu}{4\pi}\int_V \overline{J}(\overline{r}')\frac{\mathrm{e}^{-jkR}}{R}\mathrm{d}v' \qquad (5.1\text{-}10)$$

这就是矢量位方程，即式（5.1-3）在无界空间区域（源点除外）中的解。式（5.1-9）和式（5.1-10）的瞬时表示式分别为

$$\phi(r,t) = \frac{1}{4\pi\varepsilon}\int_V \rho(\overline{r}')\frac{\mathrm{e}^{j(\omega t - kR)}}{R}\mathrm{d}v' \qquad (5.1\text{-}11)$$

$$\overline{A}(r,t) = \frac{\mu}{4\pi}\int_V \overline{J}(\overline{r}')\frac{\mathrm{e}^{j(\omega t - kR)}}{R}\mathrm{d}v' \qquad (5.1\text{-}12)$$

式（5.1-11）和式（5.1-12）表明，对离开源点 R 处的场点，其位函数的变化滞后于源点的变化，滞后的相位为 $kR = \omega R / v_{\mathrm{p}} = \omega t_{\mathrm{p}}$，即滞后的时间为 $t_{\mathrm{p}} = R / v_{\mathrm{p}}$，这正是电磁波传输 R 距离所需的时间。也就是说，**场源的电磁效应是以有限速度 v_{p} 来传递的**。因此，ϕ 和 $\overline{A}$ 都称为滞后位。

§5.2　电　流　元

5.2.1　电流元的辐射场

设想有一很短的直线电流元，如图 5.2-1（a）所示。它的长度 l 远小于工作波长 λ，直径可忽略，因而其电流可认为沿线均匀分布，即 I=常数。它的强度可用 Il 来表征。用这样

的电流元可以构成更复杂的天线，因此直线电流元的辐射特性是研究更复杂的天线的辐射特性的基础。于是电流元也称为电基本振子。

根据电流连续性原理，电流元的两端必须同时积存大小相等、符号相反的时谐电荷 Q，以使 $I(t) = \mathrm{d}Q / \mathrm{d}t$，即 $I = \mathrm{j}\omega Q$，如图 5.2-1（b）所示。实验中，其实际结构是在两端各加载一个大金属球。这也就是早期赫兹实验所用的形式，因此又称为赫兹电偶极子。

电流元也可看作高频电流上取出的非常短的一段（如同微分单元），如图 5.2-1（c）所示，由于线电流非常短，所以电流可视为沿传输线均匀分布。因此，电流元也称为元天线。

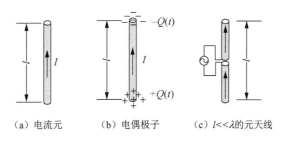

（a）电流元　　　（b）电偶极子　　　（c）$l<<\lambda$的元天线

图 5.2-1　电流元与赫兹电偶极子

下面利用矢量位法来求电流元所辐射的电磁场，将电流元置于坐标原点，并沿 z 轴方向，如图 5.2-2 所示。

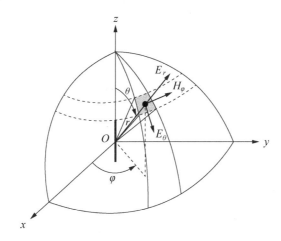

图 5.2-2　电流元所辐射的电磁场

在式（5.1-10）中，$\bar{J}\mathrm{d}v = \bar{J}\mathrm{d}s\mathrm{d}l = \hat{z}I\mathrm{d}z$，故

$$\bar{A} = \frac{\mu}{4\pi}\int_{l}\hat{z}I\frac{\mathrm{e}^{-\mathrm{j}kr}}{r}\mathrm{d}z' = \hat{z}\frac{\mu Il}{4\pi r}\mathrm{e}^{-\mathrm{j}kr} = \hat{z}A_z \tag{5.2-1}$$

为了采用球坐标，需要进行坐标变换：

$$\bar{A} = \hat{r}A_r + \hat{\theta}A_\theta + \hat{\varphi}A_\varphi = \hat{r}A_z\cos\theta - \hat{\theta}A_z\sin\theta \tag{5.2-2}$$

磁场强度可由式（5.1-2）得出，即

$$H_\varphi = \mathrm{j}\frac{kIl}{4\pi r}\sin\theta(1+\frac{1}{\mathrm{j}kr})\mathrm{e}^{-\mathrm{j}kr} \tag{5.2-3}$$

因为场点处无源（$\bar{J}=0$），所以 $\bar{E}$ 可方便地由麦克斯韦方程 $\bar{E}=\dfrac{1}{\mathrm{j}\omega\varepsilon_0}\nabla\times\bar{H}$ 求出，即

$$\begin{cases} E_r = \eta\dfrac{Il}{2\pi r^2}\cos\theta(1+\dfrac{1}{\mathrm{j}kr})\mathrm{e}^{-\mathrm{j}kr} \\ E_\theta = \mathrm{j}\eta\dfrac{kIl}{4\pi r}\sin\theta(1+\dfrac{1}{\mathrm{j}kr}-\dfrac{1}{k^2r^2})\mathrm{e}^{-\mathrm{j}kr} \end{cases} \qquad (5.2\text{-}4)$$

可见，磁场强度只有一个分量 H_φ，而电场强度有两个分量 E_r 和 E_θ。无论哪个分量，都随距离 r 的增加而减小。只是它们的成分（不同项）有的随 r 减小得快，而有的则减小得慢。

5.2.2　近区场

近区是指 $kr\ll1$，即 $r\ll\lambda/2\pi$（但 $r>l$）的区域。在这个区域中，$1\ll\dfrac{1}{kr}\ll\dfrac{1}{k^2r^2}$，且 $\mathrm{e}^{-\mathrm{j}kr}\doteq1$。因此式（5.2-3）和式（5.2-4）可近似为

$$H_\varphi = \dfrac{Il}{4\pi r^2}\sin\theta \qquad (5.2\text{-}5)$$

$$\begin{cases} E_r = -\mathrm{j}\eta\dfrac{Il}{2\pi kr^3}\cos\theta \\ E_\theta = -\mathrm{j}\eta\dfrac{Il}{4\pi kr^3}\sin\theta \end{cases} \qquad (5.2\text{-}6)$$

考虑到电荷与电流的关系 $I=\mathrm{j}\omega Q$，式（5.2-6）可以写成

$$\begin{cases} E_r = \dfrac{ql\cos\theta}{2\pi\varepsilon_0 r^3} = \dfrac{p_\mathrm{e}\cos\theta}{2\pi\varepsilon_0 r^3} \\ E_\theta = \dfrac{ql\sin\theta}{4\pi\varepsilon_0 r^3} = \dfrac{p_\mathrm{e}\sin\theta}{4\pi\varepsilon_0 r^3} \end{cases} \qquad (5.2\text{-}7)$$

式中，p_e 是电偶极矩 $\bar{p}_\mathrm{e}=q\bar{l}$ 的振幅。

可见，电流元近区的电场与静电场偶极子的电场，即式（2.2-23）相同，而磁场 H_φ 与恒定电流元的磁场表示式相同，故称**电流元的近区场是一种似稳场**。电场强度与磁场强度之间的相位相差 $\pi/2$，这是由于滞后效应不明显，电场直接随电荷变化，而磁场直接随电流变化导致的。通过关系 $I=\mathrm{j}\omega Q$ 可知，电流 I 与电荷 Q 之间有 $\pi/2$ 的相位差，因而 H 与 E 之间也有 $\pi/2$ 的相位差。另外，电流元近区场的平均功率流密度为

$$\bar{S}_\mathrm{av} = \dfrac{1}{2}\mathrm{Re}[\bar{E}\times\bar{H}^*] = 0 \qquad (5.2\text{-}8)$$

因此，近区场无实功率传输，只有虚功率。

5.2.3　远区场

对电流元来说，远区是指 $kr\gg1$，即 $r\gg\lambda/2\pi$ 的区域。这个区域中，$\dfrac{1}{k^2r^2}\ll\dfrac{1}{kr}\ll1$，因此式（5.2-3）和式（5.2-4）中可仅保留各分量中最大的项，得

$$H_\varphi = j\frac{kIl}{4\pi r}\sin\theta e^{-jkr} = j\frac{Il}{2\lambda}\frac{e^{-jkr}}{r}\sin\theta \qquad (5.2\text{-}9a)$$

$$E_\theta = j\frac{\eta_0 kIl}{4\pi r}\sin\theta e^{-jkr} = j\frac{\eta_0 Il}{2\lambda}\frac{e^{-jkr}}{r}\sin\theta \qquad (5.2\text{-}9b)$$

电场、磁场的瞬时表达式为

$$E_\theta(r,t) = \frac{\eta_0 Il}{2\lambda}\frac{\sin\theta}{r}\cos\left[\omega t - kr + \frac{\pi}{2}\right] \qquad (5.2\text{-}10a)$$

$$H_\varphi(r,t) = \frac{Il}{2\lambda}\frac{\sin\theta}{r}\cos\left[\omega t - kr + \frac{\pi}{2}\right] \qquad (5.2\text{-}10b)$$

可见，远区场的性质与近区场完全不同。它的场强只有两个相位相同的分量：H_φ 和 E_θ。下面来看一下电偶极子远区场的性质。

（1）坡印廷矢量的平均值为

$$\overline{S}_{av} = \frac{1}{2}\mathrm{Re}[E_\theta\hat{\theta} \times H_\varphi^*\hat{\varphi}] = \frac{1}{2}\mathrm{Re}[E_\theta H_\varphi^*]\hat{r} \qquad (5.2\text{-}11)$$

式中，功率的方向是放射状的，有能量辐射。因此，远区场又称为辐射场。

（2）由式（5.2-10a）和式（5.2-10b）可知，在 $r=$常数的球面上，各点处的场的相位都相等，因此电偶极子辐射场的等相位面是球面。同时，电场和磁场相互垂直，并都垂直于传播方向。在传播方向上，电磁场分量等于零，称为横电磁波，记为 TEM 波。

（3）从式（5.2-10a）和式（5.2-10b）中还可看出，场强的相位既随时间增加又随距离减小。图 5.2-3 给出了远区场相位在 t 和 $t+\Delta t$ 两个时刻随 r 的变化情况。可以看出，随着时间的推移，相位面向 r 增加的方向移动，这种现象称为相移，而等相位面移动的速度称为相速。在 Δt 时间内，相位变化 $\omega\Delta t$，而波阵面向前移动了 $k\Delta r$，因此 $\omega\Delta t = k\Delta r$。由此可得相速为

$$v_p = \lim_{\Delta t \to 0}\frac{\Delta r}{\Delta t} = \frac{\omega}{k} \qquad (5.2\text{-}12)$$

在自由空间，电磁波的相速为

$$v_p = c = \frac{1}{\sqrt{\mu_0\varepsilon_0}} = 3\times10^8\,\mathrm{m/s} \qquad (5.2\text{-}13)$$

这是光在自由空间中的传播速度。这一事实为光波就是电磁波的学说提供了有力的证据。

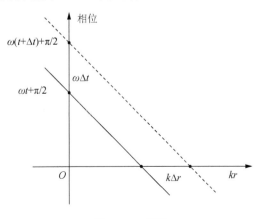

图 5.2-3　相移

（4）电场强度和磁场强度的比值是一个常数，记为

$$E_\theta / H_\varphi = \sqrt{\frac{\mu_0}{\varepsilon_0}} = \eta_0 = 120\pi \approx 377\Omega \qquad (5.2\text{-}14)$$

式中，η_0 是自由空间的波阻抗。它是纯电阻，这也说明电场与磁场同相位。

（5）场强振幅与 r 成反比，这是因为当电流元由源点向外辐射时，其功率渐渐扩散，由分布于小的球面上变成分布于更大的球面上。这是球面波的振幅特点，故将 e^{-jkr}/r 称为球面波因子。同时，场强振幅与 I 成正比，也与 l/λ 成正比。这是由于场来源于波源。值得注意的是，它与电尺寸 l/λ 有关，而不是仅与几何尺寸 l 有关。

场强空间分布按照 $\sin\theta$ 规律变化，当 $\theta=90°$ 时最大，当 $\theta=0°$（轴向）时为零。这说明电流元的辐射是具有方向性的。这种方向性正是天线的一个主要技术指标。这一点将在 5.5 节中进一步研究。

§5.3　对偶原理与磁流元

5.3.1　对偶原理

我们已经知道，自然界并不存在任何单独的磁荷，因而也不存在作为磁荷运动的磁流，正因为如此，麦克斯韦方程组是不对称的。但是，为了便于处理某些电磁场问题，可以引入假想的磁荷和磁流作为等效源。引入假想的磁荷和磁流后，便得到对称形式的广义麦克斯韦方程组：

$$\nabla \times \bar{E} = -\bar{J}^m - j\omega\mu\bar{H} \qquad (5.3\text{-}1a)$$

$$\nabla \times \bar{H} = \bar{J} + j\omega\varepsilon\bar{E} \qquad (5.3\text{-}1b)$$

$$\nabla \cdot \bar{E} = \rho/\varepsilon \qquad (5.3\text{-}1c)$$

$$\nabla \cdot \bar{H} = \rho^m/\mu \qquad (5.3\text{-}1d)$$

并有
$$\nabla \cdot \bar{J}^m = -j\omega\rho^m \qquad (5.3\text{-}1e)$$

式中，$\bar{J}^m$ 为磁流（体）密度；ρ^m 为磁荷（体）密度。引入这些等效源后，激发电磁场的场源分成两种：电流及电荷、磁流及磁荷，仅由场源电流 $\bar{J}$（不包括已由 $\bar{J}^m$ 等效的部分）所产生的场 $\bar{E}^e$、$\bar{H}^e$ 的方程为

$$\nabla \times \bar{E}^e = -j\omega\mu\bar{H}^e, \quad \nabla \times \bar{H}^e = \bar{J} + j\omega\varepsilon\bar{E}^e$$

仅由场源磁流 $\bar{J}^m$ 所产生的场 $\bar{E}^m$、$\bar{H}^m$ 的方程为

$$\nabla \times \bar{E}^m = -\bar{J}^m - j\omega\mu\bar{H}^m, \quad \nabla \times \bar{H}^m = j\omega\varepsilon\bar{E}^m$$

比较以上两组方程可知，二者的数学形式完全相同，因此它们的解也将取相同的数学形式。这样，可由一种场源下电磁场问题的解导出另一种场源下对应问题的解。这个概念称为对偶原理或二重性原理。

相应地，对于矢量位 $\bar{A}$，也有其对偶量 $\bar{F}$，它们的对偶公式如下。

对电型源：

$$\bar{E}^e = -j\omega\bar{A} + \frac{1}{j\omega\mu\varepsilon}\nabla(\nabla \cdot \bar{A}) \qquad (5.3\text{-}2a)$$

$$\overline{H}^{\mathrm{e}} = \frac{1}{\mu}\nabla\times\overline{A} \tag{5.3-2b}$$

$$\overline{A} = \frac{\mu}{4\pi}\int_V \frac{\overline{J}(r')}{R}\,\mathrm{e}^{-jkR}\mathrm{d}v' \tag{5.3-2c}$$

对磁型源：

$$\overline{H}^{\mathrm{m}} = -j\omega\overline{F} + \frac{1}{j\omega\varepsilon\mu}\nabla(\nabla\cdot\overline{F}) \tag{5.3-3a}$$

$$\overline{E}^{\mathrm{m}} = \frac{1}{\varepsilon}\nabla\times\overline{F} \tag{5.3-3b}$$

$$\overline{F} = \frac{\varepsilon}{4\pi}\int_V \frac{\overline{J}^{\mathrm{m}}(\overline{r'})}{R}\,\mathrm{e}^{-jkR}\mathrm{d}v \tag{5.3-3c}$$

式（5.3-3a）和式（5.3-3b）分别是 $\overline{J}$ 与 $\overline{J}^{\mathrm{m}}$ 在无界空间区域产生的矢量位，称 $\overline{A}$ 为矢量磁位，称 $\overline{F}$ 为矢量电位。在更多情况下，式（5.3-2c）和式（5.3-3c）表现为二维面电流或一维线电流，此时简化为二维或一维表达式，如下：

$$\overline{A} = \frac{\mu}{4\pi}\int_S \frac{\overline{J}_s(r')}{R}\,\mathrm{e}^{-jkR}\mathrm{d}s' \tag{5.3-4a}$$

$$\overline{A} = \frac{\mu}{4\pi}\int_l \frac{\overline{I}^{\mathrm{e}}(r')}{R}\,\mathrm{e}^{-jkR}\mathrm{d}l' \tag{5.3-4b}$$

$$\overline{F} = \frac{\varepsilon}{4\pi}\int_S \frac{\overline{J}_s^{\mathrm{m}}(r')}{R}\,\mathrm{e}^{-jkR}\mathrm{d}s' \tag{5.3-5a}$$

$$\overline{F} = \frac{\varepsilon}{4\pi}\int_l \frac{\overline{I}^{\mathrm{m}}(r')}{R}\,\mathrm{e}^{-jkR}\mathrm{d}l' \tag{5.3-5b}$$

表 5.3-1 列出了电型源和磁型源的对偶量，其中，$\eta = \sqrt{\mu/\varepsilon}$。这是一种对偶方式，但并不是唯一的。按这些对偶量进行互换，若只有电型源时的边界条件与只有磁型源时的边界条件形式相同，也呈对偶关系，便可由前者的解得出后者的场；反之亦然。

表 5.3-1　电型源与磁型源的对偶量

电型源（$\overline{J}^{\mathrm{m}}=0$）	$\overline{E}^{\mathrm{e}}$	$\overline{H}^{\mathrm{e}}$	$\overline{J}$	ε	μ	k	$\overline{A}$	η
磁型源（$\overline{J}=0$）	$\overline{H}^{\mathrm{m}}$	$-\overline{E}^{\mathrm{m}}$	$\overline{J}^{\mathrm{m}}$	μ	ε	k	$\overline{F}$	$1/\eta$

5.3.2　磁流元和小电流环的辐射

设想一段很短的直线磁流，长 $l \ll \lambda$，沿线 $I^{\mathrm{m}} = \mathrm{const.}$，这个模型称为磁流元，又称为磁基本振子或磁偶极子。将其置于坐标原点，沿 z 轴方向，如图 5.3-1（a）所示。

磁流元与如图 5.2-1 所示的电流元互成对偶，因此利用表 5.3-1 中的对偶关系，就可从电流元的辐射场，即式（5.2-9）得到磁流元产生的场：

$$\begin{cases} E_\varphi = -j\dfrac{I^{\mathrm{m}}l}{2\lambda r}\sin\theta\,\mathrm{e}^{-jkr} \\[2mm] H_\theta = j\dfrac{I^{\mathrm{m}}l}{2\lambda r\eta_0}\sin\theta\,\mathrm{e}^{-jkr} \end{cases} \tag{5.3-6}$$

对于如图 5.3-1（b）所示的小电流环，沿线电流 $i(t) = I\cos\omega t = \mathrm{Re}[I\,e^{j\omega t}]$，半径 $a<<\lambda$，面积 $\overline{S} = \hat{n}\pi a^2$，此时磁矩为

$$\overline{p}_{\mathrm{m}} = \mu_0 i\overline{S} = \hat{n}\mu_0 iS \qquad (5.3\text{-}7)$$

式中，$\hat{n}$ 与电流环为右手螺旋关系。磁矩还可以用磁荷表示：

$$\overline{p}_{\mathrm{m}} = q_{\mathrm{m}}\overline{l} = \hat{n}q_{\mathrm{m}}l \qquad (5.3\text{-}8)$$

比较式（5.3-7）与式（5.3-8）可得

$$q_{\mathrm{m}} = \frac{\mu_0 iS}{l} \qquad (5.3\text{-}9)$$

于是磁荷间的假想磁流为

$$I^{\mathrm{m}} = \frac{\mathrm{d}q_{\mathrm{m}}}{\mathrm{d}t} = \frac{\mu_0 S}{l}\frac{\mathrm{d}i}{\mathrm{d}t} \qquad (5.3\text{-}10)$$

用复数表示为

$$I^{\mathrm{m}}l = j\omega\mu_0 SI \qquad (5.3\text{-}11)$$

由此，小电流环可等效为一个磁流元。将式（5.3-11）代入式（5.3-6），可得小电流环的远区（$kr>>1$）场：

$$E_\varphi = \frac{\omega\mu_0 SI}{2\lambda}\frac{e^{-jkr}}{r}\sin\theta \qquad (5.3\text{-}12a)$$

$$H_\theta = -\frac{\omega\mu_0 SI}{2\lambda\eta_0}\frac{e^{-jkr}}{r}\sin\theta \qquad (5.3\text{-}12b)$$

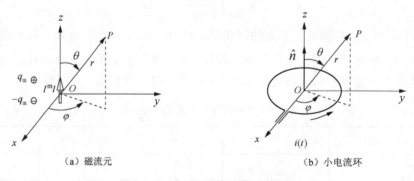

（a）磁流元 　　　　　　　　　　（b）小电流环

图 5.3-1　磁流元与小电流环的分析

可以看到，磁流元与电流元具有相同的波函数和方向性因子，不同的是电场与磁场在空间的分布特性互换了。

§5.4　等效原理与惠更斯元

5.4.1　等效原理

如果有一个假想场源，它在空间某一区域产生的场与实际场源产生的场相同，就称这两个场源对该区域是等效的，即电磁场的等效原理。如图 5.4-1（a）所示，原有问题是电流

源 $\bar{J}$ 和磁流源 $\bar{J}^{\mathrm{m}}$ 在空间各处产生电磁场 $(\bar{E},\bar{H})$。今设想用一封闭曲面 S 来包围原场源，并将该场源取消，令 S 面内的场为 $(\bar{E}_1,\bar{H}_1)$，而 S 面外的场仍保持为原来的场，即 $(\bar{E},\bar{H})$〔见图 5.4-1（b）〕。S 面内的场与 S 面外的场之间必须满足 S 面处的边界条件：

$$\bar{J}_s = \hat{n}\times(\bar{H}-\bar{H}_1) \tag{5.4-1a}$$

$$\bar{J}_s^{\mathrm{m}} = -\hat{n}\times(\bar{E}-\bar{E}_1) \tag{5.4-1b}$$

式中，$\hat{n}$ 为 S 面的外法线方向单位矢量。假想的 S 面上的电流 $\bar{J}_s$ 和磁流 $\bar{J}_s^{\mathrm{m}}$ 就是 S 面外区域的等效场源。这是因为，根据场的唯一性定理，S 面外的场由 S 面上的边界条件唯一决定。

由于 S 面内的场 $(\bar{E}_1,\bar{H}_1)$ 可以是任何值，所以可假定它们是零。这时等效问题简化为图 5.4-1（c），而 S 面上的等效场源化为

$$\bar{J}_s = \hat{n}\times\bar{H} \tag{5.4-2a}$$

$$\bar{J}_s^{\mathrm{m}} = -\hat{n}\times\bar{E} \tag{5.4-2b}$$

这一形式称为洛夫等效原理，是最常用的形式。**注意：式（5.4-2b）与式（5.4-2a）相比，其等号右端有一负号，即电流密度与 S 面法向、磁场强度为右手螺旋关系，而磁流密度与 S 面法向、电场强度为左手螺旋关系。**这个负号与表 5.3-1 中 $\bar{H}^{\mathrm{e}} \Leftrightarrow -\bar{E}^{\mathrm{m}}$ 的对偶关系是一致的。

洛夫等效原理的两种变形是：用理想导电体作为零场区的媒质，此时 S 面上将只有面磁流 $\bar{J}_s^{\mathrm{m}} = -\hat{n}\times\bar{E}$；或者用理想导磁体作为零场区媒质，此时 S 面上只有面电流 $\bar{J}_s = \hat{n}\times\bar{H}$。这时再结合镜像原理，往往可使问题得到简化。

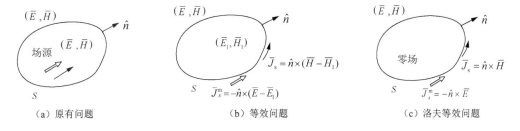

图 5.4-1　等效原理

5.4.2　惠更斯元的辐射

惠更斯元就是抛物面天线之类天线的开口面 s_0（称为口径）上的一个微分面元 $\mathrm{d}s = \mathrm{d}x\mathrm{d}y$，将其上的电场和磁场都看成是均匀的。采用如图 5.4-2 所示的惠更斯坐标系，惠更斯元上的电磁场为

$$\bar{E}_{\mathrm{a}} = \hat{y}E_{\mathrm{a}} \tag{5.4-3a}$$

$$\bar{H}_{\mathrm{a}} = \hat{x}H_{\mathrm{a}} = -\hat{x}\frac{E_{\mathrm{a}}}{\eta} \tag{5.4-3b}$$

式中，负号是因为它代表的是向 $\hat{z}$ 向传播的横电磁波：

$$\bar{S} = \frac{1}{2}\bar{E}_{\mathrm{a}}\times\bar{H}_{\mathrm{a}} = \hat{z}\frac{E_{\mathrm{a}}^2}{2\eta} \tag{5.4-3c}$$

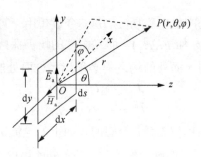

图 5.4-2　惠更斯元坐标系

应用洛夫等效原理，面元上的等效场源为

$$\bar{J}_s = \hat{n} \times \bar{H}_a = \hat{z} \times (-\hat{x})\frac{E_a}{\eta} = -\hat{y}\frac{E_a}{\eta} \tag{5.4-4a}$$

$$\bar{J}_s^m = -\hat{n} \times \bar{E}_a = -\hat{z} \times \hat{y}E_a = \hat{x}E_a \tag{5.4-4b}$$

可见，该面元相当于沿 $-\hat{y}$ 方向的电流元（$I_y = J_s dx$，长 dy）和沿 $\hat{x}$ 方向的磁流元（$I_x^m = J_s^m dy$，长 dx）的组合，如图 5.4-3（a）所示。由于它们都不是沿 $\hat{z}$ 方向放置的，因而不能直接利用已导出的远区场表达式，要另外推导。

根据式（5.3-4b），电流元的矢量磁位

$$\bar{A} = -\hat{y}\frac{\mu J_s dx}{4\pi r}e^{-jkr}dy \tag{5.4-5}$$

为计算 $\bar{J}_s$ 和 $\bar{J}_s^m$ 在远区场点 $P(r,\theta,\varphi)$ 处产生的场，利用单位矢量实现从直角坐标系到球坐标系的变换，式（5.4-4a）和式（5.4-4b）可写成

$$\bar{J}_s = -(\hat{r}\sin\theta\sin\varphi + \hat{\theta}\cos\theta\sin\varphi + \hat{\varphi}\cos\varphi)\frac{E_a}{\eta} \tag{5.4-6a}$$

$$\bar{J}_s^m = (\hat{r}\sin\theta\cos\varphi + \hat{\theta}\cos\theta\cos\varphi - \hat{\varphi}\sin\varphi)E_a \tag{5.4-6b}$$

电流元的电场可由 $\bar{E}^e = -j\omega\bar{A} + \frac{1}{j\omega\mu\varepsilon}\nabla(\nabla\cdot\bar{A})$ 得出。然而，对于远区场，其中第二项为 $\frac{1}{r}$ 的高阶微分项，可忽略，利用式（5.4-5），考虑到远区场无 $\hat{r}$ 分量，得

$$d\bar{E}^e \approx -j\omega\bar{A} \approx (\hat{\theta}\cos\theta\sin\varphi + \hat{\varphi}\cos\varphi)j\frac{kE_a}{4\pi r}e^{-jkr}dxdy \tag{5.4-7}$$

对于磁流元，按照式（5.3-5b）可得其矢量电位为

$$\bar{F} = \hat{x}\frac{\varepsilon J_s^m dy}{4\pi r}e^{-jkr}dx \tag{5.4-8}$$

利用 $\bar{H}^m = -j\omega\bar{F} + \frac{1}{j\omega\varepsilon\mu}\nabla(\nabla\cdot\bar{F})$ 忽略高阶项的近似式，得

$$d\bar{H}^m \approx -j\omega\bar{F} \approx -(\hat{\theta}\cos\theta\cos\varphi - \hat{\varphi}\sin\varphi)j\frac{kE_a}{4\pi r\eta}e^{-jkr}dxdy$$

接着求与之对应的电场：

$$d\bar{E}^m \approx -\eta\hat{r} \times d\bar{H}^m = (\hat{\theta}\sin\varphi + \hat{\varphi}\cos\theta\cos\varphi)j\frac{kE_a}{4\pi r}e^{-jkr}dxdy \tag{5.4-9}$$

利用式（5.4-7）和式（5.4-9），得电流元与磁流元的合成电场：

$$\mathrm{d}\overline{E} = \mathrm{d}\overline{E}^{\mathrm{e}} + \mathrm{d}\overline{E}^{\mathrm{m}} = (\hat{\theta}\sin\varphi + \hat{\varphi}\cos\varphi)(1+\cos\theta)\mathrm{j}\frac{kE_{\mathrm{a}}}{4\pi r}\mathrm{e}^{-jkr}\mathrm{d}x\mathrm{d}y \tag{5.4-10}$$

$$= (\hat{\theta}\sin\varphi + \hat{\varphi}\cos\varphi)\mathrm{j}\frac{E_{\mathrm{a}}}{2\lambda r}(1+\cos\theta)\mathrm{e}^{-jkr}\mathrm{d}x\mathrm{d}y$$

该合成电场包含两个分量，即

$$\begin{cases} \mathrm{d}E_{\theta} = \mathrm{j}\dfrac{E_{\mathrm{a}}}{2\lambda r}(1+\cos\theta)\sin\varphi\,\mathrm{e}^{-jkr}\mathrm{d}s \\[2mm] \mathrm{d}E_{\varphi} = \mathrm{j}\dfrac{E_{\mathrm{a}}}{2\lambda r}(1+\cos\theta)\cos\varphi\,\mathrm{e}^{-jkr}\mathrm{d}s \end{cases} \tag{5.4-11}$$

对于 $\varphi = 90°$ 的平面（E 面），式（5.4-11）中的 $\hat{\theta}$ 分量化为

$$\mathrm{d}E = \mathrm{d}E_{\theta} = \mathrm{j}\frac{E_{\mathrm{a}}}{2\lambda r}(1+\cos\theta)\mathrm{e}^{-jkr}\mathrm{d}s \tag{5.4-12}$$

该电场只有 θ 分量，在 z 方向上它是 y 向分量，与口径电场同向，故 $\varphi = 90°$ 平面为 E 面。

对于 $\varphi = 0°$ 平面（H 面），电场只有 φ 分量，式（5.4-11）中的 $\hat{\varphi}$ 分量化为

$$\mathrm{d}E = \mathrm{d}E_{\varphi} = \mathrm{j}\frac{E_{\mathrm{a}}}{2\lambda r}(1+\cos\theta)\mathrm{e}^{-jkr}\mathrm{d}s \tag{5.4-13}$$

无论是 E 面还是 H 面（或其他任意 φ 值平面），其归一化方向图函数均为

$$F(\theta) = \frac{1+\cos\theta}{2} \tag{5.4-14}$$

可见，惠更斯元的辐射具有方向性。在 $\theta = 0°$ 方向上，$\mathrm{d}E$ 有最大值；而当 $\theta = 180°$ 时，$\mathrm{d}E$ 为零。该方向图是朝传播方向（z 轴方向）单向辐射的心形，如图 5.4-3（b）所示，其三维图是此心形线绕其轴线的旋转体。该方向图是惠更斯元上等效场源电流元与磁流元二者共同作用的结果。以 E 面为例（见图 5.4-4）：磁流元 I^{m} 形成各向同性的圆形方向图，而电流元 I_y 形成从 z 轴方向算起的 $\cos\theta$ 方向图。在 z 轴方向（$\theta = 0°$）上，二者是同相叠加的，形成最大值 $\dfrac{1+1}{2} = 1$；而在 $\theta = 180°$ 方向上，二者反相，$\dfrac{1-1}{2} = 0$；在 $\theta = 90°$ 方向上，只有磁流元的辐射，归一化方向图值为 $\dfrac{1+0}{2} = 0.5$。这样，惠更斯元的辐射主要朝其前方（传播方向），但在其侧后方仍有一定的辐射（绕射，也称衍射，是指波遇到障碍物时偏离原来直线传播的物理现象）。

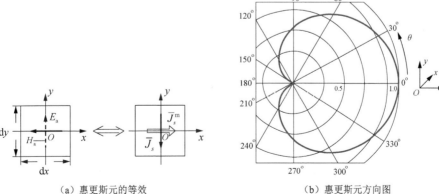

（a）惠更斯元的等效　　　　　（b）惠更斯元方向图

图 5.4-3　惠更斯元的等效及其方向图

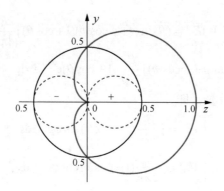

图 5.4-4 惠更斯元 E 面方向图的形成

　　由上可见，惠更斯元就相当于惠更斯原理所述波前上任意一点的新波源。将面天线口径上各点惠更斯元的辐射场进行叠加，就能得出整个面天线的辐射场。值得指出的是，从本质上来说，只有电流元是天线的基本辐射元。引入磁流元和惠更斯元只是一种处理方法，便于求得缝天线和面天线的辐射场。

§5.5　天线的电气参数

5.5.1　归一化方向图

　　天线辐射场振幅与方向有关的函数因子称为方向图函数，一般用 $f(\theta,\varphi)$ 表示。为便于绘出方向图，定义归一化方向图（函数）为

$$F(\theta,\varphi) = \frac{|E(\theta,\varphi)|}{E_M} \tag{5.5-1}$$

式中，E_M 是 $|E(\theta,\varphi)|$ 的最大值。可见，$f(\theta,\varphi) = E_M F(\theta,\varphi)$。

　　对于一个理想的点源，其辐射场是无方向性的，在相同距离处，任何方向的场强大小均相等，归一化方向性函数 $F(\theta,\varphi)=1$。

1. 方向图（Radiation Pattern）

　　将归一化方向性函数以曲线方式描绘出来，称为方向图。它是描述天线辐射场在空间相对分布随方向变化的图形，通常指归一化方向图。

　　方向图有三维立体图和二维平面图。其中，二维平面图一般取主截面，即 E 面（最大辐射方向与电场矢量所形成的平面，含天线的轴平面）方向图和 H 面（最大辐射方向与磁场矢量所形成的平面，垂直天线轴平面）方向图。

　　对于电流元，方向图为

$$F(\theta,\varphi) = F(\theta) = \sin\theta \tag{5.5-2}$$

其归一化三维立体方向图可以描述天线在各个方向上的辐射情况，如图 5.5-1（a）所示。

　　图 5.5-1(b)是用极坐标画的电流元在 E 面的方向图，呈对电流元轴对称的 ∞ 形，$\theta = 90°$ 为最大方向。在图 5.5-1 中，最大值用 1 表示，其他方向的矢径按 $\sin\theta$ 绘出，而在轴向（$\theta=0°$ 和 $\theta=180°$ 方向）上，方向图值为零。在 H 面上，各方向场强是相同的（轴对称），其方向

图是一个圆，如图 5.5-1（c）所示。

而对于磁流元（小电流环），其方向图函数也是 $F(\theta) = \sin\theta$，其 E 面是一个圆，如图 5.5-1（c）所示，即与电流元的 H 面相同；H 面与电流元的 E 面相同，如图 5.5-1（b）所示。

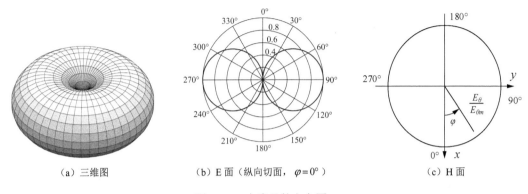

（a）三维图　　　（b）E 面（纵向切面，$\varphi = 0°$）　　　（c）H 面

图 5.5-1　电流元的方向图

2. 方向图参数

实际天线的方向图比较复杂，通常有多个波瓣，包括主瓣（Major Lobe）、多个副瓣（Side Lobe）和后瓣（Back Lobe），如图 5.5-2 所示。

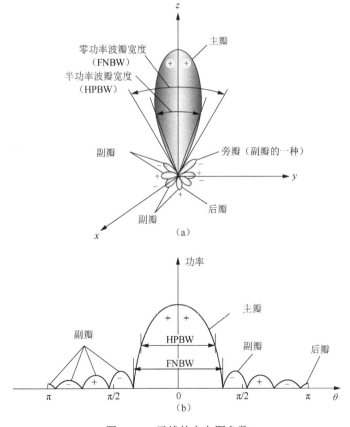

图 5.5-2　天线的方向图参数

（1）半功率波瓣宽度（Half-Power Beam Width，HPBW）。

半功率波瓣宽度又称主瓣宽度或 3dB 波瓣宽度，是指主瓣最大值两边的场强等于最大值的 0.707 倍（最大功率密度下降一半）的两辐射方向之间的夹角，通常用 $2\theta_{0.5}$ 表示。

例如，令 $F^2(\theta) = \sin^2\theta = 0.5$，可求得 $\theta_{0.5} = 45°$，因此电流元的半功率波瓣宽度为

$$2\theta_{0.5} = 90°$$

（2）零功率波瓣宽度（First Null Beam Width，FNBW）。

零功率波瓣宽度是主瓣最大值两边两个零辐射方向之间的夹角，通常用 $2\theta_0$ 表示。

（3）副瓣电平（Side Lobe Level）。

副瓣电平是指副瓣最大值与主瓣最大值之比，一般用分贝表示，即

$$\text{SLL} = 10\lg\frac{P_\text{m}}{P_\text{s}} = 20\lg\frac{E_\text{m}}{E_\text{s}} \quad (\text{dB}) \tag{5.5-3}$$

通常，最靠近主瓣的第一个副瓣是所有副瓣中最大的，又称旁瓣。为衡量辐射功率集中于主瓣的程度，引入第一副瓣电平（First Side Lobe Level）的概念，它是第一副瓣最大值与主瓣最大值之比。副瓣电平通常指第一副瓣电平。

（4）前后比。

前后比是主瓣最大值与后瓣最大值之比，以分贝表示。一般天线的后向辐射越小越好，因此，前后比往往用来衡量天线单向辐射性能的好坏。

5.5.2 辐射功率和辐射电阻

任意天线在远区场的辐射问题都可以视为点源的辐射，其辐射的总功率等于其平均功率流密度在包围天线的球面上的面积分，即

$$P_\text{r} = \frac{1}{2}\text{Re}[\overline{E} \times \overline{H}^*] \cdot \mathrm{d}\overline{s} \tag{5.5-4}$$

例如，电流元辐射场的平均功率流密度为

$$\overline{S}^{\text{av}} = \text{Re}[\frac{1}{2}\overline{E} \times \overline{H}^*] = \hat{r}\frac{1}{2}\frac{|E_\theta|^2}{\eta_0} = \hat{r}\frac{\eta_0}{2}(\frac{Il}{2\lambda r}\sin\theta)^2$$

故辐射功率（实功率）为

$$P_\text{r} = \int_0^{2\pi}\int_0^{\pi}\frac{\eta_0}{2}(\frac{Il}{2\lambda r}\sin\theta)^2 r^2\sin\theta\mathrm{d}\theta\mathrm{d}\varphi = \frac{\eta_0}{2}(\frac{Il}{2\lambda})^2 2\pi \times \frac{4}{3} = 40\pi^2(\frac{Il}{\lambda})^2$$

仿照电路中的处理，设想辐射功率是由电阻吸收的，则有

$$P_\text{r} = \frac{1}{2}I^2 R_\text{r} \tag{5.5-5}$$

令以上两式相等得

$$R_\text{r} = 80\pi^2(\frac{l}{\lambda})^2 \tag{5.5-6}$$

式中，R_r 称为电流元的辐射电阻。若已知天线的辐射电阻，则可方便地由式（5.5-5）得出其辐射功率。

根据 5.3.2 节小电流环的辐射场，即式（5.3-12）可容易地计算出辐射功率：

$$P_r = \int_0^{2\pi}\int_0^{\pi} \frac{1}{2\eta_0}\left(\frac{\omega\mu_0 SI}{2\lambda r}\sin\theta\right)^2 r^2 \sin\theta \mathrm{d}\theta\mathrm{d}\varphi = \frac{2\omega^2\mu_0^2 S^2\pi}{3\eta_0\lambda^2}$$

而辐射电阻 $R_r = \dfrac{2R_r}{I^2} = \dfrac{8\eta_0\pi^5 a^4}{3\lambda^4}$，考虑到圆环周长 $C = 2\pi a$，上式简化为

$$R_r = \frac{\pi\eta_0}{6}\left(\frac{C}{\lambda}\right)^4 = 20\pi^2\left(\frac{C}{\lambda}\right)^4 \qquad (5.5\text{-}7a)$$

若考虑小电流环的匝数 N，则由 N 匝小电流环构成的天线的辐射电阻为

$$R_r = 20\pi^2\left(\frac{C}{\lambda}\right)^4 N^2 \qquad (5.5\text{-}7b)$$

比较式（5.5-6）和式（5.5-7）可知，对于由相同长度（小于 2λ）的载流导线构成的电振子天线和环形天线，电振子天线的辐射能力更强。不过，环形天线可以通过增加匝数来增大辐射电阻。

例 5.5-1 已知在电流元最大辐射方向上远区 1km 处的电场强度振幅为 $|E_0|=1\text{mV/m}$，试求：①最大辐射方向上 2km 处的电场强度振幅 $|E_1|$；②E 面上偏离最大辐射方向 60° 的 2km 处的磁场强度振幅 $|H_2|$。

解：① $|E_1| = |E_0|\dfrac{r_0}{r_1} = 1\times\dfrac{1}{2} = 0.5\text{mV/m}$。

② $|E_2| = |E_1|\cos 60° = 0.5\times\dfrac{1}{2} = 0.25\text{mV/m}$；

$|H_2| = \dfrac{|E_2|}{\eta_0} = \dfrac{0.25}{377}\text{mA/m} \approx 0.663\times10^{-3}\text{mA/m} = 0.663\mu\text{A/m}$。

例 5.5-2 计算长 $l=0.1\lambda$ 的电流元在电流为 2mA 时的辐射功率。

解：$R_r = 80\pi^2\left(\dfrac{l}{\lambda}\right)^2 = 80\pi^2(0.1)^2\Omega \approx 7.9\Omega$；

$P_r = \dfrac{1}{2}I^2 R_r = \dfrac{1}{2}(2\times10^{-3})^2\times7.9\text{W} = 15.8\times10^{-6}\text{W} = 15.8\mu\text{W}$。

5.5.3 方向性系数

为了定量地描述天线方向性的强弱，定义天线在最大辐射方向上远区某点的功率密度与辐射功率相同的无方向性天线在同一点的功率密度之比为天线的方向性系数 D，即

$$D = \frac{S_M}{S_0}\bigg|_{P_r\text{相同},r\text{相同}} \qquad (5.5\text{-}8a)$$

根据式（5.5-8a），不同天线都取无方向性天线作为标准进行比较，因而能比较出不同天线最大辐射的相对大小，即方向性系数能比较不同天线方向性的强弱。在式（5.5-8a）中，S_M 和 S_0 可分别表示为 $S_M = \dfrac{1}{2}\dfrac{E_M^2}{120\pi}$，$S_0 = \dfrac{P_r}{4\pi r^2}$，故

$$D = \frac{1}{2}\frac{E_M^2}{120\pi}\times\frac{4\pi r^2}{P_r} = \frac{E_M^2 r^2}{60P_r} \qquad (5.5\text{-}8b)$$

因此

$$|E_{\mathrm{M}}| = \frac{\sqrt{60 P_{\mathrm{r}} D}}{r} \tag{5.5-9}$$

由式（5.5-9）可看出方向性系数的物理意义：在辐射功率相同的情况下，有方向性天线在最大辐射方向上的场强是无方向性天线（$D=1$）的 $\sqrt{D}$ 倍。对最大辐射方向而言，这等效于辐射功率增大为原来的 D 倍。

上述讨论表明，方向性系数由场强在全空间的分布情况决定。也就是说，若方向图已给定，则 D 也就确定了。因此 D 可由方向图函数算出。根据式（5.5-1）有

$$|E(\theta,\varphi)| = E_{\mathrm{M}} F(\theta,\varphi) \tag{5.5-10}$$

故

$$P_{\mathrm{r}} = \oint_s \frac{1}{2} \frac{|E(\theta,\varphi)|^2}{120\pi} \mathrm{d}s = \frac{E_{\mathrm{M}}^2}{240\pi} \int_0^{2\pi} \int_0^{\pi} F^2(\theta,\varphi) r^2 \sin\theta \mathrm{d}\theta \mathrm{d}\varphi \tag{5.5-11}$$

代入式（5.5-9）得

$$D = \frac{4\pi}{\int_0^{2\pi} \int_0^{\pi} F^2(\theta,\varphi) \sin\theta \mathrm{d}\theta \mathrm{d}\varphi} \tag{5.5-12}$$

若 $F(\theta,\varphi) = F(\theta)$，即方向图轴对称（与 φ 无关），则

$$D = \frac{2}{\int_0^{\pi} F^2(\theta) \sin\theta \mathrm{d}\theta} \tag{5.5-13}$$

可以看到，主瓣越窄，分母积分越小，因而 D 越大。对主瓣较窄、旁瓣可以忽略的天线来说，可用天线二主面半功率波瓣宽度（用 HP 表示）来估算其方向性系数，近似公式为

$$D = \frac{35000}{\mathrm{HP_E} \times \mathrm{HP_H}} \tag{5.5-14}$$

式中，$\mathrm{HP_E^{\circ}}$ 和 $\mathrm{HP_H^{\circ}}$ 均以 $^{\circ}$ 计。

例 5.5-3 计算电流元和小电流环的方向性系数。

解：对于电流元，式（5.5-12）的分母积分为

$$I_D = \int_0^{\pi} \sin^2\theta \cdot \sin\theta \mathrm{d}\theta = \frac{4}{3}$$

故得

$$D = \frac{2}{I_D} = \frac{2}{4/3} = \frac{3}{2} = 1.5$$

对于小电流环，方向图也是 $F(\theta) = \sin\theta$，因而方向性系数也相同，即 $D=1.5$。

例 5.5-4 在小电流环所在平面上距离 $r = 10 \mathrm{km}$ 处（远区）测得其电场强度为 $5 \mathrm{mV/m}$，问其辐射功率多大？若采用无方向性天线发射，则需要多大的辐射功率？

解：由式（5.5-9）可知

$$P_{\mathrm{r}} = \frac{E_{\mathrm{M}}^2 r^2}{60 D} = \frac{\left(5 \times 10^{-3}\right)^2 \times \left(10 \times 10^3\right)^2}{60 \times 1.5} \mathrm{W} \approx 27.8 \mathrm{W}$$

若采用无方向性天线发射，则 $P_{\mathrm{r}}' = P_{\mathrm{r}} \times 1.5/1 = 41.7 \mathrm{W}$。

5.5.4 辐射效率和增益

实际天线中的导体和介质都要引入一定的欧姆损耗，使天线辐射功率 P_{r} 小于其输入功

率 P_{in}。若将天线损耗功率表示为

$$P_\sigma = \frac{1}{2} I_M^2 R_\sigma \qquad (5.5\text{-}15)$$

则天线辐射效率为

$$\eta = \frac{P_r}{P_{in}} = \frac{P_r}{P_r + P_\sigma} = \frac{R_r}{R_r + R_\sigma} \qquad (5.5\text{-}16)$$

大多数微波天线的欧姆损耗都很小，$\eta \approx 1$。但对于频率很低的长、中波天线，除天线本身的欧姆损耗外，还有大地中由感应电流引入的等效损耗，使 R_σ 变大；又因为波长较长，其电尺寸小，辐射电阻 R_r 相对小，所以导致其辐射效率很低。

天线增益（Gain）定义为天线在最大辐射方向上远区某点的功率密度与输入功率相同的无方向性天线在同一点的功率密度之比，即

$$G = \left. \frac{S_M}{S_0} \right|_{P_{in}\text{相同},r\text{相同}} \qquad (5.5\text{-}17)$$

因为无方向性天线假定是理想的，其 $P_\sigma = 0$，所以有

$$G = \frac{E_M^2 r^2}{60 P_{in}} = \frac{E_M^2 r^2}{60 P_r} \frac{P_r}{P_{in}} = D\eta \qquad (5.5\text{-}18)$$

可见，天线增益是天线方向性系数和辐射效率这两个参数的结合。对于微波天线，由于辐射效率很高，天线增益与方向性系数差别不大，所以这两个术语往往是混用的。

通常用分贝来表示增益，即令

$$G(\text{dB}) = 10 \lg G \quad (\text{dB}) \qquad (5.5\text{-}19)$$

若设电偶极子 $\eta = 1$，则有 $G(\text{dB}) = D(\text{dB}) = 10 \lg 1.5 \text{dB} \approx 1.76 \text{dB}$。

5.5.5　输入阻抗与带宽

天线的输入阻抗是天线在其输入端所呈现的阻抗。在线天线中，它等于天线输入端的电压 U_{in} 与电流 I_{in} 之比，或者用输入功率 P_{in} 来表示：

$$Z_{in} = \frac{U_{in}}{I_{in}} = \frac{P_{in}}{|I_{in}|^2 / 2} = R_{in} + jX_{in} \qquad (5.5\text{-}20)$$

可见，输入电阻 R_{in} 和输入电抗 X_{in} 分别对应输入功率的实部与虚部。

天线输入阻抗就是其馈线的负载阻抗，如图 5.0-1（b）所示。当天线输入阻抗等于其馈线的特性阻抗时，将无反射波，称为匹配状态。这在 4.5.2 节中有详细说明，此时，全部入射功率都输送给了天线，而且，不会有反射波反射回振荡源，不致影响振荡源的输出频率和输出功率。因此，这是工程中最希望的。

天线输入阻抗一般都随频率而变。其他天线电气参数也都随着频率的改变而变化。无线电系统对这些电气参数的恶化有一个容许范围。定义天线电气参数在容许范围内的频率范围为天线的带宽（Bandwidth）。

绝对带宽（BW）定义为 $\text{BW} = f_h - f_l$。其中 f_h 和 f_l 分别为带宽内最高（highest）和最低（lowest）频率。相对带宽（BW_r）或称百分带宽定义为

$$BW_r = \frac{(f_h - f_1)}{f_0} \times 100\% \tag{5.5-21}$$

式中，f_0 为中心频率或设计频率。

对于宽频带天线，往往直接用比值 f_h / f_1 来表示其带宽，一般将相对带宽小于 10% 的天线称为窄频带天线，而将 f_h / f_1 大于 2∶1 的天线称为宽频带天线。若 f_h / f_1 大于 3∶1，则可称为超宽带（Ultra-WideBand，UWB）天线。

对于天线增益、波瓣宽度、输入阻抗等不同的电气参数，它们各自在其容许值之内的频率范围是不同的。天线的带宽由其中最窄的一个来决定。对许多天线来说，最窄的往往是其阻抗带宽。对这些天线来说，阻抗带宽就决定了天线带宽，如对称振子天线、微带天线通常都是如此。

§5.6 线天线与天线阵

5.6.1 对称振子的辐射场

对称振子天线是最常见的线天线，如图 5.6-1（a）所示，一臂的长度为 l，全长 $2l$，圆柱导体的半径为 a（$a \ll l$），从振子中心馈电，双线间距 d（$d << \lambda$），可忽略不计。这个结构可以看成是由终端开路的双线传输线弯折变化而来的，其演变过程如图 5.6-1（b）所示。

双线传输线上的导行波在开路终端将形成全反射，其电流沿线呈驻波分布，开路终端的电流总是零。传输线弯折前，上下平行线上电流的方向是相反的 [见图 5.6-1（b）]，并且两导线的间距远小于波长，因此双导线上电流的辐射场几乎相消而并无明显辐射。但是，当双导线的终端张开后，演变成了图 5.6-1（a）所示的形式，使上、下导线（臂）上的电流由原来的方向相反变成方向相同，因而它们产生的辐射场不再相消，而成了能有效辐射的天线。对于 $a<<\lambda$ 的振子，若略去由辐射引起的电流分布的改变，则振子沿线电流分布与开路传输线上的电流分布规律相同，近似于正弦分布，可以写成

$$I = \begin{cases} I_0 \sin\left[k(l-z)\right], & z > 0 \\ I_0 \sin\left[k(l+z)\right], & z < 0 \end{cases}$$

即

$$I = I_0 \sin\left[k(l-|z|)\right] \tag{5.6-1}$$

式中，I_0 为电流驻波的波腹电流，即电流的最大值。

有了电流分布，便可利用叠加原理求出对称振子的远区场。振子上 z 处的电流元 Idz 在场点 P 产生的远区电场为

$$d\bar{E}_1 = \hat{\theta}_1 j \frac{\eta Idz}{2\lambda r_1} \sin\theta_1 e^{-jkr_1}$$

下臂上关于中点对称的 $-|z|$ 处的电流元具有相同的电流 I，它在 P 点产生的远区电场为

$$d\bar{E}_2 = \hat{\theta}_2 j \frac{\eta Idz}{2\lambda r_2} \sin\theta_2 e^{-jkr_2}$$

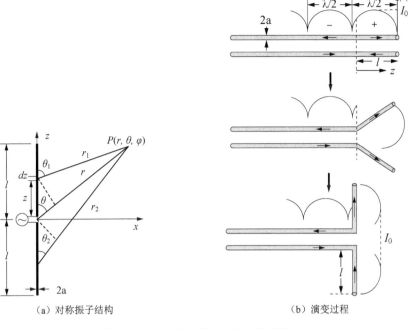

（a）对称振子结构　　　　　（b）演变过程

图 5.6-1　开路传输线演变为对称振子

对于远区场点，各源点至场点的射线可看成是平行的，即 $\overline{r_1}//\overline{r_2}//\overline{r}$ ，从而有

$$\theta_1 \approx \theta_2 \approx \theta, \quad \hat{\theta}_1 \approx \hat{\theta}_2 \approx \hat{\theta} \tag{5.6-2a}$$

$$\begin{cases} r_1 \approx r - |z|\cos\theta \\ r_2 \approx r + |z|\cos\theta \end{cases} \tag{5.6-2b}$$

$$\frac{1}{r_1} \approx \frac{1}{r} \approx \frac{1}{r_2} \tag{5.6-2c}$$

根据式（5.6-2b），由于远区中的 $r >> |z|\cos\theta$ ，因而有式（5.6-2c），即 r_1、r_2 的微小差异对振幅因子 $1/r_1$、$1/r_2$ 的影响甚微。然而，在相位因子中，决不能把 r_1 和 r_2 看成是相同的。这是因为，虽然 $|z|\cos\theta$ 与 r 相比很小，但它与波长 λ 相比是同一数量级，这就可能导致大的相位差。根据式（5.6-2a），电场 $d\overline{E}_1$ 和 $d\overline{E}_2$ 的方向都是 $\hat{\theta}$ ，因而它们的矢量和化为代数和。故得

$$dE_\theta = dE_1 + dE_2 = j\frac{\eta I dz}{2\lambda r}\sin\theta e^{-jkr}\left[e^{jk|z|\cos\theta} + e^{-jk|z|\cos\theta}\right]$$

$$= j\frac{\eta I_0 \sin\left[k(l-|z|)\right]dz}{2\lambda r}\sin\theta e^{-jkr}2\cos(k|z|\cos\theta)$$

总电场为

$$E_\theta = \int_0^l dE_\theta = j\frac{\eta I_0}{\lambda r}\sin\theta e^{-jkr}\int_0^l \sin\left[k(l-|z|)\right]\cos(k|z|\cos\theta)dz$$

式中，积分项可用下式求出：

$$\int e^{ax}\sin(bx+c)dx = \frac{e^{ax}}{a^2+b^2}\left[a\sin(bx+c) - b\cos(bx+c)\right]$$

最后得

$$E_\theta = j \frac{60I_0}{r} \frac{\cos(kl\cos\theta) - \cos kl}{\sin\theta} e^{-jkr} \qquad (5.6\text{-}3)$$

式中，已代入 $\eta = \eta_0 = 120\pi\Omega$。对称振子磁场与电场的关系仍与为电流元时相同，即

$$H_\varphi = \frac{E_\theta}{\eta_0} \qquad (5.6\text{-}4)$$

式（5.6-4）表明，对称振子远区场的特点与电流元相似，有以下特点。

（1）场的方向：电场只有 E_θ 分量，磁场只有 H_φ 分量，是横电磁波。

（2）场的振幅：场强与 r 成反比，与 I_0 成正比，并与场点的方向 θ 有关，具有方向性。

（3）场的相位：等相位面是以振子中心为相位中心的球面波，磁场与电场相同。

5.6.2　半波振子天线

对称振子最常见的长度是 $l=\lambda/4$，即全长 $2l=\lambda/2$，称为半波振子。通过式（5.6-3）和式（5.6-4）可知其远区场为

$$\begin{cases} E_\theta = j \dfrac{60I_0}{r} \dfrac{\cos\left(\dfrac{\pi}{2}\cos\theta\right)}{\sin\theta} e^{-jkr} \\[4mm] H_\varphi = \dfrac{E_\theta}{\eta_0} \end{cases} \qquad (5.6\text{-}5)$$

在式（5.6-3）中，与方向有关的因子为

$$f(\theta,\varphi) = \frac{|E(\theta,\varphi)|}{60I_0/r} = \frac{\cos(kl\cos\theta) - \cos kl}{\sin\theta} \qquad (5.6\text{-}6)$$

归一化方向（图）函数为

$$F(\theta,\varphi) = \frac{f(\theta,\varphi)}{f_M} \qquad (5.6\text{-}7)$$

式中，f_M 是 $f(\theta,\varphi)$ 的最大值。对于半波振子，$f_M = 1$，得

$$F(\theta,\varphi) = f(\theta,\varphi) = \frac{\cos\left(\dfrac{\pi}{2}\cos\theta\right)}{\sin\theta} \qquad (5.6\text{-}8)$$

天线的辐射场空间分布与电流分布密切关联。半波对称振子上的驻波电流在半周期内的变化如图 5.6-2 所示，在垂直于天线轴向的方向上，电流一直最大，而轴线方向的电流一直是零。这一点完全显示在天线的方向图上。图 5.6-3 画出了不同长度对称振子的 E 面方向图，对称振子的方向图随电尺寸的不同显示出不同的辐射特性。其中，图 5.6-3（a）是半波对称振子在 E 面（含轴平面）的方向图，显然，其轴线上的辐射场强最小，垂直轴线方向上的辐射场强最大。当 $l=0.75\lambda$ 时，$\theta=90°$ 方向不再是其最大辐射方向，如图 5.6-3（d）所示。由于轴对称性，它们在 H 面（垂直轴平面）的方向图都是一个圆。

对称振子的辐射功率为

$$P_r = \int_0^{2\pi}\int_0^{\pi} \frac{|E_\theta|^2}{2\eta_0} r^2 \sin\theta\,d\theta\,d\varphi = 30I_0^2 \int_0^{\pi} \frac{[\cos(kl\cos\theta) - \cos kl]^2}{\sin\theta}\,d\theta$$

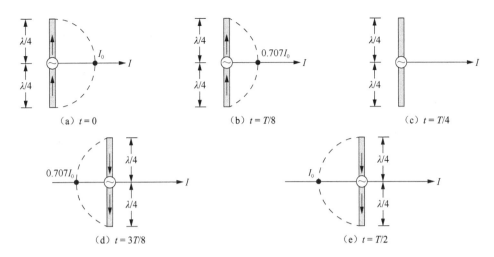

图 5.6-2 半波对称振子上的驻波电流在半周期内的变化

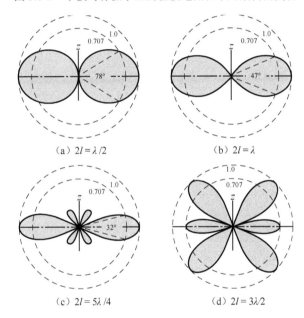

图 5.6-3 不同长度对称振子的 E 面方向图

因此辐射电阻为

$$R_{\mathrm{r}} = \frac{2P_{\mathrm{r}}}{I_0^2} = 60\int_0^\pi \frac{\left[\cos\left(kl\cos\theta\right)-\cos kl\right]^2}{\sin\theta}\mathrm{d}\theta \tag{5.6-9}$$

式中，积分项可用正弦积分和余弦积分表示：

$$\begin{aligned} R_{\mathrm{r}} = 30\Big\{&\sin(2kl)\left[\operatorname{Si}(4kl)-2\operatorname{Si}(2kl)\right]+\cos(2kl)\cdot\\ &\left[C+\ln(kl)+\operatorname{Ci}(4kl)-2\operatorname{Ci}(2kl)\right]+2\left[C+\ln(2kl)-\operatorname{Ci}(2kl)\right]\Big\} \end{aligned} \tag{5.6-10a}$$

式中，$C \approx 0.57722$，是欧拉常数。$\operatorname{Si}(x)$ 和 $\operatorname{Ci}(x)$ 分别是宗量为 x 的正弦积分与余弦积分，即

$$\operatorname{Si}(x)=\int_0^x \frac{\sin u}{u}\mathrm{d}u, \quad \operatorname{Ci}(x)=-\int_x^\infty \frac{\cos u}{u}\mathrm{d}u \tag{5.6-10b}$$

对于半波振子，求得 $R_{\mathrm{r}}=73.1\Omega$；对于全波振子（$2l=\lambda$），$R_{\mathrm{r}}=200\Omega$。

利用辐射电阻表示辐射功率可方便地计算对称振子的方向性系数。由式（5.5-10）可得

$E_M^2 = \dfrac{E^2(\theta,\varphi)}{F^2(\theta,\varphi)}$，将式（5.6-6）代入有 $E_M^2 = \dfrac{\left(60I_0/r\right)^2 f^2(\theta,\varphi)}{F^2(\theta,\varphi)} = \left(\dfrac{60I_0}{r}\right)^2 f_M^2$，因此

$$D = \frac{E_M^2 r^2}{60 P_r} = \frac{120 f_M^2}{R_r} \qquad (5.6\text{-}11)$$

当对称振子臂长 $l \leqslant 0.625\lambda$ 时，其最大辐射方向为 $\theta=90°$，得 $f_M = 1 - \cos kl$，故

$$D = \frac{120\left(1 - \cos kl\right)^2}{R_r} \qquad (5.6\text{-}12)$$

根据式（5.6-12）画出的 $D \sim l/\lambda$ 曲线如图 5.6-4 所示。可见，随着 l/λ 的增大，D 增大，当 $l/\lambda=0.625$ 时，D 达到最大值，随后 D 开始减小，且迅速减小。这与方向图的变化规律是一致的，当 $l/\lambda>0.625$ 时，最大辐射方向已不在 $\theta=90°$ 方向上。

对于半波振子，由式（5.6-12）可得

$$D = \frac{120 \times 1^2}{73.1} \approx 1.64 \qquad (5.6\text{-}13)$$

其分贝值为 2.15dB。对于全波振子，有

$$D = \frac{120 \times 2^2}{200} = 2.4 \qquad (5.6\text{-}14)$$

对应的分贝值为 3.8dB，比半波振子大，因为其波瓣更窄。

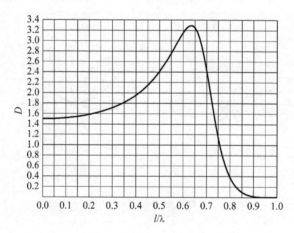

图 5.6-4 $D \sim l/\lambda$ 曲线（$\theta=90°$ 方向）

图 5.6-5 和图 5.6-6 分别是对称振子输入电阻 R_{in} 和输入电抗 X_{in} 的一组实验曲线。可见，当 $2l/\lambda \approx 0.5$ 时，$X_{in}=0$，对称振子处于谐振状态，当振子张度较短时（包括短振子），X_{in} 呈容性，更长时为感性。因此半波振子的输入阻抗特性犹如一个 RLC 串联谐振电路。可以看到，l/a 越小，即振子越粗，谐振曲线越平坦，相当于谐振电路的 Q 值越低，因而频带将越宽。

正如图 5.6-6 所示，半波振子的谐振长度稍小于 $\lambda/2$。计算得到的半波振子的谐振长度值列在表 5.6-1 中。可见，振子越粗，l/a 越小，谐振长度缩短得越多，若 $l/a=50$，谐振长度为 $2l_0=0.475\lambda$，则约缩短 5%。半波振子是最常用的对称振子，为便于馈线匹配，实际尺寸都需要设计为谐振长度，以使输入阻抗为纯电阻。对称振子输入电阻的几个简单计算公式

列在表 5.6-2 中。例如，对于 $l/a=50$，当取 $2l_0=0.475\lambda$ 时，由表 5.6-2 中的第二个公式求得 $R_{in}\approx64.6\Omega$，此时 $X_{in}=0$。

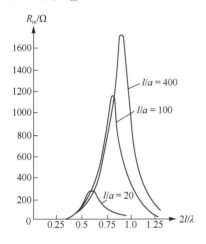

图 5.6-5 对称振子 $R_{in}\sim2l/\lambda$ 实验曲线

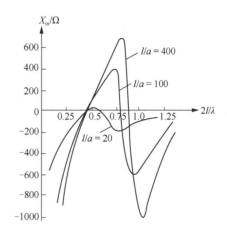

图 5.6-6 对称振子 $X_{in}\sim2l/\lambda$ 实验曲线

表 5.6-1 半波振子的谐振长度

l/a	$2l_0$	缩短的百分比
5000	0.049λ	2%
50	0.475λ	5%
10	0.455λ	9%

表 5.6-2 对称振子输入电阻的几个简单计算公式

$2l$	R_{in}/Ω
$0 < 2l < 0.25\lambda$	$20\pi^2(2l/\lambda)^2$
$0.25\lambda < 2l < 0.5\lambda$	$24.7(2\pi l/\lambda)^{2.4}$
$0.5\lambda < 2l < 0.637\lambda$	$11.14(2\pi l/\lambda)^{4.17}$

5.6.3 天线阵原理*

为了得到较好的增益和方向性，或者想得到预期形状的方向图，常将多个单元天线组合在一起构成天线阵（Antenna Array）。天线阵的任意单元称为阵元，阵元可以是半波振子、微带天线、缝隙天线或其他形式的天线。按照阵元中心连线轨迹，天线阵可以分成直线阵、平面阵、圆环阵、共形阵和立体阵。

实际的天线阵多由相似元组成。所谓相似元，就是指各阵元的类型、尺寸、架设方位等均相同。天线阵的辐射场是各单元天线辐射场的矢量和，调整好各单元天线辐射场之间的相位差、激励幅度等参数可以得到所需方向图。对于由相似元组成的天线阵，**影响方向图的因素有以下五点：天线阵的几何排列结构、阵元间的相对位置、阵元的激励幅度、阵元的激励相位、阵元的天线类型（方向图）。**

下面研究最简单的情况——N 元均匀（阵元等幅激励，同相线性变化，等间距排列）直线阵。这里暂且不考虑阵元形式，设点源天线沿 y 轴排列成均匀直线阵，如图 5.6-7 所示。

设第 n 元电流为

$$I_{Mn} = I_{M1}e^{j(n-1)\psi}$$ （5.6-15）

相邻阵元电流相位差为 ψ，振幅相同，阵元间距为 d。2 号和 1 号天线辐射的电磁波之间的相位差为

$$u = k\Delta r + \psi = kd\cos\varphi\sin\theta + \psi$$ （5.6-16）

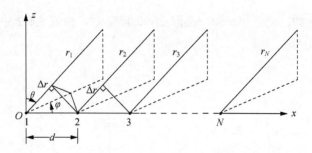

图 5.6-7　N 元均匀直线阵

由于是均匀天线阵，所以其他相邻阵元间的相位差皆为 u，即天线阵的辐射场为

$$\bar{E} = \bar{E}_1 + \bar{E}_2 + \cdots + \bar{E}_N = \bar{E}_1(1 + e^{ju} + e^{j2u} + \cdots + e^{j(N-1)u})$$

利用等比级数求和得

$$|\bar{E}| = |\bar{E}_1|\left|\frac{1-e^{jNu}}{1-e^{ju}}\right| = |\bar{E}_1|\left|\frac{e^{jNu/2}(e^{-jNu/2}-e^{jNu/2})}{e^{ju/2}(e^{-ju/2}-e^{ju/2})}\right| = |\bar{E}_1|\left|\frac{\sin(Nu/2)}{\sin(u/2)}\right|$$

阵因子（天线阵辐射场与方位有关的函数）为

$$f_a = \frac{\sin(Nu/2)}{\sin(u/2)} \tag{5.6-17}$$

当 $u=0$ 时，$f_a = \dfrac{0}{0}$，为确定此不定式，可运用洛必达法则：

$$\lim_{u \to 0}\frac{\sin\dfrac{Nu}{2}}{\sin\dfrac{u}{2}} = \frac{\dfrac{d}{du}\sin\dfrac{Nu}{2}\Big|_{u \to 0}}{\dfrac{d}{du}\sin\dfrac{u}{2}\Big|_{u \to 0}} = \frac{\dfrac{N}{2}\cos\dfrac{Nu}{2}\Big|_{u \to 0}}{\dfrac{1}{2}\cos\dfrac{u}{2}\Big|_{u \to 0}} = N$$

可见，当 $u=0$ 时，$f_a = f_{aM} = N$，因此，归一化的阵因子为

$$F_a = \frac{\sin\dfrac{Nu}{2}}{N\sin\dfrac{u}{2}} \tag{5.6-18}$$

图 5.6-8 给出了 $\sin Nx / N \sin x$ 的曲线（$N=2, 4, 6, 8, 10, 12$），它也被称为 N 元均匀直线阵的通用方向图。下面分析一下均匀直线阵阵因子的特点。

（1）最大辐射方向。以上分析说明当 $u = kd\cos\varphi\sin\theta + \psi = 0$ 时，天线阵辐射最强。若只考虑 $\varphi=0$ 或 $\varphi=\pi$ 的平面，则取最大值的方向满足

$$\sin\theta = \sin\theta_m = -\frac{\psi}{kd} \tag{5.6-19}$$

表明最大辐射方向 θ_m 取决于阵元之间的相位差 ψ，只要改变 ψ 就可以改变最大辐射方向，这是相控阵天线的工作原理。相控阵天线在各种民用或军用雷达系统中具有广泛应用。

此时，可以用最大辐射方向 θ_m 表示式（5.6-18），可以写成

$$F_a = \frac{\sin\left[\dfrac{N}{2}kd\left(\sin\theta - \sin\theta_m\right)\right]}{N\sin\left[\dfrac{1}{2}kd\left(\sin\theta - \sin\theta_m\right)\right]} \tag{5.6-20}$$

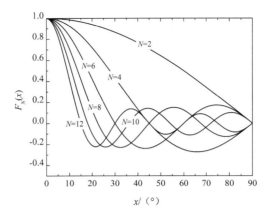

图 5.6-8 函数 $F_N(x) = \dfrac{\sin Nx}{N \sin x}$ 的曲线

（2）主瓣宽度。因为式（5.6-18）是偶函数，所以图 5.6-8 本质上是对称的。天线方向图的主瓣宽度是最大辐射方向两侧第一个零点的夹角，根据式（5.6-20）可知，由分子项等于零可求零点，此时有

$$\frac{N}{2}kd\left(\sin\theta_0 - \sin\theta_m\right) = m\pi, \quad m = \pm1, \pm2, \pm3, \cdots \tag{5.6-21}$$

显然，方向图第一个零点（$m = \pm1$）间的距离，即主瓣宽度为

$$2\theta_0 = 2\sin^{-1}\left(\frac{\lambda}{Nd}\right) \tag{5.6-22a}$$

对于 N 较大的天线阵，主瓣宽度可近似为

$$2\theta_0 \simeq \frac{2\lambda}{Nd} \simeq \frac{2\lambda}{L} \tag{5.6-22b}$$

可见，**主瓣宽度与天线阵的电尺寸 L/λ 成反比，L/λ 越大，主瓣宽度越小。**

（3）第一副瓣电平。副瓣的位置，即副瓣最大值对应的角度 θ 可以通过函数求极值的方法，令 $\mathrm{d}|F_a(x)|/\mathrm{d}x = 0$ 求得。当 N 很大时，副瓣的位置可近似地由两个零点的中点来确定，由式（5.6-21）可知副瓣的位置满足

$$\sin\theta - \sin\theta_m = \pm\frac{\lambda}{Nd}\frac{1+2q}{2}, \quad q = 1, 2, 3, \cdots \tag{5.6-23}$$

此时

$$u = kd\left(\sin\theta - \sin\theta_m\right) = \pm\frac{\pi}{N}(1+2q), \quad q = 1, 2, 3, \cdots$$

因此，第一副瓣位置在 $u = \pm\dfrac{3\pi}{N}$ 处，那么第一副瓣最大值为 $F_a(\theta_1) = \dfrac{1}{N\sin\dfrac{3\pi}{2N}}$，故第一副瓣

电平为

$$\mathrm{SLL}_1 = \frac{F_a(\theta_1)}{F_a(0°)} = \frac{1}{N\sin\dfrac{3\pi}{2N}} \tag{5.6-24a}$$

当 N 很大时，式（5.6-24a）近似（对 $N \to \infty$ 取极限）为

$$\text{SLL}_1 \simeq \frac{2}{3\pi} \simeq 0.212 \text{，即 } 20\lg 0.212 \approx -13.5 \text{（dB）} \qquad (5.6\text{-}24b)$$

下面研究两种典型情形。

实例 1. 边射阵。 N 元半波振子边射阵几何关系如图 5.6-9 所示，其 θ 角与图 5.6-1 中的 θ 角定义不同；各单元电流都等幅同相（$\psi = 0$）。在天线阵法线方向（$\theta=0°$），各单元的辐射场无波程差，各单元电流本身都同相，因而各单元场都同相叠加，形成最大值，构成边射阵（或称侧射阵）。

研究 xOz 面方向图。此时，在式（5.6-16）中，u 值为 $u = kr + \psi = kd\sin\theta$。当 $N = 8$，$d = \lambda/2$，$u = \pi\sin\theta$，式（5.6-18）化为

$$F_a = \frac{\sin\left(\dfrac{N\pi d}{\lambda}\sin\theta\right)}{N\sin\left(\dfrac{\pi d}{\lambda}\sin\theta\right)} = \frac{\sin\left(8\cdot\dfrac{\pi}{2}\sin\theta\right)}{8\sin\left(\dfrac{\pi}{2}\sin\theta\right)} \qquad (5.6\text{-}25)$$

由于单元天线是半波振子，所以合成场方向图函数为

$$F(\theta) = F_1 \cdot F_a = \frac{\cos\left(\dfrac{\pi}{2}\sin\theta\right)}{\cos\theta} \cdot \frac{\sin(4\pi\sin\theta)}{8\sin\left(\dfrac{\pi}{2}\sin\theta\right)} \qquad (5.6\text{-}26)$$

式中，F_1、F_a 及 F 如图 5.6-10 所示。式（5.6-26）的结果是实际天线阵的归一化方向图函数。可见，天线阵的方向图函数等于阵元的方向图函数乘以阵因子，这一结论称为方向图相乘原理。

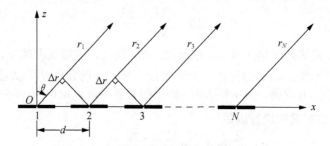

图 5.6-9　N 元半波振子边射阵几何关系

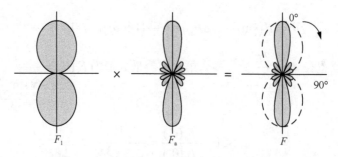

图 5.6-10　半波振子边射阵的方向图（$N=8$，$\psi = 0$，$d=\lambda/2$）

实例 2. 端射阵。 N 元普通端射阵几何关系如图 5.6-11 所示。这里每个单元的电流相位

都比前一单元落后 kd，相邻单元相位差为 $\psi = -kd$。这样，对于端射方向（$\theta = 0°$），由于每个单元的辐射场在波程上又比前一单元引前相位 $k\Delta r = kd$，因而都同相叠加，合成场呈最大值。

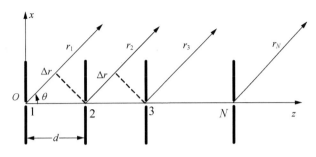

图 5.6-11　N 元普通端射阵几何关系

在图 5.6-11 中，已将阵最大辐射方向取为 z 轴，其 θ 角也与图 5.6-1 中的 θ 角定义不同。此时，式（5.6-16）中的 u 值为

$$u = k\Delta r + \psi = kd\cos\theta - kd = kd(\cos\theta - 1) \tag{5.6-27}$$

当 $N=8$，$d = \dfrac{\lambda}{4}$，$u = \dfrac{\pi}{2}(\cos\theta - 1)$ 时，式（5.6-18）化为

$$F_{\mathrm{a}} = \frac{\sin\left[\dfrac{N\pi d}{\lambda}(\cos\theta - 1)\right]}{N\sin\left[\dfrac{\pi d}{\lambda}(\cos\theta - 1)\right]} = \frac{\sin\left[\dfrac{8\pi}{4}(\cos\theta - 1)\right]}{8\sin\left[\dfrac{\pi}{4}(\cos\theta - 1)\right]} \tag{5.6-28}$$

这里，单元天线为半波振子，θ 角从 z 轴算起，故合成场方向函数为

$$F(\theta) = F_1 \cdot F_{\mathrm{a}} = \frac{\cos\left(\dfrac{\pi}{2}\sin\theta\right)}{\cos\theta} \cdot \frac{\sin\left[2\pi(\cos\theta - 1)\right]}{8\sin\left[\dfrac{\pi}{4}(\cos\theta - 1)\right]} \tag{5.6-29}$$

式中，F_1、F_{a} 和 F 如图 5.6-12 所示。

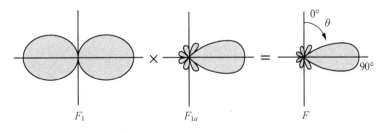

图 5.6-12　半波振子端射阵的方向图（$d = \lambda/4$，$\psi = -\pi/2$，$N = 8$）

天线阵的优势除了易于获得高增益，最重要的应用是设计特定需求的方向图。无线通信和雷达天线系统常常需要超低副瓣天线和特殊赋形波瓣天线。要想学习更为详细的天线阵知识，读者可查阅《天线理论与技术》。

本章小结

一、滞后位

对离开源点 R 处的场点，其位函数的变化滞后于源的变化，滞后的相位为 $kR = \omega R / v_p = \omega t_p$，滞后的时间为 $t_p = R / v_p$，这正是电磁波传输 R 距离所需的时间。滞后位可表示为

$$\overline{A}(r,t) = \frac{\mu}{4\pi} \int_V \overline{J}(\vec{r}') \frac{e^{j(\omega t - kR)}}{R} dv, \quad \phi(r,t) = \frac{1}{4\pi\varepsilon} \int_V \rho(\vec{r}') \frac{e^{j(\omega t - kR)}}{R} dv$$

二、天线的重要电气参数

1. 方向图函数：$F(\theta,\varphi) = \dfrac{|E(\theta,\varphi)|}{E_M}$。

2. 辐射功率与辐射电阻：$P_r = \dfrac{1}{2} \oint_S \dfrac{|E|^2}{\eta_0} ds = \dfrac{\eta_0}{2} \int_0^{2\pi} \int_0^\pi |E|^2 r^2 \sin\theta d\theta d\varphi$，$R_r = \dfrac{2P_r}{I^2}$。

3. 方向性系数：$D = \dfrac{E_M^2 r^2}{60 P_r} = \dfrac{4\pi}{\int_0^{2\pi} \int_0^\pi F^2(\theta,\varphi) \sin\theta d\theta d\varphi}$。

注意：学会计算典型天线的归一化方向图函数、半功率波瓣宽度、辐射电阻和方向性系数是很重要的。

三、电磁辐射的基本元

1. 电流元：最基本的辐射源，是研究线天线的基础，其辐射场为

$$E_\theta = j\frac{\eta_0 I l}{2\lambda} \frac{e^{-jkr}}{r} \sin\theta, \quad H_\varphi = j\frac{Il}{2\lambda} \frac{e^{-jkr}}{r} \sin\theta$$

电流元的方向图函数为 $F(\theta,\varphi) = \sin\theta$，辐射电阻为 $R_r = 80\pi^2 \left(\dfrac{l}{\lambda}\right)^2$，方向性系数为 $D = 1.5 = 1.76$dB。

2. 磁流元与小电流环：根据电流元的辐射场，借助对偶原理可得磁流元的辐射场，进而可以转换成小电流环的辐射场，即

$$\begin{cases} E_\varphi = -j\dfrac{I^m l}{2\lambda r} \sin\theta e^{-jkr} \\ H_\theta = j\dfrac{I^m l}{2\lambda r \eta_0} \sin\theta e^{-jkr} \end{cases}, \quad I^m l = j\omega\mu_0 SI, \quad \begin{cases} E_\varphi = \dfrac{\omega\mu_0 SI}{2\lambda} \dfrac{e^{-jkr}}{r} \sin\theta \\ H_\theta = -\dfrac{\omega\mu_0 SI}{2\lambda\eta_0} \dfrac{e^{-jkr}}{r} \sin\theta \end{cases}$$

二者具有相同的方向图函数 $F(\theta,\varphi) = \sin\theta$，方向性系数为 $D = 1.5 = 1.76$dB。小电流环的辐射电阻 $R_r = 20\pi^2 \left(\dfrac{C}{\lambda}\right)^4$。

3. 惠更斯元：二维口径的辐射可以利用等效原理转化为等效源的辐射。惠更斯元是二维口径的理想化模型，可视为电流元和磁流元的正交叠加，表示为 $\overline{J}_s = \hat{n} \times \overline{H}_a$，$\overline{J}_s^m = -\hat{n} \times \overline{E}_a$。惠更斯元的辐射场为

$$\begin{cases} dE_\theta = j\dfrac{E_a}{2\lambda r}(1+\cos\theta)\sin\varphi e^{-jkr} ds \\[3mm] dE_\varphi = j\dfrac{E_a}{2\lambda r}(1+\cos\theta)\cos\varphi e^{-jkr} ds \end{cases}$$

对于 $\varphi=90°$ 的平面（E 面）和 $\varphi=0°$ 的平面（H 面），归一化方向图函数均为 $F(\theta)=\dfrac{1+\cos\theta}{2}$。

四、对称振子天线与天线阵

1．对称振子的辐射场：$E_\theta = j\dfrac{60I_0}{r}\dfrac{\cos(kl\cos\theta)-\cos kl}{\sin\theta}e^{-jkr}$。

2．半波振子：①归一化方向图函数为 $F(\theta,\varphi)=f(\theta,\varphi)=\dfrac{\cos\left(\dfrac{\pi}{2}\cos\theta\right)}{\sin\theta}$；②辐射电阻 $R_r=73.1\,\Omega$；③方向性系数 $D=1.64=2.15\mathrm{dB}$。

3．均匀直线阵：阵因子为 $F_a=\dfrac{\sin\dfrac{Nu}{2}}{N\sin\dfrac{u}{2}}$，其中 $u=kd\sin\theta+\psi$。

自 测 题

一、单项选择题（每小题 4 分，共 32 分）

1．关于电磁辐射的描述不正确的是（　　）。

　A．简谐振荡源是能够产生电磁辐射的必要条件

　B．辐射的电磁波永远滞后于源的变化，滞后时间是场点以光速到源点花费的时间

　C．开路传输线末端能够产生辐射

　D．德国物理学家赫兹用实验方法证明了电磁波的存在

2．线天线的基本辐射元是（　　）。

　A．电流元　　　　B．磁流元　　　　　C．磁流源　　　　D．惠更斯元

3．关于磁偶极子的方向图，下列说法正确的是（　　）。

　A．在 E 面和 H 面都是 8 字形

　B．在 H 面和 E 面都是圆形

　C．在 H 面是 8 字形，在 E 面是圆形

　D．在 E 面是 8 字形，在 H 面是圆形

4．关于电偶极子的描述不正确的是（　　）。

　A．电偶极子是一种理想的物理模型，其电尺寸远小于 1

　B．电偶极子上的电流分布是均匀的

　C．电偶极子与磁偶极子具有相同的辐射场因子

　D．电偶极子辐射电阻正比于其电尺寸

5．天线方向性系数 D、增益 G 和天线效率 η 之间的关系是（　　）。

A. $G = \eta D$ B. $D = \eta G$ C. $\eta = GD$ D. $GD = 1/\eta$

6. 关于天线的输入阻抗描述不正确的是（   ）。

    A. 天线的输入阻抗就是射频传输线的负载阻抗

    B. 当天线不匹配时，端口反射波很强，可能导致天线无法正常辐射

    C. 天线处于匹配状态说明天线的输入阻抗在整个通频带上基本呈纯电阻性

    D. 端口驻波比越小，反射系数越大，天线匹配越差

7. 半波振子天线输入端的电流 I 是（   ）。

    A. 零   B. 电流波腹   C. 行波电流   D. 恒定电流

8. 半波振子天线的方向图：（   ）。

    A. 在 E 面和 H 面都是 8 字形

    B. 在 H 面和 E 面都是圆形

    C. 在 H 面是 8 字形，在 E 面是圆形

    D. 在 E 面是 8 字形，在 H 面是圆形

二、多项选择题（每小题 5 分，共 40 分）

1. 关于什么是天线，下面描述正确的是（   ）。

    A. 天线是一种能量转换装置

    B. 天线既能发射电磁波又能接收电磁波

    C. 天线是一种空间匹配器件

    D. 天线是一种互易元件

2. 辐射问题中的三种基本辐射元是（   ）。

    A. 电流元   B. 电流源   C. 磁流源

    D. 惠更斯元   E. 磁流元

3. 关于惠更斯元辐射场，描述正确的是（   ）。

    A. 其 E 面和 H 面的方向图均为心形

    B. 惠更斯元本质上是电流源

    C. 惠更斯元是口径天线的基本辐射元

    D. 惠更斯元的辐射可以等效为电流元和磁流元辐射场的叠加

4. 关于电偶极子产生的电磁场的说法正确的是（   ）。

    A. 在电偶极子的近区场中，电场与 $1/r^3$ 成正比

    B. 电偶极子的近区场场强远强于远区场场强

    C. 在电偶极子的远区场中，电场与 $1/r$ 成正比

    D. 远区场在电偶极子中垂线上的电场最大

5. 构成对称振子天线的导体越粗，（   ）。

    A. 输入阻抗越大，工作频宽越宽

    B. 输入阻抗越大，工作频宽越窄

    C. 输入阻抗越小，工作频宽越宽

    D. 输入阻抗越小，天线越容易匹配

6. 影响天线阵阵因子特性的因素有（   ）。

    A. 阵元的激励电流幅度和相位

B. 阵元间距

C. 阵列排列形状

D. 阵元的辐射方向图

7. 关于电偶极子辐射特性的描述错误的是（   ）。

A. 辐射球面波，不再是 TEM 波

B. 辐射的电场能量以光速传播

C. 近区场中没有电磁实功率传输

D. 近区场可视为静态场，不存在时变能量

8. 关于对称振子天线的辐射特性描述正确的是（   ）。

A. 对称振子长度越长，方向图波瓣越窄

B. 电尺寸（l/λ）越大，辐射电阻越大

C. 电尺寸（l/λ）越大，方向性系数越大

D. 输入阻抗与其粗细和电尺寸有关，谐振频率附近的输入电抗接近于零

三、填空题（每空 2 分，共 28 分）

1. 电偶极子的归一化方向图函数是 _____ ，半功率波瓣宽度是 _____ °，方向性系数为 _____ dB。

2. 半波对称振子的归一化方向图函数是 _____ ，半功率波瓣宽度是 _____ °，方向性系数为 _____ dB，辐射电阻是 _____ 。

3. 磁偶极子的方向图函数是 _____ ，其辐射能力比电偶极子 _____ （强或弱）。

4. 无限大导体上缝隙的辐射可视为磁流的辐射，其具体理论依据是 _____ 。

5. 惠更斯元的方向图函数是 _____ ，三维辐射方向图为 _____ 形。

6. 天线的归一化方向图函数为 $F(\theta,\varphi) = \sin\theta\sin^2\varphi$ ，其中 $0 \leqslant \theta \leqslant \pi$ ，$0 \leqslant \varphi \leqslant \pi$ ，该天线的方向性系数是 _____ 。

7. 辐射功率为 100W 的某天线的方向性系数等于 3，在距离天线 10km 处的最大辐射方向上的电场振幅为 _____ 。

答案： 一、1～5 AACDA；6～8 DBD。

二、1. ABC；2. ADE；3. ACE；4. ACD；5. CD；6. ABC；7. AD；8. AD。

三、1. $F(\theta) = \sin\theta$ ，90，1.64；2. $F(\theta) = \dfrac{\cos\left(\dfrac{\pi}{2}\cos\theta\right)}{\sin\theta}$ ，78，2.15，73.1Ω；

3. $F(\theta,\varphi) = \sin\theta$ ，弱；4. 等效原理；5. $F(\theta) = \dfrac{1+\cos\theta}{2}$ ，心脏；6. 8；7. 13.42mV/m。

习 题 五

5-1 采用库仑规范 $\nabla \cdot \overline{A} = 0$ 来代替洛仑兹规范求电磁场的标量位 ϕ 和矢量位 $\overline{A}$ 在简单媒质中所满足的微分方程。

答案：$\varepsilon\nabla\cdot\overline{E}=-\varepsilon\nabla^2\phi-\varepsilon\dfrac{\partial}{\partial t}\nabla\cdot\overline{A}=\rho$，$\nabla^2\phi=-\dfrac{\rho}{\varepsilon}$。

5-2 已知电偶极矩的矢量磁位 $\overline{A}=\text{j}\dfrac{\mu_0\omega\overline{p}}{4\pi r}\text{e}^{-\text{j}kr}$，求其产生的磁场表达式。

答案：$\overline{B}=\dfrac{\mu_0\omega k^2}{4\pi}\left(\dfrac{1}{kr}-\text{j}\dfrac{1}{(kr)^2}\right)\text{e}^{-\text{j}kr}(\hat{r}\times\overline{p})$。

5-3 距频率为 500kHz 的电流元多远的地方的辐射场等于感应场？在距电流元一个波长处，在垂直于电流元的方向上，辐射电场与感应电场的相对振幅多大？

答案：95.5m，39.5。

5-4 设由电流元构成的元天线的轴线平行于地平面，在远方有一移动接收电台接收元天线发射的电磁波。当电台沿以元天线为中心的圆周在地平面上移动时，于正东方收到的信号（电场强度）最强，试求：①元天线的轴线方向；②移动电台偏正东方向多少角度，接收的电场强度衰减为最大值的 1/2（不考虑地面的互耦）？

答案：①南北方向；②$\theta_{\text{m}}=\pi/3$ 或 $\theta_{\text{m}}=2\pi/3$。

5-5 在垂直于基本电振子天线的轴线方向上，距离 100km 处，为得到电场强度振幅值不小于 $100\,\mu\text{V/m}$，问天线至少应辐射多大的功率？

答案：1.11W。

5-6 已知某电流元的 $\Delta z=10\text{m}$，$I_0=35\text{A}$，$f=10^6\text{Hz}$，求它的辐射功率和辐射电阻。

答案：537.35W，0.877Ω。

5-7 在电基本振子最大辐射方向上远区 r=10km 处，磁场强度振幅 $H_0=10^{-3}\text{A/m}$，求该电基本振子在相同 r 处与最大辐射方向夹角为 45° 的方向上的电场强度振幅，并求总辐射功率。

答案：0.267V/m，$1.58\times10^5\,\text{W}$。

5-8 已知喇叭天线的方向图近似为 $F(\theta)=\begin{cases}\cos^{\frac{m}{2}}\theta, & 0\leqslant\theta\leqslant\dfrac{\pi}{2}\\[2mm] 0, & \dfrac{\pi}{2}<\theta<\pi\end{cases}$，试求 θ=0° 方向上的方向性系数。

答案：2(m+1)。

5-9 某天线方向图可用余弦函数的 n 次方近似，即 $F(\theta)=\begin{cases}\cos^n\theta, & |\theta|\leqslant\pi/2\\ 0, & |\theta|\geqslant\pi/2\end{cases}$。今已知其半功率波瓣宽度 $\text{HP}=2\theta_{0.5}=65.5°$，请确定 n 值，并求其方向性系数。

答案：n=2，D=10。

5-10 天线的归一化方向图函数为 $F(\theta,\varphi)=\sin\theta\sin^2\varphi$，其中，$0\leqslant\theta\leqslant\pi$，$0\leqslant\varphi\leqslant\pi$，求：①方向性系数；②$\theta=\pi/2$ 和 $\varphi=\pi/2$ 平面的半功率波瓣宽度。

答案：①D=8；②114.46°，90°。

5-11 已知天线辐射功率为 20W，在其最大辐射方向上，距离 100m 处（远区）的功率密度为 15mW/m²，试求：①天线方向性系数 D，以及天线辐射效率为 88%时的增益；②最大辐射方向 200m 处的功率密度，它与 100m 处的功率密度相差的分贝数；③保持输入功率不变，但将上述天线换成理想电偶极子，此时，最大辐射方向 100m 处的功率密度是原天线的多少倍？

答案：①94.25，82.94；②3.75mW/m²，6.02dB；③0.0181。

5-12　短对称振子全长为 $2l$，$kl<<1$，其电流呈三角形分布，$I(z) = I_0 \left(1 - |z| / l\right)$，$I_0$ 为最大电流（见习题图 5-1）。

①导出其远区电场；

②求其辐射电阻 R_r，它是相同长度电基本振子辐射电阻 R_{rd} 的多少倍？

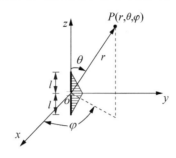

习题图 5-1

答案：① $E_\theta = \mathrm{j} \dfrac{\eta I_0 l}{2\lambda r} \sin\theta \mathrm{e}^{-jkr}$；②0.25 倍。

5-13　已知振子天线的矢量磁位为 $\bar{A} = \hat{z} \dfrac{\mu I l}{2\pi k r} \dfrac{\cos\left(\dfrac{\pi}{2}\cos\theta\right)}{\sin^2\theta} \mathrm{e}^{-jkr}$，其中 I 为电流振幅，试求天线的辐射场、方向图函数及方向性系数（提示：$\displaystyle\int_0^\pi \dfrac{\cos^2\left((\pi/2)\cos\theta\right)}{\sin\theta}\mathrm{d}\theta = 1.218$）。

答案：$H_\varphi = \mathrm{j}\dfrac{Il}{2\pi r}\dfrac{\cos(\dfrac{\pi}{2}\cos\theta)}{\sin\theta}\mathrm{e}^{-jkr}$，$E_\theta = \mathrm{j}\dfrac{\eta I l}{2\pi r}\dfrac{\cos(\dfrac{\pi}{2}\cos\theta)}{\sin\theta}\mathrm{e}^{-jkr}$，$f(\theta,\varphi) = \dfrac{\cos(\dfrac{\pi}{2}\cos\theta)}{\sin\theta}$，

$D = 1.64$。

5-14　已知半波振子天线的辐射场为 $E_\theta = \mathrm{j}\dfrac{60 I_0}{r}\dfrac{\cos\left(\dfrac{\pi}{2}\cos\theta\right)}{\sin\theta}\mathrm{e}^{-jkr}$。提示：积分 $\displaystyle\int_0^\pi \dfrac{\cos^2\left((\pi/2)\cos\theta\right)}{\sin\theta}\mathrm{d}\theta = 1.218$，试求：①方向图函数和最大辐射方向；②辐射功率；③辐射电阻。

答案：① $F(\theta,\varphi) = \dfrac{\cos(\dfrac{\pi}{2}\cos\theta)}{\sin\theta}$，$\theta=90°$；② $36.54 I_0^2$ W；③73.1Ω。

5-15　若二元天线阵的间距 $d = \lambda/4$，试编制程序，分别绘出相差为 $\alpha = 0, \pi/4, \pi/2, \pi$ 时阵因子的方向图。

答案：二元天线阵的阵因子为 $f_2(\theta,\varphi) = \cos\left(\dfrac{1}{2}kd\cos\beta - \dfrac{\alpha}{2}\right)$，当 $d = \lambda/4$ 时，

$kd / 2 = \dfrac{\pi}{\lambda}\dfrac{\lambda}{4} = \pi/4$，因此得到以下结果：① $\alpha = 0$，$f_2(\theta,\varphi) = \cos\left(\dfrac{\pi}{4}\cos\beta\right)$；② $\alpha = \pi/4$，

$$f_2(\theta,\varphi) = \cos\left(\frac{\pi}{4}\cos\beta - \frac{\pi}{8}\right)$$; ③ $\alpha = \pi/2$, $f_2(\theta,\varphi) = \cos\left(\frac{\pi}{4}\cos\beta - \frac{\pi}{4}\right)$; ④ $\alpha = \pi$,

$$f_2(\theta,\varphi) = \sin\left(\frac{\pi}{4}\cos\beta\right)$$ 。图略。

5-16 二元天线阵的间距 $d = \lambda/2$ ，试编制程序，分别绘出相差为 $\alpha = 0, \pi/2$ 时阵因子的方向图。

答案：二元天线阵的阵因子为 $f_2(\theta,\varphi) = \cos\left(\frac{1}{2}kd\cos\beta - \frac{\alpha}{2}\right)$ ，因为 $d = \lambda/2$ ，所以

$$\alpha = 0 , \quad f_2(\theta,\varphi) = \cos\left(\frac{\pi}{2}\cos\beta\right); \quad \alpha = \pi/2 , \quad f_2(\theta,\varphi) = \cos\left(\frac{\pi}{2}\cos\beta - \frac{\pi}{4}\right)$$ 。图略。

5-17 设半波振子水平地位于一理想导体平面上方 $h = \lambda/4$ 处，试利用镜像法其垂直平面（H面）的远区电场强度，概画方向图。

答案：$F(\theta) = \sin\left(\frac{\pi}{2}\sin\theta\right)$, $y \geqslant 0$ 。图略。

第6章

平面电磁波

第 5 章研究了电磁波的辐射及辐射器件——天线。本章介绍电磁波离开源以后的传播问题。为简单起见，本书以均匀、各向同性媒质中的平面波为例，首先介绍电磁波在无界介质空间中的传播、导电媒质中的传播，以及色散问题、电磁波的极化；然后介绍电磁波在传播过程中遇到不同媒质分界面时的传播特性，如电磁波遇到空气和大地的分界面，金属波导中的微波遇到空气与金属导体的分界面，光纤中的光波遇到光纤纤芯与包层的分界面等都属于这类问题。也就是说，本章遵循由易到难的原则，先研究无界空间中电磁波的传播特性，再研究电磁波在界面上的垂直入射、斜入射等情形。

为了学习方便，下面首先介绍有关波动的几个术语。

等相位面：在同一时刻，空间振动相位相同的点组成的面称为等相位面或波阵面。

平面波：等相位面为平面的波称为平面波。

等幅面：在同一时刻，空间振动幅度相同的点组成的面称为等幅面。

均匀平面波：等相位面与等幅面重合的平面波称为均匀平面波。也就是说，在均匀平面波的等相位面上具有相同的振幅。

§6.1 理想介质中的平面电磁波

6.1.1 亥姆霍兹方程的平面电磁波解

在理想介质（$\sigma = 0$，ε 和 μ 为常数）中，无源区时谐场满足的波动方程是亥姆霍兹方程。为简单起见，选择坐标使 $\vec{E}$ 沿 x 轴方向，即 $\vec{E} = \hat{x}E_x$。于是有以下标量波动方程：

$$\nabla^2 E_x + k^2 E_x = 0 \tag{6.1-1a}$$

$$k = \omega\sqrt{\mu\varepsilon} \tag{6.1-1b}$$

注意：式（6.1-1a）中的 E_x 是指复振幅，一般情况下，$E_x = E_x(x, y, z)$。假设均匀平面电磁波沿 +z 方向传播，其最简单的解 E_x 仅与坐标 z 和时间 t 有关，而与 x 和 y 无关，此时 $\vec{E} = \hat{x}E_x(z)$，则

$$\nabla^2 = \frac{\partial^2}{\partial x^2} + \frac{\partial^2}{\partial y^2} + \frac{\partial^2}{\partial z^2} = \frac{\partial^2}{\partial z^2}$$

故式（6.1-1a）化为

$$\frac{\mathrm{d}^2 E_x}{\mathrm{d}z^2} + k^2 E_x = 0 \qquad (6.1\text{-}1c)$$

这是二阶常微分方程，其通解为

$$E_x = C_1 \mathrm{e}^{-jkz} + C_2 \mathrm{e}^{jkz} \qquad (6.1\text{-}2a)$$

对应的瞬时值为

$$E_x(t) = \mathrm{Re}\left[E_x \mathrm{e}^{j\omega t}\right] = C_1 \cos(\omega t - kz) + C_2 \cos(\omega t + kz) \qquad (6.1\text{-}2b)$$

在式（6.1-2b）中，第一项的相位随着 z 的增大而逐渐落后，代表向+z 方向传播的波。因为当 t 增加时，只要 $\omega t - kz = $ const.（常数），其值就是相同的。如图 6.1-1 所示，当 t_0 变化到 t_1 时，在 z_0 和 z_1 处，两点的相位 $\omega t - kz$ 保持不变，从而使场值不变。这表明，z_0 处的状态沿+z 方向移动到了 z_1 处。同理，第二项的相位随着 z 的增大而逐渐引前，代表向-z 方向行波。因此称第一项为正向行波，称第二项为反向行波。

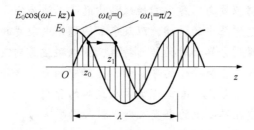

图 6.1-1 电磁波的瞬时波形

现在来研究正向行波的传播参数，其电场复振幅和瞬时值可表示为

$$E_x = E_0 \mathrm{e}^{-jkz} \qquad\qquad E_x(t) = E_0 \cos(\omega t - kz) \qquad (6.1\text{-}3)$$

式中，E_0 是 $z = 0$ 处电场强度的振幅，是实常数；ωt 称为时间相位；kz 称为空间相位。空间相位相同的场点所组成的曲面称为等相面、波前或波阵面。可见，$z = $ const.的平面为波阵面。因此称式（6.1-3）这种电磁波为平面波。又因为 E_x 与 x 和 y 无关，所以在 $z = $ const.的波面上，各点场强相等。这种在波阵面上场强均匀分布的平面波称为均匀平面波。它是最基本的电磁波形式。此外，较常见的波面（等相面）形式有圆柱面、球面，分别称为柱面波和球面波。

空间相位 kz 变化 2π 所经过的距离称为波长或相位波长，以 λ 表示。由 $k\lambda = 2\pi$ 得

$$k = \frac{2\pi}{\lambda} \qquad (6.1\text{-}4)$$

式中，k 称为波数，因为空间相位变化 2π 相当于一个全波，所以 k 表示单位长度内具有的全波数目。

时间相位 ωt 变化 2π 所经历的时间称为周期，以 T 表示；而 1s 内相位变化 2π 的次数称为频率，用 f 表示。因为 $\omega T = 2\pi$，所以得

$$f = \frac{1}{T} = \frac{\omega}{2\pi} \qquad (6.1\text{-}5)$$

波阵面传播的速度称为相速。下面来考察波阵面上的一个特定点，这样的点对应 $\omega t - kz = $ const.，由此得 $\omega \mathrm{d}t - k\mathrm{d}z = 0$，故相速为

$$v_p = \frac{\omega}{k} = \frac{1}{\sqrt{\mu\varepsilon}} \qquad (6.1\text{-}6a)$$

若在真空中，则相速为

$$v_p = \frac{1}{\sqrt{\mu_0 \varepsilon_0}} = 3 \times 10^8 \, \text{m/s} = c \qquad (6.1\text{-}6b)$$

可见，**电磁波在真空中的相速等于真空中的光速**。以上几点与传输线上传播参数的定义都是相同的。

在一般介质中，$\varepsilon > \varepsilon_0$，$\mu \approx \mu_0$，故 $v_p < c$，这种电磁波称为慢波。相应地，介质中的（相位）波长也比真空中的波长短，因为 $\lambda = \frac{2\pi}{k} = \frac{2\pi v_p}{\omega} = \frac{v_p}{f} < \frac{c}{f}$。

电磁波的磁场强度可由麦克斯韦方程得出：

$$\bar{H} = \frac{\text{j}}{\omega \mu} \nabla \times \bar{E} = \frac{\text{j}}{\omega \mu} \begin{vmatrix} \hat{x} & \hat{y} & \hat{z} \\ \dfrac{\partial}{\partial x} & \dfrac{\partial}{\partial y} & \dfrac{\partial}{\partial z} \\ E_x & 0 & 0 \end{vmatrix} = \hat{y} \frac{\text{j}}{\omega \mu} \frac{\partial E_x}{\partial z} = \hat{y} \frac{E_0}{\eta} \text{e}^{-\text{j}kz} = \hat{y} H_0 \text{e}^{-\text{j}kz} \quad (6.1\text{-}7)$$

式中

$$\eta = \frac{E_0}{H_0} = \frac{\omega \mu}{k} = \sqrt{\frac{\mu}{\varepsilon}} \qquad (6.1\text{-}8)$$

η 具有阻抗的量纲，单位为 Ω，其值与媒质的参数有关，因此被称为媒质的波阻抗。在真空中有 $\eta_0 = \sqrt{\mu_0/\varepsilon_0} = 120\pi\Omega \approx 377\Omega$。

6.1.2 TEM 波的特性

综合式（6.1-3）和式（6.1-7），均匀平面波的电场和磁场复矢量具有下列形式：

$$\bar{E} = \hat{x} E_0 \text{e}^{-\text{j}kz}, \quad \bar{H} = \hat{y} H_0 \text{e}^{-\text{j}kz} \qquad (6.1\text{-}9)$$

因此，对此特定的场有

$$\nabla = \hat{x} \frac{\partial}{\partial x} + \hat{y} \frac{\partial}{\partial y} + \hat{z} \frac{\partial}{\partial z} = -\text{j}k\hat{z} \qquad (6.1\text{-}10)$$

于是，在无源区，麦克斯韦方程组化为

$$-\text{j}k\hat{z} \times \bar{E} = -\text{j}\omega \mu \bar{H} \qquad (6.1\text{-}11a)$$

$$-\text{j}k\hat{z} \times \bar{H} = \text{j}\omega \varepsilon \bar{E} \qquad (6.1\text{-}11b)$$

$$-\text{j}k\hat{z} \cdot \bar{E} = 0 \qquad (6.1\text{-}11c)$$

$$-\text{j}k\hat{z} \cdot \bar{H} = 0 \qquad (6.1\text{-}11d)$$

即

$$\bar{H} = \frac{1}{\eta} \hat{z} \times \bar{E} \qquad (6.1\text{-}12a)$$

$$\bar{E} = -\eta \hat{z} \times \bar{H} \qquad (6.1\text{-}12b)$$

$$\hat{z} \cdot \bar{E} = 0 \qquad (6.1\text{-}12c)$$

$$\hat{z} \cdot \bar{H} = 0 \qquad (6.1\text{-}12d)$$

由以上四式可以看出，在理想介质中传播的均匀平面波（其电磁场分布如图 6.1-2 所示）有以下基本性质。

（1）$\bar{E}$、$\bar{H}$ 互相垂直，且 $\bar{E}$、$\bar{H}$ 都与传播方向 $\hat{z}$ 相垂直，无纵向场分量，是横电磁波（TEM 波）。

（2）$\bar{E}$、$\bar{H}$ 处处同相，二者振幅之比为实数（波阻抗 η），是无衰减的等幅行波。

（3）复坡印廷矢量为

$$\bar{S} = \frac{1}{2}\bar{E} \times \bar{H}^* = \frac{1}{2}\hat{x}E_0 \mathrm{e}^{-jkz} \times \hat{y}\frac{E_0}{\eta}\mathrm{e}^{+jkz} = \hat{z}\frac{1}{2}\frac{E_0^2}{\eta} = \bar{S}^{\mathrm{av}} \qquad (6.1\text{-}13)$$

均匀平面波沿传播方向传输实功率，且沿途无衰减（无损耗）；无虚功率。

（4）平均电/磁能密度分别为

$$w_{\mathrm{e}}^{\mathrm{av}} = \frac{1}{4}\mathrm{Re}[\bar{E} \cdot \bar{D}^*] = \frac{1}{4}\varepsilon E_0^2$$

$$w_{\mathrm{m}}^{\mathrm{av}} = \frac{1}{4}\mathrm{Re}[\bar{B} \cdot \bar{H}^*] = \frac{1}{4}\mu H_0^2$$

可见，任一时刻的电能密度与磁能密度均相等，各为总电磁能密度的一半。因此，总电磁能密度的平均值为

$$w^{\mathrm{av}} = w_{\mathrm{e}}^{\mathrm{av}} + w_{\mathrm{m}}^{\mathrm{av}} = \frac{1}{2}\varepsilon E_0^2 \qquad (6.1\text{-}14)$$

均匀平面波的能量传播速度等于其相速：

$$v_{\mathrm{e}} = \frac{S^{\mathrm{av}}}{w^{\mathrm{av}}} = \frac{\dfrac{1}{2}\dfrac{E_0^2}{\eta}}{\dfrac{1}{2}\varepsilon E_0^2} = \frac{1}{\varepsilon\eta} = \frac{1}{\sqrt{\mu\varepsilon}} = v_{\mathrm{p}} \qquad (6.1\text{-}15)$$

这也说明电磁波是电磁能量的携带者。

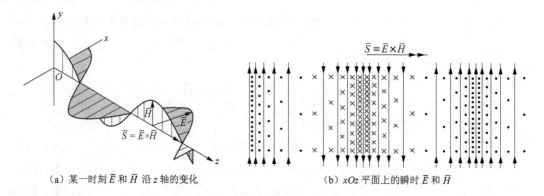

（a）某一时刻 $\bar{E}$ 和 $\bar{H}$ 沿 z 轴的变化   （b）xOz 平面上的瞬时 $\bar{E}$ 和 $\bar{H}$

图 6.1-2　均匀平面波的电磁场分布

值得指出的是，"平面波"是一个理想化的简化模型。例如，电视塔发射天线的辐射场，一般来说，它近于球面波而不是平面波。但是若从远离该电视塔的一个小区域来观察，则总可以把这种来波近似看成是均匀平面波。

例 6.1-1　在 $\varepsilon_{\mathrm{r}} = 2$，$\mu_{\mathrm{r}} = 1$ 的理想介质中，频率为 $f = 150\mathrm{MHz}$ 的均匀平面波沿 $+y$ 方向传播，在 $y = 0$ 处，$\bar{E} = \hat{z}10\mathrm{V/m}$，试求电磁场的时域和频域表达式，以及平均能流密度。

解：因为 $f = 150\mathrm{MHz}$，所以有

$$\lambda = \frac{v_{\mathrm{p}}}{f} = \frac{c}{f\sqrt{\mu_{\mathrm{r}}\varepsilon_{\mathrm{r}}}} \frac{3\times10^8}{150\times10^6\times\sqrt{2}}\mathrm{m} = \sqrt{2}\,\mathrm{m}$$

$$k = \frac{2\pi}{\lambda} = \sqrt{2}\pi$$

沿+y 方向传播的均匀平面波的电场和磁场为

$$\bar{E} = \hat{z}10\mathrm{e}^{-\mathrm{j}\sqrt{2}\pi y} \quad (\mathrm{V/m})$$

$$\bar{H} = \hat{x}10\mathrm{e}^{-\mathrm{j}\sqrt{2}\pi y}/\eta \quad (\mathrm{A/m})$$

式中，$\eta = 120\pi/\sqrt{2}$。两者的瞬时表达式为

$$\bar{E}(y,t) = \hat{z}10\cos(2\pi\times150\times10^{6}t - \sqrt{2}\pi y) \quad (\mathrm{V/m})$$

$$\bar{H}(y,t) = \hat{x}\frac{10}{\eta}\cos(2\pi\times150\times10^{6}t - \sqrt{2}\pi y) \quad (\mathrm{A/m})$$

平均能流密度为

$$\bar{S}_{\mathrm{av}} = \frac{1}{2}\mathrm{Re}[\bar{E}\times H^{*}] = \hat{y}\frac{100}{\eta} \quad (\mathrm{W/m}^{2})$$

6.1.3　电磁波谱

麦克斯韦方程组对电磁波的频率并没有限制。已知的电磁波谱从特长无线电波的几百赫兹延续到宇宙辐射的极高能 γ 射线 10^{24}Hz 量级，如图 6.1-3 所示。无线电波又分成 VLF（甚低频）、LF（低频）、MF（中频）、HF（高频）、VHF（甚高频）、UHF（特高频）、SHF（超高频）、EHF（极高频）等频段，它们依其波长也分别称为超长波、长波、中波、短波、米波、分米波、厘米波和毫米波等波段。当代无线电技术还发展到亚毫米波段（频率高于 3×10^{11}Hz，波长短于 1mm），这已属于红外线的频率范围。红外线、可见光、紫外线、X 射线、γ 射线等全都是电磁波。例如，X 射线就是波长在$(0.01\sim100)\times10^{-10}$m 范围内的电磁波。电磁波谱是一项有限的资源。在最近一百年的时间里，人们已对各无线电波频段开发了成功的应用（见表 6.1-1）。在不同的应用领域有各自的频段划分标准，附录 C 还给出了雷达与卫星广播频段的划分情况，供读者参考。

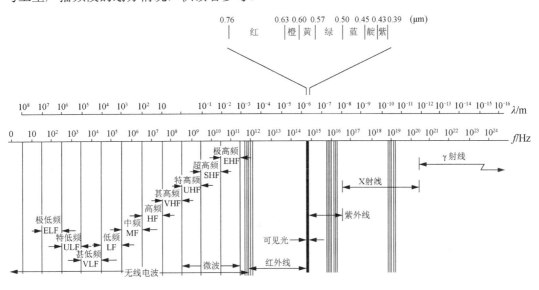

图 6.1-3　电磁波谱

表 6.1-1　无线电波频段名称及典型业务

名称	频率范围	波长范围	典型业务
VLF（甚低频），超长波	3～30kHz	100～10km	导航、声呐
LF（低频），长波	30～300kHz	10～1km	导航、无线电信标
MF（中频），中波	300～3000kHz	1000～100m	调幅广播、海上无线电、海岸警戒通信、测向
HF（高频），短波	3～30MHz	100～10m	电话、电报、传真、调幅广播、业务无线电、船舶和航空通信
VHF（甚高频），米波	30～300MHz	10～1m	电视、调频广播、空中交通监控、出租车移动通信、导航、雷达
UHF（特高频），分米波	300～3000MHz	100～10cm	电视、雷达、卫星通信、移动通信、无线电空间探测、导航
SHF（超高频），厘米波	3～30GHz	10～1cm	卫星通信、机载雷达、移动通信、对流层散射通信
EHF（极高频），毫米波	30～300GHz	10～1mm	卫星间通信、航空和海事卫星通信、车载雷达
THz（太赫兹），光波	0.1～10THz	3000～30μm	太赫兹成像、太空通信、分子检测
其他光波	1～50THz	300～0.006μm	光通信

　　许多实验已表明，所有这些电磁波仍有其基本的共同点，如都是横波、在自由空间都以光速传播。人们曾同时用无线电波和光波来观察星球，二者频率相差 10^6 倍以上，却已证实它们的传播速度是相同的，其差异在实验误差范围之内；自然，也有不同点，如无线电波呈现明显的波动性，而光波及波长更短的 γ 射线等则较强地呈现粒子性。

　　产生各电磁波的基本原理都是相同的，即实现电荷扰动。电荷只要不做匀速直线运动（惯性运动），其他各种电荷运动就都将辐射电磁波，但可以分为两类：①所有无线电波都是利用振荡回路使电荷在回路中来回振动而产生的，其波长可从 0.2mm 至 30km；②对于更短波长的电磁波，不是利用电的方法产生的，而是通过热骚动激发原子或分子中的电子能级跃迁来产生的。

　　实际波源既有人工的又有天然的。电视广播、通信和雷达系统的发射天线、医用辐射计、微波炉、激光器、核爆炸等是电磁波的人工源，太阳、星球和雷电等是电磁波的天然源。

§6.2　导电媒质中的平面波

6.2.1　复传播常数

　　采用等效复介电常数 ε_c 后，平面波在导电媒质中的场表达式和传播参数可仿照理想介质情况得出。在无源区，设其时谐场的电场复矢量为 $\overline{E} = \hat{x}E_x$，则由式（6.1-1a）可知，$E_x$ 满足的波动方程为

$$\nabla^2 E_x + k_c^2 E_x = 0 \qquad (6.2\text{-}1)$$

式中

$$k_c = \omega\sqrt{\mu\varepsilon_c} = \omega\sqrt{\mu\left(\varepsilon - j\frac{\sigma}{\omega}\right)} \tag{6.2-2}$$

对于沿 +z 方向传播的波，其解的形式为

$$\overline{E} = \hat{x}E_0 e^{-jk_c z} \tag{6.2-3}$$

磁场复矢量为

$$\overline{H} = \frac{1}{\eta_c}\hat{z}\times\overline{E} = \hat{y}\frac{E_0}{\eta_c}e^{-jk_c z} \tag{6.2-4}$$

式中

$$\eta_c = \sqrt{\frac{\mu}{\varepsilon_c}} = \sqrt{\frac{\mu}{\varepsilon - j\sigma/\omega}} \tag{6.2-5}$$

复数 k_c 称为传播常数，它可以写成如下形式：

$$k_c = \beta - j\alpha \tag{6.2-6}$$

式中，β 称为相位常数；α 称为衰减常数。将式（6.2-6）代入式（6.2-2），两边平方后有

$$k_c^2 = \beta^2 - \alpha^2 - j2\beta\alpha = \omega^2\mu\left(\varepsilon - j\frac{\sigma}{\omega}\right)$$

上式两边的实部和虚部应分别相等，即 $\beta^2 - \alpha^2 = \omega^2\mu\varepsilon$，$2\beta\alpha = \omega\mu\sigma$，解得

$$\alpha = \omega\sqrt{\frac{\mu\varepsilon}{2}}\left[\sqrt{1 + \left(\frac{\sigma}{\omega\varepsilon}\right)^2} - 1\right]^{1/2} \tag{6.2-7}$$

$$\beta = \omega\sqrt{\frac{\mu\varepsilon}{2}}\left[\sqrt{1 + \left(\frac{\sigma}{\omega\varepsilon}\right)^2} + 1\right]^{1/2} \tag{6.2-8}$$

将式（6.2-6）代入式（6.2-3），可得

$$\overline{E} = \hat{x}E_0 e^{-\alpha z}e^{-j\beta z} \tag{6.2-9a}$$

其瞬时表达式为（设 E_0 为实数）

$$\overline{E}(t) = \hat{x}E_0 e^{-\alpha z}\cos(\omega t - \beta z) \tag{6.2-9b}$$

可见，场强振幅随着 z 的增大而按指数不断衰减。衰减的产生是由传播过程中一部分电磁能转变成热能（热损耗）造成的。衰减量可用场量衰减值的自然对数来计量，记为奈比（Np）。若电磁波传播 l 距离后，振幅由 E_0 衰减为 E_1，则 $E_1 = E_0 e^{-\alpha l}$，故

$$\alpha l = \ln\frac{E_0}{E_1} \quad (\text{Np}) \tag{6.2-10}$$

称为衰减量，工程上又常用分贝（dB）来计算这类量，其定义为

$$A_{dB} = 10\lg\frac{P_0}{P_1} = 20\lg\frac{E_0}{E_1} \quad (\text{dB}) \tag{6.2-11}$$

当 $E_0/E_1 = e \approx 2.7183$ 时，衰减量为 1Np，或者 $20\lg 2.718 \approx 8.686\text{dB}$，故

$$1\text{Np} = 8.686\text{dB} \tag{6.2-12}$$

衰减常数 α 的单位为 Np/m 或 dB/m。按式（6.2-11）定义的分贝值与其功率比和场强比的对应关系如表 6.2-1 所示。

表 6.2-1　分贝值与功率比和场强比的对应关系

dB	P_0/P_1	E_0/E_1
$10n$	10^n	$10^{n/2}$
20	100	10
10	10	3.162
6	4	2
3	2	1.414
0	1	1
−3	0.5	0.707
−6	0.25	0.5
−10	0.1	0.316
−20	0.01	0.1
$−10n$	10^{-n}	$10^{-n/2}$

场强相位随着 z 的增大按 βz 滞后，即波沿+z 方向传播。波的相速为

$$v_{\mathrm{p}} = \frac{\omega}{\beta} = \frac{1}{\sqrt{\mu\varepsilon}}\left[\frac{2}{\sqrt{1+(\sigma/\omega\varepsilon)^2}+1}\right]^{1/2} < \frac{1}{\sqrt{\mu\varepsilon}} \tag{6.2-13}$$

可见，当平面波在导电媒质中传播时，波的相速比 μ、ε 相同的理想介质情形小，且 α 越大，v_{p} 越小。该相速还随频率变化，频率越低，相速越小。这样，携带信号的电磁波的不同的频率分量将以不同的相速传播。经过一段距离后，它们的相位关系将发生变化，导致信号失真。这种**波的相速随频率的变化而变化的现象称为色散**。

色散的名称来源于光学。当一束阳光射在三棱镜上时，在三棱镜的另一边就可看到红、橙、黄、绿、蓝、靛、紫七色光散开的图像。这就是光谱段电磁波的色散现象。这是由于不同频率的光在同一媒质中具有不同的折射率，即具有不同的相速所致的。因此，导电媒质是色散媒质。

导电媒质的波阻抗为复数：

$$\eta_{\mathrm{c}} = \sqrt{\frac{\mu}{\varepsilon - \mathrm{j}\sigma/\omega}} = \sqrt{\frac{\mu}{\varepsilon}}\left[1 - \mathrm{j}\frac{\sigma}{\omega\varepsilon}\right]^{-1/2} = |\eta_{\mathrm{c}}|\mathrm{e}^{\mathrm{j}\xi} \tag{6.2-14}$$

则

$$|\eta_{\mathrm{c}}|^2\,\mathrm{e}^{\mathrm{j}2\xi} = \frac{\mu}{\varepsilon}\frac{1+\mathrm{j}\dfrac{\sigma}{\omega\varepsilon}}{1+\left(\dfrac{\sigma}{\omega\varepsilon}\right)^2}$$

得

$$|\eta_{\mathrm{c}}| = \sqrt{\frac{\mu}{\varepsilon}}\left[1+\left(\frac{\sigma}{\omega\varepsilon}\right)^2\right]^{-1/4} < \sqrt{\frac{\mu}{\varepsilon}} \tag{6.2-15}$$

$$\xi = \frac{1}{2}\arctan\left(\frac{\sigma}{\omega\varepsilon}\right) = \left(0\sim\frac{\pi}{4}\right) \tag{6.2-16}$$

可见，波阻抗具有感性相角。这意味着电场引前于磁场，二者不再同相。此时，磁场强度复矢量为

$$\bar{H} = \hat{y}\frac{E_0}{\eta_{\mathrm{c}}}\mathrm{e}^{-\mathrm{j}k_{\mathrm{c}}z} = \hat{y}\frac{E_0}{|\eta_{\mathrm{c}}|}\mathrm{e}^{-\alpha z}\mathrm{e}^{-\mathrm{j}\beta z}\mathrm{e}^{-\mathrm{j}\xi} \tag{6.2-17a}$$

其瞬时值为
$$\bar{H}(t) = \hat{y}\frac{E_0}{|\eta_c|}e^{-\alpha z}\cos(\omega t - \beta z - \xi) \tag{6.2-17b}$$

式（6.2-9a）、式（6.2-9b）和式（6.2-17a）、式（6.2-17b）表明，磁场强度的相位比电场强度的相位滞后 ξ，且 σ 越大，滞后越多；电磁场的振幅均随 z 的增大而按指数衰减，如图 6.2-1 所示。

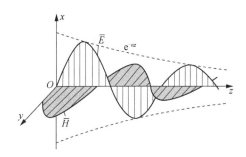

图 6.2-1　导电媒质中平面波的瞬时图形

另外，磁场强度的方向与电场强度的方向相垂直，并都垂直于传播方向 $\hat{z}$，因此导电媒质中的平面波是横电磁波（TEM 波）。这个性质与理想介质中的平面波是相同的。导电媒质中的复坡印廷矢量为

$$\bar{S} = \frac{1}{2}\bar{E} \times \bar{H}^* = \hat{z}\frac{1}{2}\frac{E_0^2}{|\eta_c|}e^{-2\alpha z}e^{j\xi} \tag{6.2-18}$$

由于电场与磁场不同相，所以复功率密度不仅有实部，还有虚部，即既有单向流动的功率，又有来回流动的交换功率（虚功率）。利用式（6.2-9b）和式（6.2-17b），可知其瞬时坡印廷矢量为

$$\bar{S}(t) = \bar{E}(t) \times \bar{H}(t) = \hat{z}\frac{1}{2}\frac{E_0^2}{|\eta_c|}e^{-2\alpha z}\left[\cos\xi + \cos(2\omega t - 2\beta z - \xi)\right] \tag{6.2-19}$$

式中，第二项是时间的周期函数，周期为 $2\pi/2\omega = T/2$。对一固定的观察点（$z = z_1$）而言，在这个周期内，该瞬时功率项在正负间来回变换，意味着一会儿向 $+z$ 方向流动，一会儿向 $-z$ 方向流动，而一个周期内沿 $+z$ 方向的总功率流密度为零，因此这部分功率为虚功率。因为 ξ 的取值为 $0 \sim \pi/4$，所以第一项为正值，代表向 $+z$ 方向流动的实功率。它也正是一个周期内沿 $+z$ 方向的平均功率流密度 $\bar{S}^{av}$。对式（6.2-18）取实部可得到相同的结果：

$$\bar{S}^{av} = \mathrm{Re}\left[\bar{S}\right] = \hat{z}\frac{1}{2}\frac{E_0^2}{|\eta_c|}e^{-2\alpha z}\cos\xi \tag{6.2-20}$$

式中，$\cos\xi$ 与 σ 的关系可利用式（6.2-16）导出，得

$$\cos\xi = \frac{1}{\sqrt{2}}\left[1 + \frac{1}{\sqrt{1 + (\sigma/\omega\varepsilon)^2}}\right]^{1/2} \tag{6.2-21}$$

若 $\sigma \neq 0$，即 $\xi \neq 0$，则将使平均功率流密度减小。该平均功率流密度随着 z 的增大而按 $e^{-2\alpha z}$ 的关系迅速衰减。

电磁场储能在一个周期内的平均值分别如下：

$$w_e^{av} = \frac{1}{4}\varepsilon|E|^2 = \frac{1}{4}\varepsilon E_0^2 e^{-2\alpha z} \tag{6.2-22}$$

$$w_{\mathrm{m}}^{\mathrm{av}} = \frac{1}{4}\mu|H|^2 = \frac{1}{4}\mu\frac{E_0^2}{|\eta_{\mathrm{c}}|^2}\mathrm{e}^{-2\alpha z} = \frac{1}{4}\varepsilon E_0^2\sqrt{1+\left(\frac{\sigma}{\omega\varepsilon}\right)^2}\mathrm{e}^{-2\alpha z} \qquad (6.2\text{-}23)$$

可以看到，在导电媒质中，平均磁能密度比平均电能密度大。这正是由于 $\sigma \neq 0$ 所引起的传导电流所致的，因为它激发了附加的磁场。总平均储能密度为

$$w^{\mathrm{av}} = w_{\mathrm{e}}^{\mathrm{av}} + w_{\mathrm{m}}^{\mathrm{av}} = \frac{1}{4}\varepsilon E_0^2\mathrm{e}^{-2\alpha z}\left[1+\sqrt{1+\left(\frac{\sigma}{\omega\varepsilon}\right)^2}\right] \qquad (6.2\text{-}24)$$

能量传播速度为

$$v_{\mathrm{e}} = \frac{S^{\mathrm{av}}}{w^{\mathrm{av}}} = \frac{\cos\xi/|\eta|}{\varepsilon\left[1+\sqrt{1+(\sigma/\omega\varepsilon)^2}\right]} = \frac{1}{\sqrt{\mu\varepsilon}}\left[\frac{2}{1+\sqrt{1+(\sigma/\omega\varepsilon)^2}}\right]^{\frac{1}{2}} = v_{\mathrm{p}} \qquad (6.2\text{-}25)$$

可见，导电媒质中均匀平面波的能速与相速相同。

根据上面的分析，现将理想介质和导电媒质中的平面波传播参数与场表达式（传播特性）列在表 6.2-2 中，以便比较。

表 6.2-2　理想介质和导电媒质传播特性比较

理想介质	导电媒质
ε	$\dot\varepsilon = \varepsilon - \mathrm{j}\dfrac{\sigma}{\omega}$
$k = \omega\sqrt{\mu\varepsilon}$	$\dot k = \omega\sqrt{\mu\dot\varepsilon} = \beta - \mathrm{j}\alpha$
$\eta = \sqrt{\dfrac{\mu}{\varepsilon}}$	$\eta_{\mathrm{c}} = \sqrt{\dfrac{\mu}{\varepsilon}} = |\eta_{\mathrm{c}}|\mathrm{e}^{\mathrm{j}\xi}$
$v_{\mathrm{p}} = \dfrac{\omega}{k} = \dfrac{1}{\sqrt{\mu\varepsilon}}$	$v_{\mathrm{p}} = \dfrac{\omega}{\beta} < \dfrac{1}{\sqrt{\mu\varepsilon}}$
$\overline{E} = \hat x E_0\mathrm{e}^{-\mathrm{j}kz}$	$\overline{E} = \hat x E_0\mathrm{e}^{-\alpha z}\mathrm{e}^{-\mathrm{j}\beta z}$
$\overline{H} = \hat y\dfrac{E_0}{\eta}\mathrm{e}^{-\mathrm{j}kz}$	$\overline{H} = \hat y\dfrac{E_0}{|\eta|}\mathrm{e}^{-\alpha z}\mathrm{e}^{-\mathrm{j}\beta z}\mathrm{e}^{-\mathrm{j}\xi}$
$\overline{S}^{\mathrm{av}} = \hat z\dfrac{1}{2}\dfrac{E_0^2}{\eta}$	$\overline{S}^{\mathrm{av}} = \hat z\dfrac{1}{2}\dfrac{E_0^2}{|\eta|}\mathrm{e}^{-2\alpha z}\cos\xi$

对于介质（低损耗介质），$\dfrac{\sigma}{\omega\varepsilon} \ll 1$。例如，聚四氟乙烯、聚苯乙烯、聚乙烯及有机玻璃等材料在高频和超高频范围内均有 $\dfrac{\sigma}{\omega\varepsilon} < 10^{-2}$，其平面波传播常数为

$$k_{\mathrm{c}} = \omega\sqrt{\mu\varepsilon\left(1-\mathrm{j}\frac{\sigma}{\omega\varepsilon}\right)} \approx \omega\sqrt{\mu\varepsilon}\left(1-\mathrm{j}\frac{\sigma}{2\omega\varepsilon}\right) \qquad (6.2\text{-}26)$$

$$\alpha \approx \frac{\sigma}{2}\sqrt{\frac{\mu}{\varepsilon}} \qquad (6.2\text{-}27\mathrm{a})$$

$$\beta \approx \omega\sqrt{\mu\varepsilon} \qquad (6.2\text{-}27\mathrm{b})$$

波阻抗为

$$\eta_{\mathrm{c}} \approx \sqrt{\frac{\mu}{\varepsilon}} \qquad (6.2\text{-}28)$$

可见，平面波在低损耗介质中的传播特性除由微弱的损耗引起的衰减外，与理想介质几乎相同。该衰减常数式（6.2-28）也可基于其热损耗功率导出，这留作读者的思考题。

　　例 6.2-1　人体肌肉组织 $\varepsilon_r = 58.5$，$\sigma = 1.21\text{S/m}$，当接收 900MHz 的手机电磁波信号时，它的传播参数 α、β 及 η_c 多大？

　　解： $\dfrac{\sigma}{\omega\varepsilon} = \dfrac{1.21}{2\pi\times 900\times 10^6 \times 58.5 \times 8.854\times 10^{-12}} \approx 0.413$，由式（6.2-7）和式（6.2-8）可得

$$\left.\begin{array}{l}\alpha\\ \beta\end{array}\right\} = 2\pi\times 900\times 10^6 \times \frac{1}{3\times 10^8}\sqrt{\frac{5.85}{2}}\left[\sqrt{1+\left(0.413\right)^2}\mp 1\right]^{1/2} \approx \left\{\begin{array}{ll} 9.2 & (\text{Np/m})\\ 46.5 & (\text{rad/m})\end{array}\right.$$

由式（6.2-14）可得 $\eta_c = \dfrac{377}{\sqrt{58.5}}\left[1+\left(0.413\right)^2\right]^{-1/4} \mathrm{e}^{\mathrm{j}\frac{1}{2}\tan^{-1}0.413} \approx 47.4\mathrm{e}^{\mathrm{j}11.2^\circ}\ (\Omega)$。

　　对于不同类型的媒质，现将其传播参数 α、β、η_c 及相速 v_p 的表示式列在表 6.2-3 中。

表 6.2-3　不同类型媒质的传播参数及相速表示式

媒质类型	$\alpha/(\text{Np/m})$	$\beta/(\text{rad/m})$	η_c/Ω	$v_p/(\text{m/s})$
一般导电媒质	$\omega\sqrt{\dfrac{\mu\varepsilon}{2}}\left[\sqrt{1+\left(\dfrac{\sigma}{\omega\varepsilon}\right)^2}-1\right]^{1/2}$	$\omega\sqrt{\dfrac{\mu\varepsilon}{2}}\left[\sqrt{1+\left(\dfrac{\sigma}{\omega\varepsilon}\right)^2}+1\right]^{1/2}$	$\sqrt{\dfrac{\mu}{\varepsilon}}\left[1+\left(\dfrac{\sigma}{\omega\varepsilon}\right)^2\right]^{-1/4}\mathrm{e}^{\mathrm{j}\frac{1}{2}\tan^{-1}\left(\frac{\sigma}{\omega\varepsilon}\right)}$	$\dfrac{\omega}{\beta}$
理想介质 $\sigma=0$	0	$\omega\sqrt{\mu\varepsilon}$	$\sqrt{\dfrac{\mu}{\varepsilon}}$	$\dfrac{1}{\sqrt{\mu\varepsilon}}$
低损耗介质 $\left(\dfrac{\sigma}{\omega\varepsilon}\ll 1\right)$	$\dfrac{\sigma}{2}\sqrt{\dfrac{\mu}{\varepsilon}}$	$\omega\sqrt{\mu\varepsilon}$	$\sqrt{\dfrac{\mu}{\varepsilon}}$	$\dfrac{1}{\sqrt{\mu\varepsilon}}$
良导体 $\left(\dfrac{\sigma}{\omega\varepsilon}\gg 1\right)$	$\sqrt{\pi f\mu\sigma}$	$\sqrt{\pi f\mu\sigma}$	$(1+\mathrm{j})\sqrt{\pi f\mu\sigma}$	$\sqrt{\dfrac{4\pi f}{\mu\sigma}}$

6.2.2　良导体中的电磁波

　　对于良导体，$\sigma/\omega\varepsilon \gg 1$，传导电流密度远大于位移电流密度，即 $|\sigma E| \gg |\mathrm{j}\omega\varepsilon E|$。例如，银、金、铜、铝等金属在整个无线电频率范围上都有 $\sigma/\omega\varepsilon > 10^2$，其中平面波的传播常数为

$$k_c \approx \omega\sqrt{\mu\varepsilon\left(-\mathrm{j}\frac{\sigma}{\omega\varepsilon}\right)} = \sqrt{\omega\mu\sigma}\,\mathrm{e}^{-\mathrm{j}\frac{\pi}{4}} = (1-\mathrm{j})\sqrt{\frac{\omega\mu\sigma}{2}} = (1-\mathrm{j})\sqrt{\pi f\mu\sigma}$$

即

$$\alpha \approx \beta \approx \sqrt{\pi f\mu\sigma} \tag{6.2-29}$$

波阻抗为

$$\eta_c \approx \sqrt{\frac{\mu}{\varepsilon(1-\mathrm{j}\sigma/\omega\varepsilon)}} = \sqrt{\frac{2\pi f\mu}{\sigma}}\,\mathrm{e}^{\mathrm{j}\frac{\pi}{4}} = (1+\mathrm{j})\sqrt{\frac{\pi f\mu}{\sigma}} = (1+\mathrm{j})\frac{\alpha}{\sigma} \tag{6.2-30}$$

由式（6.2-29）得平面波在良导体中传播的相速为

$$v_p = \frac{\omega}{\beta} = \sqrt{\frac{4\pi f}{\mu\sigma}} \tag{6.2-31}$$

良导体中的相速与频率的开方值成正比。当 $f = 900\mathrm{MHz}$ 时，对铜（$\sigma = 5.8\times10^7\mathrm{S/m}$）有

$$v_\mathrm{p} = \sqrt{\frac{4\pi\times900\times10^6}{4\pi\times10^{-7}\times5.8\times10^7}}\mathrm{m/s} \approx 1.25\times10^4\,\mathrm{m/s}$$

这远比真空中的光速慢，相应的波长也比真空中的波长（0.33m）短得多：

$$\lambda = \frac{v_\mathrm{p}}{f} = \frac{1.25\times10^4}{9\times10^8}\mathrm{m} \approx 1.39\times10^{-5}\,\mathrm{m}$$

该频率上铜中的波阻抗为

$$\eta_\mathrm{c} = (1+\mathrm{j})\sqrt{\frac{9\pi\times10^8\times4\pi\times10^{-7}}{5.8\times10^7}}\Omega \approx 7.83\times10^{-3}(1+\mathrm{j})\Omega$$

可见，$|\eta_\mathrm{c}| \ll 1$，因此良导体中的 $|E_x| \ll |H_y|$。

良导体中平面波的电磁场分量和电流密度为

$$E_x = E_0\mathrm{e}^{-(1+\mathrm{j})az} \tag{6.2-32}$$

$$H_y = \frac{E_x}{\eta} = H_0\mathrm{e}^{-(1+\mathrm{j})\alpha z}, \quad H_0 = \frac{E_0}{\eta_\mathrm{c}} = E_0\sqrt{\frac{\sigma}{2\pi f\mu}}\mathrm{e}^{-\mathrm{j}\pi/4} \tag{6.2-33}$$

$$J_x = \sigma E_x = J_0\mathrm{e}^{-(1+\mathrm{j})\alpha z}, \quad J_0 = \sigma E_0 \tag{6.2-34}$$

式中，H_0 和 J_0 分别是导体表面（$z=0$）的磁场强度复振幅与电流密度复振幅；H_y 的相位比 E_z 滞后 45º，因此其复功率流密度将有虚功率：

$$S = \frac{1}{2}E_x H_y^* = \frac{1}{2}E_0 H_0^*\mathrm{e}^{-2\alpha z} = \frac{1}{2}E_0^2\mathrm{e}^{-2\alpha z}\sqrt{\frac{\sigma}{4\pi f\mu}}(1+\mathrm{j}) \tag{6.2-35}$$

$z=0$ 处的平均功率流密度为

$$S_{z=0}^\mathrm{av} = \mathrm{Re}[S(z=0)] = \frac{1}{2}E_0^2\sqrt{\frac{\sigma}{4\pi f\mu}} \tag{6.2-36a}$$

这代表导体表面每单位面积所吸收的平均功率即单位面积导体内传导电流的热损耗功率：

$$p_\sigma = \frac{1}{2}\int_v\sigma|E|^2\mathrm{d}v = \frac{1}{2}\int_0^\infty\sigma E_0^2\mathrm{e}^{-2\alpha z}\mathrm{d}z = \frac{\sigma}{4\alpha}E_0^2 = \frac{1}{2}E_0^2\sqrt{\frac{\sigma}{4\pi f\mu}} \tag{6.2-36b}$$

因此，传入导体的电磁波实功率全部化为热损耗功率。

6.2.3 集肤深度与表面阻抗

值得注意的是，电磁波在良导体中衰减极快。由于良导体的 σ 一般在 10^7（S/m）量级，高频率电磁波传入良导体后，往往在微米（μm）量级的距离内就衰减得接近零了，所以高频电磁场只能存在于导体表面的一个薄层内。这个现象称为集肤效应。电磁波场强振幅衰减到表面处的 $1/e$ 即 36.8%的深度称为集肤深度（或穿透深度）δ，由 $E_0\mathrm{e}^{-\alpha\delta} = E_0/\mathrm{e}$，得

$$\delta = \frac{1}{\alpha} = \sqrt{\frac{1}{\pi f\mu\sigma}} \tag{6.2-37}$$

导电性能越好（σ 越大），工作频率越高，集肤深度越小。例如，银的电导率为 $6.15\times10^7\mathrm{S/m}$，磁导率为 $\mu_0 = 4\pi\times10^{-7}\mathrm{H/m}$，由式（6.2-37）可得

$$\delta = \sqrt{\frac{1}{\pi f \times 4\pi \times 6.15}} \approx \frac{0.0642}{\sqrt{f}}$$

当频率 $f = 3\mathrm{GHz}$（对应的自由空间波长为 $\lambda_0 = 10\mathrm{cm}$）时，得 $\delta \approx 1.17 \times 10^{-6}\mathrm{m} = 1.17\mu\mathrm{m}$。因此，虽然微波器件通常用黄铜制成，但只在其导电层的表面涂上若干微米（如 $7\mu\mathrm{m}$）银，就能保证表面电流主要在银层通过。一些导体的 δ 值列在表 6.2-4 中。

表 6.2-4　一些导体的 δ 值

材料	σ/（S/m）	μ_r	δ/m	δ			R_s/Ω
				50Hz, mm	10MHz, mm	3GHz, μm	
银	6.15×10^7	1	$0.0642/\sqrt{f}$	9.08	0.0203	1.17	$2.53\times10^{-7}\sqrt{f}$
紫铜	5.80×10^7	1	$0.0661/\sqrt{f}$	9.35	0.0209	1.21	$2.61\times10^{-7}\sqrt{f}$
金	4.50×10^7	1	$0.0750/\sqrt{f}$	10.6	0.0237	1.37	$2.96\times10^{-7}\sqrt{f}$
铬	3.80×10^7	1	$0.0816/\sqrt{f}$	11.5	0.0258	1.49	$3.22\times10^{-7}\sqrt{f}$
铝	3.54×10^7	1	$0.0846/\sqrt{f}$	11.0	0.0267	1.54	$3.26\times10^{-7}\sqrt{f}$
锌	1.86×10^7	1	$0.117/\sqrt{f}$	16.5	0.0369	2.13	$4.60\times10^{-7}\sqrt{f}$
黄铜	1.57×10^7	1	$0.127/\sqrt{f}$	18.0	0.0402	2.32	$5.01\times10^{-7}\sqrt{f}$
镍	1.3×10^7	100*	$0.014/\sqrt{f}$	2.0	0.0044	0.25	$5.5\times10^{-6}\sqrt{f}$
软铁	1.0×10^7	200*	$0.011/\sqrt{f}$	1.6	0.0036	0.21	$8.9\times10^{-6}\sqrt{f}$
焊锡	7.06×10^6	1	$0.0189/\sqrt{f}$	26.8	0.0598	3.45	$7.48\times10^{-7}\sqrt{f}$
石墨	1.0×10^6	1	$1.59/\sqrt{f}$	225	0.503	29	$6.3\times10^{-6}\sqrt{f}$

注：*$B=0.002\mathrm{T}$。

良导体中电磁波的电场场强或电流密度振幅随 z 的变化曲线如图 6.2-2 所示。

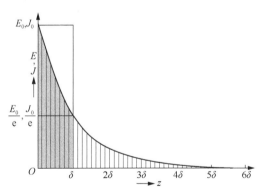

图 6.2-2　良导体中电磁波的电场场强或电流密度振幅随 z 的变化曲线

如果要求经 $z = l$ 距离后，场强振幅衰减至 $E = E_0 10^{-6}$，则

$$l = \frac{1}{\alpha}\ln\frac{E_0}{E} = \delta\ln\frac{E_0}{E} = \delta\ln 10^6 \approx 13.8\delta \qquad (6.2\text{-}38)$$

可见，只要经过 13.8 个集肤深度，场强振幅就衰减到只有表面值的百万分之一。因此很薄的金属片对无线电波都有很好的屏蔽作用，如中频变压器的铝罩、晶体管的金属外壳都很好地起到了隔离外部电磁场对其内部影响的作用。

导体表面的切向电场强度 E_x 与切向磁场强度 H_y 之比定义为导体的表面阻抗，即

$$Z_s = \frac{E_x}{H_y}\bigg|_{z=0} = \frac{E_0}{H_0} = \eta_c = (1+j)\sqrt{\frac{\pi f \mu}{\sigma}} = R_s + jX_s \qquad (6.2\text{-}39)$$

可见，导体的表面阻抗等于其波阻抗。R_s 与 X_s 分别称为表面电阻和表面电抗，并有

$$R_s = X_s = \sqrt{\frac{\pi f \mu}{\sigma}} = \frac{1}{\sigma \delta} = \frac{1}{\sigma(\delta w)}\bigg|_{l=w=1} \qquad (6.2\text{-}40)$$

这意味着表面电阻相当于单位长度、单位宽度而厚度为 δ 的导体块的直流电阻。参看图 6.2-3，流过单位宽度平面导体的总电流（z 由 0 至 ∞）为

$$J_s = \int_0^\infty J_x \mathrm{d}z = \int_0^\infty \sigma E_0 \mathrm{e}^{-(1+j)\alpha z}\,\mathrm{d}z = \frac{\sigma E_0}{(1+j)\alpha} = \frac{\sigma \delta}{1+j}E_0 = H_0 \qquad (6.2\text{-}41)$$

从电路观点看，该电路通过表面电阻所损耗的功率为

$$p_\sigma = \frac{1}{2}|J_s|^2 R_s = \frac{1}{2}H_0^2 R_s \qquad (6.2\text{-}42)$$

并有

$$p_\sigma = \frac{1}{2}|J_s|^2 R_s = \frac{1}{2}\frac{\sigma\delta}{2}E_0^2 = \frac{1}{2}E_0^2\sqrt{\frac{\sigma}{4\pi f \mu}} \qquad (6.2\text{-}43)$$

此结果与式（6.2-36a）和式（6.2-36b）相同。也就是说，设想面电流 J_s 均匀地集中在导体表面 δ 厚度内，此时导体的直流电阻所吸收的功率就等于电磁波垂直传入导体所耗散的热损耗功率。这样，我们可方便地应用式（6.2-42），由 $|J_s|$ 或 H_0 通过 R_s 求得导体的损耗功率。R_s 是平面导体单位长度、单位宽度上的电阻，因而也称为表面电阻率。

对于有限面积的导体，用 R_s 乘以长度 l 并除以宽度 w 就得出其总电阻。R_s 和 δ 一样，往往被当作导体导电性的参数来对待。可以看到，$R_s \propto \sqrt{f}$，可知高频时导体的电阻远比低频或直流电阻大。这是因为集肤效应使高频时电流在导体上所流过的截面积减小了，从而使电阻增大。

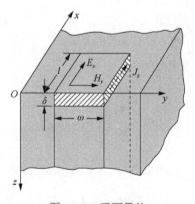

图 6.2-3　平面导体

例 6.2-2　海水 $\varepsilon_r = 80$，$\mu_r = 1$，$\sigma = 4\mathrm{S/m}$，频率为 3kHz 和 30MHz 的电磁波在海平面处（刚好在海平面下侧的海水中）的电场强度为 1V/m，试求：

（1）电场强度衰减为 $1\mu\mathrm{V/m}$ 处的水深。应选用哪个频率进行潜水艇的水下通信？

（2）采用如图 6.2-3 所示的坐标，z=0 处为海平面，设 3kHz 的电磁波在该处的电场强度瞬时值为 $\bar{E}_0(t) = \hat{x}\cos(6\pi \times 10^3 t)$ （V/m），请写出海水中的 $\bar{E}(t)$ 和 $\bar{H}(t)$ 的表达式。

（3）3kHz 的电磁波从海平面下侧向海水中传播的平均功率流密度，以及传播了 3δ 距离处的平均功率流密度。

解：（1）$f = 3$kHz 时有 $\dfrac{\sigma}{\omega\varepsilon} = \dfrac{4\times36\pi\times10^9}{2\pi\times3\times10^3\times80} = 3\times10^5 \gg 1$，此时，海水为良导体，由式（6.2-29）得

$$\alpha = \sqrt{\pi f \mu\sigma} = \sqrt{\pi\times3\times10^3\times4\pi\times10^{-7}\times4}\,\text{Np/m} \approx 0.218\,\text{Np/m}$$

$$l = \frac{1}{\alpha}\ln\frac{E_0}{E} = \frac{1}{\alpha}\ln10^6 \approx \frac{13.8}{\alpha} \approx 63.3\,\text{m}$$

$f = 30$MHz 时有 $\dfrac{\sigma}{\omega\varepsilon} = \dfrac{4\times36\pi\times10^9}{2\pi\times3\times10^7\times80} = 30$，此时，海水为不良导体，由式（6.2-7）得

$$\alpha = \omega\sqrt{\frac{\mu\varepsilon}{2}\left[\sqrt{1+\left(\frac{\sigma}{\omega\varepsilon}\right)^2}-1\right]}^{1/2} = 2\pi\times3.0\times10^6\sqrt{\frac{4\pi\times10^{-7}\times80}{2\times36\pi\times10^9}\times29.0}\,\text{Np/m} \approx 2.14\,\text{Np/m}$$

$$l = \frac{1}{\alpha}\ln\frac{E_0}{E} = \frac{13.8}{\alpha} \approx 0.645\,\text{m}$$

可见，选高频 30MHz 时的衰减太大，应采用特低频 3kHz 左右。但具体频率的选取还应做更全面的论证。例如，f 取低些，如 2kHz，衰减将更小些，但天线尺寸会大些，且传输给定信号所需的时间也长些。受这些因素的制约，看来 f 也不宜取得过低。

（2）$\bar{E} = \hat{x}E_0\text{e}^{-\alpha z}\text{e}^{-\text{j}\beta z}$，$\bar{H} = \hat{y}\dfrac{E_0}{\eta_\text{c}}\text{e}^{-\alpha z}\text{e}^{-\text{j}\beta z}$，$\eta_\text{c} = (1+\text{j})\dfrac{\alpha}{\sigma} = \sqrt{2}\text{e}^{\text{j}\pi/4}\dfrac{0.218}{4}\,\Omega \approx 0.0771\text{e}^{\text{j}\pi/4}\,\Omega$

故

$$\bar{E}(t) = \text{Re}\left[\hat{x}E_0\text{e}^{-\alpha z}\text{e}^{-\text{j}\beta z}\text{e}^{\text{j}\omega t}\right] = \hat{x}\text{e}^{-0.218z}\cos(6\pi\times10^3 t - 0.218z)\,\text{V/m}$$

$$\bar{H}(t) = \text{Re}\left[\hat{y}\frac{E_0}{0.0771}\text{e}^{-\alpha z}\text{e}^{-\text{j}\beta z}\text{e}^{\text{j}\omega t}\text{e}^{-\text{j}\pi/4}\right] = \hat{y}13.0\text{e}^{-0.218z}\cos(6\pi\times10^3 t - 0.218z - 45°)\,\text{A/m}$$

（3）由式（6.2-36a）和式（6.2-36b）可知 $S_0^\text{av} = P_\sigma = \dfrac{\sigma}{4\alpha}E_0^2 = \dfrac{4}{4\times0.218}\,\text{W/m}^2 \approx 4.6\,\text{W/m}^2$

或

$$S_0^\text{av} = \text{Re}\left[\frac{1}{2}\frac{E_0^2}{\eta_\text{c}}\right] = \text{Re}\left[\frac{1}{2}\frac{1}{0.0771}\text{e}^{-\text{j}\pi/4}\right]\,\text{W/m}^2 \approx 4.6\,\text{W/m}^2$$

$$S^\text{av} = S_0^\text{av}\text{e}^{-2\alpha z} = S_0^\text{av}\text{e}^{-2\alpha\cdot3\delta} = 4.6\text{e}^{-6}\,\text{W/m}^2 = 0.011\,\text{W/m}^2$$

例 6.2-3 一简易型微波炉（见图 6.2-4）利用磁控管输出的 2.45GHz 微波加热食品。在该频率上，牛排的等效复介电常数为 $\varepsilon' = 40\varepsilon_0$，$\tan\delta_\text{e} = 0.3$。

（1）求微波传入牛排的集肤深度 δ，在牛排内 8mm 处的微波场强是表面处的百分之几？

（2）微波炉中盛牛排的盘子用发泡聚苯乙烯制成，其 $\varepsilon' = 1.03\varepsilon_0$，$\delta_\text{e} = 0.3\times10^{-4}$，说明为何用微波加热时牛排会被烧熟而该盘子并不会被烧掉。

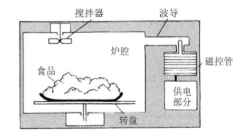

图 6.2-4 简易型微波炉

解：（1）牛排为不良导体，其集肤深度为

$$\delta = \frac{1}{\alpha} = \frac{1}{\omega}\sqrt{\frac{2}{\mu\varepsilon}}\left[\sqrt{1+\left(\frac{\sigma}{\omega\varepsilon}\right)^2}-1\right]^{-\frac{1}{2}} \approx 0.0208\,\text{m} = 20.8\,\text{mm}$$

$$\frac{E}{E_0} = e^{-z/\delta} = e^{-8/20.8} \approx 68\%$$

可见，微波加热相较于其他加热方法的一个优点是功率能直接传入食品中，即能对食品的内部进行加热。同时，微波场分布在三维空间中，加热均匀且快。

（2）发泡聚苯乙烯是低损耗介质，其集肤深度为

$$\delta = \frac{1}{\alpha} = \frac{2}{\sigma}\sqrt{\frac{\varepsilon}{\mu}} = \frac{2}{\omega\left(\frac{\sigma}{\omega\varepsilon}\right)}\sqrt{\frac{1}{\mu\varepsilon}} = \frac{2\times 3\times 10^8}{2\pi\times 2.45\times 10^9 \times (0.3\times 10^{-4})\times\sqrt{1.03}}\,\text{m} \approx 1.28\times 10^3\,\text{m}$$

可见，其集肤深度很大，意味着微波在其中传播的热损耗极低，因此称这种材料对微波是"透明"的。它所消耗的热极少，因此不会被烧掉。

6.2.4 电磁波对人体的热效应

随着手机的日益普及，人们普遍关心电磁波对人体的影响。表 6.2-5 列出了 900MHz 时人手和头部组织的相对介电常数、电导率与比重。可见，这类组织都是有耗导电媒质，它们吸收电磁波的结果是发生热效应。单位体积的吸收功率为

$$p_\alpha = \frac{1}{2}\sigma E^2 \tag{6.2-44}$$

表 6.2-5 人手和头部组织的有关参数（900MHz）

组织	ε_r	σ/（S/m）	比重/（g/cm³）
骨头	8.0	0.105	1.85
皮肤/脂肪	34.5	0.60	1.10
肌肉	58.5	1.21	1.04
脑髓	55.0	1.23	1.03
体液（血）	73.0	1.97	1.01
眼球、水晶体	44.5	0.80	1.05
角膜	52.0	1.85	1.02

人体实际吸收的射频功率用比吸收率（Specific Absorption Rate，SAR）来定量表示。它定义为每单位质量的吸收功率：

$$\text{SAR} = \frac{p_\alpha}{\rho_d} = \frac{\sigma}{2\rho_d}E^2 \quad (\text{W/kg}) \tag{6.2-45}$$

式中，ρ_d 是材料的比重（kg/m³）。SAR 是研究电磁功率由人体吸收所引起的健康危险的一个主要指标。

生物组织吸收射频功率将使组织的运动能量随其照射时间而增加。若照射的功率密度足够高，则吸收的射频功率将会使温度升高。温度升高的快慢与 SAR 成正比：

$$\text{SAR} = C_h\frac{\Delta T}{\Delta t} \tag{6.2-46}$$

式中，C_h 为组织的比热容 [J/(kg·℃)]；ΔT 为短暂的温升（℃）；Δt 为线性温升期功率照射的时间（在照射初期，温度随时间线性升高）。

表 6.2-6 列出了一般公众电磁照射限量的普通标准。可以算出，一个体重为 75kg 的成年人，其吸收照射的电磁波功率不能超过 $0.08 \times 75 = 6$（W）。手机、计算机等各类电子电器产品都要很好地达到这些标准。

表 6.2-6　一般公众电磁照射限量的普通标准

应用地区	国际	中国	欧洲、日本	美国、韩国
频率范围	100kHz～10GHz	100kHz～3GHz	100kHz～6GHz	100kHz～300GHz
全身平均 SAR	0.08 W/kg	0.08 W/kg	0.08 W/kg	0.08 W/kg
局部 SAR 及	2 W/kg	2 W/kg	2 W/kg	1.6 W/kg
质量单位平均值	10 g	10 g	10 g	1 g

§6.3　色散与群速

在无耗介质中，均匀平面波的相速仅取决于介质的参数 μ 和 ε。在有耗媒质中，均匀平面波的相速不仅取决于媒质的参数 μ、ε 和 σ，还取决于电磁波的角频率 ω。根据信号理论，单一频率的正弦波不携带任何信息，任何载有信息的电磁波实际上都是由频率相近的许多单频率波组成的。一个携带信息的信号通常由一个高频载波和以载频 f_0 为中心向两侧扩展的频带组成。也就是说，信号是由频率"群"组成的。

下面要讨论的**群速是波群包络的传播速度，因此也就是信息即电磁波能量的运动速度。**在无耗介质中，所有的单频率波都有相同的相速，信息运动的速度与单频率波的相速相同。但是，在有损耗的导电媒质中，电磁波的相位常数 β 不再是角频率 ω 的线性函数，因此各单频率波都有不同的相速，信号运动的速度就不再等于单频率波的相速了。由于信号所包含的单频率波的相速彼此不相同，所以信号波形将发生畸变，这种信号相速与频率有关的现象称为色散。

图 6.3-1 给出了在色散媒质中波群包络的形状及移动状态。由于媒质的色散现象，包络的形状将发生变化。如果信号所包含的单频率波的频率彼此相差很大，那么信号波形的畸变会比较严重，在这种情况下，群速就失去了意义。但是，如果信号所包含的单频率波的频率彼此差别不大，那么信号波形的畸变就比较小，此时就可以讨论信号的运动速度，即群速。图 6.3-2 给出了两个彼此接近的单频率波构成的包络波的情形。

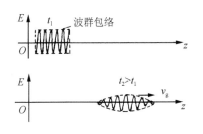

图 6.3-1　群速示意图

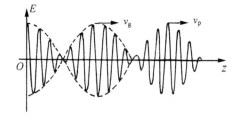

图 6.3-2　两个彼此接近的单频率波构成的包络波的情形

设图 6.3-2 中的两个单频率波的角频率分别为 $\omega_0 + \Delta\omega$ 和 $\omega_0 - \Delta\omega$，而它们的相位常数分别为 $\beta_0 + \Delta\beta$ 和 $\beta_0 - \Delta\beta$。因为这两个单频率波的频率非常接近，所以 $\Delta\omega$ 和 $\Delta\beta$ 都非常小。为了

分析问题方便，假设这两个单频率波的极化方向相同，振幅也相同，且在 $z=0$ 平面上的初相角均为零。此时，这两个单频率波的电场表达式为

$$E_1 = A\cos[(\omega_0 + \Delta\omega)t - (\beta_0 + \Delta\beta)z] \qquad (6.3\text{-}1a)$$

$$E_2 = A\cos[(\omega_0 - \Delta\omega)t - (\beta_0 - \Delta\beta)z] \qquad (6.3\text{-}1b)$$

利用和差化积公式

$$\cos\alpha + \cos\beta = 2\cos\frac{\alpha+\beta}{2}\cos\frac{\alpha-\beta}{2} \qquad (6.3\text{-}2)$$

可得和信号为

$$E = E_1 + E_2 = 2A\cos(t\Delta\omega - z\Delta\beta)\cos(\omega_0 t - \beta_0 z) \qquad (6.3\text{-}3)$$

因为 $\Delta\omega$ 和 $\Delta\beta$ 都非常小，所以式（6.3-3）中的第一个因子为慢变函数，代表低频振荡的包络波；而第二个因子则为快变函数，代表高频振荡波，其相速为

$$v_{\mathrm{p}} = \frac{\omega_0}{\beta_0} \qquad (6.3\text{-}4)$$

包络波 $2A\cos(t\Delta\omega - z\Delta\beta)$ 是高频振荡波振幅的包络线（见图 6.3-2 中的虚线），也是一个频率（$\Delta\omega$）很小的低频波。这个包络波的运动速度就是群速。

包络波是慢变的波，是指它的频率低，并不是指它的运动速度低。下面分析群速和相速的关系，令 $t\Delta\omega - z\Delta\beta = $ 常数，便可求得电磁波的群速，表示为

$$v_{\mathrm{g}} = \frac{\mathrm{d}z}{\mathrm{d}t} = \lim_{\Delta\omega\to 0}\frac{\Delta\omega}{\Delta\beta} = \frac{\mathrm{d}\omega}{\mathrm{d}\beta} = \frac{1}{\dfrac{\mathrm{d}\beta}{\mathrm{d}\omega}} \qquad (6.3\text{-}5)$$

由 $\beta = \dfrac{\omega}{v_{\mathrm{p}}}$ 可得

$$\frac{\mathrm{d}\beta}{\mathrm{d}\omega} = \frac{1}{v_{\mathrm{p}}^2}\left(v_{\mathrm{p}} - \omega\frac{\mathrm{d}v_{\mathrm{p}}}{\mathrm{d}\omega}\right) = \frac{1}{v_{\mathrm{p}}}\left(1 - \frac{\omega}{v_{\mathrm{p}}}\frac{\mathrm{d}v_{\mathrm{p}}}{\mathrm{d}\omega}\right) = \frac{1}{v_{\mathrm{p}}}\left(1 - \frac{f}{v_{\mathrm{p}}}\frac{\mathrm{d}v_{\mathrm{p}}}{\mathrm{d}f}\right)$$

将上式代入式（6.3-5）有

$$v_{\mathrm{g}} = \frac{v_{\mathrm{p}}}{1 - \dfrac{\omega}{v_{\mathrm{p}}}\dfrac{\mathrm{d}v_{\mathrm{p}}}{\mathrm{d}\omega}} = \frac{v_{\mathrm{p}}}{1 - \dfrac{f}{v_{\mathrm{p}}}\dfrac{\mathrm{d}v_{\mathrm{p}}}{\mathrm{d}f}} \qquad (6.3\text{-}6)$$

式中，v_{p} 代表波群中心频率 f 的相速。可见，合成波的群速是由中心频率的相速及其对频率的导数来计算的。根据相速对频率的导数，可知合成波的群速与相速存在着无色散、反常色散和正常色散三种不同的关系。

对于无耗媒质，即无限大的理想介质，横电磁波的相速不是频率的函数，相速对频率的导数为零，因此群速等于相速，即

$$v_{\mathrm{g}} = v_{\mathrm{p}} \qquad (6.3\text{-}7)$$

这种情况称为无色散。

在有损媒质中，电磁波的相速为式（6.2-13），或者良导体中的相速，即式（6.2-31），它们都是频率的函数，且对频率求导 $\dfrac{\mathrm{d}v_{\mathrm{p}}}{\mathrm{d}\omega} > 0$，因此有

$$v_{\mathrm{g}} > v_{\mathrm{p}} \qquad (6.3\text{-}8)$$

这种现象称为反常色散。因此，**导电媒质是一种反常色散媒质。**

当 $\dfrac{\mathrm{d}v_\mathrm{p}}{\mathrm{d}\omega}<0$ 时，有

$$v_\mathrm{g}<v_\mathrm{p} \tag{6.3-9}$$

这种现象称为正常色散。**等离子体和波导中的电磁波属于正常色散波。**下面看一个例子。

例 6.3-1　已知矩形波导管中 TE_{10} 模的相位因子为 $\mathrm{e}^{-\mathrm{j}\beta_{10}z}$，其中相位常数为

$$\beta_{10}=\frac{\omega}{c}\sqrt{1-\left(\frac{\lambda}{2a}\right)^2} \tag{6.3-10}$$

式中，c 为自由空间的光速；a 为矩形波导宽边的尺寸；λ 为电磁波的工作波长；ω 为电磁波的角频率，试求：①TE_{10} 模的相位常数 β_{10} 与真空中同频率 TEM 波相位常数 k_0 的关系；②导波波长 $\lambda_{\mathrm{g}10}$；③相速 $v_{\mathrm{p}10}$ 和群速 $v_{\mathrm{g}10}$。

解：①已知 $k_0=\omega\sqrt{\mu_0\varepsilon_0}$，根据已知条件可得

$$\beta_{10}=\frac{\omega}{c}\sqrt{1-\left(\frac{\lambda}{2a}\right)^2}=k_0\sqrt{1-\left(\frac{\lambda}{2a}\right)^2}$$

②导波波长为

$$\lambda_{\mathrm{g}10}=\frac{2\pi}{\beta_{10}}=\frac{2\pi}{k_0\sqrt{1-\left(\dfrac{\lambda}{2a}\right)^2}}=\frac{\lambda_0}{\sqrt{1-\left(\dfrac{\lambda}{2a}\right)^2}}$$

式中，λ_0 为自由空间的波长。

③TE_{10} 模的相速为

$$v_{\mathrm{p}10}=\frac{\omega}{\beta_{10}}=\frac{c}{\sqrt{1-\left(\dfrac{\lambda}{2a}\right)^2}} \tag{6.3-11}$$

式中，光速 $c=\dfrac{1}{\sqrt{\mu_0\varepsilon_0}}$。

为了求群速，首先要求 TE_{10} 模的相位常数 β_{10} 对角频率 ω 的导数，把式（6.3-11）等号两边平方，并代入 $\lambda=2\pi c/\omega$，可得

$$\omega^2=\beta_{10}^2c^2+\left(\frac{\pi c}{a}\right)^2$$

把上式等号两边对角频率 ω 进行微分，可得 $2\omega\mathrm{d}\omega=2c^2\beta_{10}\mathrm{d}\beta_{10}$，于是可求得群速为

$$v_{\mathrm{g}10}=\frac{\mathrm{d}\omega}{\mathrm{d}\beta_{10}}=\frac{c^2\beta_{10}}{\omega}=c\sqrt{1-\left(\frac{\lambda}{2a}\right)^2} \tag{6.3-12}$$

从式（6.3-11）和式（6.3-12）中可以看出，矩形波导中 TE_{10} 模的相速和群速的乘积等于光速的平方，这是普适的规律。另外，波导中正常传输的电磁波的相速大于光速，这也是普遍成立的，称为快波。

§6.4 电磁波的极化

上面在讨论平面波的传播特性时，认为场强的方向与时间无关。实际上，平面波场强的方向可能随时间按一定的规律变化。**电场强度 $\overline{E}$ 的方向随时间变化的方式称为电磁波的极化**（Polarization，在物理学中称为偏振）。根据 $\overline{E}$ 矢量的端点轨迹形状，电磁波的极化可分为三种：线极化、圆极化和椭圆极化。三种极化波的电场矢量端点轨迹如图 6.4-1 所示。

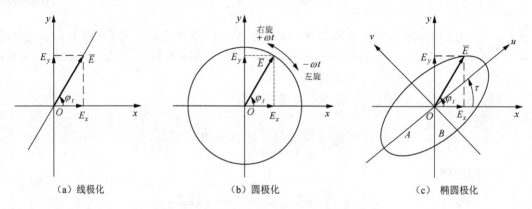

| (a) 线极化 | (b) 圆极化 | (c) 椭圆极化 |

图 6.4-1 三种极化波的电场矢量端点轨迹

6.4.1 线极化

考察沿 $+z$ 向传播的平面波，其电场矢量位于 xOy 平面（横电磁波）。作为一般情况，可同时有沿 x 向和沿 y 向的电场分量，此时电场矢量瞬时值可表示为

$$\overline{E}(t) = \hat{x}E_x(t) + \hat{y}E_y(t)$$

式中

$$\begin{cases} E_x(t) = E_1 \cos(\omega t - kz) \\ E_y(t) = E_2 \cos(\omega t - kz + \varphi) \end{cases} \tag{6.4-1}$$

式中，φ 是两个分量间的相位差。当确定 $\overline{E}(t)$ 的端点轨迹后，便可从式（6.4-1）中消去 $\omega t - kz$ 而得到 $E_x(t)$ 和 $E_y(t)$ 间的关系方程。

当 $\varphi = 0$ 或 π 时，得到 $E_x(t)$ 和 $E_y(t)$ 间的关系如下：

$$E_y(t) = \pm\left(\frac{E_2}{E_1}\right)E_x(t) \tag{6.4-2}$$

这是斜率为 $\pm(E_2/E_1)$ 的直线，"+" 对应 $\varphi = 0$，"–" 对应 $\varphi = \pi$。$\overline{E}(t)$ 方向与 x 轴的夹角为

$$\varphi_t = \arctan\frac{E_y(t)}{E_x(t)} = \pm\arctan\frac{E_2}{E_1} \tag{6.4-3}$$

在这种情况下，$\overline{E}(t)$ 的轨迹是一条直线，故称为线极化，记为 LP（Linear Polarization），如图 6.4-1（a）所示（"+"号情况）。

6.4.2 圆极化

当 $\varphi = \pm\dfrac{\pi}{2}$，$E_1 = E_2 = E_0$ 时，由式（6.4-1）可得

$$E_x^2(t) + E_y^2(t) = E_0^2 \tag{6.4-4}$$

这是半径为 E_0 的圆，如图 6.4-1（b）所示。$\bar{E}(t)$ 的大小不随 t 而变化，而 $\bar{E}(t)$ 的方向与 x 轴的夹角为

$$\varphi_t = \arctan\frac{E_0\cos(\omega t - kz \pm \pi/2)}{E_0\cos(\omega t - kz)} = \arctan\left[\mp\tan(\omega t - kz)\right] = \mp(\omega t - kz) \tag{6.4-5}$$

这表明，对于给定 z 值的某点，随着时间 t 的增加，$\bar{E}(t)$ 的方向以角频率 ω 做等速旋转。$\bar{E}(t)$ 矢量的端点轨迹为圆，故称为圆极化，记为 CP（Circular Polarization）。当 E_y 相位引前 E_x 90°（$\varphi = \dfrac{\pi}{2}$）时，$\bar{E}(t)$ 的旋向（旋转方向）与波的传播方向 $\hat{z}$ 为左手螺旋关系，称为左旋圆极化（LHCP）；而当 E_y 相位落后 E_x 90°（$\varphi = -\dfrac{\pi}{2}$）时，$\bar{E}(t)$ 的旋向与传播方向 $\hat{z}$ 为右手螺旋关系，称为右旋圆极化（RHCP）。这样，y 向和 x 向电场分量的复振幅有如下关系：

$$\begin{cases} \text{LHCP：} E_y = jE_x \\ \text{RHCP：} E_y = -jE_x \end{cases} \tag{6.4-6}$$

此时，电场复矢量为

$$\begin{cases} \text{LHCP：} \bar{E} = \hat{x}E_0 e^{-jkz} + \hat{y}jE_0 e^{-jkz} = (\hat{x} + j\hat{y})E_0 e^{-jkz} \\ \text{RHCP：} \bar{E} = \hat{x}E_0 e^{-jkz} - \hat{y}jE_0 e^{-jkz} = (\hat{x} - j\hat{y})E_0 e^{-jkz} \end{cases} \tag{6.4-7}$$

或

$$\begin{cases} \text{LHCP：} \bar{E} = \hat{L}\sqrt{2}E_0 e^{-jkz}, \quad \hat{L} = \dfrac{1}{\sqrt{2}}(\hat{x} + j\hat{y}) \\ \text{RHCP：} \bar{E} = \hat{R}\sqrt{2}E_0 e^{-jkz}, \quad \hat{R} = \dfrac{1}{\sqrt{2}}(\hat{x} - j\hat{y}) \end{cases} \tag{6.4-8}$$

式中，$\hat{L}$、$\hat{R}$ 分别为左、右旋圆极化波电场的单位矢量。

由上可知，两个相位相差 $\pi/2$、振幅相等的空间上正交的线极化波可合成一个圆极化波；反之，一个圆极化波可分解为两个相位相差 $\pi/2$、振幅相等的空间上正交的线极化波。

容易证明，两个旋向相反、振幅相等的圆极化波可合成一个线极化波；反之亦成立。

例如：

$$\begin{aligned} \bar{E} &= \hat{L}E_0 e^{-jkz} + \hat{R}E_0 e^{-jkz} \\ &= \frac{1}{\sqrt{2}}(\hat{x} + j\hat{y})E_0 e^{-jkz} + \frac{1}{\sqrt{2}}(\hat{x} - j\hat{y})E_0 e^{-jkz} \\ &= \hat{x}\sqrt{2}E_0 e^{-jkz} \end{aligned} \tag{6.4-9}$$

6.4.3 椭圆极化

最一般的情况是式（6.4-1）中的相位差 φ 为任意值且两个分量的振幅不相等（$E_1 \ne E_2$）。

此时消去该式中的 $\cos(\omega t - kz)$，有

$$\frac{E_y(t)}{E_2} = \cos(\omega t - kz)\cos\varphi - \sin(\omega t - kz)\sin\varphi = \frac{E_x(t)}{E_1}\cos\varphi - \sqrt{1 - \frac{E_x^2(t)}{E_1^2}}\sin\varphi$$

$$\left[\frac{E_y(t)}{E_2} - \frac{E_x(t)}{E_1}\cos\varphi\right]^2 = \left[1 - \frac{E_x^2(t)}{E_1^2}\right]\sin^2\varphi$$

得

$$\frac{E_x^2(t)}{E_1^2} - \frac{2E_x(t)E_y(t)}{E_1 E_2}\cos\varphi + \frac{E_y^2(t)}{E_2^2} = \sin^2\varphi \qquad (6.4\text{-}10)$$

这是一般形式的椭圆方程，因此合成的电场矢量的端点轨迹是一个椭圆，如图 6.4-1（c）所示，称为椭圆极化，记为 EP（Elliptical Polarization）。若将原坐标系旋转 τ 角（椭圆长轴与 x 轴的夹角），采用图 6.4-1（c）中的新坐标系 (u,v)，则可将椭圆方程，即式（6.4-10）化为标准形式：

$$\frac{E_u^2}{A^2} + \frac{E_v^2}{B^2} = 1 \qquad (6.4\text{-}11)$$

式中，A、B 分别为椭圆的半长轴和半短轴，二者之比称为极化椭圆的轴比 r_A（Axial Ratio），即

$$r_A = \frac{A}{B} = 1 \sim \infty \qquad (6.4\text{-}12)$$

可见，这是最一般的情况，线极化（$r_A \to \infty$）和圆极化（$r_A \to 1$）都是其特例。

可以证明，**两个空间上正交的线极化波可合成一个椭圆极化波；反之亦然。同样可以证明，两个旋向相反（振幅不等）的圆极化波可合成一个椭圆极化波；反之，一个椭圆极化波可分解为两个旋向相反、振幅不等的圆极化波。**

极化波的分类是按瞬时电场矢量 $\bar{E}$ 的端点轨迹来进行（沿传播方向观察）的。图 6.4-2 给出了实际电场沿传播方向变化的典型轨迹，上面为右旋圆极化波，下面为线极化波，二者的传播方向相同。

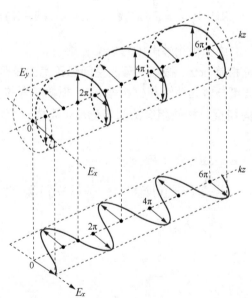

图 6.4-2　实际电场沿传播方向变化的典型轨迹

6.4.4 圆极化波的应用

圆极化波具有两个与应用有关的重要特性。

（1）当圆极化波入射到对称目标（如平面、球面等）上时，反射波变成反旋向波，即左旋波变成右旋波、右旋波变成左旋波。

（2）若天线辐射左旋圆极化波，则只接收左旋圆极化波而不接收右旋圆极化波；反之，若天线辐射右旋圆极化波，则只接收右旋圆极化波。这称为圆极化天线的旋向正交性。

根据这些性质，在雨雾天气里，雷达采用圆极化波工作将具有抑制雨雾干扰的能力。这是因为水点近似呈球形，对圆极化波的反射是反旋的，不会为雷达天线所接收；而雷达目标（如飞机、船舰等）一般是非简单对称体，其反射波是椭圆极化波，必有同旋向的圆极化成分，因而仍能收到。同样，若电视台播发的电视信号是由圆极化波载送的（由国际通信卫星转发的电视信号就是这样的），则它在建筑物墙壁上的反射波是反旋向的，这些反射波便不会由接收原旋向波的电视天线接收，从而可避免由城市建筑物的多次散射引起的电视图像的重影效应。

由于一个线极化波可分解为两个旋向相反的圆极化波，这样，不同取向的线极化波都可由圆极化天线收到。因此，现代都采用圆极化天线进行电子侦察和实施电子干扰。同样，圆极化天线也有许多民用方面的应用。例如，大多数的 FM 调频广播都是用圆极化波载送的，因此，立体声音乐的爱好者可以用在与来波方向相垂直的平面内其电场任意取向的线极化天线收到 FM 信号。再如，我国的北斗卫星导航收发系统一般采用 L 波段的圆极化天线。

例 6.4-1 一空气中传播的均匀平面波的电场强度复矢量为

$$\bar{E} = (\hat{x} + j\hat{y}) E_0 e^{-jkz}$$

请问它是什么极化波？写出其磁场强度瞬时值，并求其端点轨迹。

解： 因为 $E_y / E_x = j$，所以是左旋圆极化波。由式（6.1-12a）可知

$$\bar{H} = \frac{1}{\eta_0} \hat{z} \times \bar{E} = \frac{1}{\eta_0} (\hat{y} - j\hat{x}) E_0 e^{-jkz} , \quad \eta_0 = \sqrt{\frac{\mu_0}{\varepsilon_0}}$$

磁场强度瞬时值为

$$\bar{H}(t) = \hat{y} \frac{E_0}{\eta_0} \cos(\omega t - kz) + \hat{x} \frac{E_0}{\eta_0} \sin(\omega t - kz) = \hat{y} H_y(t) + \hat{x} H_x(t)$$

因而有

$$H_x^2(t) + H_y^2(t) = \left(\frac{E_0}{\eta_0} \right)^2$$

即 $H(t)$ 端点的轨迹是圆。当 $t = 0$ 时，在 $z = 0$ 处，$\bar{H}(t)$ 在 $\hat{y}$ 方向上，而 $\bar{E}(t)$ 在 $\hat{x}$ 方向上。随着时间 t 的推延，二者都按相同的旋向旋转，而在所有时刻，它们总保持相互垂直的状态，如图 6.4-3 所示。

例 6.4-2 在空气中传播的一个平面波有下述两个分量：

$$\begin{cases} E_x(t) = 5\cos(\omega t - kz) \ (\text{V/m}) \\ E_y(t) = 6\cos(\omega t - kz - 60°) \ (\text{V/m}) \end{cases}$$

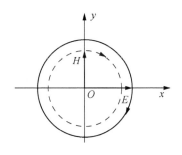

图 6.4-3 例 6.4-1 的图

这是什么极化波？试求该波所传输的平均功率流密度。

解： 因为 $E_1 \neq E_2$，$\varphi = -60°$，所以这是左旋椭圆极化波。电场强度复矢量为

$$\bar{E} = \left(\hat{x}E_1 + \hat{y}E_2 \mathrm{e}^{\mathrm{j}\varphi} \right)\mathrm{e}^{-\mathrm{j}kz} = \hat{x}E_x + \hat{y}E_y$$

磁场强度复矢量为

$$\bar{H} = \frac{1}{\eta_0}\hat{z} \times \bar{E} = \frac{1}{\mu_0}\left(\hat{y}E_1 - \hat{x}E_2 \mathrm{e}^{\mathrm{j}\varphi} \right)\mathrm{e}^{-\mathrm{j}kz} = \left(\hat{y}H_1 - \hat{x}H_2 \mathrm{e}^{\mathrm{j}\varphi} \right)\mathrm{e}^{-\mathrm{j}kz} = \hat{y}H_y - \hat{x}H_x$$

其共轭复矢量为 $\bar{H}^* = \left(\hat{y}H_1 - \hat{x}H_2 \mathrm{e}^{-\mathrm{j}\varphi} \right)\mathrm{e}^{\mathrm{j}kz}$，平均功率流密度为

$$
\begin{aligned}
\bar{S}^{\mathrm{av}} &= \frac{1}{2}\mathrm{Re}\left[\bar{E} \times \bar{H}^* \right] = \frac{1}{2}\mathrm{Re}\left[(\hat{x} \times \hat{y})E_x H_y^* - (\hat{y} \times \hat{x})E_y H_x^* \right] \\
&= \frac{1}{2}\hat{z}\,\mathrm{Re}\left(E_x H_y^* + E_y H_x^* \right) = \frac{1}{2}\hat{z}\left(\left| E_x \right|\left| H_y \right| + \left| E_y \right|\left| H_x \right| \right) \\
&= \frac{1}{2}\hat{z}\frac{\left| E_x \right|^2 + \left| E_y \right|^2}{\eta_0} = 80.9\,\mathrm{mW/m^2}
\end{aligned}
$$

它是两组在空间上正交的线极化波的平均功率流密度之和，且与二者的相位差 φ 无关。

§6.5 均匀平面波对两层边界的垂直入射

6.5.1 对平面介质边界的垂直入射

若媒质①与媒质②都是理想介质（$\sigma_1 = \sigma_2 = 0$），则当 x 向极化的平面波由媒质①向交界面（$z = 0$）垂直入射时，边界处既产生沿 $-z$ 向传播的反射波，又产生沿 z 向传播的透射波。由于电场的切向分量在边界两侧是连续的，所以反射波和透射波的电场也只有 x 向分量，如图 6.5-1（a）所示［图 6.5-1（b）为 6.5.2 节用图，放在此处是为了对比图 6.5-1（a）］。

入射波（Incident Wave）的场强表示为

$$\bar{E}_{\mathrm{i}} = \hat{x}E_{\mathrm{i}0}\mathrm{e}^{-\mathrm{j}k_1 z} \tag{6.5-1}$$

$$\bar{H}_{\mathrm{i}} = \frac{1}{\eta_1}\hat{z} \times \bar{E}_{\mathrm{i}} = \hat{y}\frac{E_{\mathrm{i}0}}{\eta_1}\mathrm{e}^{-\mathrm{j}k_1 z} \tag{6.5-2}$$

反射波（Reflective Wave）的场强表示为

$$\bar{E}_{\mathrm{r}} = \hat{x}E_{\mathrm{r}0}\mathrm{e}^{-\mathrm{j}k_1 z} \tag{6.5-3}$$

$$\bar{H}_{\mathrm{r}} = \frac{1}{\eta_1}(-\hat{z}) \times \bar{E}_{\mathrm{r}} = -\hat{y}\frac{E_{\mathrm{r}0}}{\eta_1}\mathrm{e}^{-\mathrm{j}k_1 z} \tag{6.5-4}$$

$$k_1 = \omega\sqrt{\mu_1\varepsilon_1} = \frac{2\pi}{\lambda_1}, \quad \eta_1 = \sqrt{\frac{\mu_1}{\varepsilon_1}} \tag{6.5-5}$$

透射波（Transmitted Wave）的场强表示为

$$\bar{E}_{\mathrm{t}} = \hat{x}E_{\mathrm{t}0}\mathrm{e}^{-\mathrm{j}k_2 z} \tag{6.5-6}$$

$$\bar{H}_{\mathrm{t}} = \frac{1}{\eta_2}\hat{z} \times E_{\mathrm{t}} = \hat{y}\frac{E_{\mathrm{t}0}}{\eta_2}\mathrm{e}^{-\mathrm{j}k_2 z} \tag{6.5-7}$$

$$k_2 = \omega\sqrt{\mu_2\varepsilon_2} = \frac{2\pi}{\lambda_2}, \quad \eta_2 = \sqrt{\frac{\mu_2}{\varepsilon_2}} \qquad (6.5\text{-}8)$$

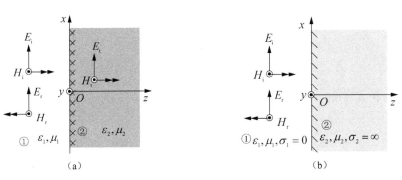

图 6.5-1　平面波的垂直入射

注意：透射波的波数是媒质②中的值 k_2，其波阻抗是媒质②的波阻抗 η_2，其电场振幅 E_{t0} 和反射波电场振幅 E_{r0} 都需要由边界条件决定。

边界两侧的电场切向分量应连续；同时，因为边界上无外加面电流，所以两侧的磁场切向分量也是连续的。因此，在 $z=0$ 处有

$$\hat{x}E_{i0} + \hat{x}E_{r0} = \hat{x}E_{t0}$$

$$\hat{y}\frac{E_{i0}}{\eta_1} - \hat{y}\frac{E_{r0}}{\eta_1} = \hat{y}\frac{E_{t0}}{\eta_2}$$

将以上两式相加和相减后的标量关系式分别为

$$E_{r0} = \frac{\eta_2 - \eta_1}{\eta_2 + \eta_1}E_{i0} = RE_{i0} \qquad (6.5\text{-}9)$$

$$E_{t0} = \frac{2\eta_2}{\eta_2 + \eta_1}E_{i0} = TE_{i0} \qquad (6.5\text{-}10)$$

式中，R 为边界上反射波电场强度与入射波电场强度之比，称为边界上的反射系数；T 为边界上透射波电场强度与入射波电场强度之比，称为边界上的透射系数，即

$$R = \frac{E_{r0}}{E_{i0}} = \frac{\eta_2 - \eta_1}{\eta_2 + \eta_1} \qquad (6.5\text{-}11a)$$

$$T = \frac{E_{t0}}{E_{i0}} = \frac{2\eta_2}{\eta_2 + \eta_1} \qquad (6.5\text{-}11b)$$

并有

$$1 + R = T \qquad (6.5\text{-}11c)$$

于是，①区中任意一点的合成电场强度和磁场强度可分别表示为

$$\overline{E}_1 = \hat{x}E_{i0}(e^{-jk_1z} + Re^{jk_1z}) \qquad (6.5\text{-}12a)$$

$$\overline{H}_1 = \hat{y}\frac{E_{i0}}{\eta_1}(e^{-jk_1z} - Re^{jk_1z}) \qquad (6.5\text{-}12b)$$

②区中任意一点的电场强度和磁场强度分别为

$$\overline{E}_2 = \overline{E}_t = \hat{x}TE_{i0}e^{-jk_2z} \qquad (6.5\text{-}13a)$$

$$\overline{H}_2 = \overline{H}_t = \hat{y}\frac{TE_{i0}}{\eta_2}e^{-jk_2z} \qquad (6.5\text{-}13b)$$

今设 $\varepsilon_1 < \varepsilon_2$，$\mu_1 = \mu_2 = \mu_0$，考察此时①区的合成场。由式（6.5-11）可知

$$R = \frac{\eta_2 - \eta_1}{\eta_2 + \eta_1} = \frac{\sqrt{\dfrac{\mu_2}{\varepsilon_2}} - \sqrt{\dfrac{\mu_1}{\varepsilon_1}}}{\sqrt{\dfrac{\mu_2}{\varepsilon_2}} + \sqrt{\dfrac{\mu_1}{\varepsilon_1}}} = \frac{1 - \sqrt{\varepsilon_2 / \varepsilon_1}}{1 + \sqrt{\varepsilon_2 / \varepsilon_1}} = -|R|, \quad |R| = 0 \sim 1 \qquad (6.5\text{-}14a)$$

$$T = \frac{2\eta_2}{\eta_2 + \eta_1} = \frac{2}{1 + \sqrt{\varepsilon_2 / \varepsilon_1}} = 1 - |R| \qquad (6.5\text{-}14b)$$

式（6.5-12a）和式（6.5-12b）分别化为

$$\overline{E}_1 = \hat{x} E_{i0}(1 - |R| e^{j2k_1 z}) e^{-jk_1 z} \qquad (6.5\text{-}15a)$$

$$\overline{H}_1 = \hat{y} \frac{E_{i0}}{\eta_1}(1 + |R| e^{j2k_1 z}) e^{-jk_1 z} \qquad (6.5\text{-}15b)$$

此时，电磁场振幅随 z 的分布如图 6.5-2（a）所示。在 $2k_1 z = -2n\pi$ 处，即 $z = -n\lambda_1 / 2$，$n = 0,1,2,\cdots$，电场振幅取得最小值（为电场波节点）：

$$|E_1|_{\min} = E_{i0}(1 - |R|) \qquad (6.5\text{-}16a)$$

而在 $2k_1 z = -(2n+1)\pi$ 处，即 $z = -(2n+1)\lambda_1 / 4$，$n = 0,1,2,\cdots$，电场振幅取得最大值（为电场波腹点）：

$$|E_1|_{\max} = E_{i0}(1 + |R|) \qquad (6.5\text{-}16b)$$

在电场波节点，反射波和入射波的电场反相，因而合成场为最小值；而在电场波腹点，二者同相，从而形成最大值。这些值的位置都不随时间而改变，具有驻波特性。但在现在的情形下，反射波的振幅比入射波的振幅小，反射波只与入射波的一部分形成驻波，因而电场振幅最小值不为零而其最大值也达不到 $2E_{i0}$。这时既有驻波成分，又有行波成分，故称为行驻波。

同样，磁场振幅也随 z 成行驻波的周期性变化，只是磁场波腹点对应电场波节点，而磁场波节点对应电场波腹点，这不难由式（6.5-15）看出。

若 $\varepsilon_1 > \varepsilon_2$，$\mu_1 = \mu_2 = \mu_0$，则有

$$R = \frac{\eta_2 - \eta_1}{\eta_2 + \eta_1} = \frac{1 - \sqrt{\varepsilon_2 / \varepsilon_1}}{1 + \sqrt{\varepsilon_2 / \varepsilon_1}} = |R|, \quad |R| = 0 \sim 1 \qquad (6.5\text{-}17a)$$

$$T = \frac{2\eta_2}{\eta_2 + \eta_1} = 1 + R = 1 + |R| \qquad (6.5\text{-}17b)$$

式（6.5-12a）和式（6.5-12b）分别化为

$$\overline{E}_1 = \hat{x} E_{i0}(1 + |R| e^{j2k_1 z}) e^{-jk_1 z} \qquad (6.5\text{-}18a)$$

$$\overline{H}_1 = \hat{y} \frac{E_{i0}}{\eta_1}(1 - |R| e^{j2k_1 z}) e^{-jk_1 z} \qquad (6.5\text{-}18b)$$

此时，电磁场振幅分布如图 6.5-2（b）所示。$z = -n\lambda_1 / 2$，$n = 0,1,2,\cdots$ 处为电场波腹点：

$$|E_1|_{\max} = E_{i0}(1 + |R|) \qquad (6.5\text{-}19a)$$

而在 $z = -(2n+1)\lambda_1 / 4$，$n = 0,1,2,\cdots$ 处为电场波节点：

$$|E_1|_{\min} = E_{i0}(1 - |R|) \qquad (6.5\text{-}19b)$$

可见，与 $\varepsilon_1 < \varepsilon_2$ 时一样，也形成行驻波。不同的是，交界面（$z = 0$）处的 $\varepsilon_1 < \varepsilon_2$ 时是电场波节点，而这时是电场波腹点。

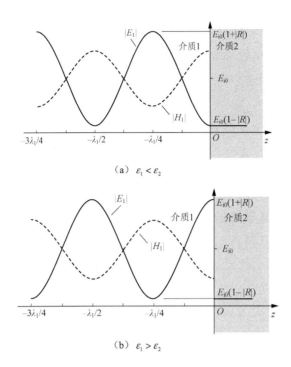

(a) $\varepsilon_1 < \varepsilon_2$

(b) $\varepsilon_1 > \varepsilon_2$

图 6.5-2　行驻波的电磁场振幅分布

为反映行驻波状态的驻波成分大小，可以效仿传输线上行驻波的描述方法，定义电场振幅的最大值与最小值之比为驻波比 ρ 或 VSWR（Voltage Standing Wave Ratio）：

$$\rho = \frac{|E|_{\max}}{|E|_{\min}} = \frac{1+|R|}{1-|R|} \tag{6.5-20}$$

需要指出的是，式（6.5-20）中的 R 与式（4.4-17a）中的 Γ 具有相同的含义，分别表示电路中和介质中信号的反射系数。

由于 $|R|$ 为 0～1，故 ρ 为 1～∞。当 $|R| = 0$，$\rho = 1$ 时为纯行波状态，无反射波，全部入射功率都输入图 6.5-1 中的②区，称这种边界状况为匹配状态。这往往是应用上最令人感兴趣的状态。例如，如果飞机表面具有这种特性，那么雷达发射信号到达飞机将不会产生反射回波，这样雷达也就发现不了飞机。这种不便由雷达观测到的飞机就称为"低可见"飞机或"隐身"飞机。

下面来考察功率的传输。入射波向 z 向传输的平均功率流密度为

$$\overline{S}_{\mathrm{i}}^{\mathrm{av}} = \mathrm{Re}\left[\frac{1}{2}\overline{E}_{\mathrm{i}} \times \overline{H}_{\mathrm{i}}^{*}\right] = \hat{z}\frac{1}{2}\frac{E_{\mathrm{i}0}^{2}}{\eta_1} \tag{6.5-21a}$$

反射波的平均功率流密度为

$$\overline{S}_{\mathrm{r}}^{\mathrm{av}} = \mathrm{Re}\left[\frac{1}{2}\overline{E}_{\mathrm{r}} \times \overline{H}_{\mathrm{r}}^{*}\right] = -\hat{z}\frac{1}{2}\frac{|R|^{2}\,E_{\mathrm{i}0}^{2}}{\eta_1} = -|R|^{2}\,S_{\mathrm{i}}^{\mathrm{av}} \tag{6.5-21b}$$

图 6.5-1 中的①区合成场向 z 向传输的平均功率流密度为

$$\overline{S}_{1}^{\mathrm{av}} = \mathrm{Re}\left[\frac{1}{2}\overline{E}_{1} \times \overline{H}_{1}^{*}\right] = \hat{z}\frac{1}{2}\frac{E_{\mathrm{i}0}^{2}}{\eta_1}(1-|R|^{2}) = S_{\mathrm{i}}^{\mathrm{av}}(1-|R|^{2}) \tag{6.5-21c}$$

它就是入射波传输的功率减去反射波向相反方向传输的功率。同时，图 6.5-1 所示的②区中

向 z 向透射的平均功率流密度为

$$\bar{S}_2^{\text{av}} = \bar{S}_t^{\text{av}} = \text{Re}\left[\frac{1}{2}\bar{E}_t \times \bar{H}_i^*\right] = \hat{z}\frac{1}{2}\frac{|T|^2}{\eta_2}E_{i0}^2 = \frac{\eta_1}{\eta_2}|T|^2\bar{S}_i^{\text{av}} \qquad (6.5\text{-}21\text{d})$$

并有

$$\bar{S}_1^{\text{av}} = \bar{S}_i^{\text{av}}(1-|R|^2) = \bar{S}_i^{\text{av}}\left[1 - \frac{\left(1-\sqrt{\varepsilon_2/\varepsilon_1}\right)^2}{\left(1+\sqrt{\varepsilon_2/\varepsilon_1}\right)^2}\right] = \bar{S}_2^{\text{av}} \qquad (6.5\text{-}21\text{e})$$

这就是说，图 6.5-1（a）所示的①区中向 z 向传输的合成场功率等于②区中向 z 向透射的功率。可见，这是符合能量守恒定律的。

下面讨论界面上的等效波阻抗。根据式（6.5-12），可得存在行驻波的任意一点的电场复振幅和磁场复振幅的比值为

$$\eta_{\text{ef}} = \eta_1 \frac{e^{-jk_1 z} + Re^{jk_1 z}}{e^{-jk_1 z} - Re^{jk_1 z}}$$

将式（6.5-11a）代入上式，可得

$$\eta_{\text{ef}} = \eta_1 \frac{\eta_2 + j\eta_1 \tan k_1|z|}{\eta_1 + j\eta_2 \tan k_1|z|} \qquad (z<0) \qquad (6.5\text{-}22)$$

这就是界面上的等效波阻抗。可见，等效波阻抗为复数，因此电场与磁场的相位一般也不相同。式（6.5-22）与式（4.4-9b）的形式完全相同。本节前面关于行驻波特点的讨论与 4.4.2 节所述接纯电阻负载的传输线上的波的性质相同。因此，**接纯电阻负载的传输线问题可视为理想介质边界条件下的平面波的垂直入射问题**。对比这两类问题有助于理解电磁波传输的共性，这一点完美地体现了场与路的统一性。

如果媒质①和媒质②是有耗媒质（导电媒质），则可用等效复介电常数 ε_c 代替实数介电常数 ε，而上述分析方法仍然适用。

例 6.5-1 波长为 0.6μm 的黄色激光由空气垂直入射到相对介电常数 $\varepsilon_r = 3$ 的有机玻璃平面上，试求：

（1）空气中电场波腹点与有机玻璃平面的距离 $d_{\max}$。

（2）空气中的驻波比。

（3）传输到有机玻璃中的功率占入射功率的百分比。

解：（1）令 $\varepsilon_1 < \varepsilon_2$，由式（6.5-15a）可知，电场波腹点发生于

$$d_{\max} = (2n+1)\lambda_1/4 = \lambda_1/4 + n\lambda_1/2 = (0.15 + 0.30n), \quad n = 0,1,2,\cdots$$

（2） $R = \dfrac{\eta_2 - \eta_1}{\eta_2 + \eta_1} = \dfrac{1 - \sqrt{\dfrac{\varepsilon_2}{\varepsilon_1}}}{1 + \sqrt{\dfrac{\varepsilon_2}{\varepsilon_1}}} = \dfrac{1 - \sqrt{\varepsilon_r}}{1 + \sqrt{\varepsilon_r}} = \dfrac{1 - 1.732}{1 + 1.732} \approx -0.268$，$\rho = \dfrac{1 + |R|}{1 - |R|} = \dfrac{1 + 0.268}{1 - 0.268} \approx 1.73$。

（3） $\dfrac{S_2^{\text{av}}}{S_i^{\text{av}}} = 1 - |R|^2 = 1 - (0.268)^2 \approx 0.928 = 92.8\%$。

例 6.5-2 一右旋圆极化波由空气向一理想介质平面（$z=0$）垂直入射，坐标与图 6.5-1（a）相同，令 $\varepsilon_2 = 9\varepsilon_0$，$\varepsilon_1 = \varepsilon_0$，$\mu_2 = \mu_1 = \mu_0$，试求：

（1）反射波和透射波的电场强度及相对平均功率流密度。

（2）它们各是何种极化波？

解：入射波电场复矢量可表示为

$$\overline{E}_{\mathrm{i}} = \frac{1}{\sqrt{2}}(\hat{x} - \mathrm{j}\hat{y})E_0 \mathrm{e}^{-\mathrm{j}k_1 z} , \quad k_1 = \omega\sqrt{\mu_0\varepsilon_0}$$

反射波和透射波电场强度分别为

$$\overline{E}_{\mathrm{r}} = \frac{1}{\sqrt{2}}(\hat{x} - \mathrm{j}\hat{y})RE_0 \mathrm{e}^{\mathrm{j}k_1 z} , \quad \overline{E}_{\mathrm{t}} = \frac{1}{\sqrt{2}}(\hat{x} - \mathrm{j}\hat{y})TE_0 \mathrm{e}^{-\mathrm{j}k_2 z}$$

式中， $k_2 = \omega\sqrt{\mu_2\varepsilon_2} = 3\omega\sqrt{\mu_0\varepsilon_0}$ ； $R = \dfrac{\eta_2 - \eta_1}{\eta_2 + \eta_1} = \dfrac{1-3}{1+3} = -0.5$ ； $T = \dfrac{2\eta_2}{\eta_2 + \eta_1} = \dfrac{2}{1+\sqrt{\varepsilon_2/\varepsilon_1}} = 0.5$ 。

入射波、反射波和透射波都可以看成是两个分量的线极化波的合成，每个线极化波的功率关系与式（6.5-21）相同，从而得

$$\frac{S_{\mathrm{r}}^{\mathrm{av}}}{S_{\mathrm{i}}^{\mathrm{av}}} = |R|^2 = 0.5^2 = 0.25 = 25\%$$

$$\frac{S_{\mathrm{t}}^{\mathrm{av}}}{S_{\mathrm{i}}^{\mathrm{av}}} = 1 - |R|^2 = 1 - 0.25 = 0.75 = 75\%$$

由反射波和透射波的电场强度表示式可以看出，它们的 y 分量仍落后于 x 分量（且大小相等），故电场矢量本身的旋向并没有变，都是由 x 方向向 y 方向旋转的。透射波是沿 z 方向传播的，因此它仍是右旋圆极化波；而反射波则沿 $-z$ 方向传播，因而它是左旋圆极化波。

这个例子清楚地表明，**经对称物体反射后，右旋圆极化波将变为左旋圆极化波；反之亦然。**

6.5.2 对平面导体边界的垂直入射

参看图 6.5-1（b），媒质①是理想介质（ $\sigma_1 = 0$ ），媒质②是理想导体（ $\sigma_2 = \infty$ ），其分界面为 $z = 0$ 平面。当均匀平面波沿 z 方向由媒质①向边界垂直入射时，由于电磁波不能穿入理想导体，所以全部电磁能量都被边界反射回来。按照良导体中的波阻抗，即式（6.2-30）

$$\eta_{\mathrm{c}} \approx \sqrt{\frac{\mu}{\varepsilon(1 - \mathrm{j}\dfrac{\sigma}{\omega\varepsilon})}} = \sqrt{\frac{2\pi f\mu}{\sigma}}\mathrm{e}^{\mathrm{j}\frac{\pi}{4}} = (1+\mathrm{j})\sqrt{\frac{\pi f\mu}{\sigma}} = (1+\mathrm{j})\frac{\alpha}{\sigma}$$

可知，在媒质②中， $\sigma_2 \to \infty$ ，因此 η_2 近似为零。根据式（6.5-11）可知界面上的 $R = -1$ ， $T = 0$ 。因此，图 6.5-1（b）中的①区合成场为

$$\overline{E}_1 = \overline{E}_{\mathrm{i}} + \overline{E}_{\mathrm{r}} = \hat{x}\overline{E}_{\mathrm{i}0}(\mathrm{e}^{-\mathrm{j}k_1 z} - \mathrm{e}^{\mathrm{j}k_1 z}) = -\hat{x}\mathrm{j}2E_{\mathrm{i}0}\sin k_1 z \tag{6.5-23a}$$

$$\overline{H}_1 = \overline{H}_{\mathrm{i}} + \overline{H}_{\mathrm{i}} = \hat{y}\frac{E_{\mathrm{i}0}}{\eta_1}(\mathrm{c}^{-\mathrm{j}k_1 z} + \mathrm{e}^{\mathrm{j}k_1 z}) = \hat{y}\frac{2E_{\mathrm{i}0}}{\eta_1}\cos k_1 z \tag{6.5-23b}$$

其瞬时值为

$$\overline{E}_1(t) = \hat{x}2E_{\mathrm{i}0}\sin k_1 z \cos\left(\omega t - \frac{\pi}{2}\right) = \hat{x}2E_{\mathrm{i}0}\sin k_1 z \sin\omega t \tag{6.5-24a}$$

$$\overline{H}_1(t) = \hat{y}\frac{2E_{\mathrm{i}0}}{\eta_1}\cos k_1 z \cos\omega t \tag{6.5-24b}$$

可见，①区中合成电场的振幅随 z 按正弦变化。电场零值发生于 $\sin k_1 z = 0$，即 $k_1 z = -n\pi$ 处，故 $z = -n\lambda_1 / 2$，$n = 0,1,2,\cdots$。这些零值的位置都不随时间变化，称为电场波节点。而电场最大值发生于 $\sin k_1 z = 1$，即 $k_1 z = -(2n+1)\pi / 2$ 处，故 $z = -(2n+1)\lambda_1 / 4$，$n = 0,1,2,\cdots$。这些最大值的位置也是不随时间变化的，称为电场波腹点。这可用图 6.5-3 来说明。其中给出了在 t 为 0、$T/8$、$T/4$、$5T/8$ 和 $3T/4$ 时，$E_1(t)$ 与 z 的关系。可以看到，空间各点的电场都随时间按 $\sin \omega t$ 做简谐变化，但其波腹点的电场振幅总是最大的（如 P 点），而波节点的电场总是零。这种状态并不随时间沿 z 方向移动，这是驻波的特征。

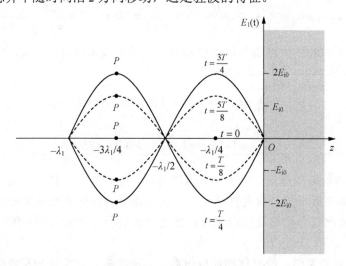

图 6.5-3　不同瞬间的驻波 $E_1(t)$

从物理上看，驻波是振幅相等的两个反向行波——入射波与反射波相互叠加的结果。在电场波腹点，二者的电场同相叠加，故呈现最大振幅 $2E_{i0}$；而在电场波节点，二者的电场反相叠加，故相消为零。以驻波电磁场振幅曲线（瞬时值曲线的包络线）为例，如图 6.5-4 所示。电场波腹点和波节点都每隔 $\lambda_1/4$ 交替出现，两个相邻波节点之间的距离为 $\lambda_1/2$。这种特性已用来测定驻波的工作波长。

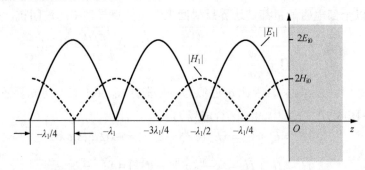

图 6.5-4　驻波的电磁场振幅分布

由于②区中无电磁场，在理想导体表面两侧的磁场切向分量不连续，因而交界面上存在面电流。根据边界条件得面电流密度为

$$\overline{J}_s = \hat{n} \times \overline{H}_1 \big|_{z=0} = -\hat{z} \times \hat{y} 2H_{i0} = \hat{x} 2H_{i0} \tag{6.5-25}$$

合成波的平均功率流密度为

$$\bar{S}_1^{av} = \text{Re}\left[\frac{1}{2}\bar{E}_1 \times \bar{H}_1^*\right] = \text{Re}\left[-\hat{z}j\frac{4E_{i0}^2}{\eta_1}\sin k_1 z \cos k_1 z\right] = 0 \qquad (6.5\text{-}26)$$

可见，此时没有单向流动的实功率，只有虚功率。这一点验证了驻波不传播能量的特点。合成波的瞬时功率流密度为

$$\bar{S}_1(t) = \bar{E}_1(t) \times \bar{H}_1(t) = \hat{z}\frac{4E_{i0}^2}{\eta_1}\sin k_1 z \cos k_1 z \sin \omega t \cos \omega t$$

$$= \hat{z}\frac{E_{i0}^2}{\eta_1}\sin 2k_1 z \sin 2\omega t \qquad (6.5\text{-}27)$$

表明合成波的瞬时功率流密度随时间按周期变化。例如，当 $\omega t = \pi/2$ 时，合成波的瞬时功率流密度为零；而当 $\omega t = 3\pi/4$ 时，达到最大值；当 $\omega t = \pi$ 时，又回到无瞬时功率流动的状态。因此，整个周期内无实功率单向传输。结合式（6.5-24）还可以看出，当电场能量密度最大时磁场能量密度最小，电场能量密度最大的位置磁场能量密度为零，这说明电场能量和磁场能量一直在相互转换，而且功率流是来回流动的，如由电能密度大的区域流向磁能密度大的区域或相反，但并不形成单向的功率传输。

在①区的任意一点处，若驻波电场的复振幅和磁场复振幅之比用 η_{ef} 表示，则根据式（6.5-22）可得

$$\eta_{ef} = \frac{E_x}{H_y} = j\eta_1 \tan k_1 |z| \qquad (6.5\text{-}28)$$

称为等效波阻抗。式（6.5-28）与式（4.4-13）的形式完全相同，是一个纯电抗函数，当 $0 < |z| < \lambda/4$ 时，η_{ef} 为正值，呈感性；而当 $\lambda/4 < |z| < \lambda/2$ 时，η_{ef} 为负值，呈容性。每隔 $\lambda/2$ 重复一次。这一点包含本节前面关于驻波的性质与 4.4.2 节所述短路传输线上的波的性质相似。因此，**短路传输线问题可视为理想导体边界条件下的平面波的垂直入射问题，二者在电磁能量的传播方面具有很高的相似性。**

§6.6　均匀平面波对多层边界的垂直入射

6.6.1　等效波阻抗

前面学习了两层媒质界面上的电磁波传播规律，本节研究均匀平面波垂直入射到多层媒质上的问题。一般地说，除最后一层外，每层媒质中都存在各自的入射波和反射波，而最后一层则只有透射波。简单起见，这里只研究仅有 3 个介质区域的模型，如图 6.6-1 所示。这是一种常见的情形，如光线垂直投射于一层窗玻璃上就属于这种情形。更有意义的是，下面的处理方法可推广到更多层的情形。

图 6.6-1 所示的①区和②区中都有入射波与反射波，③区中只有透射波。设①区中的入射波电场只有 x 分量、磁场只有 y 分量，媒质分界面分别位于 $z = -d$ 和 $z = 0$ 处，则各区中的电磁场可表示如下。

①区：

$$\bar{E}_1 = \hat{x}(E_{i1}e^{-jk_1(z+d)} + E_{r1}e^{jk_1(z+d)}) \qquad (6.6\text{-}1a)$$

$$\bar{H}_1 = \hat{y}\frac{1}{\eta_1}(E_{i1}e^{-jk_1(z+d)} - E_{r1}e^{jk_1(z+d)}) \tag{6.6-1b}$$

②区:

$$\bar{E}_2 = \hat{x}(E_{i2}e^{-jk_2z} + E_{r2}e^{jk_2z}) \tag{6.6-2a}$$

$$\bar{H}_2 = \hat{y}\frac{1}{\eta_2}(E_{i2}e^{-jk_2z} - E_{r2}e^{jk_2z}) \tag{6.6-2b}$$

③区:

$$\bar{E}_3 = \hat{x}E_{i3}e^{-jk_3z} \tag{6.6-3a}$$

$$\bar{H}_3 = \hat{y}\frac{1}{\eta_3}E_{i3}e^{-jk_3z} \tag{6.6-3b}$$

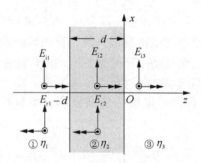

图 6.6-1　平面波对平面夹层的垂直入射

在以上各式中，E_{i1} 是①区入射电场复振幅，假设是已知的，E_{r1}、E_{i2}、E_{r2}、E_{i3} 是四个未知量。在两个分界面上，电场和磁场的切向分量都必须连续。因此有四个边界条件，可以解出上述四个未知量。在 $z = 0$ 处有

$$E_{i2} + E_{r2} = E_{i3}$$

$$\frac{1}{\eta_2}(E_{i2} - E_{r2}) = \frac{1}{\eta_3}E_{i3}$$

两式相除得

$$\eta_2\frac{E_{i2} + E_{r2}}{E_{i2} - E_{r2}} = \eta_3$$

由此得该边界处的反射系数如下:

$$R_2 = \frac{E_{r2}}{E_{i2}} = \frac{\eta_3 - \eta_2}{\eta_3 + \eta_2} \tag{6.6-4}$$

在 $z = -d$ 处有

$$E_{i1} + E_{r1} = E_{i2}(e^{jk_2d} + R_2e^{-jk_2d})$$

$$\frac{1}{\eta_1}(E_{i1} - E_{r1}) = \frac{1}{\eta_2}E_{i2}(e^{jk_2d} - R_2e^{-jk_2d})$$

以上两式相除得

$$\eta_1\frac{E_{i1} + E_{r1}}{E_{i1} - E_{r1}} = \eta_2\frac{e^{jk_2d} + R_2e^{-jk_2d}}{e^{jk_2d} - R_2e^{-jk_2d}} \equiv \eta_d \tag{6.6-5}$$

令式（6.6-5）右端为 η_d，它其实就是 $z = -d$ 处的切向电场和切向磁场之比，故称为 $z = -d$

处的等效波阻抗。利用式（6.6-4）可得出 η_d 的下述计算公式：

$$\eta_d = \frac{E_x}{H_y}\bigg|_{z=-d} = \eta_2 \frac{\mathrm{e}^{jk_2d} + R_1\mathrm{e}^{-jk_2d}}{\mathrm{e}^{jk_2d} - R_1\mathrm{e}^{-jk_2d}}$$

简化为

$$\eta_d = \eta_2 \frac{\eta_3 + j\eta_2 \tan k_2 d}{\eta_2 + j\eta_3 \tan k_2 d} \tag{6.6-6}$$

于是由式（6.6-5）得 $z = -d$ 处的反射系数为

$$R_d = \frac{E_{r1}}{E_{i1}} = \frac{\eta_d - \eta_1}{\eta_d + \eta_1} \tag{6.6-7}$$

比较式（6.6-4）和式（6.6-7）可知，引入等效波阻抗后，对①区的入射波来说，②区和后续区域的效应相当于接一个波阻抗为 η_d 的媒质。这给多层结构的处理带来很大的方便。

6.6.2 多层介质界面上的阻抗匹配

多层介质在微波工程中应用广泛，能量的高效传输是关注的核心，下面举例说明多层介质界面上的阻抗匹配问题。

例 6.6-1 频率为 10GHz 的机载雷达有一个用 $\varepsilon_r = 2.25$ 的介质薄板构成的介质罩，如图 6.6-2 所示。假设其介质损耗可忽略不计，为使介质罩对垂直入射到其上的电磁波不产生反射，该薄板应取多厚？

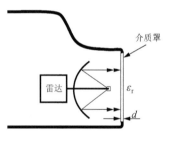

图 6.6-2 机载雷达天线罩

解： 为使介质罩不反射电磁波，在其界面的反射系数应为零，即该处等效波阻抗 η_d 应等于空气的波阻抗 η_0。根据式（6.6-6），并考虑到 $\eta_3 = \eta_0$，要求

$$\eta_d = \eta_2 \frac{\eta_0 + j\eta_2\tan k_2 d}{\eta_2 + j\eta_0\tan k_2 d} = \eta_0 \quad \text{即} \quad \eta_2^2 \tan k_2 d = \eta_0^2 \tan k_2 d$$

已知 $\eta_2 \neq \eta_0$，因此上式成立的条件是 $\tan k_2 d = 0$，即

$$k_2 d = n\pi, \quad d = \frac{n\lambda_2}{2} = \frac{n\lambda_0}{2\sqrt{\varepsilon_r}}, \quad n=1,2,3,\cdots$$

在取厚度最薄的情况下，令 $n = 1$，得

$$d = \frac{\lambda_0}{2\sqrt{\varepsilon_r}} = \frac{c}{2f\sqrt{\varepsilon_r}} = \frac{3\times10^8}{2\times10^{10}\times\sqrt{2.25}} = 10^{-2}\,\mathrm{m} = 1\mathrm{cm}$$

这个结果利用了等效波阻抗的半波（长）重复性。直接从式（6.6-6）中可看出，只要夹层厚度为 $\lambda_2/2$（λ_2 为介质罩中的电磁波的波长）的整数倍，由于 $\tan k_2 d = 0$，所以总有 $\eta_d = \eta_3 = \eta_0$。

例 6.6-2 在 $\varepsilon_{r3} = 5$，$\mu_{r3} = 1$ 的玻璃上涂一层薄膜以消除红外线（$\lambda = 0.75\mu\mathrm{m}$）的反射。试确定：①介质薄膜的厚度 d 和相对介电常数 ε_r，设玻璃和薄膜可视为理想介质；②它对紫外线（$\lambda = 0.38\mu\mathrm{m}$）的反射功率百分比。

解： ①由于薄膜两侧媒质波阻抗不同，所以通常利用 $d = \lambda_2/4$ 的夹层来变换波阻抗，使

对①区呈现的 η_d 等于 η_1。当 $k_2 d = \pi/2$ 时，有

$$\eta_d = \eta_2 \frac{\eta_3 + j\eta_2 \tan\frac{\pi}{2}}{\eta_2 + j\eta_3 \tan\frac{\pi}{2}} = \frac{\eta_2^2}{\eta_3}$$

令 $\eta_d = \eta_1$，由上式得 $\eta_2 = \sqrt{\eta_1 \eta_3}$，因为 $\eta_1 = \eta_0 = 377\Omega$，所以

$$\eta_3 = \eta_0 / \sqrt{\varepsilon_{r3}} = 377 / \sqrt{5}\,\Omega \approx 168.6\Omega$$

$$\eta_2 = \sqrt{377 \times 168.6}\,\Omega \approx 252.1\Omega$$

并因为 $\eta_2 = \eta_0 / \sqrt{\varepsilon_r}$，所以得

$$\sqrt{\varepsilon_r} = \frac{\eta_0}{\eta_2} = \frac{377}{252.1} \approx 1.495 \,, \quad \varepsilon_r \approx 2.235$$

$$d = \frac{\lambda_2}{4} = \frac{\lambda_0}{4\sqrt{\varepsilon_r}} = \frac{0.75}{4 \times 1.495}\mu m \approx 0.125\mu m$$

这种夹层也称为 λ/4 阻抗变换器，其原理与式（4.4-19b）描述的阻抗变换器是相同的。这一点应用广泛，如照相机镜头上就有用于消除光反射的薄膜。

②为计算反射系数，先由式（6.6-6）求 η_d。此时

$$k_2 d = \frac{2\pi\sqrt{\varepsilon_r}}{\lambda_0}d = \frac{2\pi \times 1.495}{0.38} \times 0.125 \approx 0.984\pi \approx 177°$$

$$\eta_d = \eta_2 \frac{\eta_3 + j\eta_2 \tan k_2 d}{\eta_2 + j\eta_3 \tan k_2 d} = 252.1 \times \frac{168.6 + j252.1\tan 177°}{252.1 + j168.6\tan 177°}$$

$$\approx 168.9\angle 2.5° \approx 168.7 - j7.4\Omega$$

从而得

$$\frac{S_r^{av}}{S_i^{av}} = |R_d|^2 = \left|\frac{\eta_d - \eta_1}{\eta_d + \eta_1}\right|^2 = \left|\frac{168.7 - j7.4 - 377}{168.7 - j7.4 + 377}\right|^2 \approx 0.146 = 14.6\%$$

§6.7 均匀平面波对介质边界的斜入射

6.7.1 沿任意方向传播的平面波

前几节讨论的均匀平面波的传播方向规定为 z 方向，因而电场强度复矢量（电场矢量）可表示为

$$\bar{E} = \bar{E}_0 e^{-jkz} \tag{6.7-1}$$

式中，$\bar{E}_0$ 是垂直于 z 轴的常矢量。波的等相面是 z = const. 的平面，垂直于 z 轴，如图 6.7-1（a）所示。设等相面上任意点 $P(x, y, z)$ 的位置矢量为 $\bar{r} = \hat{x}x + \hat{y}y + \hat{z}z$，则它相对于原点的相位为 $-kz = -k\hat{z} \cdot \bar{r}$。因而 P 点的电场矢量也可表示为

$$\bar{E} = \bar{E}_0 e^{-jk\hat{z} \cdot \bar{r}} \tag{6.7-2}$$

如果要研究向任意方向 $\hat{s}$ 传播的平面波，就需要导出它的表示式。参看图 6.7-1（b），沿 $\hat{s}$ 方向传播的平面波的等相面垂直于 $\hat{s}$，该等相面上任意点 $P(x, y, z)$ 相对于原点的相位为

$-kl = -k\hat{s} \cdot \overline{r}$ 。这样，P 点的电场矢量可表示为

$$\overline{E} = \overline{E}_0 e^{-jk\hat{s} \cdot \overline{r}} = \overline{E}_0 e^{-j\overline{k} \cdot \overline{r}} \qquad (6.7\text{-}3)$$

式中

$$\overline{k} = k\hat{s} \qquad (6.7\text{-}4)$$

式中，$\overline{k}$ 称为传播矢量或波矢量，其大小等于波数 k，方向为传播方向 $\hat{s}$。

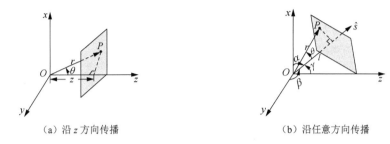

（a）沿 z 方向传播   （b）沿任意方向传播

图 6.7-1 沿 z 方向和任意方向传播的平面波坐标关系

若传播方向 $\hat{s}$ 与 x、y、z 轴的夹角分别为 α、β、γ，则其方向余弦分别为 $\cos\alpha$、$\cos\beta$、$\cos\gamma$，因此 $\hat{s} = \hat{x}\cos\alpha + \hat{y}\cos\beta + \hat{z}\cos\gamma$，故有

$$\overline{k} = k\hat{s} = \hat{x}k_x + \hat{y}k_y + \hat{z}k_z \qquad (6.7\text{-}5)$$

式中，$k_x = k\cos\alpha$；$k_y = k\cos\beta$；$k_z = k\cos\gamma$。这样，电场矢量又可表示为

$$\overline{E} = \overline{E}_0 e^{-j(k_x x + k_y y + k_z z)} \qquad (6.7\text{-}6)$$

由于 $\cos^2\alpha + \cos^2\beta + \cos^2\gamma = 1$，故 $k_x^2 + k_y^2 + k_z^2 = k^2$，这表明，$k_x$、$k_y$、$k_z$ 三者中只有两个是独立的。

对于这种均匀平面波，与式（6.1-11）类似，麦克斯韦方程中的 ∇ 运算有如下简化算法。考虑到

$$\nabla \cdot (\overline{E}_0 e^{-j\overline{k} \cdot \overline{r}}) = -j\overline{k} \cdot (\overline{E}_0 e^{-j\overline{k} \cdot \overline{r}}) \qquad (6.7\text{-}7)$$

$$\nabla \times (\overline{E}_0 e^{-j\overline{k} \cdot \overline{r}}) = -j\overline{k} \times (\overline{E}_0 e^{-j\overline{k} \cdot \overline{r}}) \qquad (6.7\text{-}8)$$

这就是说，在这些运算中，$\nabla \to -j\overline{k}$。这些公式其实就是 $\dfrac{d}{dx} e^{kx} = k e^{kx}$ 的推广，证明略。于是在无源区，麦克斯韦方程化为

$$-j\overline{k} \times \overline{E} = -j\omega\mu\overline{H} \qquad (6.7\text{-}9a)$$

$$-j\overline{k} \times \overline{H} = -j\omega\varepsilon\overline{E} \qquad (6.7\text{-}9b)$$

$$-j\overline{k} \cdot \overline{E} = 0 \qquad (6.7\text{-}9c)$$

$$-j\overline{k} \cdot \overline{H} = 0 \qquad (6.7\text{-}9d)$$

即

$$\overline{H} = \frac{1}{\eta}\hat{s} \times \overline{E} \qquad (6.7\text{-}10a)$$

$$\overline{E} = -\eta\hat{s} \times \overline{H} \qquad (6.7\text{-}10b)$$

$$\hat{s} \cdot \overline{E} = 0 \qquad (6.7\text{-}10c)$$

$$\hat{s} \cdot \overline{H} = 0 \qquad (6.7\text{-}10d)$$

式中

$$\eta = \frac{\omega\mu}{k} = \frac{k}{\omega\varepsilon} = \sqrt{\frac{\mu}{\varepsilon}} \qquad (6.7\text{-}11)$$

式（6.7-10a）和式（6.7-10b）给出了 $\bar{E}$ 与 $\bar{H}$ 的互换关系，而式（6.7-10c）和式（6.7-10d）表明均匀平面波的 $\bar{E}$、$\bar{H}$ 都与传播方向 $\hat{s}$ 相垂直。

该均匀平面波的平均功率流密度为

$$\bar{S}^{av} = \mathrm{Re}\left[\frac{1}{2}\bar{E} \times \bar{H}^*\right] = \frac{1}{2\eta}\mathrm{Re}\left[\bar{E} \times \hat{s} \times \bar{E}^*\right] = \frac{1}{2\eta}\mathrm{Re}[(\bar{E}\cdot\bar{E}^*)\hat{s} - (\bar{E}\cdot\hat{s})\bar{E}^*]$$

$$= \frac{1}{2\eta}|\bar{E}|^2 \hat{s} = \hat{s}\frac{1}{2}\frac{E_0^2}{\eta} \qquad (6.7\text{-}12)$$

可见，传播方向 $\hat{s}$ 就是能量的传输方向。

例 6.7-1 已知真空中的平面波为 TEM 波，其电场强度为

$$\bar{E} = [\hat{x} + E_{y0}\hat{y} + \mathrm{j}1.25\hat{z}]\mathrm{e}^{-\mathrm{j}2.3(-0.6x+0.8y-\mathrm{j}0.6z)} \quad (\mathrm{V/m})$$

式中，E_{y0} 为常数，试求：①该平面波是否为均匀平面波，有无衰减？②平面波的频率及波长；③电场的 y 分量 E_{y0} 的值；④平面波的极化特性。

解： ①因为 $\exp[-\mathrm{j}2.3(-0.6x+0.8y-\mathrm{j}0.6z)] = \mathrm{e}^{-1.38z}\mathrm{e}^{-\mathrm{j}2.3(-0.6x+0.8y)}$，所以该点电磁波是沿 z 向传播的衰减波，衰减因子 $\alpha = 1.38$。

它的传播矢量 $\bar{k} = 2.3(-0.6\hat{x}+0.8\hat{y})$，传播方向在 xOy 平面内，因此等相面在 $z = \mathrm{const.}$ 的平面上。而已知场强的振幅与 z 有关（$\mathrm{e}^{-1.38z}$），因此它是非均匀平面波。

② $k = 2.3\sqrt{0.6^2+0.8^2} = 2.3$，$\lambda = 2\pi/k \approx 2.73\mathrm{m}$，$f = \dfrac{v}{\lambda} = \dfrac{c}{\lambda} \approx 110\mathrm{MHz}$。

③因为 $\bar{k}\cdot\bar{E} = 0$，所以 $E_{y0} = 0.75$。

④因为电场强度的 x 分量与 y 分量构成线极化波，所以振幅为 $\sqrt{1+0.75^2}\,\mathrm{V/m} = \sqrt{1.5625}\,\mathrm{V/m} = 1.25\mathrm{V/m}$；它与相位相差 90° 且振幅相等的 z 分量合成后形成圆极化波。由于电场分量 (E_x+E_y) 比 E_z 分量的相位滞后 90°，因此合成矢量形成右旋圆极化波。

例 6.7-2 已知空气中一均匀平面波的磁场强度复矢量为

$$\bar{H} = (-\hat{x}A + \hat{y}2\sqrt{6} + \hat{z}4)\mathrm{e}^{-\mathrm{j}\pi(4x+3z)} \quad (\mu\mathrm{A/m})$$

试求：①波长、传播方向单位矢量及传播方向与 z 轴的夹角；②常数 A；③电场强度复矢量 $\bar{E}$。

解： ①由 $\bar{H}$ 的相位因子可知 $k_x = 4\pi$，$k_z = 3\pi$，故

$$k = \sqrt{k_x^2 + k_z^2} = 5\pi = \frac{2\pi}{\lambda}$$

$$\lambda = \frac{2\pi}{k} = \frac{2}{5} = 0.4 \quad (\mathrm{m})$$

$$\hat{s} = \frac{\bar{k}}{k} = \frac{\hat{x}4\pi + \hat{z}3\pi}{5\pi} = \hat{x}\frac{4}{5} + \hat{z}\frac{3}{5}$$

设 $\hat{s}$ 与 $\hat{z}$ 的夹角为 θ，则

$$\cos\theta = \hat{s}\cdot\hat{z} = \frac{3}{5}, \quad \theta \approx 53.13°$$

②根据式（6.7-10d），应有

$$(\hat{x}\frac{4}{5}+\hat{z}\frac{3}{5})\cdot(-\hat{x}A+\hat{y}2\sqrt{6}+\hat{z}4)=0$$

解得 $A=3$。

③由式（6.7-10b）可得

$$\overline{E}=-\eta\hat{s}\times\overline{H}=-377(\hat{x}\frac{4}{5}+\hat{z}\frac{3}{5})\times(-\hat{x}3+\hat{y}2\sqrt{6}+\hat{z}4)\mathrm{e}^{-\mathrm{j}\pi(4x+3z)}$$

$$=(\hat{x}\frac{6}{5}\sqrt{6}+\hat{y}5-\hat{z}\frac{8}{5}\sqrt{6})377\mathrm{e}^{-\mathrm{j}\pi(4x+3z)} \quad (\mu\mathrm{V/m})$$

6.7.2　斯涅耳定律

当平面波向理想介质分界面 $z=0$ 斜入射时，不但将产生反射波，而且将产生透射波。为简化分析，通常都将入射面取为 $y=0$ 平面，如图 6.7-2 所示。但本节为了导出这些波之间的一般相位关系，先不做此限制。因此，入射波、反射波和透射波的传播矢量可表示为

$$\overline{k}_{\mathrm{i}}=\hat{s}_{\mathrm{i}}k_{\mathrm{i}}=\hat{x}\sin\theta_{\mathrm{i}}+\hat{z}\cos\theta_{\mathrm{i}} \tag{6.7-13a}$$

$$\overline{k}_{\mathrm{r}}=\hat{s}_{\mathrm{r}}k_{\mathrm{r}}=\hat{x}\sin\theta_{\mathrm{r}}-\hat{z}\cos\theta_{\mathrm{r}} \tag{6.7-13b}$$

$$\overline{k}_{\mathrm{t}}=\hat{s}_{\mathrm{t}}k_{\mathrm{t}}=\hat{x}\sin\theta_{\mathrm{t}}+\hat{z}\cos\theta_{\mathrm{t}} \tag{6.7-13c}$$

式中

$$k_{\mathrm{i}}=k_{\mathrm{r}}=k_{1}=\omega\sqrt{\mu_{1}\varepsilon_{1}}，\quad k_{\mathrm{t}}=k_{2}=\omega\sqrt{\mu_{2}\varepsilon_{2}} \tag{6.7-13d}$$

三种波的电场强度复矢量可写为

$$\overline{E}_{\mathrm{i}}=\overline{E}_{\mathrm{i}0}\mathrm{e}^{-\mathrm{j}\overline{k}_{1}\cdot\overline{r}}=\overline{E}_{\mathrm{i}0}\exp[-\mathrm{j}k_{1}(x\sin\theta_{\mathrm{i}}+z\cos\theta_{\mathrm{i}})] \tag{6.7-14a}$$

$$\overline{E}_{\mathrm{r}}=\overline{E}_{\mathrm{r}0}\mathrm{e}^{-\mathrm{j}\overline{k}_{1}\cdot\overline{r}}=\overline{E}_{\mathrm{r}0}\exp[-\mathrm{j}k_{1}(x\sin\theta_{\mathrm{r}}-z\cos\theta_{\mathrm{r}})] \tag{6.7-14b}$$

$$\overline{E}_{\mathrm{t}}=\overline{E}_{\mathrm{t}0}\mathrm{e}^{-\mathrm{j}\overline{k}_{2}\cdot\overline{r}}=\overline{E}_{\mathrm{t}0}\exp[-\mathrm{j}k_{2}(x\sin\theta_{\mathrm{t}}+z\cos\theta_{\mathrm{t}})] \tag{6.7-14c}$$

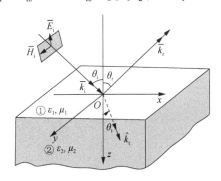

图 6.7-2　平面波的斜入射

根据边界条件，分界面（$z=0$）两侧电场矢量的切向分量应连续，故有

$$E_{\mathrm{i}0}^{\mathrm{t}}\exp[-\mathrm{j}k_{1}x\sin\theta_{\mathrm{i}}]+E_{\mathrm{r}0}^{\mathrm{t}}\exp[-\mathrm{j}k_{1}x\sin\theta_{\mathrm{r}}]=E_{\mathrm{t}0}^{\mathrm{t}}\exp[-\mathrm{j}k_{2}x\sin\theta_{\mathrm{t}}]$$

式中，上标 t 表示切向分量。此式对分界面上的任意 x 都成立，因而有

$$k_{1}\sin\theta_{\mathrm{i}}=k_{1}\sin\theta_{\mathrm{r}}=k_{2}\sin\theta_{\mathrm{t}} \tag{6.7-15}$$

这一结论称为相位匹配条件。它对求解分层媒质的电磁场边值问题是很有用的。

由式（6.7-15）中的前一等式得

$$\theta_i = \theta_r = \theta_1 \tag{6.7-16}$$

即反射角等于入射角，这就是反射定律。

式（6.7-15）的后一等式给出（令 $\theta_t = \theta_2$）

$$\frac{\sin\theta_2}{\sin\theta_1} = \frac{k_1}{k_2} = \sqrt{\frac{\mu_1\varepsilon_1}{\mu_2\varepsilon_2}} \tag{6.7-17a}$$

当 $\mu_1 = \mu_2$ 时有

$$\frac{\sin\theta_2}{\sin\theta_1} = \sqrt{\frac{\varepsilon_1}{\varepsilon_2}} = \frac{n_1}{n_2} \tag{6.7-17b}$$

这就是光学中的斯涅耳（Willebrord Snellius, 1580—1626, 荷兰）定律（折射定律），说明折射角正弦与入射角正弦之比等于介质①与介质②的折射率之比。这里基于电磁场边界条件导出了与光学中完全相同的折射定律。这是光波为电磁波的又一佐证。

6.7.3 菲涅耳公式

以上确定的是反射角和透射波的传播方向与相位关系。现在来研究其相对振幅的确定。为使问题简化，把入射波分为垂直极化波和平行极化波来分别研究。如图 6.7-3 所示，均匀平面波向理想介质平面（$z=0$ 平面）斜入射，入射波射线与平面边界法线所构成的平面称为入射平面，此处入射面为 $y=0$ 面。图 6.7-3（a）中的电场矢量与入射平面相垂直，称为垂直极化；图 6.7-3（b）中的电场矢量与入射面平行，称为平行极化。任意极化的平面波都可分解为垂直极化波和平行极化波。下面先研究垂直极化波的斜入射。

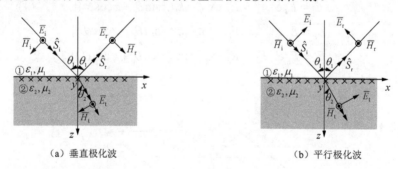

（a）垂直极化波　　　　　　　　　　（b）平行极化波

图 6.7-3　两种极化波对理想介质平面的斜入射

1. 垂直极化波情形

参看图 6.7-3（a），垂直极化波的电场只有 y 分量，入射波［其中磁场可由式（6.7-10a）算得］为

$$\overline{E}_i = \hat{y}E_{i0}e^{-jk_1(x\sin\theta_1 + z\cos\theta_1)} \tag{6.7-18a}$$

$$\overline{H}_i = (-\hat{x}\cos\theta_1 + \hat{z}\sin\theta_1)\frac{E_{i0}}{\eta_1}e^{-jk_1(x\sin\theta_1 + z\cos\theta_1)} \tag{6.7-18b}$$

反射波为

$$\overline{E}_r = \hat{y}R_\perp E_{i0}e^{-jk_1(x\sin\theta_1 - z\cos\theta_1)} \tag{6.7-18c}$$

$$\bar{H}_r = (\hat{x}\cos\theta_1 + \hat{z}\sin\theta_1)\frac{R_\perp E_{i0}}{\eta_1}\mathrm{e}^{-jk_1(x\sin\theta_1 - z\cos\theta_1)} \tag{6.7-18d}$$

式中，$R_\perp = E_{r0}/E_{i0}$ 是边界 $z=0$ 处的反射系数。同样可得出②区的折射场，$T_\perp = E_{t0}/E_{i0}$ 是边界 $z=0$ 处的透射（折射，后面根据语境灵活选用两者）系数。于是有折射场：

$$\bar{E}_t = \hat{y}T_\perp E_{i0}\mathrm{e}^{-jk_2(x\sin\theta_2 + z\cos\theta_2)}$$

$$\bar{H}_t = (-\hat{x}\cos\theta_2 + \hat{z}\sin\theta_2)\frac{T_\perp E_{i0}}{\eta_2}\mathrm{e}^{-jk_2(x\sin\theta_2 + z\cos\theta_2)}$$

根据边界条件，在 $z=0$ 平面上，①区的合成电场强度切向分量（y 分量）应与②区的电场强度切向分量相等，①区和②区的磁场强度切向分量（x 分量）也相等。从而由以上六式套用边界条件可得

$$E_{i0}\mathrm{e}^{-jk_1 x\sin\theta_1} + R_\perp E_{i0}\mathrm{e}^{-jk_1 x\sin\theta_1} = T_\perp E_{i0}\mathrm{e}^{-jk_2 x\sin\theta_2}$$

$$-\cos\theta_1\frac{E_{i0}}{\eta_1}\mathrm{e}^{-jk_1 x\sin\theta_1} + \cos\theta_1\frac{R_\perp E_{i0}}{\eta_1}\mathrm{e}^{-jk_1 x\sin\theta_1} = -\cos\theta_2\frac{T_\perp E_{i0}}{\eta_2}\mathrm{e}^{-jk_2 x\sin\theta_2}$$

因为有相位匹配条件 $k_1\sin\theta_1 = k_2\sin\theta_2$，所以以上两式化为

$$1 + R_\perp = T_\perp$$

$$\frac{\cos\theta_1}{\eta_1}(1 - R_\perp) = \frac{\cos\theta_2}{\eta_2}T_\perp$$

联立以上两式，解得

$$R_\perp = \frac{\eta_2\cos\theta_1 - \eta_1\cos\theta_2}{\eta_2\cos\theta_1 + \eta_1\cos\theta_2} \tag{6.7-19a}$$

$$T_\perp = \frac{2\eta_2\cos\theta_1}{\eta_2\cos\theta_1 + \eta_1\cos\theta_2} \tag{6.7-19b}$$

上述反射系数和透射系数公式称为垂直极化波菲涅耳（Augustin-Jean Fresnel, 1788—1827, 法）公式。容易看出，当垂直入射时，$\theta_1 = \theta_2 = 0$，式（6.7-19）化为式（6.5-11）。

设 $\mu_1 = \mu_2$，$n_1 = \sqrt{\varepsilon_{r1}}$，$n_2 = \sqrt{\varepsilon_{r2}}$，这是较常用的情形（如在光纤中），此时上述菲涅耳公式化为

$$R_\perp = \frac{n_1\cos\theta_1 - n_2\cos\theta_2}{n_1\cos\theta_1 + n_2\cos\theta_2} \tag{6.7-20a}$$

$$T_\perp = \frac{2n_1\cos\theta_1}{n_1\cos\theta_1 + n_2\cos\theta_2} \tag{6.7-20b}$$

2. 平行极化波情形

按照图 6.7-3（b），①区的入射场、反射场及折射场可表示如下。

入射场：

$$\bar{E}_i = (\hat{x}\cos\theta_1 - \hat{z}\sin\theta_1)E_{i0}\mathrm{e}^{-jk_1(x\sin\theta_1 + z\cos\theta_1)} \tag{6.7-21a}$$

$$\bar{H}_i = \hat{y}\frac{E_{i0}}{\eta_1}\mathrm{e}^{-jk_1(x\sin\theta_1 + z\cos\theta_1)} \tag{6.7-21b}$$

反射场：

$$\bar{E}_r = -(\hat{x}\cos\theta_1 + \hat{z}\sin\theta_1)R_{//}E_{i0}\mathrm{e}^{-jk_1(x\sin\theta_1 - z\cos\theta_1)} \tag{6.7-21c}$$

$$\bar{H}_r = \hat{y}\frac{R_{//}E_{i0}}{\eta_1}e^{-jk_1(x\sin\theta_1 - z\cos\theta_1)} \tag{6.7-21d}$$

折射场：

$$\bar{E}_t = (\hat{x}\cos\theta_2 - \hat{z}\sin\theta_2)T_{//}E_{i0}e^{-jk_2(x\sin\theta_2 + z\cos\theta_2)} \tag{6.7-21e}$$

$$\bar{H}_t = \hat{y}\frac{T_{//}E_{i0}}{\eta_2}e^{-jk_2(x\sin\theta_2 + z\cos\theta_2)} \tag{6.7-21f}$$

在 $z=0$ 平面上，①区和②区的电场强度切向分量（x 分量）应相等，磁场强度切向分量（y 分量）也相等，并考虑到相位匹配条件 $k_1\sin\theta_1 = k_2\sin\theta_2$，就以上六式利用边界条件可得

$$\cos\theta_1(1 - R_{//}) = \cos\theta_2 T_{//}$$

$$\frac{1}{\eta_1}(1 + R_{//}) = \frac{1}{\eta_2}T_{//}$$

联立以上两式解得

$$R_{//} = \frac{\eta_1\cos\theta_1 - \eta_2\cos\theta_2}{\eta_1\cos\theta_1 + \eta_2\cos\theta_2} \tag{6.7-22a}$$

$$T_{//} = \frac{2\eta_2\cos\theta_1}{\eta_1\cos\theta_1 + \eta_2\cos\theta_2} \tag{6.7-22b}$$

此两式称为平行极化波的菲涅耳公式。

当 $\mu_1 = \mu_2$，$n_1 = \sqrt{\varepsilon_{r1}}$，$n_2 = \sqrt{\varepsilon_{r2}}$ 时，上述菲涅耳公式化为

$$R_{//} = \frac{n_2\cos\theta_1 - n_1\cos\theta_2}{n_2\cos\theta_1 + n_1\cos\theta_2} \tag{6.7-23a}$$

$$T_{//} = \frac{2n_1\cos\theta_1}{n_2\cos\theta_1 + n_1\cos\theta_2} \tag{6.7-23b}$$

值得注意的是，当垂直入射时，$\theta_1 = \theta_2 = 0$，由式（6.7-19a）和式（6.7-22a）可知，$R_{//} = -R_\perp$。为什么这时两极化波的反射系数会相差一个负号呢？请读者思考。又由式（6.7-22b）可知，对于平行极化波，$T_{//} \neq 1 + R_{//}$。

这些公式有许多重要的应用，若把 ε 换成等效复介电常数 ε_c，则这些分析也可推广至有耗媒质。

例 6.7-3 均匀平面波自空气斜入射于 $\varepsilon_r = 2.25$ 的理想介质平面，试求分界面上单位面积的反射功率百分比 γ 和透射功率百分比 τ。

解： 由式（6.7-12）可知，入射波、反射波和透射波的平均功率流密度分别为

$$\bar{S}_i^{av} = \hat{s}_i\frac{1}{2}\frac{E_{i0}^2}{\eta_1}, \quad \bar{S}_r^{av} = \hat{s}_r\frac{1}{2}\frac{E_{r0}^2}{\eta_1}, \quad \bar{S}_t^{av} = \hat{s}_t\frac{1}{2}\frac{E_{t0}^2}{\eta_2} \tag{6.7-24}$$

设分界面法向单位矢量为 $\hat{z}$，则得

$$\gamma = \left|\frac{\bar{S}_r^{av}\cdot\hat{z}}{\bar{S}_i^{av}\cdot\hat{z}}\right| = \frac{E_{r0}^2}{E_{i0}^2} = |R|^2 \tag{6.7-25a}$$

$$\tau = \left|\frac{\bar{S}_t^{av}\cdot\hat{z}}{\bar{S}_i^{av}\cdot\hat{z}}\right| = \frac{\eta_1\cos\theta_2 E_{t0}^2}{\eta_2\cos\theta_1 E_{i0}^2} = \left(\frac{n_2\cos\theta_2}{n_1\cos\theta_1}\right)|T|^2 \tag{6.7-25b}$$

对垂直极化波和平行极化波，利用式（6.7-20）和式（6.7-23）后，有

$$\gamma_\perp = \left[\frac{n_1 \cos\theta_1 - n_2 \cos\theta_2}{n_1 \cos\theta_1 + n_2 \cos\theta_2} \right]^2, \quad \tau_\perp = \frac{4n_1 n_2 \cos\theta_1 \cos\theta_2}{[n_1 \cos\theta_1 + n_2 \cos\theta_2]^2}$$

$$\gamma_{//} = \left[\frac{n_2 \cos\theta_1 - n_1 \cos\theta_2}{n_2 \cos\theta_1 + n_1 \cos\theta_2} \right]^2, \quad \tau_{//} = \frac{4n_1 n_2 \cos\theta_1 \cos\theta_2}{[n_2 \cos\theta_1 + n_1 \cos\theta_2]^2}$$

可以看出，对两种极化波均有 $\gamma + \tau = 1$，即简单地有 $\tau = 1 - \gamma = 1 - |\Gamma|^2$，这符合能量守恒定律。在上述公式中，$n_1 = 1$，$n_2 = \sqrt{\varepsilon_r} = 1.5$，得各量随入射角 $\theta_i = \theta_1$ 的变化情况如图 6.7-4 所示。

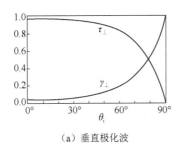 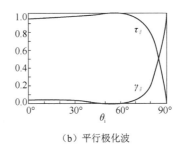

（a）垂直极化波 　　　　　　　　　　（b）平行极化波

图 6.7-4 $n_1 = 1$，$n_2 = 1.5$ 时的反射功率百分比 γ 和透射功率百分比 τ（$\theta_i = \theta_1$）

6.7.4 全透射与全反射

从图 6.7-4 中可以见到，在某入射角上，平行极化波的透射功率百分比达 100%，而反射功率百分比为零，这时在分界面上发生全透射。

现在就来研究其发生条件。利用折射定律，即式（6.7-17b）有

$$\cos\theta_2 = \sqrt{1 - \sin^2\theta_2} = \sqrt{1 - \frac{\varepsilon_1}{\varepsilon_2} \sin^2\theta_1} = \sqrt{\frac{\varepsilon_1}{\varepsilon_2}} \sqrt{\frac{\varepsilon_2}{\varepsilon_1} - \sin^2\theta_1} \tag{6.7-26}$$

代入菲涅耳公式（6.7-23a）可得

$$R_{//} = \frac{\dfrac{\varepsilon_2}{\varepsilon_1} \cos\theta_1 - \sqrt{\dfrac{\varepsilon_2}{\varepsilon_1} - \sin^2\theta_1}}{\dfrac{\varepsilon_2}{\varepsilon_1} \cos\theta_1 + \sqrt{\dfrac{\varepsilon_2}{\varepsilon_1} - \sin^2\theta_1}} \tag{6.7-27}$$

可见，$R_{//} = 0$ 发生于 $\dfrac{\varepsilon_2}{\varepsilon_1} \cos\theta_1 = \sqrt{\dfrac{\varepsilon_2}{\varepsilon_1} - \sin^2\theta_1}$ 时，即

$$\left(\frac{\varepsilon_2}{\varepsilon_1} \right)^2 - \left(\frac{\varepsilon_2}{\varepsilon_1} \right)^2 \sin^2\theta_1 = \frac{\varepsilon_2}{\varepsilon_1} - \sin^2\theta_1$$

可得

$$\sin^2\theta_1 = \frac{\varepsilon_2^2 - \varepsilon_2\varepsilon_1}{\varepsilon_2^2 - \varepsilon_1^2} = \frac{\varepsilon_2}{\varepsilon_2 + \varepsilon_1}, \quad \tan^2\theta_1 = \frac{\sin^2\theta_1}{1 - \sin^2\theta_1} = \frac{\varepsilon_2}{\varepsilon_1}$$

可求出

$$\theta_1 = \arcsin\sqrt{\frac{\varepsilon_2}{\varepsilon_2 + \varepsilon_1}} = \arctan\sqrt{\frac{\varepsilon_2}{\varepsilon_1}} \equiv \theta_B \tag{6.7-28}$$

此角度称为布儒斯特角（Brewster Angle），记为 θ_B。这是由英国物理学家布儒斯特（David Brewster, 1781—1868）在 1812 年发现的。当以 θ_B 角入射时，平行极化波将无反射而被全部折射。对例 6.7-2 中的情形有

$$\theta_B = \arctan \frac{n_2}{n_1} = \arctan 1.5 \approx 56.31°$$

对于垂直极化波，将式（6.7-26）代入式（6.7-20a）得

$$R_\perp = \frac{\cos\theta_1 - \sqrt{\dfrac{\varepsilon_2}{\varepsilon_1} - \sin^2\theta_1}}{\cos\theta_1 + \sqrt{\dfrac{\varepsilon_2}{\varepsilon_1} - \sin^2\theta_1}} \qquad (6.7\text{-}29)$$

$R_\perp = 0$ 发生于 $\cos\theta_1 = \sqrt{\dfrac{\varepsilon_2}{\varepsilon_1} - \sin^2\theta_1}$ 时，这要求 $\varepsilon_1 = \varepsilon_2$。因此，当 $\varepsilon_1 \neq \varepsilon_2$ 时，即当**垂直极化波投射到两种不同介质的界面上时，在任何入射角下都将有反射而不会发生全透射**。

当由垂直极化波和平行极化波一起组成的波以布儒斯特角入射时，将产生只有垂直极化波成分的反射波。这样，当圆极化波以布儒斯特角入射时，其反射波将变成线极化波。光学中已利用这种原理实现了极化滤波，布儒斯特角也因此被称为极化角。

那么，什么时候发生全反射呢？下面一并研究。

由式（6.7-27）和式（6.7-29）可知，只要 $\dfrac{\varepsilon_2}{\varepsilon_1} - \sin^2\theta_1 = 0$，即

$$\theta_1 = \arcsin\sqrt{\frac{\varepsilon_2}{\varepsilon_1}} \equiv \theta_c \qquad (6.7\text{-}30)$$

那么无论是平行极化波还是垂直极化波，均有 $R = 1$。并且，当 θ_1 继续增大时，即 $\theta_c < \theta_1 \leqslant 90°$，$R$ 成为复数而仍有 $|R| = 1$。式（6.7-30）决定的角度 θ_c 称为临界角（Critical Angle）。这就是说，当入射角等于或大于临界角时，电磁波功率将全部反射回第一媒质，这种现象称为全反射。注意：式（6.7-30）要求 $\varepsilon_2 < \varepsilon_1$，因此，全反射发生于电磁波由介电常数大的"光密媒质"入射到介电常数小的"光疏媒质"时。

也就是说，对于平行极化波，当它由光密媒质斜入射到光疏媒质时，既可能发生全透射，又可能发生全反射，取决于入射角的大小。更为具体的传播规律分析见文献[6]。

§6.8 均匀平面波对导体边界的斜入射

6.8.1 垂直极化波情形

两种极化波对理想导体平面的斜入射如图 6.8-1 所示。按照式（6.7-18）可得垂直极化波斜入射时①区中的合成场，考虑到媒质②中 $\eta_2 = 0$，由反射系数式（6.7-19a）可得 $R_\perp = -1$，因此得①区中入射场和反射场的合成场如下：

$$E_y = E_{i0}(e^{-jk_1 z\cos\theta_1} - e^{jk_1 z\cos\theta_1})e^{-jk_1 x\sin\theta_1} = -j2E_{i0}\sin(k_1 z\cos\theta_1)e^{-jk_1 x\sin\theta_1} \qquad (6.8\text{-}1a)$$

$$H_x = -\frac{E_{i0}}{\eta_1}\cos\theta_1(e^{-jk_1 z\cos\theta_1} + e^{jk_1 z\cos\theta_1})e^{-jk_1 x\sin\theta_1} = -\frac{2E_{i0}}{\eta_1}\cos\theta_1\cos(k_1 z\cos\theta_1)e^{-jk_1 x\sin\theta_1} \qquad (6.8\text{-}1b)$$

$$H_z = \frac{E_{i0}}{\eta_1}\sin\theta_1(\mathrm{e}^{-\mathrm{j}k_1 z\cos\theta_1} - \mathrm{e}^{\mathrm{j}k_1 z\cos\theta_1})\mathrm{e}^{-\mathrm{j}k_1 x\sin\theta_1} = -\mathrm{j}\frac{2E_{i0}}{\eta_1}\sin\theta_1\sin(k_1 z\cos\theta_1)\mathrm{e}^{\mathrm{j}k_1 x\sin\theta_1} \quad (6.8\text{-}1\mathrm{c})$$

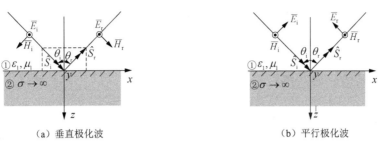

（a）垂直极化波　　　　　　　　　　　　　（b）平行极化波

图 6.8-1　两种极化波对理想导体平面的斜入射

这个结果表明①区中的合成场具有如下特点。

（1）合成场在 z 方向上是一驻波。E_y 的零点（波节）发生于 $k_1 z\cos\theta_1 = -n\pi$ 处，即

$$z = -\frac{n\lambda_1}{2\cos\theta_1}, \quad n = 0,1,2,\cdots \quad (6.8\text{-}2\mathrm{a})$$

E_y 的最大点（波腹）发生于 $k_1 z\cos\theta_1 = -(2n+1)\dfrac{\pi}{2}$ 处，即

$$z = -(\frac{2n+1}{2})\frac{\lambda_1}{2\cos\theta_1}, \quad n = 0,1,2,\cdots \quad (6.8\text{-}2\mathrm{b})$$

合成电场的这些零点和最大点的位置都不随时间而变化，其瞬时图如图 6.8-2（a）所示，这是入射波与反射波以不同相位叠加的结果。参看图 6.8-2（b），在导体表面 O 点，入射电场与反射电场振幅相等而实际方向相反，抵消为零。在 a 点，入射波的波前比 O 点引前 $\lambda_1/2$ 波程，而反射波的波前比 O 点落后 $\lambda_1/2$ 波程，结果二者的相位关系仍与 O 点相同，因而又形成零点。由 $\triangle abO$ 可知，$\overline{aO} = (\lambda_1/2)/\cos\theta_1$。在距离导体表面为 $\overline{aO}$ 的整数倍处，同样都形成零点，这正与式（6.8-2a）一致。在 $\overline{aO}$ 的中点 c 处，情况正好相反，反射波与入射波的波程差减半而引入 $180°$ 的相位差，使反射电场与入射电场同相相加，合成电场呈最大值。这样，随着离开导体表面的距离增加，每隔 $\lambda_1/(4\cos\theta_1)$ 交替出现最大点和零点。

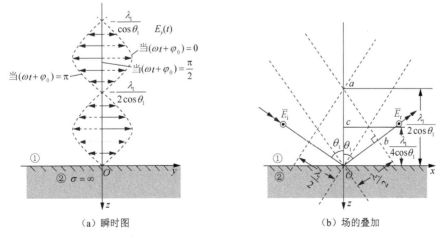

（a）瞬时图　　　　　　　　　　　　（b）场的叠加

图 6.8-2　垂直极化波斜入射的合成电场 $\dfrac{\lambda_1}{2}$

（2）合成场在 x 方向上是一行波。此时，等相面为 $x = \text{const.}$ 平面。等相面上不同 z 处的振幅是不同的，有的是零，有的是最大值，因而合成场是非均匀平面波。值得注意的是，该方向上的相位常数 $k_x = k_1 \sin\theta_1$。故 x 向行波的相位波长为

$$\lambda_x = \frac{2\pi}{k_x} = \frac{2\pi}{k_1 \sin\theta_1} = \frac{\lambda_1}{\sin\theta_1}$$

合成场在此传播方向上的相速为

$$v_x = \frac{\omega}{k_x} = \frac{\omega}{k_1 \sin\theta_1} = \frac{v_1}{\sin\theta_1} \geqslant v_1 \tag{6.8-3}$$

式中，$v_1 = 1/\sqrt{\mu_1\varepsilon_1}$ 是媒质①中的光速。因此合成波的相速将大于光速。这是什么原因导致的呢？参看图 6.8-3，当入射平面波沿其传播方向以速度 v_1 前进了距离 λ_1 时，从 x 方向观察，同相位点前进的距离是 $\lambda_1/\sin\theta$，前进的速度为 $v_1/\sin\theta$。可见，v_x 是沿 x 方向观察时合成波的"视在速度"，它是可以大于光速的。但这个速度不是能量传播速度（能速），下面就会看到，能速仍小于光速。由于其相速大于光速，所以称这种波为"快波"。

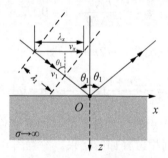

图 6.8-3 合成场的相速

（3）合成波沿 x 方向有实功率流，而在 z 方向上只有虚功率，其复坡印廷矢量为

$$\bar{S} = \frac{1}{2}\bar{E} \times \bar{H}^* = \frac{1}{2}\hat{y}E_y \times (\hat{x}H_x^* + \hat{z}H_z^*) = -\hat{z}\frac{1}{2}E_yH_x^* + \hat{x}\frac{1}{2}E_yH_x^*$$

$$= -\hat{z}j\frac{E_{i0}^2}{\eta_1}\cos\theta_1\sin(2k_1z\cos\theta_1) + \hat{x}\frac{2E_{i0}^2}{\eta_1}\sin\theta_1\sin^2(k_1z\cos\theta_1)$$

平均功率流密度为

$$\bar{S}^{av} = \text{Re}[\bar{S}] = \hat{x}\frac{2E_{i0}^2}{\eta_1}\sin\theta_1\sin^2(k_1z\cos\theta_1) \tag{6.8-4}$$

能速为

$$v_e = \frac{S^{av}}{W^{av}} = \frac{\dfrac{2E_{i0}^2}{\eta_1}\sin\theta_1\sin^2(k_1z\cos\theta_1)}{\dfrac{1}{2}\varepsilon_1[2E_{i0}\sin(k_1z\cos\theta_1)]^2} = \frac{\sin\theta_1}{\eta_1\varepsilon_1} = v_1\sin\theta_1 \leqslant v_1 \tag{6.8-5}$$

这一关系其实也可直接从图 6.8-3 中看出：能量的传播速度 v_1 是沿 x 轴的分量，故 $v_e = v_1\sin\theta$。

结合式（6.8-3）和式（6.8-5）可知

$$v_xv_e = v_1^2 \tag{6.8-6}$$

可见，当波的相速大于光速时，其能速总是小于光速的。

（4）导体表面存在感应电流，由边界条件 $\bar{J}_s = \hat{n} \times \bar{H}\big|_{z=0}$ 确定。此时，$H_z = 0$，$H_x \neq 0$，可得

$$\bar{J}_s = -\hat{z} \times (-\hat{x}) \frac{2E_{i0}}{\eta_1} \cos\theta_1 \cos(k_1 z \cos\theta_1) \mathrm{e}^{-jk_1 x \sin\theta_1}\big|_{z=0} = \hat{y} \frac{2E_{i0}}{\eta_1} \cos\theta_1 \mathrm{e}^{-jk_1 x \sin\theta_1} \quad (6.8\text{-}7)$$

①区反射波的初级场源正是此表面电流。

（5）合成波沿传播方向 $\hat{x}$ 有磁场分量 H_x，因此这种波不是横电磁波（TEM 波）。由于其电场仍只有横向（垂直于传播方向）分量 E_y，所以称为横电波，记为 TE 波或 H 波。

注意：在①区实际观察到的是合成波，而不是由其分解的入射波和反射波。**合成波电场在 $z = -n\lambda_1 / (2\cos\theta_1)$ 处为零，因此，在该处（如取 $n=1$）放置一理想导电平板并不会破坏原来的场分布。这表明在两块平行导体板间可以传播 TE 波。**这时的 TE 波可以看成是入射平面波在两块平行导体板间来回反射形成的。平行板结构起了引导电磁波沿其表面方向传播的作用，称为平行板传输线，如图 6.8-4（a）所示。这样传播的电磁波称为导行电磁波，简称导波。假如再放置两块平行导体板，垂直于 y 轴，则由于电场 E_y 与该表面相垂直，因而仍不会破坏场的边界条件。这样，在这四块板所形成的矩形截面空间中也可传播 TE 波。这一导波结构就是微波波段的一种常用传输线——矩形波导，如图 6.8-4（b）所示。

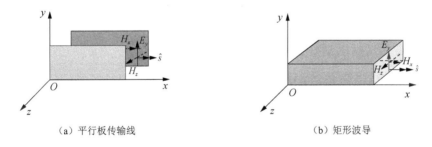

（a）平行板传输线　　　　　　　　　　（b）矩形波导

图 6.8-4　平行板传输线和矩形波导

6.8.2　平行极化波情形

当平行极化波斜入射时，如图 6.8-1（b）所示，入射场和反射场可表示如下。

入射场：
$$\bar{E}_i = (\hat{x}\cos\theta_i - \hat{z}\sin\theta_i)E_{i0}\mathrm{e}^{-jk_1(x\sin\theta_i + z\cos\theta_i)} \quad (6.8\text{-}8a)$$

$$\bar{H}_i = \hat{y}\frac{E_{i0}}{\eta_1}\mathrm{e}^{-jk_1(x\sin\theta_i + z\cos\theta_i)} \quad (6.8\text{-}8b)$$

反射场：
$$\bar{E}_r = -(\hat{x}\cos\theta_r + \hat{z}\sin\theta_r)E_{r0}\mathrm{e}^{-jk_1(x\sin\theta_r - z\cos\theta_r)} \quad (6.8\text{-}8c)$$

$$\bar{H}_r = \hat{y}\frac{E_{r0}}{\eta_1}\mathrm{e}^{-jk_1(x\sin\theta_r - z\cos\theta_r)} \quad (6.8\text{-}8d)$$

由于②区为理想导体，所以其内部无时变电磁场。由 $z=0$ 处的边界条件可知

$$E_{ix}\big|_{z=0} + E_{rx}\big|_{z=0} = 0 \quad (6.8\text{-}9)$$

即 $\cos\theta_i E_{i0}\mathrm{e}^{-jk_1 x\sin\theta_i} - \cos\theta_r E_{r0}\mathrm{e}^{-jk_1 x\sin\theta_r} = 0$。式（6.8-9）要求两项的相位因子相等，故有 $\theta_i = \theta_r = \theta_1$，并得 $E_{r0} = E_{i0}$，可知此时 $R_{//} = 1$。因此①区入射场和反射场的合成场分量为

$$E_x = -j2E_{i0}\cos\theta_1\sin(k_1 z\cos\theta_1)e^{-jk_1 x\sin\theta_1} \tag{6.8-10a}$$

$$E_z = -2E_{i0}\sin\theta_1\cos(k_1 z\cos\theta_1)e^{-jk_1 x\sin\theta_1} \tag{6.8-10b}$$

$$H_y = \frac{2E_{i0}}{\eta_1}\cos(k_1 z\cos\theta_1)e^{-jk_1 x\sin\theta_1} \tag{6.8-10c}$$

可见，合成场在 z 方向上是驻波，在 x 方向上是行波。因此，它在 z 方向上只有虚功率，而在 x 方向上有实功率流。它在传播方向 $\hat{x}$ 上有电场分量 E_x，但磁场仍只有横向分量 H_y，故称为横磁波，记为 TM 波或 E 波。

如果在 $z = -n\lambda_1 / (2\cos\theta_1)$ 处（如 $n=1$）放置一无限大理想导电平板，则由于此处 $E_x = 0$ 而不会破坏原来的场分布。这说明在两平行板传输线间可以传播 **TM 波**。同理，在矩形波导中也可以传播 TM 波。因此，在矩形波导中既可以传输 TE 波，又可以传输 TM 波，它们都是非均匀平面波。

例 6.8-1 一均匀平面波由空气斜入射至理想导体表面，如图 6.8-5 所示。入射电场强度为 $\bar{E}_i = (\hat{x} - \hat{z} + \hat{y}j\sqrt{2})E_0 e^{-j(\pi x + az)}$ （V/m），试求：①常数 a、波长 λ、入射波传播方向单位矢量 $\hat{s}_i$ 及入射角 θ；②反射波电场和磁场；③入射波和反射波各是什么极化波？

解： ①入射波传播矢量为 $\hat{k}_i = \hat{x}\pi + \hat{z}a$，因为 $\bar{E}_i \cdot \bar{k}_i = 0$，即

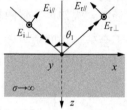

图 6.8-5　圆极化波的斜入射

$$(\hat{x} - \hat{z} + \hat{y}j\sqrt{2}) \cdot (\hat{x}\pi + \hat{z}a) = 0$$

所以 $a = \pi$。故

$$k_i = \sqrt{k_{ix}^2 + k_{iz}^2} = \pi\sqrt{2} = \frac{2\pi}{\lambda}, \quad \lambda = \sqrt{2}\text{m} \approx 1.414\text{m}$$

因为

$$\hat{s}_i = \frac{\bar{k}_i}{k_i} = \frac{\hat{x}\pi + \hat{z}\pi}{\pi\sqrt{2}} = (\hat{x} + \hat{z})\frac{1}{\sqrt{2}}$$

所以 $\cos\theta_1 = \hat{s}_i \cdot \hat{z} = \frac{1}{\sqrt{2}}$，得 $\theta_1 = 45°$。

②反射波传播方向单位矢量为 $\hat{s}_r = \hat{x}\sin\theta_1 - \hat{z}\cos\theta_1 = (\hat{x} - \hat{z})\frac{1}{\sqrt{2}}$，故反射波传播矢量为 $\bar{k}_r = \hat{s}_r k_r = \hat{s}_r k_i = (\hat{x} - \hat{z})\pi$，因为入射波电场包括垂直极化波电场（ $\hat{y}$ 向）和平行极化波电场 [$(\hat{x} - \hat{z})$ 向] 两部分，所以相应地，反射波电场也有两部分，即

$$\bar{E}_{r\perp} = \hat{y}E_{r0\perp}e^{-j\bar{k}_r \cdot \bar{r}} = \hat{y}(-E_{i0})e^{-j(x-z)\pi} = -\hat{y}j\sqrt{2}E_0 e^{-j(x-z)\pi}$$

$$\bar{E}_{r//} = -(\hat{x}\cos\theta_2 + \hat{z}\sin\theta_2)E_{i0//}e^{-j\bar{k}_r \cdot \bar{r}} = -(\hat{x} + \hat{z})\frac{1}{\sqrt{2}}(E_{i0//})e^{-j(x-z)\pi}$$

$$= -(\hat{x} + \hat{z})E_0 e^{-j(x-z)\pi}$$

故

$$\bar{E}_r = \bar{E}_{r\perp} + \bar{E}_{r//} = -(\hat{x} + \hat{z} + \hat{y}j\sqrt{2})E_0 e^{-j(x-z)\pi} \quad \text{（V/m）}$$

$$\bar{H}_r = \frac{1}{\eta_0}\hat{s}_r \times \bar{E}_r = [\hat{y}\sqrt{2} - (\hat{x} + \hat{z})j]\frac{E_0}{377}e^{-j(x-z)\pi} \quad \text{（V/m）}$$

③参看图 6.8-5，入射波电场的 y 分量引前 $(\hat{x} - \hat{z})$ 分量 90° 且大小相等（均为 $\sqrt{2}E_0$），

故为左旋圆极化波；反射波的 $\hat{y}$ 分量落后 $-(\hat{x}+\hat{z})$ 分量 90°且大小相等，为右旋圆极化波。可见，经导体平面反射后，圆极化波的旋向改变了。

§6.9 电磁散射

6.9.1 瑞利散射

当均匀媒质中存在某一物体（如空气中的雨滴、天空中的飞机等）时，它将对入射电磁波产生散射。设不存在物体时某场源在均匀媒质空间中的场为 $\bar{E}_i$、$\bar{H}_i$，称为入射场；在有物体时，同一场源在空间（包括物体内）产生的场变为 $\bar{E}$、$\bar{H}$，其改变量为 $\bar{E}_s$、$\bar{H}_s$，称为散射场（Scattering Field），即

$$\bar{E} = \bar{E}_i + \bar{E}_s \tag{6.9-1a}$$

$$\bar{H} = \bar{H}_i + \bar{H}_s \tag{6.9-1b}$$

表明散射场就是物体对入射场的修正，它取决于由入射场所激发的导电物体上的传导电流和介电体中的极化电流等。下面就来计算一个典型问题的散射场。

电磁波在空气中传播时往往受到云、雨或冰雹等水汽凝结物的散射影响。这些散射体一般都可模拟为球形体。由半径远小于波长的介质球所引起的散射现象称为瑞利（John William Strutt, 1842—1919, 英）散射（Rayleigh Scattering）。

设介质球半径为 a，$ka \ll 1$，其介电常数为 $\varepsilon=\varepsilon_0\varepsilon_r$，磁导率仍为 μ_0。由于介质球的 ε 与空气中的不同，所以介质球区域的麦克斯韦方程组可表示为

$$\nabla \times \bar{E} = -j\omega\mu_0\bar{H} \tag{6.9-2a}$$

$$\nabla \times \bar{H} = j\omega\varepsilon\bar{E} = j\omega\varepsilon_0\bar{E} + \bar{J}_{eq}, \quad \bar{J}_{eq} = j\omega(\varepsilon - \varepsilon_0)\bar{E} \tag{6.9-2b}$$

这样，介质球的影响可处理为在该处存在等效电流元 $\bar{J}_{eq}$（由介质中的极化电流引起）。

采用如图 6.9-1 所示的坐标系，坐标原点位于介质球中心。设入射平面波的电场矢量为 z 向，则介质球感应的等效电流元沿 z 向。因为 $ka \ll 1$，所以等效电流元的散射场（"再辐射"场）将具有电流元辐射近区场，即式（5.2-7）的形式。现在的问题归结于其等效电流矩 Il 的确定。它可根据入射电场，利用球体界面处的边界条件求得。

界面处的 z 向入射电场可表示为

$$\bar{E}_i = \hat{z}E_0 = (\hat{r}\cos\theta - \hat{\theta}\sin\theta)E_0 \tag{6.9-3}$$

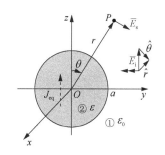

图 6.9-1 瑞利散射计算

由于 $ka \ll 1$，所以界面处的散射电场是式（5.2-4）的感应场分量，即式（5.2-7）：

$$\bar{E}_s = -j\mu\frac{Il}{4\pi ka^3}(\hat{r}2\cos\theta + \hat{\theta}\sin\theta) \tag{6.9-4}$$

于是，界面处球外一侧（①区）的总电场为

$$\bar{E}_1 = \bar{E}_i + \bar{E}_s \tag{6.9-5}$$

界面处球内一侧（②区）的电场可认为与入射电场同方向，因而可写为

$$\bar{E}_i = \hat{z}E_a = -(\hat{r}\cos\theta - \hat{\theta}\sin\theta)E_a \qquad (6.9\text{-}6)$$

在界面 $r=a$ 处应有边界条件，即 $E_{1\theta}=E_{2\theta}$，$D_{1r}=D_{2r}$。从而得

$$\begin{cases} E_0 + j\eta\dfrac{Il}{4\pi ka^3} = E_a \\[2mm] E_0 - j\eta\dfrac{2Il}{4\pi ka^3} = \dfrac{\varepsilon}{\varepsilon_0}E_a \end{cases} \qquad (6.9\text{-}7)$$

解得

$$E_a = \frac{3\varepsilon_0}{2\varepsilon_0+\varepsilon}E_0 \qquad (6.9\text{-}8)$$

$$j\eta\frac{Il}{4\pi ka^3} = \frac{\varepsilon_0-\varepsilon}{3\varepsilon_0}E_a = \frac{\varepsilon_0-\varepsilon}{2\varepsilon_0+\varepsilon}E_0 \qquad (6.9\text{-}9)$$

远区散射电磁场由式（5.2-9）给出。将式（6.9-9）的 Il 代入后有

$$E_s = E_\theta = \frac{\varepsilon_0-\varepsilon}{2\varepsilon_0+\varepsilon}E_0 k_0^2 a^3\frac{\sin\theta}{r}e^{-jkr} \qquad (6.9\text{-}10a)$$

$$H_s = H_\varphi = \frac{E_\theta}{\eta_0} \qquad (6.9\text{-}10b)$$

可见，小介质球的散射场具有方向性，在来波的前向和背向散射最强。介质球散射的总功率为

$$P_s = \int_0^{2\pi}d\varphi\int_0^\pi\frac{|E_s|^2}{2\eta_0}r^2\sin\theta d\theta = \frac{\pi}{\eta_0}\int_0^\pi(\frac{\varepsilon-\varepsilon_0}{\varepsilon+2\varepsilon_0})^2 E_0^2 k_0^4 a^6\sin^3\theta d\theta$$
$$= \frac{4\pi}{3\eta_0}(\frac{\varepsilon-\varepsilon_0}{\varepsilon+2\varepsilon_0})^2 E_0^2 k_0^4 a^6 \qquad (6.9\text{-}11)$$

定义总散射功率与入射功率密度之比为总散射截面（Total Cross Section，TCS），记为 σ_t（单位：m^2），则

$$\sigma_t = \frac{P_s}{\dfrac{E_0^2}{2\eta_0}} = \frac{8\pi}{3}(\frac{\varepsilon-\varepsilon_0}{\varepsilon+2\varepsilon_0})^2 k_0^4 a^6 \qquad (6.9\text{-}12)$$

此结果表明总散射截面反比于频率的四次方。这便是著名的瑞利散射定律。

当太阳光射入地球大气层时，它要受到空气分子的瑞利散射。其中，紫光的频率约为 6.9×10^{14}Hz，而红光的频率约为 4.6×10^{14}Hz，因而它们的散射功率是不同的，其比值为

$$\frac{\sigma_t(紫)}{\sigma_t(红)} = \left(\frac{6.9}{4.6}\right)^4 \approx 5.1$$

可见，大气粒子对蓝紫光的散射要比红黄光强。因此白天晴朗天空的颜色主要是紫色（但人眼对它不敏感）和蓝色，并混有一定的绿色和黄色及很小比例的红色。这些颜色结合在一起就是人们日常看到的天蓝色。

6.9.2 雷达散射截面

参看图 6.9-2，当雷达发射的电磁波遇到目标时，它将被散射，其中后向散射功率即雷达回波功率又回到雷达处并由雷达天线接收。这里人们所关心的是该后向散射功率密度的

大小。为此定义了雷达散射截面（Radar Cross Section，RCS），记为 σ_r。

σ_r 定义为一个面积，它所接收的入射波功率被全向（均匀）散射后，到达雷达接收天线的功率密度等于目标在该处的功率密度 S_s。由此，设雷达在目标处的入射功率密度为 S_i，则有

$$P_i = \sigma_r S_i , \quad S_s = \frac{P_i}{4\pi r^2} \tag{6.9-13}$$

从而得 σ_r 的定义式为

$$\sigma_r = 4\pi r^2 \frac{S_s}{S_i} = 4\pi r^2 \frac{|E_s|^2}{|E_i|^2} \tag{6.9-14}$$

式中，r 规定为足够大，使目标位于雷达天线的远区。值得指出的是，虽然 σ_r 的公式中有 r 和 S_i，但 σ_r 与它们无关，它只由目标本身的尺寸、形状和材料决定。

作为举例，现在来计算矩形导体平板的 σ_r 值。参看图 6.9-3，矩形导体平板在 z 向的长为 a，在 y 向的长为 b，坐标原点位于矩形中心。设入射线在 yOz 平面内，入射电场相位以原点处为参考，可表示为

$$\bar{E}_i = \hat{x} E_0 \mathrm{e}^{jky\sin\theta} \tag{6.9-15}$$

入射磁场为

$$\bar{H}_i = \frac{1}{\eta_0} \hat{S}_i \times \bar{E}_i = \frac{1}{\eta_0}(-\hat{y}\sin\theta - \hat{z}\cos\theta) \times \hat{x} E_0 \mathrm{e}^{jky\sin\theta}$$

$$= (-\hat{y}\cos\theta + \hat{z}\sin\theta) \frac{E_0}{\eta_0} \mathrm{e}^{jky\sin\theta} \tag{6.9-16}$$

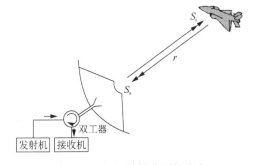

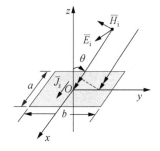

图 6.9-2　雷达散射截面的定义　　　　图 6.9-3　矩形导体平板 σ_r 值的计算

由理想导体边界条件可知，矩形导体平板上的感应电流为（注意：$\bar{H}_i$ 为入射磁场，不是合成磁场）

$$\bar{J}_s = 2\hat{n} \times \bar{H}_i = 2\hat{z} \times \bar{H}_i = \hat{x} \frac{E_0}{\eta_0} 2\cos\theta \mathrm{e}^{jky\sin\theta}$$

这时矩形导体平板上的每个小面元 $\mathrm{d}s$（远小于 λ^2）可看作一个 x 向电流元，其电流矩为

$$Il = (J_y \mathrm{d}y)\mathrm{d}x = J_s \mathrm{d}x\mathrm{d}y$$

该电流元在后向散射方向（来波方向的反方向）的散射场为

$$\mathrm{d}\bar{E}_s = -\hat{x}\mathrm{j}\eta_0 \frac{J_s \mathrm{d}s}{2\lambda r} \mathrm{e}^{-jk(r-ky\sin\theta)}$$

故总散射场为

$$\bar{E}_s = \int_S d\bar{E}_s = -\hat{x}j\frac{\eta_0}{2\lambda r}e^{-jkr}\int_{-\frac{a}{2}}^{\frac{a}{2}}dx\int_{-\frac{b}{2}}^{\frac{b}{2}}\frac{E_0}{\eta_0}2\cos\theta e^{j2ky\sin\theta}dy$$

$$= -\hat{x}j\frac{E_0 ab}{\lambda r}\cos\theta\frac{\sin(kb\sin\theta)}{kb\sin\theta}e^{-jkr} \qquad (6.9\text{-}17)$$

将 E_i 和 E_s 代入式（6.9-14），最后得

$$\sigma_r = \frac{4\pi}{\lambda^2}A_0^2\cos^2\theta[\frac{\sin(kb\sin\theta)}{kb\sin\theta}]^2, \quad A_0 = ab \qquad (6.9\text{-}18)$$

可见，σ_r 与 θ 有关。当 $\theta = 0$，即垂直入射时，有

$$\sigma_r = \frac{4\pi}{\lambda^2}A_0^2 \qquad (6.9\text{-}19)$$

可以看到，雷达散射截面并不等于目标的几何面积 A_0，而与 A_0^2 成正比，但与 λ^2 成反比。这可以这样来理解：它所接收的功率为 $A_0 S_i$，而这个功率又被辐射出去，截面法向（z 向）的再辐射功率密度又与 A_0/λ^2 成正比。

我们都知道，雷达是利用从物体反射回来的信号来发现目标的。回波信号的强弱与目标的大小、形状和材料有关。雷达散射截面（σ_r）可以反映目标产生回波功率的能力。若将飞机的 σ_r 做得很小，则可能使雷达发现不了，从而达到"隐身"的效果。近年来，迅速发展的"隐身"技术正是利用改进飞行体外形设计和采用吸波涂层或透波材料等技术来减小 σ_r 的。例如，图 6.9-4（a）所示的美国 B-52 轰炸机有四个发动机吊舱，巨大的垂尾和宽大的平直机身使其 σ_r 达 40m² 以上；而改进后的 B-2 轰炸机［见图 6.9-4(b)］的 σ_r 只有 0.01m²，接近一只小鸟的散射面积；而"隐身"攻击机 F-117 的 σ_r 甚至做到了 0.001～0.01m²，即接近一只昆虫的散射面积。B-2 和 F-117［见图 6.9-4（c）］都采用了惊人的突破性设计，将底部做成平板形状，使它对地面来波形成镜面反射。这样，由于反射角等于入射角，雷达反射波被反射到前方，单站雷达无法收到其回波，从而达到隐身的目的。2019 年 10 月，我国自主研发的歼-20 隐形战机［见图 6.9-4（d）］列装中国人民解放军空军。自然，有矛即有盾。为此又发展了收、发分开的双站雷达，用来接收其前向反射波，从而发现目标。

（a）B-52 轰炸机

（b）B-2 轰炸机

（c）F-117 攻击机

（d）歼-20 隐形战机

图 6.9-4　隐形飞机

本 章 小 结

一、平面波的基本传播特性

1. 沿任意方向传播的平面波可表示为 $\bar{E} = \bar{E}_0 \mathrm{e}^{-j k \hat{s} \cdot \bar{r}} = \bar{E}_0 \mathrm{e}^{-j \bar{k} \cdot \bar{r}}$。例如，沿+z 方向传播的均匀平面波可写成 $\bar{E} = \hat{x} E_0 \mathrm{e}^{-j k z}$。它所遵循的基本方程为 $\bar{H} = \dfrac{1}{\eta} \hat{s} \times \bar{E}$，$\bar{E} = -\eta \hat{s} \times \bar{H}$，$\hat{s} \cdot \bar{E} = 0$，$\hat{s} \cdot \bar{H} = 0$；携带的能流为 $\bar{S} = \dfrac{1}{2} \bar{E} \times \bar{H}^*$。

2. 电磁波的极化是指电场强度矢量端点在空间随时间变化的轨迹。当电场的两个分量的相位差满足 $\varphi = 0$ 或 π 时，为线极化；当 $\varphi = \pm \dfrac{\pi}{2}$，$E_1 = E_2 = E_0$，且空间正交时，为圆极化；不满足以上两种情况的为椭圆极化。

3. 均匀平面波在理想介质中传播时，$\bar{E}$、$\bar{H}$ 振幅不变，在时间上二者同相，在空间上二者互相垂直，并与传播方向构成右手螺旋关系，属于横电磁波（TEM 波）。在这种情况下，电磁波是无衰减的等幅行波，任一时刻的电场能量密度和磁场能量密度都相等；其相速与频率无关，且其能速等于相速。

4. 均匀平面波在导电媒质中传播时，$\bar{E}$、$\bar{H}$ 振幅不变，在时间上，电场相位超前磁场；在空间上，二者仍互相垂直，并与传播方向构成右手螺旋关系，也属于横电磁波（TEM 波）。这时，电磁波呈现衰减特性，且频率越高衰减越严重；电场能量密度小于磁场能量密度；其相速与频率有关，呈现色散特性；其能速仍等于相速。

二、平面波在平面界面的反射与透射

1. 当平面波垂直入射到两层理想介质界面上时，界面上的场强满足以下关系：

$$R = \frac{E_{r0}}{E_{i0}} = \frac{\eta_2 - \eta_1}{\eta_2 + \eta_1}, \quad T = \frac{E_{t0}}{E_{i0}} = \frac{2\eta_2}{\eta_2 + \eta_1}$$

对于三层介质情形，可以使用等效波阻抗的概念分析界面上的阻抗匹配问题，典型的应用有用作雷达天线罩的半波长介质窗、用于消除照相机镜头反射的 $\lambda/4$ 匹配层。

2. 平面波垂直入射到理想导体界面，界面上的反射系数 $R = -1$，合成场是纯驻波。其中，电场在界面处的场强为零，磁场在界面处的场强最大；电场波腹点和波节点每隔 $\lambda/4$ 交替出现；没有单向流动的实功率，只有虚功率。

3. 平面波斜入射到介质界面上的传播规律与电磁波的极化和入射角度密切相关。在界面上，入射角、反射角和透射角遵守斯涅耳定律，场强关系满足菲涅耳公式。当电磁波由"光密媒质"入射到"光疏媒质"时，若入射角满足 $\theta_1 \geqslant \theta_c = \arcsin \sqrt{\varepsilon_2 / \varepsilon_1}$，则会发生全反射。对于任意极化的电磁波，只有平行极化分量会发生全透射，入射角满足的条件就是 $\theta_1 \leqslant \theta_B = \arctan \sqrt{\varepsilon_2 / \varepsilon_1}$。

4. 平面波斜入射到理想导体界面的合成场在垂直于界面的方向上是驻波、在平行于界面的方向上是行波，而且是非均匀平面波。它的相速大于光速，能速小于光速；在垂直于界面的方向上传输虚功率，在平行于界面的方向上传输实功率。合成波沿传播方向有磁场或电场分量，不是 TEM 波：对于垂直极化波情形，合成波是 TE 波；对于平行极化波情形，合成波是 TM 波。

三、电磁散射

1. 散射：由入射场激发的导电物体上的传导电流和介质体中的极化电流所产生的辐射场称为散射场；半径远小于波长的介质球引起的散射现象称为瑞利散射。根据瑞利散射定律，大气粒子对蓝紫光的散射要比红黄光强。因此，天空的颜色是天蓝色。

2. 雷达散射截面可表示为 $\sigma_r = \dfrac{4\pi}{\lambda^2} A_0^2$。它与 A_0^2 成正比，与 λ^2 成反比，反映了电磁波照射到目标上以后产生回波功率的能力。

自 测 题

一、单项选择题（每小题 3 分，共 30 分）

1. 在良导体中，磁场的相位滞后于电场的相位为（   ）。
   A. 0 　　　　　　B. $\pi/4$ 　　　　　　C. $\pi/2$ 　　　　　　D. π

2. 复介电常数的虚部不能反映媒质的（   ）。
   A. 欧姆损耗 　　　　　　　　　B. 电极化损耗
   C. 介电损耗 　　　　　　　　　D. 磁滞损耗

3. 均匀平面波无论以何种角度入射到理想媒质分界面，反射角都等于入射角，此定律称为（   ）。
   A. 斯涅耳反射定律 　　　　　　B. 斯涅耳折射定律
   C. 全反射定律 　　　　　　　　D. 全透射定律

4. 电磁波在传播过程中遇到不同的媒质分界面时，定义反射波电场振幅与入射波电场振幅的比值为（   ）。
   A. 特征阻抗 　　　　　　　　　B. 反射系数
   C. 投射系数 　　　　　　　　　D. 驻波比

5. 合成波的电场强度的最大值与最小值之比称为（   ）。
   A. 特征阻抗 　　　　　　　　　B. 反射系数
   C. 投射系数 　　　　　　　　　D. 驻波比

6. 布儒斯特角由（   ）决定。
   A. 媒质的介电常数 　　　　　　B. 媒质的电导率
   C. 媒质的磁导率 　　　　　　　D. 媒质的本征阻抗

7. 无源空间中电磁波满足的数学方程是（   ）。
   A. 达朗贝尔方程 　　　　　　　B. 亥姆霍兹方程
   C. 麦克斯韦方程 　　　　　　　D. 电报方程

8. 电磁波传播速度的大小取决于（   ）。
   A. 电磁波的波长 　　　　　　　B. 电磁波的振幅
   C. 电磁波的周期 　　　　　　　D. 媒质的性质

9. 谁根据实验证明了电磁波的存在？（　　）

    A．爱因斯坦　　　　B．麦克斯韦　　　　C．亥姆霍兹　　　　D．赫兹

10. 下面关于电磁波的性质，说法不正确的是（　　）。

    A．微波炉能够烧熟食物说明电磁波在食物中的衰减很剧烈

    B．同一段导体的高频电阻大于其直流电阻说明电磁波具有集肤效应

    C．不是任意频段的电磁波都能用于卫星通信说明电磁波在大气层中的传播具有频率选择性

    D．当一束阳光射在三棱镜上时，在另一侧可以看到七色光谱，说明三棱镜是色散媒质

二、多项选择题（每小题 4 分，共 40 分）

1. 求解波动方程通常需要（　　）。

    A．边界条件　　　　　　　　　　B．初始条件

    C．周期性条件　　　　　　　　　D．不需要其他条件

2. 下面关于理想介质中均匀平面波的说法正确的是（　　）。

    A．是 TEM 波，可能是均匀平面波，也可能不是，但一定满足在传播方向上有 $E=0$，$H=0$

    B．电场能量密度等于磁场能量密度

    C．电场与磁场同相

    D．能速小于相速

3. 两个同频率、同传播方向且极化方向相互垂直的线极化波，当它们的相位差是（　　）时，其合成波是线极化波。

    A．0　　　　　　B．$\pi/2$　　　　　　C．$3\pi/2$　　　　　　D．π

4. 均匀平面波垂直入射在理想导体平面时，距离媒质分界面（　　）处会形成电场波腹点。

    A．$\lambda/4$　　　　　B．$\lambda/2$　　　　　C．$3\lambda/4$　　　　　D．λ

5. 电磁波的衰减程度用集肤深度来表示，集肤深度与下列哪些因素有关（　　）。

    A．电磁波的频率　　　　　　　　B．媒质的电导率

    C．媒质的磁导率　　　　　　　　D．媒质的介电常数

6. 关于电磁波的极化说法正确的是（　　）。

    A．电磁波的极化表征在传播空间给定点上电场强度矢量的取向随时间变化的特性

    B．任意线极化波都可分解为两个幅度相同、旋向相反的的圆极化波

    C．两个幅度相同、相位相差 90°的线极化波的叠加必是圆极化波

    D．因为手机天线接收的电磁波是垂直极化波，所以在搜索手机信号时，最好将手机垂直放置

7. 下面关于电磁波的色散与群速说法正确的是（　　）。

    A．在同一媒质中，不同频率的电磁波的相速不同，这种现象称为色散

    B．矩形波导中的电磁波具有和导电媒质中电磁波相似的色散特性

    C．群速是能速，不可能大于光速

    D．电磁波色散是传输带限信号产生频率失真的根源

E. 单一频率的电磁波能够传输一定的信息

F. 群速和相速可能相等

8. 关于均匀平面波在界面上的斜入射，下列说法正确的是（　　　）。

A. 电磁波以临界角从光密介质入射到光疏介质时，透射角一定为 90°

B. 垂直极化波不可能在介质界面发生全透射

C. 在两种媒质分界面上，反射波、透射波与入射波之间存在相位差

D. 菲涅耳公式说明电磁波在界面上的透射或反射传播特性因极化形式不同而迥异

9. 关于均匀平面波对理想导体界面的斜入射，下列说法正确的是（　　　）。

A. 合成波依然是均匀平面波

B. 合成波必是快波，大于光速

C. 合成波的能速小于相速

D. 合成波不是 TEM 波

10. 下列说法正确的是（　　　）。

A. 当空气中的均匀平面波垂直入射到半波长介质（无耗）片上时，能量可 100% 通过

B. 理想介质中传输非色散电磁波，导电媒质中传输色散波

C. 当圆极化波以布儒斯特角入射到介质界面上时，反射波将变成线极化波

D. 当任意平面波以布儒斯特角入射到介质界面上时，反射波中只有平行极化波

三、填空题（每空 2 分，共 30 分）

1. 平面波在空气中的传播速度 $c = 3 \times 10^8$ m/s，在 $\varepsilon = 4\varepsilon_0$ 的电介质中，平面波的传播速度 $v = $ _____，波阻抗 $\eta = $ _____。

2. 均匀平面波从空气中垂直入射到理想介质（μ_0，$\varepsilon_0 \varepsilon_r$，$\sigma = 0$）边界上，测得空气中的驻波比是 2，介质表面电场最小，则 $\varepsilon_r = $ _____。

3. 空气中沿 $-\hat{z}$ 方向传播的均匀平面波的电场强度 x 向极化，大小为 4V/m，波长为 5cm，其电场复矢量表示式为 _____，电场瞬时表达式为 _____，携带的平均功率流密度为 _____。

4. 雷达天线罩采用的介质材料参数为 μ_0，$4\varepsilon_0$，$\sigma = 0$，垂直入射的电磁波频率为 3GHz，天线罩的最小厚度为 _____。

5. 当电磁波从光密介质（μ_1，ε_1）向光疏介质（μ_2，ε_2）传播时，在介质分界面上会发生全反射，此时，入射波的入射角为 _____。

6. 某均匀平面波从无耗介质（μ_0，$3\varepsilon_0$）斜入射到空气中，当入射角为 _____ 时，会发生全透射；透射波是 _____ 极化波。

7. 某均匀平面波从理想介质（μ_0，$\varepsilon_0 \varepsilon_r$，$\sigma$-0）垂直入射到理想导体平面（$z = 0$），入射波电场等于 $\bar{E}_i(z,t) = \hat{x} \cos(\pi 10^7 t - 0.1z) + \hat{y} \sin(\pi 10^7 t - 0.1z)$（V/m），入射波复矢量 $\bar{E}_i = $ _____，$\bar{H}_i = $ _____；该入射波的波长是 _____；$\varepsilon_r = $ _____；反射波磁场复矢量 $\bar{H}_r = $ _____。

答案：一、1～5 BBABD；6～10 ABDDD。

二、1. AB；2. ABC；3. AD；4. AC；5. ABC；6. ABD；7. ACDF；8. ABCD；

9. BCD；10. ABC。

三、1. $1.5 \times 10^8 \mathrm{m/s}$，$60\pi$；2. 4；3. $\bar{E} = \hat{x} 4 \mathrm{e}^{\mathrm{j}40\pi z}$（V/m），$\bar{E}(z,t) = \hat{x} 4\cos(1.2\pi \times 10^{10} t + 40\pi z)$（V/m），$-\hat{z}\dfrac{1}{15\pi}$（W/m^2）；4. 2.5cm；5. $\theta = \arcsin\sqrt{\varepsilon_2 / \varepsilon_1}$；6. 30°，平行；7. $(\hat{x} + \mathrm{j}\hat{y})\mathrm{e}^{-\mathrm{j}0.1\pi z}$，$\dfrac{(-\mathrm{j}\hat{x} + \hat{y})}{\eta_0}\sqrt{\varepsilon_\mathrm{r}}\mathrm{e}^{-\mathrm{j}0.1\pi z}$，20m，9，$\dfrac{(-\mathrm{j}\hat{x} + \hat{y})}{40\pi}\mathrm{e}^{\mathrm{j}0.1\pi z}$。

习 题 六

6-1 推导在非均匀、各向同性、线性媒质中正弦电磁场应该满足的亥姆霍兹方程。

答案：$\nabla^2 \bar{E} + \omega^2 \varepsilon\mu\bar{E} = \mathrm{j}\omega\nabla\mu\times\bar{H} + \mathrm{j}\omega\mu\bar{J} + \nabla\left(\dfrac{\rho - \bar{E}\cdot\nabla\varepsilon}{\varepsilon}\right)$

6-2 设真空中 $z = 0$ 平面上分布的表面电流 $\bar{J}_s = \hat{x}J_0\sin\omega t$，试求空间电场强度、磁场强度及能流密度。

答案：当 $z > 0$ 时，$\bar{E}_1(z,t) = \hat{x}\dfrac{\eta_0}{2}J_0\sin(\omega t - kz)$，$\bar{H}_1(z,t) = \dfrac{\hat{y}}{2}J_0\sin(\omega t - kz)$，$\bar{S}_1(z,t) = \hat{z}\dfrac{\eta_0}{4}J_0^2\sin^2(\omega t - kz)$；当 $z < 0$ 时，$\bar{E}_2(z,t) = \hat{x}\dfrac{\eta_0}{2}J_0\sin(\omega t + kz)$，$\bar{H}_2(z,t) = -\dfrac{\hat{y}}{2}J_0\sin(\omega t + kz)$，$\bar{S}_2(z,t) = -\hat{z}\dfrac{\eta_0}{4}J_0^2\sin^2(\omega t + kz)$。

6-3 简单媒质中的时谐均匀平面波的电场强度和磁场强度分别表示为 $\bar{E}(r) = \bar{E}_0\mathrm{e}^{-\mathrm{j}\bar{k}\cdot\bar{r}}$，$\bar{H}(r) = \bar{H}_0\mathrm{e}^{-\mathrm{j}\bar{k}\cdot\bar{r}}$，试证明无源区的麦克斯韦方程可简写成下列形式：$\bar{k}\times\bar{E} = \omega\mu\bar{H}$，$\bar{k}\times\bar{H} = \omega\varepsilon\bar{E}$，$\bar{k}\cdot\bar{E} = 0$，$\bar{k}\cdot\bar{H} = 0$。

答案：略。

6-4 在理想介质（$\mu = \mu_0$，$\varepsilon = \varepsilon_0\varepsilon_\mathrm{r}$）中，一均匀平面波的电强度为 $\bar{E}(t) = \hat{x}5\cos 2\pi(10^8 t - z)$（V/m），试求：①介质中的波长及自由空间的波长；②介质的相对介电常数；③磁场强度的瞬时表示式。

答案：① $\lambda_0 = 3\mathrm{m}$，$\lambda = 1\mathrm{m}$；② $\varepsilon_\mathrm{r} = 9$；③ $\bar{H}(t) = \hat{y}0.0398\cos 2\pi(10^8 t - z)$（A/m）。

6-5 某一自由空间传播的电磁波的电场强度复矢量为 $\bar{E} = (\hat{x} - \hat{y})\mathrm{e}^{\mathrm{j}(\pi/4 - kz)}$（V/m），试求：①磁场强度复矢量；②平均功率流密度。

答案：① $\bar{H} = (\hat{x} + \hat{y})2.65\times 10^{-3}\mathrm{e}^{\mathrm{j}(\pi/4 - kz)}$（A/m）；② $\bar{S}^{\mathrm{av}} = \hat{z}2.65\times 10^{-3}$（W/m^2）。

6-6 频率为 500kHz 的均匀平面波在无耗媒质中传播，其复振幅 $\bar{E}_\mathrm{m} = \hat{x}4 - \hat{y} + \hat{z}2$（kV/m），$\bar{H}_\mathrm{m} = \hat{x}6 + \hat{y}18 - \hat{z}3$（kV/m），试求：①波的传播方向；②平均功率流密度；③设 $\mu_\mathrm{r} = 1$，那么 ε_r 是多少？

答案：① $\hat{s} = -\hat{x}0.375 + \hat{y}0.273 + \hat{z}0.886$；② $\hat{s}44.01\mathrm{kW/m}^2$；③ 2.5。

6-7 频率为 550kHz 的广播信号通过一导电媒质，$\varepsilon_\mathrm{r} = 2.1$，$\mu_\mathrm{r} = 1$，$\sigma/\omega\varepsilon = 0.2$，试求：①衰减常数和相位常数；②相速和相位波长；③波阻抗。

答案：① $\alpha = 1.66 \times 10^{-3}$ Np/m，$\beta = 1.68 \times 10^{-2}$ m^{-1}；② $v_p = 2.06 \times 10^8$ m/s，$\lambda = 374$ m；③ $\eta = 257 \angle 5.65°$ Ω。

6-8 对于高速固态电路中常用的砷化镓（GaAs）基片，假设样品足够大，通过 10GHz 均匀平面波，$\varepsilon_r = 12.9$，$\mu_r = 1$，$\tan\delta_e = 5 \times 10^4$，试求：①衰减常数 α；②相速；③波阻抗。

答案：① $\alpha = 1.19 \times 10^5$ Np/m；② $v_p = 5.28 \times 10^5$ m/s；③ $\eta_c = (1-\mathrm{j})0.332$ Ω。

6-9 平面波在导电媒质中传播，$f = 1950$ MHz，媒质 $\varepsilon_r = \mu_r = 1$，$\sigma = 0.11$ S/m，试求：①波在该媒质中的相速和波长；② $E = 10^{-2}$ V/m 点的磁场强度；③波行进多大距离后，场强衰减为原来的 1/1000？

答案：① 2.72×10^8 m/s，$\lambda = 0.14$ m；② $3.16 \times 10^{-5} \angle -22.7°$ A/m；③ 0.367m。

6-10 证明电磁波在良导体中传播时，每波长内场强的衰减约为 55dB。

答案：略。

6-11 铜导线的半径 $a = 1.5$ mm，求它在 $f = 20$ MHz 时的单位长度电阻和单位长度直流电阻。[注：只要 $a \gg \delta$（集肤深度），计算电阻时就可把导线近似为宽为 $2\pi a$ 的平面导体。]

答案：$R_f = 0.124$ Ω/m，$R_0 = 2.44 \times 10^{-3}$ Ω/m。

6-12 若要求电子仪器的铝外壳至少为 5 个集肤深度厚，那么为防止 20kHz 至 200MHz 的无线电干扰，铝外壳应取多厚？

答案：3mm。

6-13 若 10MHz 平面波垂直射入铝层，设铝层表面的磁场强度振幅 $H_0 = 0.5$ A/m，试求：①铝层表面的电场强度 E_0 经 5δ 后的 E；②铝层每单位面积吸收的平均功率。

答案：① $E = 5.03 \times 10^{-6} \angle 45°$ V/m；② $S^{av} = 1.32 \times 10^{-4}$ W/m^2。

6-14 判断以下各式表示的是什么极化波？

（1） $\bar{E} = \hat{x} E_0 \sin(\omega t - kz) + \hat{y} E_0 \cos(\omega t - kz)$。

（2） $\bar{E} = \hat{x} E_0 \cos(\omega t - kz) + \hat{y} 2E_0 \cos(\omega t - kz)$。

（3） $\bar{E} = \hat{x} E_0 \cos(\omega t - kz + \pi/4) + \hat{y} E_0 \cos(\omega t - kz - \pi/4)$。

（4） $\bar{E} = \hat{x} E_0 \sin(\omega t + kz + \pi/4) + \hat{y} E_0 \cos(\omega t + kz - \pi/3)$。

答案：（1）左旋圆极化波；（2）线极化波；（3）右旋圆极化波；（4）右旋椭圆极化波。

6-15 试证明下面的线极化平面波都可以分解为两个旋转方向相反的圆极化波：① $\bar{E} = \hat{x} E_0 \mathrm{e}^{-\mathrm{j}kz}$；② $\bar{E} = \hat{x} E_0 \mathrm{e}^{-\mathrm{j}kz} - \hat{y} E_0 \mathrm{e}^{-\mathrm{j}kz}$。

答案：① $\bar{E} = \left(\hat{L} + \hat{R}\right) \dfrac{E_0}{\sqrt{2}} \mathrm{e}^{-\mathrm{j}kz}$；② $\bar{E} = \left(\hat{L} \mathrm{e}^{\mathrm{j}\pi/4} + \hat{R} \mathrm{e}^{-\mathrm{j}\pi/4}\right) E_0 \mathrm{e}^{-\mathrm{j}kz}$，其中，$\hat{L} = (\hat{x} + \mathrm{j}\hat{y})/\sqrt{2}$，$\hat{R} = (\hat{x} - \mathrm{j}\hat{y})/\sqrt{2}$。

6-16 试证明一个椭圆极化平面波可以分解为两个旋转方向相反的圆极化平面波。

答案：$E = (\hat{x} E_1 + \mathrm{j}\hat{y} E_1) + (\hat{x} E_2 - \mathrm{j}\hat{y} E_2)$。

6-17 均匀平面波从空气垂直入射于一介质墙上。在此墙前方测得的电场振幅分布如习题图 6-1 所示，试求：①介质墙的 ε_r（$\mu_r = 1$）；②电磁波频率 f；③有百分之几的功率进入介质墙？

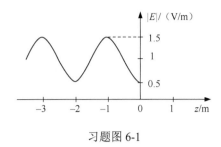

习题图 6-1

答案：① $\varepsilon_r = 9$ ；② $f = 75\text{MHz}$ ；③75%。

6-18 平面波从空气向理想介质（ $\mu_r = 1$ ， $\sigma = 0$ ）垂直入射，在分界面上， $E_0 = 16\text{V/m}$ ， $H_0 = 0.1061\text{A/m}$ ，试求：①入射波、反射波和透射波的电磁场；②空气中的驻波比 ρ 。

答案：① $E_i = 28\text{e}^{-jk_0z}\text{V/m}$ ， $k_0 = \omega\sqrt{\mu_0\varepsilon_0}$ ， $H_i = 0.0743\text{e}^{-jk_0z}\text{A/m}$ ， $E_r = -12\text{e}^{jk_0z}\text{V/m}$ ，

$H_r = 0.0318\text{e}^{jk_0z}\text{A/m}$ ， $E_t = 16\text{e}^{-j2.5k_0z}\text{V/m}$ ， $H_t = 0.1061\text{e}^{-j2.5k_0z}\text{A/m}$ ；② $\rho = 2.5$ 。

6-19 设一均匀平面波电场 $\overline{E}_i = E_0(\hat{x} - j2\hat{y})\text{e}^{-jk_1z}$ 从媒质 1（ $\varepsilon_1 = \varepsilon_0$ ， $\mu_1 = \mu_0$ ， $\sigma_1 = 0$ ）垂直入射到媒质 2（ $\varepsilon_2 = \varepsilon_0\varepsilon_{r2}$ ， $\mu_2 = \mu_0$ ， $\sigma_2 = 0$ ），界面为平面，试求：①反射波和透射波的电场，并指明极化状态；②若进入媒质 2 中的功率占比为 96%，求媒质 2 的相对介电常数。

答案：① $\overline{E}_r = \dfrac{1 - \sqrt{\varepsilon_{r2}}}{1 + \sqrt{\varepsilon_{r2}}}E_0(\hat{x} - j2\hat{y})\text{e}^{jk_0z}$ ， $\overline{E}_t = \dfrac{2}{1 + \sqrt{\varepsilon_{r2}}}E_0(\hat{x} - j2\hat{y})\text{e}^{-jk_2z}$ ，反射波是左旋椭圆极化状态，透射波是右旋椭圆极化状态；②2.25。

6-20 电场强度振幅为 $E_{i0} = 0.1\text{V/m}$ 的平面波由空气垂直入射于理想导体平面，试求：①入射波的电、磁能密度最大值；②空气中的电、磁场强度最大值；③空气中的电、磁能密度最大值。

答案：① $w_{eM} = w_{mM} = 4.427 \times 10^{-14}\text{J/m}^3$ ；② $E_{1M} = 0.2\text{V/m}$ ， $H_{1M} = 5.3 \times 10^{-4}\text{A/m}$ ；③ $w_{eM} = w_{mM} = 1.7708 \times 10^{-13}\text{J/m}^3$ 。

6-21 均匀平面波从空气中沿 y 方向正投射到理想导电板上，理想导电板上的面电流为 $\overline{J}_s(t) = \hat{x}\cos(300 \times 10^6\pi t)\text{A/m}$ ，试求入射波的电场和磁场复矢量。

答案： $\overline{E}_i = \hat{x}60\pi\text{e}^{-j\pi y}\text{V/m}$ ， $\overline{H}_i = -\hat{z}0.5\text{e}^{-j\pi y}\text{A/m}$ 。

6-22 假设在电磁参数 $\varepsilon_r = 4$ ， $\mu_r = 1$ 的玻璃表面镀上一层透明的介质以消除红外线的反射，红外线的波长为 $0.75\mu\text{m}$ ，试求：①该介质膜的介电常数及厚度；②当波长为 $0.42\mu\text{m}$ 的紫外线照射该镀膜玻璃时，反射功率与入射功率之比。

答案：① $\varepsilon_{r2} = 2$ ， $d = 0.1326\mu\text{m}$ ；②0.111。

6-23 雷达天线罩用 $\varepsilon_r = 4$ 的 SiO_2 的玻璃制成，厚 10mm。雷达发射的电磁波频率为 9.375GHz，设其垂直入射于天线罩平面上。试计算：①天线罩上的反射功率占发射功率的百分比 γ ；②如果要求无反射，那么天线罩的厚度应取多少？

答案：①21.96%；②8mm。

6-24 电视台发射的电磁波到达某电视天线的场强用以该接收点为原点的坐标表示为 $\overline{E} = (\hat{x} + \hat{z}2)E_0$ ， $\overline{H} = \hat{y}H_0$ 。已知 $E_0 = 1\text{mA/m}$ ，试求：①电磁波的传播方向；② H_0 ；③平均功率流密度；④点 $P(\lambda, \lambda, -\lambda)$ 处的电场强度和磁场强度复矢量，其中 λ 为电磁波波长。

答案：① $\hat{s} = \dfrac{\hat{z} - \hat{x}2}{\sqrt{5}}$；② $H_0 = 5.93 \times 10^{-6}$ A/m；③ $\overline{S}^{\mathrm{av}} = \left(\dfrac{\hat{z} - \hat{x}2}{\sqrt{5}}\right)6.63 \times 10^{-9}$ W/m²；④ $\overline{E}_P = (\hat{x} - \hat{z}2)10^{-3}\mathrm{e}^{\mathrm{j}123°}$ V/m，$\overline{H}_P = \hat{y}5.93 \times 10^{-6}\mathrm{e}^{\mathrm{j}123°}$ A/m。

6-25 一均匀平面波从空气入射到 $z=0$ 的理想导体表面，入射电场为 $\overline{E}_i = \hat{y}\mathrm{e}^{-\mathrm{j}(3x+4z)}$ mV/m，试求：①波长和入射角；②反射波的电场和磁场；③空间合成电场瞬时式。

答案：① $\lambda = 1.257$ m，$\theta_1 = 36.87°$；② $\overline{E}_r = -\hat{y}\mathrm{e}^{-\mathrm{j}(3x-4z)}$ mV/m，$\overline{H}_r = -(\hat{x}4 - \hat{z}3)\dfrac{1}{600\pi}\mathrm{e}^{-\mathrm{j}(3x-4z)}$ mA/m；③ $\overline{E}(t) = \hat{y}2\sin 4z\sin(\omega t - 3x)$ mV/m。

6-26 一均匀平面波由空气向理想导体表面（$z=0$）斜入射，入射电场为 $\overline{E}_i = (-8\hat{x} + C\hat{z})\mathrm{e}^{-\mathrm{j}\pi(6x+8z)}$ μV/m，试求：①入射波传播方向 $\hat{s}_i$ 和空气中的波长 λ_0；②入射角 θ_i 和常数 C；③理想导体表面电流密度 $\overline{J}_s$。

答案：① $\hat{s}_i = \hat{x}0.6 + \hat{z}0.8$，$\lambda_0 = 0.2$ m；② $\theta_i = 36.9°$，$C=6$；③ $\overline{J}_s = -\hat{x}\dfrac{1}{6\pi}\mathrm{e}^{-\mathrm{j}6\pi x}$ μA/m。

6-27 试证明当平面波向理想介质边界斜投射时，布儒斯特角与相应的折射角之和为 $\pi/2$。

答案：略。

6-28 当平面波自空气向无限大的介质平面斜入射时，若平面波的电场强度振幅为 1V/m，入射角为 60°，介质的电磁参数为 $\varepsilon_r = 3$，$\mu_r = 1$，试求：①水平和垂直两种极化平面波形成的反射波及透射波的电场振幅；②单位面积上的透射功率。

答案：①0.5 V/m，0.5 V/m；②$5.743 \times 10^{-4}$ W/m²。

6-29 一均匀平面波从空气入射到 $\varepsilon_r = 2.7$，$\mu_r = 1$ 的介质表面（$z=0$ 平面），入射电场强度为 $\overline{E}_i = (\hat{x} - \hat{z} + \hat{y}\mathrm{j}\sqrt{2})E_0\mathrm{e}^{-\mathrm{j}(x+z)\pi}$，试求：①入射波磁场强度；②反射波电场强度和磁场强度；③反射波是什么极化波？

答案：① $\overline{H}_i = \left(\hat{y}\sqrt{2} + (\hat{z} - \hat{x})\mathrm{j}\right)\dfrac{E_0}{\eta_0}\mathrm{e}^{-\mathrm{j}(x+z)\pi}$；② $\overline{E}_r = \left[-(\hat{x} + \hat{z})0.1255 - \hat{y}\mathrm{j}\sqrt{2}\times0.3544\right]E_0\mathrm{e}^{-\mathrm{j}(x-z)\pi}$；$\overline{H}_r = \left[\hat{y}\sqrt{2}\times0.1255 - (\hat{x} + \hat{z})\mathrm{j}0.3544\right]\dfrac{E_0}{\eta_0}\mathrm{e}^{-\mathrm{j}(x-z)\pi}$；③右旋椭圆极化波。

6-30 某 90°角反射器如习题图 6-2 所示，它由两个正交的导体平面构成，一均匀平面波以 θ 角入射。试证明合成电场为 $\overline{E} = -\hat{z}4E_0\sin(kx\cos\theta)\sin(ky\sin\theta)$。

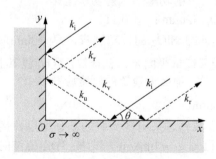

习题图 6-2

答案：略。

6-31 一线极化平面波由自由空间入射于 $\varepsilon_r = 4$、$\mu_r = 1$ 的介质分界面。若入射波电场与入射面的夹角是 45°，试问：

（1）反射波只有垂直极化波时的入射角是多少？

（2）反射波的实功率是入射波的百分之几？

答案：（1）$\theta_i = \theta_B = 63.44°$；（2）18%。

6-32 一均匀平面波自空气入射于 $z=0$ 处的 $\varepsilon_r = 9$、$\mu_r = 1$ 理想介质表面，入射电场为 $\overline{E}_i = (\sqrt{3}\hat{x} - \hat{z})\dfrac{E_0}{2}\mathrm{e}^{-j\pi(x+\sqrt{3}z)/2}$，试求：①入射波的传播方向 $\hat{s}_i$；入射角 θ_1、折射角 θ_2；②入射波磁场强度和反射波电场强度，并算出分界面上单位面积反射功率占入射功率的百分比；③要使分界面上单位面积的反射功率百分比为零，应如何选择入射角？④试证明该入射角下的分界面上单位面积的透射功率百分比 τ 为 100%。

答案：①$\hat{s}_i = (\hat{x} + \sqrt{3}\hat{z})/2$，$\theta_1 = 30°$，$\theta_2 = 9.59°$；②$\overline{H}_i = \hat{y}\dfrac{E_0}{120\pi}\mathrm{e}^{-j\pi(x+\sqrt{3}z)/2}$，

$\overline{E}_r = -(\sqrt{3}\hat{x} + \hat{z})0.225E_0\mathrm{e}^{-j\pi(x-\sqrt{3}z)/2}$，$\gamma = |R_{//}|^2 = 20.25\%$；③$\theta_1 = 71.57°$；④略。

第 7 章

二维边值问题的解法

　　稳恒（静态）电磁场包括静电场、恒定电场和恒定磁场，均不随时间变化。稳恒电磁场边值问题的解法可分为解析法和数值法两大类。解析法的解是函数表达式，常用的有镜像法、分离变量法、复变函数法、格林函数法等。数值法由于计算机的广泛应用与数值计算方法的飞速发展，已成为解决复杂边值问题的基本手段，常用的是有限差分法、有限元法及矩量法等。稳恒电磁场的边值问题实质上就是在特定的边界条件下求解泊松方程或拉普拉斯方程，而一维边值问题在第 3 章已经介绍过，因此，本章主要介绍二维边值问题的解法，重点关注镜像法、分离变量法和有限差分法。

§7.1　边值问题

7.1.1　边值问题的类型

　　稳恒电磁场问题一般分为两种类型。一种是分布型问题：是给定场源分布，求场中任意点的场强或位函数。这类问题一般需要利用库仑定律、安培定律及叠加原理；当场强分布具有某种对称性时，采用高斯定理和安培环路定理求解更为方便。另一种是边值型问题：给定不同媒质分界面上的边界条件，求空间中任意点的位函数或场强。

　　根据不同的已知条件，边值型问题可分为下述三类。

　　第一类边值问题是给定整个边界上的位函数 $\phi|_S$，称为狄利克雷（Peter G.Dirichlet, 1805—1859, 德）问题。

　　第二类边值问题是给定整个边界上的位函数的法向导数 $\dfrac{\partial \phi}{\partial n}\Big|_S$，称为诺伊曼（C.G Neumann, 1832—1925, 德）问题，如给定静电场中导体表面上的面电荷密度分布 $\rho_s = -\varepsilon\dfrac{\partial \phi}{\partial n}$。

　　第三类边值问题是给定一部分边界上的位函数 $\phi|_{S_1}$，以及另一部分边界上位函数的法向导数 $\dfrac{\partial \phi}{\partial n}\Big|_{S_2}$，称为混合型问题。

　　由于静电场问题最为典型，所以本章讨论的边值问题大多以静电场为例，讨论标量电位边值问题的解法。恒定电场和恒定磁场的问题与静电场问题类似，其解可类比获得，因为标量电位和矢量磁位各分量满足相同形式的泊松方程或拉普拉斯方程。

7.1.2　唯一性定理

稳恒电磁场边值问题归结于在给定边界条件下求解泊松方程和拉普拉斯方程的问题。那么，在什么条件下方程的解是唯一的呢？

下面将证明，对于任一边值问题，若整个边界上的边界条件给定（可能给出一部分边界上的位函数，以及另一部分边界上位函数的法向导数），则空间中的位函数分布唯一确定。也就是说，满足边界条件的泊松方程或拉普拉斯方程的解是唯一的，这就是唯一性定理。下面采用反证法来证明第一类边值问题的解的唯一性。设体积 V 内分布有密度为 ρ 的电荷，其边界 S 上的位函数值为 ϕ_0。现假设场域中有两个解，分别为 ϕ_1 和 ϕ_2，它们都满足泊松方程的边界条件，则

$$\nabla^2 \phi_1 = -\frac{\rho}{\varepsilon}, \quad \nabla^2 \phi_2 = -\frac{\rho}{\varepsilon}$$

在边界 S 上有

$$\phi_1\big|_S = \phi_0, \quad \phi_2\big|_S = \phi_0$$

两解之差 $\phi' = \phi_1 - \phi_2$，此时，在 V 内有

$$\nabla^2 \phi' = \nabla^2 \phi_1 - \nabla^2 \phi_2 = 0$$

应用格林第一公式 $\int_V \left(\psi \nabla^2 \phi + \nabla \psi \cdot \nabla \phi \right) \mathrm{d}v = \oint_S \psi \frac{\partial \phi}{\partial n} \mathrm{d}s$，取 $\psi = \phi = \phi'$，上式变为

$$\int_V \left(\phi' \nabla^2 \phi' + \nabla \phi' \cdot \nabla \phi' \right) \mathrm{d}v = \oint_S \phi' \frac{\partial \phi'}{\partial n} \mathrm{d}s$$

由于在边界 S 上有 $\phi'\big|_S = 0$，$\nabla^2 \phi' = 0$，所以

$$\int_V \left| \nabla \phi' \right|^2 \mathrm{d}v = 0$$

故 $\nabla \phi' = 0$，即 $\phi' =$ 常数。又因为 $\phi'\big|_S = 0$，所以 $\phi' = 0$，故有

$$\phi_1 = \phi_2$$

这便证明了解的唯一性。另两类边值问题的解的唯一性可以仿照以上过程证明。

唯一性定理不仅告诉我们已知哪些条件，场的解就能被唯一确定，它还有另一个重要意义，即可以自由选择任何一种解法，甚至可以提出试探解，只要它能满足边界条件和泊松方程或拉普拉斯方程，那么这个解就是唯一正确的解。下面就来介绍这样一种解法——镜像法。

§7.2　镜　像　法

镜像法是一种间接求解场解的方法。当电荷附近存在规则导体边界时，往往可采用镜像法方便地求解。这一方法的原理是将导体上的感应电荷或介质上的极化电荷以一个或几个等效电荷来代替，而不改变原来的边界条件，将原来具有边界的电磁场问题变成同一媒质的无限大空间问题，从而使计算大大简化。根据唯一性定理，这些等效电荷的引入在保

持原来边界条件不变的情况下，场的解没有改变。这些等效电荷一般处于源电荷的镜像位置，故称为镜像电荷，而将这种方法称为镜像法。

应用镜像法的关键是求取镜像电荷的位置和大小，并且遵循镜像电荷必须位于求解区域以外的原则，同时保证原来的边界条件不变。

7.2.1 导体平面附近的点电荷

如图 7.2-1（a）所示，无限大导体平面上高 h 处有一点电荷 q，媒质介电常数为 ε。今用镜像法求此点电荷在上半空间的场。

在点电荷 q 的电场作用下，导体平面上会感应起负的面电荷。电力线从正的点电荷出发，终止于导体表面的负感应电荷。这种电力线分布与电偶极子的上半空间电力线分布相同。由此可以设想，能否以镜像电荷 q' 来代替导体边界的影响呢？现按此思路做试探解，如图 7.2-1（b）所示，全空间均取为介电常数为 ε 的媒质，此时上半空间场点 P 处的电位为

$$\phi = \frac{q}{4\pi\varepsilon R} + \frac{q'}{4\pi\varepsilon R'}$$

式中，R、R' 分别是点电荷 q、q' 到场点 P 的距离。

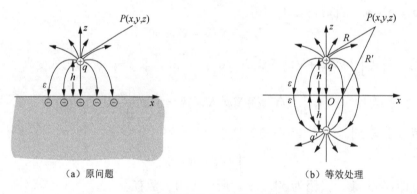

（a）原问题　　　　　　　　　　（b）等效处理

图 7.2-1　导体平面附近的点电荷与其镜像法等效处理

此时要保证 $z = 0$ 平面边界条件不变，即要求 $z = 0$ 平面为零电位（分布在某一处的点电荷在无穷远处产生的电位为零，而无限大导体平面是等位面）。取此平面上任意一点，它与点电荷 q、q' 具有相同的距离——$R = R' = R_0$，有

$$\phi = \frac{q + q'}{4\pi\varepsilon R_0} = 0$$

故得 $q' = -q$。这就是说，引入的镜像电荷正好与源电荷 q 对零电位面反对称。于是，上半空间任意点 P 处的电位为

$$\phi = \frac{q}{4\pi\varepsilon}\left(\frac{1}{R} - \frac{1}{R'}\right) \tag{7.2-1}$$

采用如图 7.2-1（b）所示的坐标系，在式（7.2-1）中，$R = \left[x^2 + y^2 + (z - h)^2\right]^{1/2}$，$R' = \left[(x^2 + y^2) + (z + h)^2\right]^{1/2}$，进而可求出 $\vec{E} = -\nabla\phi$。这样，采用镜像电荷 $q' = -q$ 后可以保证边界条件不变，同时，镜像电荷位于下半空间，并未改变上半空间的电荷分布，因而上半

空间的电位仍满足原有的泊松方程（点电荷处）和拉普拉斯方程（在点电荷外）。于是，根据唯一性定理，式（7.2-1）是上半空间电位唯一正确的解。必须强调的是，这样处理只对上半空间（$z>0$ 区域）等效；对于 $z<0$ 的下半空间，实际上是导体，其中没有场，电位为零。

下面利用静电场边界条件来求导体表面（$z=0$）的总感应电荷 Q'。先求导体表面感应电荷面密度：

$$\rho_s = -\varepsilon\frac{\partial\phi}{\partial n}\Big|_{z=0} = -\varepsilon\frac{\partial\phi}{\partial z}\Big|_{z=0} = -\frac{qh}{2\pi\left(x^2+y^2+h^2\right)^{3/2}}$$

为求导体表面的总感应电荷，对 $z=0$ 平面上的点改用极坐标 (ρ,φ)，$\rho=\left(x^2+y^2\right)^{1/2}$，此时有

$$Q' = \int_S \rho_s \mathrm{d}s = \int_0^{2\pi}\mathrm{d}\varphi\int_0^\infty\left(-\frac{qh}{2\pi}\right)\frac{\rho\mathrm{d}\rho}{\left(\rho^2+h^2\right)^{3/2}} = \frac{qh}{\left(\rho^2+h^2\right)^{1/2}}\Big|_0^\infty = -q = q'$$

可见，导体表面的总感应电荷恰好等于所等效的镜像电荷。这就是说，这里的等效处理其实是以一个镜像电荷 q' 代替了导体表面所有感应电荷对上半空间的作用。

7.2.2 导体劈间的点电荷

现在来研究导体劈所夹区域内有一点电荷 q 时的电位分布。先研究劈角 $\alpha=\pi/2$ 的情形。本节可作为 7.2.1 节的推论用镜像法求解。如图 7.2-2（a）所示，为使 B 面为零电位，可在位置 2 处放置镜像电荷 $-q$，从而与电荷 q 对 B 面形成反对称。同理，要使 C 面为零电位，应在位置 4 处放置镜像电荷 $-q$ 以便对 C 面与电荷 q 反对称。此外，还需要在位置 3 处设置镜像电荷 q 以求对 C 面与位置 2 处镜像电荷 $-q$ 形成反对称。不难看出，此镜像电荷 q 正好与位置 4 处已有的镜像电荷 $-q$ 对 B 面形成反对称，因此，B 面此时仍能保持为零电位。这样，共引入 $N=3$ 个镜像电荷，劈间区域任意一点的电位为

$$\phi = \frac{q}{4\pi\varepsilon}\left(\frac{1}{R_1}-\frac{1}{R_2}+\frac{1}{R_3}-\frac{1}{R_4}\right)$$

式中，$R_1=[(x-a)^2+(y-b)^2]^{1/2}$；$R_2=[(x+a)^2+(y-b)^2]^{1/2}$；$R_3=[(x+a)^2+(y+b)^2]^{1/2}$；$R_4=[(x-a)^2+(y+b)^2]^{1/2}$。

下面再来研究劈角 $\alpha=\pi/3$ 的情况。如图 7.2-2（b）所示，为保证 B 面和 C 面均为零电位，此时可依次找出镜像电荷及镜像电荷的镜像，直到最后的镜像电荷与已有的镜像电荷又形成对零电位面的反对称。不难看出，此时共有 $N=5$ 个镜像电荷。劈间区域任意一点的电位为

$$\phi = \frac{q}{4\pi\varepsilon}\left(\frac{1}{R_1}-\frac{1}{R_2}+\frac{1}{R_3}-\frac{1}{R_4}+\frac{1}{R_5}-\frac{1}{R_6}\right)$$

式中，R_i 为位置 i（$i=1,2,\cdots,6$）至场点的距离。

可以看到，当劈角为 $\alpha=\pi/n$ 时，共有 $N=2n-1$ 个镜像电荷。无限大平面可看作 $\alpha=\pi$，即 $n=1$ 的特殊情形，此时有 $N=2-1=1$ 个镜像电荷；而当 $\alpha=\pi/4$ 时，该情形将有 $N=8-1=7$ 个镜像电荷。但是，这种处理有一个限制条件：n 必须为整数。否则将出现镜像电荷无限多的情况，甚至镜像还会进入 α 角区域，因而不能再用镜像法求解。

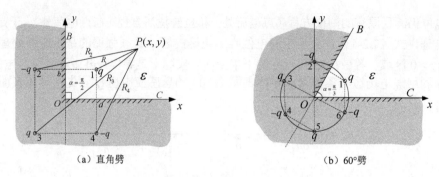

（a）直角劈 （b）60°劈

图 7.2-2　导体劈间点电荷的镜像

7.2.3　导体平面附近的线电荷

下面研究地面附近的单根导线问题，由于大地可近似为理想导体，进而可以研究大地附近双线传输线问题。

下面先讨论单根细长导线对地的电容。一根细长导线平行于地面，如图 7.2-3 所示，导线半径为 a，距离地面的高度为 h（$h \gg a$），求单位长度的单根细长导线对地的电容。

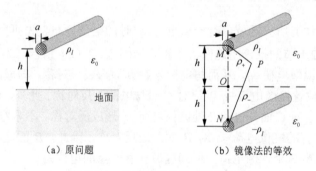

（a）原问题 （b）镜像法的等效

图 7.2-3　单根细长导线对地的电容

根据电容的定义

$$C_1 = \frac{\rho_l}{\phi_M - \phi_O}$$

按照镜像法原理，可以方便地求出 M 点的电位。根据例 2.2-3 的结论，空间任意点 P 的电位（以 O 点为电位参考点）可表示为

$$\phi_P = \frac{\rho_l}{2\pi\varepsilon_0} \ln \frac{\rho_-}{\rho_+} \tag{7.2-2}$$

则 M、O 两点的电位可表示为 $\phi_M = \dfrac{\rho_l}{2\pi\varepsilon_0} \ln \dfrac{2h-a}{a}$，$\phi_O = 0$。因此，单位长度的单根细长导线对地的电容为

$$C_1 = \frac{\rho_l}{\phi_M - \phi_O} = \frac{2\pi\varepsilon_0}{\ln \dfrac{2h-a}{a}} \approx \frac{2\pi\varepsilon_0}{\ln \dfrac{2h}{a}} \tag{7.2-3}$$

下面利用图 7.2-3（b）求平行双线传输线单位长度的电容。考虑到

$$\phi_N = \frac{\rho_l}{2\pi\varepsilon_0}\ln\frac{a}{2h-a}$$

$$\therefore \phi_{MN} = \phi_M - \phi_N = \frac{\rho_l}{\pi\varepsilon_0}\ln\frac{2h-a}{a}$$

$$\therefore C_1' = \frac{\rho_l}{\phi_{MN}} = \frac{\pi\varepsilon_0}{\ln\dfrac{2h-a}{a}} \approx \frac{\pi\varepsilon_0}{\ln\dfrac{2h}{a}} \tag{7.2-4}$$

如果式（7.2-4）中的 $2h$ 用 D 代替，那么结果与式（3.3-10）相同，这就是平行双线传输线单位长度的电容。

下面求平行于地面的均匀双线传输线对地的电容。双线传输线平行于地面，如图 7.2-4 所示，导线半径为 a，距离地面的高度为 h（$h \gg a$），双线传输线的间距是 d，求单位长度的双线传输线对地的电容。

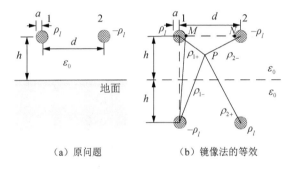

（a）原问题　　　　　（b）镜像法的等效

图 7.2-4　平行双线传输线对地的电容

按照镜像法原理，双线传输线对地的电容可以等效为如图 7.2-4（b）所示的四根导线下的问题。根据式（7.2-2），空间任意点 P 的电位（以 O 点为电位参考点）可表示为

$$\phi_P = \frac{\rho_l}{2\pi\varepsilon_0}\left(\ln\frac{\rho_{1-}}{\rho_{1+}} + \ln\frac{\rho_{2-}}{\rho_{2+}}\right)$$

则 M、N 两点的电位可表示为

$$\phi_M = \frac{\rho_l}{2\pi\varepsilon_0}\left(\ln\frac{2h}{a} + \ln\frac{d}{\sqrt{4h^2+d^2}}\right)$$

$$\phi_N = \frac{\rho_l}{2\pi\varepsilon_0}\left(\ln\frac{\sqrt{4h^2+d^2}}{d} + \ln\frac{a}{2h}\right)$$

两点间的电位差为

$$\phi_M - \phi_N = \frac{\rho_l}{2\pi\varepsilon_0}\left(\ln\frac{2h}{a} + \ln\frac{d}{\sqrt{4h^2+d^2}} - \ln\frac{\sqrt{4h^2+d^2}}{d} - \ln\frac{a}{2h}\right)$$

$$= \frac{\rho_l}{\pi\varepsilon_0}\left(\ln\frac{2h}{a} + \ln\frac{d}{\sqrt{4h^2+d^2}}\right)$$

因此，单位长度的双线传输线对地的电容为

$$C_1 = \frac{\rho_l}{\phi_M - \phi_N} = \frac{\pi \varepsilon_0}{\ln \dfrac{2h}{a} + \ln \dfrac{d}{\sqrt{4h^2 + d^2}}} \qquad (7.2\text{-}5)$$

7.2.4 接地导体球附近的点电荷

现有一个半径为 a 的导体球，在球外与球心相距 d 处的 P 点有一个点电荷 q，如图 7.2-5（a）所示。如何用镜像法来计算球外的电位函数呢？下面先分析一下物理现象。

点电荷 q 将在导体球表面感应出负电荷。球外任意一点的电位应等于这些感应电荷与点电荷 q 产生的电位之和。把导体球移开，并寻找一个和 q 一起能让球面上的电位等于零的镜像电荷，它在球外产生的场与球面上的感应电荷在球外产生的场等效。为了不改变球外的电荷分布，镜像电荷必须在球内。由于球的对称性，这个镜像电荷必然位于 q 与球心的连线上。设镜像电荷是 q'，它与球心的距离是 b，如图 7.2-5（b）所示。这两个点电荷使球面上的电位为零，因此，在球面上有

$$\phi = \frac{q}{4\pi \varepsilon_0 r_1} + \frac{q'}{4\pi \varepsilon_0 r_2} = 0 \qquad (7.2\text{-}6)$$

在 $\triangle OPC$ 和 $\triangle OBC$ 中，分别应用余弦定理，可得

$$r_1 = (a^2 + d^2 - 2ad\cos\theta)^{1/2}$$

$$r_2 = (a^2 + b^2 - 2ab\cos\theta)^{1/2}$$

式中，θ 为任意角，当取 $\theta = 0°$ 和 $\theta = 180°$ 时，可得以下关系：

$$\frac{q}{d-a} = \frac{q'}{a-b} \qquad (7.2\text{-}7a)$$

$$\frac{q}{d+a} = \frac{q'}{a+b} \qquad (7.2\text{-}7b)$$

解得

$$q' = -\frac{a}{d}q \qquad (7.2\text{-}8a)$$

$$b = \frac{a^2}{d} \qquad (7.2\text{-}8b)$$

将结果代入球外任意一点的电位公式，即

$$\phi = \frac{q}{4\pi \varepsilon_0 R_1} + \frac{q'}{4\pi \varepsilon_0 R_2}$$

可得

$$\phi = \frac{q}{4\pi \varepsilon_0} \left[\frac{1}{(r^2 + d^2 - 2dr\cos\theta)^{1/2}} - \frac{a}{(d^2 r^2 + a^4 - 2ra^2 d\cos\theta)^{1/2}} \right] \qquad (7.2\text{-}9)$$

根据导体上的边界条件，可得球面上的感应电荷为

$$\rho_s = -\varepsilon_0 \left. \frac{\partial \phi}{\partial r} \right|_{r=a} = \frac{-q(d^2 - a^2)}{4\pi a(a^2 + d^2 - 2ad\cos\theta)^{3/2}} \qquad (7.2\text{-}10)$$

总感应电荷为

$$Q' = \oint_S \rho_s \mathrm{d}s = -\frac{q(d^2 - a^2)}{4\pi a} \int_0^\pi \frac{2\pi a^2 \sin\theta \mathrm{d}\theta}{(a^2 + d^2 - 2ad\cos\theta)^{3/2}} = -\frac{a}{d}q \qquad (7.2\text{-}11)$$

可见，总感应电荷等于镜像电荷。

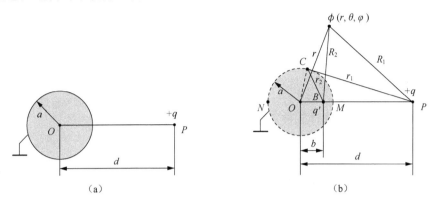

图 7.2-5　点电荷对接地导体球面的镜像

若导体球不接地（见图 7.2-6），则球面边界的电位不为零，但仍然是等位面。根据电荷守恒定律，导体球上所感应电荷的代数和应为零，此时必须在原有的镜像电荷之外附加另一个镜像电荷 q'' 来中和镜像电荷 q'，因此有

$$q'' = -q' = \frac{a}{d}q \qquad (7.2\text{-}12)$$

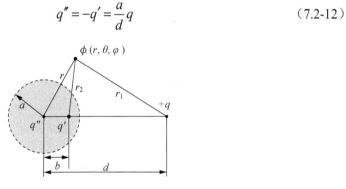

图 7.2-6　点电荷对不接地导体球面的镜像

为了保证球面为等位面，q'' 应放置于球心处。这样，待求区域的场就由点电荷 q 和两个镜像电荷共同产生。此时，球外任意一点的电位为

$$\phi = \frac{q}{4\pi\varepsilon_0 r_1} + \frac{q'}{4\pi\varepsilon_0 r_2} + \frac{q''}{4\pi\varepsilon_0 r} = \frac{q}{4\pi\varepsilon_0}\left(\frac{1}{r_1} - \frac{a}{dr_2} + \frac{a}{dr}\right) \qquad (7.2\text{-}13)$$

7.2.5　导体圆柱附近的线电荷

设半径为 a 的导体圆柱外有一条与其平行的线电荷，线电荷密度为 ρ_l，与圆柱轴线的距离为 d，横截面如图 7.2-7 所示，试求圆柱外空气中任意一点的电位。

导体圆柱在线电荷电场的作用下，表面将出现负感应电荷，其分布应该是离线电荷近的一侧多，另一侧少。因而感应电荷的等效中心将位于圆柱轴线与线电荷之间。圆柱外任

意一点的电位由源线电荷和感应线电荷共同产生。

在采用镜像法求解时，设在圆柱轴线近线电荷的一侧相距 b 处（$b<a$，如图 7.2-7 所示）有一线电荷密度为 $-\rho_l$ 的镜像线电荷，以它来代替导体圆柱的效应。于是，P 点电位由源线电荷 $+\rho_l$ 和镜像线电荷 $-\rho_l$ 共同产生。由例 2.2-3 可知 P 点电位为

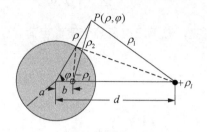

图 7.2-7 导体圆柱附近线电荷的镜像

$$\phi = \frac{\rho_l}{2\pi\varepsilon_0}\ln\frac{\rho_2}{\rho_1}$$

为保持原有的边界条件，导体圆柱表面所在位置应保持为等位面，即

$$\phi\big|_{\rho=a} = \frac{\rho_l}{4\pi\varepsilon_0}\ln\frac{a^2+b^2-2ab\cos\varphi}{a^2+d^2-2ad\cos\varphi} = \text{const.}$$

上式在圆柱面上应处处满足，即对任何 φ 值都成立，故 $\dfrac{\partial\phi}{\partial\varphi}\big|_{\rho=a}=0$，得

$$b(a^2+d^2-2ad\cos\phi) = d(a^2+b^2-2ab\cos\phi)$$

即

$$b = \frac{a^2}{d}$$

这样，空间任意一点的电位可表示为

$$\phi(\rho,\varphi) = \frac{\rho_l}{4\pi\varepsilon_0}\ln\frac{\rho_2^2}{\rho_1^2} \tag{7.2-14}$$

式中

$$\rho_1^2 = \rho^2 + d^2 - 2\rho d\cos\varphi$$
$$\rho_2^2 = \rho^2 + b^2 - 2\rho b\cos\varphi$$

对于圆柱表面，$\rho=a$，代入 b 可得

$$\rho_1^2 = a^2 + d^2 - 2ad\cos\varphi = d^2\left(1 + \frac{a^2}{d^2} - 2\frac{a}{d}\cos\varphi\right)$$

$$\rho_2^2 = \rho^2 + b^2 - 2\rho b\cos\varphi = \rho^2 + \frac{a^4}{d^2} - 2\rho\frac{a^2}{d}\cos\varphi$$

故

$$\phi(a,\varphi) = \frac{\rho_l}{2\pi\varepsilon_0}\ln\frac{a}{d}$$

§7.3 分离变量法

分离变量法是直接求解数学物理方程的一种基本方法，也是求解边值问题的常用方法。本节主要用该方法求解边值问题中无源区域的拉普拉斯方程。此时，自由电荷仅分布在导体表面，而在求解区域没有任何电荷。当边界面与某一坐标面一致时，可方便地用分离变量法进行求解。

分离变量法求解边值问题的一般步骤如下。

第一步，按边界面形状选择适当的坐标系，列出其拉普拉斯方程。

第二步，将待求的电位函数表示为三个一维函数（各对应一个坐标变量）的乘积，从而将拉普拉斯方程分解为三个一维常微分方程，进而可得出它们的通解表示式。

第三步，根据给定的边界条件确定待定常数。

由唯一性定理可知，所得解是唯一的。可以进行分离变量的正交坐标系有多种，如直角坐标系、圆柱坐标系、球坐标系、椭圆柱坐标系、抛物柱坐标系、圆锥坐标系、椭球坐标系、抛物面坐标系及旋转抛物面坐标系等。从侧重掌握方法要领考虑，下面主要介绍采用直角坐标系、圆柱坐标系和球坐标系的情形。

7.3.1　直角坐标系中的分离变量法

在直角坐标系中，位函数 ϕ 的拉普拉斯方程为

$$\nabla^2 \phi = \frac{\partial^2 \phi}{\partial x^2} + \frac{\partial^2 \phi}{\partial y^2} + \frac{\partial^2 \phi}{\partial z^2} = 0$$

对于二维问题，位函数 ϕ 只是 x 和 y 的函数，而与变量 z 无关，上式化为

$$\frac{\partial^2 \phi}{\partial x^2} + \frac{\partial^2 \phi}{\partial y^2} = 0 \tag{7.3-1}$$

设其解为

$$\phi = X(x)Y(y) \tag{7.3-2}$$

代入式（7.3-1）并对两边同除以 XY，得

$$\frac{1}{X}\frac{\mathrm{d}^2 X}{\mathrm{d}x^2} + \frac{1}{Y}\frac{\mathrm{d}^2 Y}{\mathrm{d}y^2} = 0$$

式中，第一项只是 x 的函数；第二项只是 y 的函数，因此将上式对 x 求导，第二项为零，即第一项对 x 的导数为零，说明第一项等于常数。同理，第二项也等于常数。令这两个常数分别为 $-k_x^2$ 和 $-k_y^2$，则可得以下两个常微分方程：

$$\frac{\mathrm{d}^2 X}{\mathrm{d}x^2} + k_x^2 X = 0 \tag{7.3-3a}$$

$$\frac{\mathrm{d}^2 Y}{\mathrm{d}y^2} + k_y^2 Y = 0 \tag{7.3-3b}$$

式中，k_x、k_y 称为分离常数。它们并不都是独立的：

$$k_x^2 + k_y^2 = 0 \tag{7.3-4}$$

可见，k_x^2、k_y^2 二者中若有一个为正值，则另一个为负值，因而 k_x、k_y 中一个为实数，另一个为虚数。当它们取值不同时，方程的解也有不同的形式。

（1）$k_x^2 = k_y^2 = 0$：此时式（7.3-3a）和式（7.3-3b）的解分别为

$$X(x) = A_0 x + B_0 \tag{7.3-5}$$

$$Y(y) = C_0 y + D_0 \tag{7.3-6}$$

（2）$k_x^2 > 0$，$k_y^2 = -k_x^2 < 0$：式（7.3-3a）的特征方程有一对共轭虚根 $\pm jk_x$，而式（7.3-3b）的特征方程有一对反号实根 $\pm k_y$，故解的形式为

$$X(x) = Ae^{-jk_xx} + Be^{jk_xx} = A_1\cos k_xx + B_1\sin k_xx \qquad (7.3\text{-}7)$$

$$Y(y) = Ce^{-k_yy} + De^{k_yy} = C_1\mathrm{ch}k_yy + D_1\mathrm{sh}k_yy \qquad (7.3\text{-}8)$$

（3）$k_y^2 > 0$，$k_x^2 = -k_y^2 < 0$：与上同理，可得解的形式为

$$X(x) = Ae^{-k_xx} + Be^{k_xx} = A_1\mathrm{ch}k_xx + B_1\mathrm{sh}k_xx \qquad (7.3\text{-}9)$$

$$Y(y) = Ce^{-jk_yy} + De^{jk_yy} = C_1\cos k_yy + D_1\sin k_yy \qquad (7.3\text{-}10)$$

式（7.3-3a）和式（7.3-3b）都是线性的，其解的组合仍是方程的解，因此式（7.3-7）～
式（7.3-10）中都写了两种解的形式。这利用了下述等式：

$$\sin\alpha = \frac{e^{-j\alpha} - e^{j\alpha}}{2j}, \quad \cos\alpha = \frac{e^{j\alpha} + e^{-j\alpha}}{2} \qquad (7.3\text{-}11)$$

$$\mathrm{sh}x = \frac{e^x - e^{-x}}{2}, \quad \mathrm{ch}x = \frac{e^x + e^{-x}}{2} \qquad (7.3\text{-}12)$$

可以看出，函数 $\mathrm{sh}x$ 在 x 轴上有一个零点，而 $\mathrm{ch}x$ 在 x 轴上没有零点。

正确选择解的形式可方便地根据边界条件得出特解。一般来说，指数形式适合于无限
区域的问题，而三角函数（适合于周期性边界条件）或双曲函数（适合于非周期性边界条
件）则对应于有限区域边界的情形。分离常数的值主要与边界条件是否具有周期性特征有
关。这些可通过下面的举例来体会。表 7.3-1 归纳了选择式（7.3-3a）解的形式的一般原则，
供读者参考。

表 7.3-1 $\dfrac{\mathrm{d}^2X}{\mathrm{d}x^2} + k_x^2X = 0$ 解的形式的选择

序号	k_x^2	k_x	指数形式	其他形式	边界特征
1	+	实数	$Ae^{-jk_xx} + Be^{jk_xx}$	$A_1\cos k_xx + B_1\sin k_xx$	周期性边界条件
2	−	$j\alpha$	$Ce^{-\alpha x} + De^{\alpha x}$	$C_1\mathrm{ch}\alpha x + D_1\mathrm{sh}\alpha x$	非周期性边界条件
3	0	0	—	$C_0x + D_0$	（零解）
	应用区域		无限区域	有限区域	—

在许多情形下，为了满足边界条件，分离常数要取一系列的特定值，这时得到一个级
数解。例如，某一封闭区域二维问题的通解可写为

$$\phi(x,y) = \sum_{n=1}^{\infty}(A_n\cos k_{xn}x + B_n\sin k_{xn}x)(C_n\mathrm{ch}k_{xn}y + D_n\mathrm{sh}k_{xn}y) \qquad (7.3\text{-}13)$$

式（7.3-13）中的待定常数由给定的边界条件确定，最后便求得该特定边值问题的特解。

例 7.3-1　一矩形区域四壁的边界条件如图 7.3-1 所示，求：①区域中的电位函数 $\phi(x,y)$；
②区域中电场强度 $\bar{E}$ 及 $y=b$ 壁上的面电荷密度。

解：①求解区域满足拉普拉斯方程

$$\frac{\partial^2\phi}{\partial x^2} + \frac{\partial^2\phi}{\partial y^2} = 0$$

其边界条件如下：

$$\phi(x,0) = 0 \qquad (a)$$

$$\phi(x,b) = 0 \qquad (b)$$

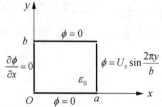

图 7.3-1　矩形区域

$$\left.\frac{\partial \phi}{\partial x}\right|_{x=0} = 0 \qquad\qquad (\text{c})$$

$$\phi(a, y) = U_0 \sin\frac{2\pi y}{b} \qquad\qquad (\text{d})$$

设本问题的解为

$$\phi(x, y) = X(x)Y(y)$$

式中，$X(x)$分布于 $0 < x < a$ 的有限区域，$x = 0$ 与 $x = a$ 处的边界条件无周期性，故按表 7.3-1 可取

$$X(x) = A\mathrm{ch}\,\alpha x + B\mathrm{sh}\,\alpha x \qquad\qquad (\text{e})$$

$Y(y)$分布于 $0 < y < b$ 的有限区域，$y = 0$ 与 $y = b$ 处的边界条件呈周期性（同为 $\phi=0$），按表 7.3-1 可取

$$Y(y) = C\cos k_y y + D\sin k_y y \qquad\qquad (\text{f})$$

式中，分离变量 k_y 与式（e）中的分离变量 α 是相关的，对本题有 $k_x^2 = -k_y^2$，得 $k_x = \mathrm{j}k_y = \mathrm{j}\alpha$，故有 $k_y = \alpha$。

下面确定常数。

由边界条件（a）得 $C = 0$，$Y(y) = D\sin\alpha y$。

由边界条件（b）得 $\sin\alpha b = 0$，$\alpha = \dfrac{n\pi}{b}$（$n = 1, 2, 3, \cdots$）。

由边界条件（c）得 $\left[\alpha A\mathrm{sh}\,\alpha x + \alpha B\mathrm{ch}\,\alpha x\right]_{x=0} = 0$，得 $B = 0$。

至此，电位的解可表示为

$$\phi(x, y) = \sum_{n=1}^{\infty} A_n \mathrm{ch}\frac{n\pi x}{b}\sin\frac{n\pi y}{b}$$

由边界条件（d）得

$$\sum_{n=1}^{\infty} A_n \mathrm{ch}\frac{n\pi a}{b}\sin\frac{n\pi y}{b} = U_0\sin\frac{2\pi y}{b}, \quad 0 < y < b$$

比较上式两边，根据三角函数正交性，得 $n = 2$（或者将上式两边同乘 $\sin\dfrac{m\pi y}{b}$，做 0 至 b 的积分，得 $m = n = 2$），故

$$A_n \mathrm{ch}\frac{n\pi a}{b} = U_0, \quad n = 2$$

从而得

$$\phi(x, y) = \frac{U_0}{\mathrm{ch}\dfrac{2\pi a}{b}}\mathrm{ch}\frac{2\pi x}{b}\sin\frac{2\pi y}{b}$$

②先求电场强度：

$$\bar{E} = -\nabla\phi = -\left(\hat{x}\frac{\partial\varphi}{\partial x} + \hat{y}\frac{\partial\varphi}{\partial y}\right)$$

$$= -\frac{2\pi U_0}{b\,\mathrm{ch}\dfrac{2\pi a}{b}}\left(\hat{x}\mathrm{sh}\frac{2\pi x}{b}\sin\frac{2\pi y}{b} + \hat{y}\mathrm{ch}\frac{2\pi x}{b}\cos\frac{2\pi y}{b}\right)$$

$$\rho_s\big|_{y=b} = \hat{n} \cdot \overline{D}\big|_{y=b} = -\hat{y} \cdot \varepsilon_0 \overline{E}\big|_{y=b} = \frac{2\pi\varepsilon_0 U_0}{b\,\mathrm{ch}\dfrac{2\pi a}{b}}\,\mathrm{ch}\dfrac{2\pi x}{b}$$

例 7.3-2 半无限长导体槽如图 7.3-2 所示，其上、下壁均接地，槽底 x=0 处有激励电压 U_0，求导体槽中的电位分布 $\phi(x,y)$ 和电场强度 $\overline{E}$。

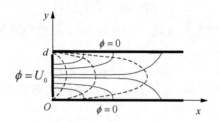

图 7.3-2　半无限长导体槽

解：求解区域满足拉普拉斯方程

$$\frac{\partial^2\phi}{\partial x^2} + \frac{\partial^2\phi}{\partial y^2} = 0$$

并具有如下边界条件：

$\phi(x,0)=0$	（a）	$\phi(x,b)=0$	（b）
$\phi(\infty,y)=0$	（c）	$\phi(0,y)=U_0$	（d）

设解为

$$\phi(x,y) = X(x)Y(y)$$

式中，$X(x)$在无限区域取值，边界条件呈非周期性，故由表 7.3-1 可取

$$X(x) = A\mathrm{e}^{-\alpha x} + B\mathrm{e}^{\alpha x}$$

$Y(y)$在有限区域取值，边界条件呈周期性，故由表 7.3-1 可取

$$Y(y) = C\cos\alpha y + D\sin\alpha y$$

这里已计及分离变量的相关性。

下面确定常数。

由边界条件（a）得 $C=0$，$Y(y)=D\sin\alpha y$。

由边界条件（b）得 $\sin\alpha d = 0$，$\alpha = \dfrac{n\pi}{d}$（$n=1,2,3,\cdots$）。

由边界条件（c）得 $B=0$，$X(x)=A\mathrm{e}^{-\alpha x}=A\mathrm{e}^{-\frac{n\pi x}{d}}$。

至此，电位函数可表示为

$$\phi(x,y) = \sum_{n=1}^{\infty} A_n \mathrm{e}^{-\frac{n\pi x}{d}} \sin\frac{n\pi y}{d}$$

由边界条件（d）可得

$$\sum_{n=1}^{\infty} A_n \sin\frac{n\pi y}{d} = U_0, \quad 0<y<d$$

这是傅里叶（Jean B.J. Fourier, 1768—1830，法）级数。对上式两边同乘 $\sin\dfrac{m\pi y}{d}$，从 0 到 d 积分可求出系数：

$$A_n = \frac{2}{d} \int_0^d U_0 \sin \frac{n\pi y}{d} \mathrm{d}y = \frac{2U_0}{d} \left[-\frac{d}{n\pi} \cos \frac{n\pi y}{d} \right]_0^d = \frac{2U_0}{n\pi}(1 - \cos n\pi)$$

$$= \begin{cases} \dfrac{4U_0}{n\pi}, & n = 1,3,5,\cdots \\ 0, & n = 2,4,6,\cdots \end{cases}$$

最后得

$$\phi(x,y) = \frac{4U_0}{\pi} \sum_{n=1,3,5,\cdots} \frac{1}{n} \mathrm{e}^{-\frac{n\pi x}{d}} \sin \frac{n\pi y}{d}$$

电场强度为

$$\bar{E} = -\nabla\phi = -(\hat{x}\frac{\partial\phi}{\partial x} + \hat{y}\frac{\partial\phi}{\partial y}) = \frac{4U_0}{d} \sum_{n=1,3,5,\cdots} \left(\hat{x}\sin\frac{n\pi y}{d} - \hat{y}\cos\frac{n\pi y}{d} \right) \mathrm{e}^{-\frac{n\pi x}{d}}$$

根据此结果可绘出导体槽中的等位线和电力线分布，如图 7.3-2 所示。

7.3.2 圆柱坐标系中的分离变量法

圆柱坐标系中的拉普拉斯方程为

$$\frac{1}{\rho}\frac{\partial}{\partial\rho}(\rho\frac{\partial\phi}{\partial\rho}) + \frac{1}{\rho^2}\frac{\partial^2\phi}{\partial\varphi^2} + \frac{\partial^2\phi}{\partial z^2} = 0 \tag{7.3-14}$$

设其解为

$$\phi(\rho,\varphi,z) = R(\rho)F(\varphi)Z(z) \tag{7.3-15}$$

将式（7.3-15）代入式（7.3-14）有

$$\frac{FZ}{\rho}\frac{\mathrm{d}}{\mathrm{d}\rho}(\rho\frac{\mathrm{d}R}{\mathrm{d}\rho}) + \frac{RZ}{\rho^2}\frac{\mathrm{d}^2F}{\mathrm{d}\varphi^2} + RF\frac{\mathrm{d}^2Z}{\mathrm{d}z^2} = 0$$

上式两边同乘 $\dfrac{\rho^2}{RFZ}$，得

$$\frac{\rho}{R}\frac{\mathrm{d}}{\mathrm{d}\rho}(\rho\frac{\mathrm{d}R}{\mathrm{d}\rho}) + \frac{1}{F}\frac{\mathrm{d}^2F}{\mathrm{d}\varphi^2} + \frac{\rho^2}{Z}\frac{\mathrm{d}^2Z}{\mathrm{d}z^2} = 0 \tag{7.3-16}$$

式中，第二项只是 φ 的函数。如果将式（7.3-16）对 φ 求导，则第一、三项均为零，因而第二项对 φ 的导数为零，表明它应为常数，取为 $-n^2$，则有

$$\frac{\mathrm{d}^2F}{\mathrm{d}\varphi^2} + n^2F = 0 \tag{7.3-17}$$

于是，式（7.3-16）可写为

$$\left[\frac{1}{\rho R}\frac{\mathrm{d}}{\mathrm{d}\rho}(\rho\frac{\mathrm{d}R}{\mathrm{d}\rho}) - \frac{n^2}{\rho^2} \right] + \frac{1}{Z}\frac{\mathrm{d}^2Z}{\mathrm{d}z^2} = 0 \tag{7.3-18}$$

式中，第一项只是 ρ 的函数；第二项只是 z 的函数。因此，该式要成立，两项必须都等于常数。令第一项常数为 $-k_\rho^2$，第二项常数为 $-k_z^2$，有 $k_\rho^2 + k_z^2 = 0$，故 $-k_z^2 = k_\rho^2$，从而得

$$\rho\frac{\mathrm{d}}{\mathrm{d}\rho}(\rho\frac{\mathrm{d}R}{\mathrm{d}\rho}) + (k_\rho^2\rho^2 - n^2)R = 0 \tag{7.3-19}$$

$$\frac{\mathrm{d}^2Z}{\mathrm{d}z^2} - k_\rho^2Z = 0 \tag{7.3-20}$$

综上，式（7.3-14）分解为三个单变量方程。其中，式（7.3-20）的解式在 7.3.1 节已做详细介绍，这里不再重复其通解表示式。

对于方程（7.3-17）的解式，考虑到 φ 以 2π 为周期，F 一定是以 2π 为周期的周期函数，即 $F(\varphi)=F(\varphi+2\pi)$。这样，该方程的通解可表示为三角函数的组合：

$$F(\varphi)=A\cos n\varphi+B\sin n\varphi，\quad n=1,2,3,\cdots \tag{7.3-21}$$

此外，还可有一"零解"（$n=0$）：$\dfrac{\mathrm{d}^2F}{\mathrm{d}\varphi^2}=0$，其解为

$$F(\varphi)=A_0\varphi+B_0 \tag{7.3-22}$$

现在来研究式（7.3-19）的解式。其中对第一项求导可写为两项：

$$\rho^2\frac{\mathrm{d}^2R}{\mathrm{d}\rho^2}+\rho\frac{\mathrm{d}R}{\mathrm{d}\rho}+(k_\rho^2\rho^2-n^2)R=0 \tag{7.3-23}$$

当 $k_\rho^2>0$ 时，令 $k_\rho\rho=x$，则式（7.3-23）化为

$$x^2\frac{\mathrm{d}^2R}{\mathrm{d}x^2}+x\frac{\mathrm{d}R}{\mathrm{d}x}+(x^2-n^2)R=0$$

即

$$\frac{\mathrm{d}^2R}{\mathrm{d}x^2}+\frac{1}{x}\frac{\mathrm{d}R}{\mathrm{d}x}+(1-\frac{n^2}{x^2})R=0 \tag{7.3-24}$$

这是标准的贝塞尔（Friedrich W. Bessel, 1784—1846，德）方程，其解为贝塞尔函数：

$$R(\rho)=C\mathrm{J}_n(k_\rho\rho)+D\mathrm{N}_n(k_\rho\rho) \tag{7.3-25}$$

式中，$n=0,1,2,\cdots$；$\mathrm{J}_n(k_\rho\rho)$ 是第一类 n 阶贝塞尔函数；$\mathrm{N}_n(k_\rho\rho)$ 是第二类 n 阶贝塞尔函数或称诺伊曼函数。

图 7.3-3（a）、（b）分别是 $\mathrm{J}_n(x)$ 与其导数 $\mathrm{J}'_n(x)$ 的变化曲线，图 7.3-4 是第二类 n 阶贝塞尔函数 $\mathrm{N}_n(x)$ 的变化曲线。可以看到，当 $x=0$ 时，$\mathrm{N}_n(x)\rightarrow-\infty$，因此当 $x=0$ 点位于场区时，场解只有 $\mathrm{J}_n(x)$。

可以看出，$\mathrm{J}_n(x)$ 有点类似于 $\cos x$，而 $\mathrm{N}_n(x)$ 有点类似于 $\sin x$。特别是当 $x\gg1$ 时，有

$$\mathrm{J}_n(x)\approx\sqrt{\frac{2}{\pi x}}\cos(x-\frac{\pi}{4}-\frac{n\pi}{2})，\quad x\gg1 \tag{7.3-26}$$

$$\mathrm{N}_n(x)\approx\sqrt{\frac{2}{\pi x}}\sin(x-\frac{\pi}{4}-\frac{n\pi}{2})，\quad x\gg1 \tag{7.3-27}$$

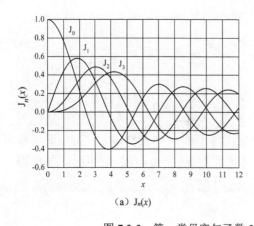

（a）$\mathrm{J}_n(x)$

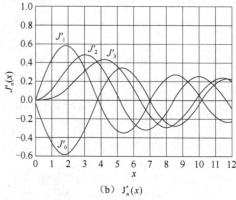

（b）$\mathrm{J}'_n(x)$

图 7.3-3　第一类贝塞尔函数 $\mathrm{J}_n(x)$ 及其导数 $\mathrm{J}'_n(x)$ 的变化曲线

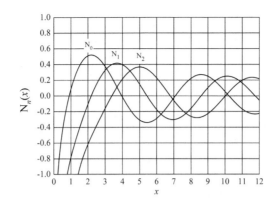

图 7.3-4　第二类贝塞尔函数 $N_n(x)$ 的变化曲线

当 $k_\rho^2 < 0$ 时，式（7.3-19）的通解为

$$R(\rho) = AI_n(|k_\rho|\rho) + BK_n(|k_\rho|\rho) \tag{7.3-28}$$

式中，$n = 0,1,2,\cdots$；$I_n(x)$ 是第一类 n 阶变态贝塞尔函数；$K_n(|k_\rho|\rho)$ 是第二类 n 阶变态贝塞尔函数。二者定义为

$$I_n(x) = j^{-n}J_n(jx) \tag{7.3-29}$$

$$K_n(x) = \frac{\pi}{2}j^{n+1}\big[J_n(jx) + jN_n(jx)\big] \tag{7.3-30}$$

当 $x \gg 1$ 时，有以下近似关系：

$$J_n(x) \approx \frac{1}{\sqrt{2\pi x}}e^x \tag{7.3-31}$$

$$K_n(x) \approx \sqrt{\frac{\pi}{2x}}e^{-x} \tag{7.3-32}$$

当 $k_\rho = 0$ 时，式（7.3-23）化为

$$\rho^2\frac{\mathrm{d}^2 R}{\mathrm{d}\rho^2} + \rho\frac{\mathrm{d}R}{\mathrm{d}\rho} - n^2 R = 0 \tag{7.3-33}$$

这是欧拉（Leonhard Euler, 1707—1783, 瑞士）方程。令 $\rho = e^x$，得 $x = \ln\rho$，式（7.3-33）化为

$$\frac{\mathrm{d}^2 R}{\mathrm{d}x^2} - n^2 R = 0$$

其解为 $R(\rho) = Ce^{-nx} + De^{nx}$，即

$$R(\rho) = C\rho^{-n} + D\rho^n \tag{7.3-34}$$

若 $k_\rho = n = 0$，则式（7.3-33）化为 $\dfrac{\mathrm{d}}{\mathrm{d}\rho}\left(\rho\dfrac{\mathrm{d}R}{\mathrm{d}\rho}\right) = 0$，此时其解为

$$R(\rho) = C_0\ln\rho + D_0 \tag{7.3-35}$$

注意：$k_\rho = 0$ 意味着 $k_z = 0$，即场沿 z 向不变化；$n = 0$ 表明场沿 φ 向只有线性变化或不变化，因而此时电位分布简化为

$$\phi(\rho,\varphi,z) = R(\rho)F(\varphi) = (C_0\ln\rho + D_0)(A_0\varphi + B_0) \tag{7.3-36}$$

在得出通解后，利用边界条件定出待定常数，便可求得所需解。

例 7.3-3 一导体圆筒半径为 a，长度为 b，$z=0$ 底面也是导体，但在 $z=b$ 底面加电压 U_0，如图 7.3-5 所示，求该导体圆筒内的电位分布 $\phi(\rho,\varphi,z)$。

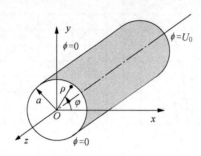

图 7.3-5 导体圆筒

解：求解区域满足拉普拉斯方程

$$\frac{1}{\rho}\frac{\partial}{\partial\rho}(\rho\frac{\partial\phi}{\partial\rho}) + \frac{1}{\rho^2}\frac{\partial^2\phi}{\partial\varphi^2} + \frac{\partial^2\phi}{\partial z^2} = 0$$

并具有如下边界条件：

$$\phi(\rho,\varphi,0) = 0 \qquad\qquad\text{（a）}$$
$$\phi(\rho,\varphi,l) = U_0 \qquad\qquad\text{（b）}$$
$$\phi(a,\varphi,z) = 0 \qquad\qquad\text{（c）}$$

由于边界条件具有轴对称性，电位分布与 φ 无关，故设解为

$$\phi(\rho,z) = R(\rho)F(z)$$

因为场沿 z 向分布于有限区域，且呈非周期性，所以由表 7.3-1 可取

$$F(z) = C\mathrm{ch}\alpha z + D\mathrm{sh}\alpha z$$

此解对应于 $k_z^2 < 0$ 的情况，今 $k_\rho^2 + k_z^2 = 0$，则 $k_\rho^2 = -k_z^2 > 0$，且 $n=0$，故

$$R(\rho) = A\mathrm{J}_0(k_\rho\rho) + B\mathrm{N}_0(k_\rho\rho)$$

式中，$k_\rho^2 = -k_z^2 = \alpha^2$，故 $F(z)$ 可写为

$$F(z) = C\mathrm{ch}k_\rho z + D\mathrm{sh}k_\rho z$$

下面确定常数。

由边界条件（a）可得 $C=0$，$F(z) = D\mathrm{sh}(k_\rho z)$。

考虑到 $\rho=0$ 处的电位应为有限值，得 $B=0$。于是由边界条件（c）可得

$$\mathrm{J}_0(k_{\rho i}a) = 0，\quad k_{\rho i} = \frac{\chi_{0i}}{a}\quad(i=1,2,3,\cdots)$$

式中，χ_{0i} 是 $\mathrm{J}_0(x)$ 的第 i 个根。至此，电位函数可表示为

$$\phi(\rho,z) = \sum_{i=1}^{\infty} A_i\mathrm{sh}(k_{\rho i}z)\mathrm{J}_0(k_{\rho i}\rho)$$

由边界条件（b）可得

$$U_0 = \sum_{i=1}^{\infty} A_i\mathrm{sh}(k_{\rho i}l)\mathrm{J}_0(k_{\rho i}\rho)$$

为确定展开系数 A_i，需要利用贝塞尔函数的正交性公式：

$$\int_0^R x J_n(\chi_{ni} x) J_n(\chi_{nj} x) dx = \begin{cases} 0 & , \ i \neq j \\ \dfrac{a^2}{2} J_{n+1}^2(\chi_{ni} a), & i = j \end{cases} \qquad (7.3\text{-}37)$$

将前式两边同乘 $\rho J_0(k_{\rho m}\rho)$，对 ρ 从 0 至 a 做积分，得

$$\int_0^a U_0 \rho J_0(k_{\rho m}\rho) d\rho = A_m \text{sh}(k_{\rho m} l) \int_0^a \rho J_0^2(k_{\rho m}\rho) d\rho$$

即 $U_0 a \dfrac{J_1(k_{\rho m} a)}{k_{\rho m}} = A_m \text{sh}(k_{\rho m}) \dfrac{a^2}{2} J_1^2(k_{\rho m} a)$，因此 $A_m = \dfrac{2U_0}{k_{\rho m} a \text{sh}(k_{\rho m} l) J_1(k_{\rho m} a)}$，最后得

$$\phi(\rho, z) = \frac{2U_0}{a} \sum_{m=1}^{\infty} \frac{\text{sh}(k_{\rho m} z) J_0(k_{\rho m}\rho)}{k_{\rho m} \text{sh}(k_{\rho m} l) J_1(k_{\rho m} a)}$$

例 7.3-4 在一均匀电场 $\bar{E} = \hat{x} E_0$ 中，沿 Z 轴放置一无限长介质圆柱，其半径为 a，介电常数为 $\varepsilon = \varepsilon_0 \varepsilon_r$，圆柱外介电常数为 ε_0，如图 7.3-6（a）所示，求介质圆柱内、外的电位函数及电场强度。

解： 因为介质圆柱无限长，$\dfrac{\partial \phi}{\partial z} = 0$，$k_z = 0$，故求解区域满足

$$\frac{1}{\rho}\frac{\partial}{\partial \rho}\left(\rho \frac{\partial \phi}{\partial \rho}\right) + \frac{1}{\rho^2}\frac{\partial^2 \phi}{\partial \varphi^2} = 0$$

其边界条件为

$$\phi_1(\infty, \varphi) = -E_0 x = -E_0 \rho \cos\varphi \qquad (a)$$

$$\phi_1(a, \varphi) = \phi_2(a, \varphi) \qquad (b)$$

$$\varepsilon_0 \left.\frac{\partial \varphi_1}{\partial \rho}\right|_{\rho=0} = \varepsilon_0 \left.\frac{\partial \varphi_2}{\partial \rho}\right|_{\rho=a} \qquad (c)$$

设电位函数解式为

$$\phi(\rho, \varphi) = R(\rho) F(\varphi)$$

因为 $k_z = 0$，必有 $k_\rho = 0$，所以取

$$R(\rho) = A\rho^{-n} + B\rho^n$$

由于 φ 具有 2π 周期性，故取

$$F(\varphi) = C\cos n\varphi + D\sin n\varphi$$

并且，$\phi(\rho, \varphi) = \phi(\rho, -\varphi)$，故 $D = 0$，上式化为

$$F(\varphi) = C\cos n\varphi$$

下面确定常数。

由边界条件（a）可得

$$-E_0 \rho \cos\varphi = \sum_{n=1}^{\infty} (A\rho^{-n} + B\rho^n) C\cos n\varphi$$

得 $n = 1$，$BC = -E_0$，故

$$\phi_1(\rho, \varphi) = -E_0 \rho \cos\varphi + A_1 \rho^{-1} \cos\varphi, \quad \rho \geqslant a$$

因为 $\phi_2(0, \varphi)$ 为有限值，$A = 0$，所以有

$$\phi_2(\rho, \varphi) = \sum_{n=1}^{\infty} B_n \rho^n \cos n\varphi, \quad \rho \leqslant a$$

由边界条件（b）可得

$$-E_0 a\cos\varphi + A_1 a^{-1}\cos\varphi = \sum_{n=1}^{\infty} B_n a^n \cos n\varphi \qquad (d)$$

由边界条件（c）可得

$$-\varepsilon_0 E_0 \cos\varphi - \varepsilon_0 A_1 a^{-2}\cos\varphi = \varepsilon \sum_{n=1}^{\infty} B_n a^{n-1}\cos n\varphi$$

或

$$-E_0 a\cos\varphi - A_1 a^{-1}\cos\varphi = \varepsilon_r \sum_{n=1}^{\infty} n B_n a^n \cos n\varphi \qquad (e)$$

将式（d）与式（e）相加，有

$$-2E_0 a\cos\varphi = \sum_{n=1}^{\infty} (\varepsilon_r n + 1) B_n a^n \cos n\varphi$$

比较等号两边可知 $n=1$，$(\varepsilon_r + 1)B_1 = -2E_0$，即 $B_1 = -\dfrac{2E_0}{\varepsilon_r + 1}$。

于是，根据式（e），有 $-E_0 a + A_1 a^{-1} = -\dfrac{2E_0}{\varepsilon_r + 1}a$，得 $A_1 = \dfrac{\varepsilon_r - 1}{\varepsilon_r + 1}a^2 E_0$。这样，得圆柱内、外的电位函数分别为

$$\phi_1 = E_0\left(-\rho + \frac{\varepsilon_r - 1}{\varepsilon_r + 1}\frac{a^2}{\rho}\right)\cos\varphi, \quad \rho \geqslant a$$

$$\phi_2 = -\frac{2}{\varepsilon_r + 1}E_0 \rho \cos\varphi, \quad \rho \leqslant a$$

根据 $\overline{E} = -\nabla\phi = -\hat{\rho}\dfrac{\partial\phi}{\partial\rho} - \hat{\varphi}\dfrac{1}{\rho}\dfrac{\partial\phi}{\partial\varphi}$，可求得圆柱内、外的电场强度分别为

$$\overline{E}_1 = \hat{\rho}E_0\left(1 + \frac{\varepsilon_r - 1}{\varepsilon_r + 1}\frac{a^2}{\rho^2}\right)\cos\varphi - \hat{\varphi}E_0\left(1 - \frac{\varepsilon_r - 1}{\varepsilon_r + 1}\frac{a^2}{\rho}\right)\sin\varphi, \quad \rho \geqslant a$$

$$\overline{E}_2 = \hat{\rho}\frac{2E_0}{\varepsilon_r + 1}\cos\varphi - \hat{\varphi}\frac{2E_0}{\varepsilon_r + 1}\sin\varphi = \hat{x}\frac{2E_0}{\varepsilon_r + 1}, \quad \rho \leqslant a$$

可以看到，圆柱内是一均匀场。因为 $\varepsilon_r > 1$，所以 $E_2 < E_0$。介质圆柱内电场的减弱是由于介质圆柱表面出现的束缚电荷产生了与 E_0 方向相反的电场。介质圆柱内、外的等位线和电力线如图 7.3-6（b）所示。

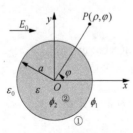

（a）几何关系

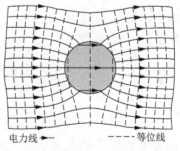

电力线 ←——   ---- 等位线

（b）介质圆柱内、外的等位线和电力线

图 7.3-6 均匀电场中的介质圆柱

7.3.3　球坐标系中的分离变量法

电位满足的拉普拉斯方程在球坐标系中的展开式为

$$\frac{1}{r^2}\frac{\partial}{\partial r}\left(r^2\frac{\partial\phi}{\partial r}\right)+\frac{1}{r^2\sin\theta}\frac{\partial}{\partial\theta}\left(\sin\theta\frac{\partial\phi}{\partial\theta}\right)+\frac{1}{r^2\sin^2\theta}\frac{\partial^2\phi}{\partial\varphi^2}=0 \tag{7.3-38a}$$

令其解为

$$\phi(r,\theta,\varphi)=R(r)\Theta(\theta)\Phi(\varphi) \tag{7.3-38b}$$

并代入式（7.3-38a）得

$$\frac{\sin^2\theta}{R}\frac{d}{dr}\left(r^2\frac{dR}{dr}\right)+\frac{\sin\theta}{\Theta}\frac{d}{d\theta}\left(\sin\theta\frac{d\Theta}{d\theta}\right)+\frac{1}{\Phi}\frac{d^2\Phi}{d\varphi^2}=0 \tag{7.3-39}$$

式中，第三项与前两项均无关，如果将上式对 φ 求导，则第一、二项均为零。因此，第三项应为常数。令

$$\frac{1}{\Phi}\frac{d^2\Phi}{d\varphi^2}=-m^2 \tag{7.3-40a}$$

即

$$\frac{d^2\Phi}{d\varphi^2}+m^2\Phi=0 \tag{7.3-40b}$$

其通解为

$$\Phi(\varphi)=A\sin m\varphi+B\cos m\varphi \tag{7.3-41}$$

将式（7.3-40a）代入式（7.3-39），有

$$\frac{1}{R}\frac{d}{dr}\left(r^2\frac{dR}{dr}\right)+\left[\frac{1}{\Theta\sin\theta}\frac{d}{d\theta}\left(\sin\theta\frac{d\Theta}{d\theta}\right)-\frac{m^2}{\sin^2\theta}\right]=0 \tag{7.3-42}$$

可见，式（7.3-42）中的第一项仅为 r 的函数，第二项与 r 无关。因此，第一项应为常数。为了便于进一步求解，令

$$\frac{1}{R}\frac{d}{dr}\left(r^2\frac{dR}{dr}\right)=n(n+1) \tag{7.3-43a}$$

式中，n 为整数，表达式也可写为

$$r^2\frac{d^2R}{dr^2}+2r\frac{dR}{dr}-n(n+1)R=0 \tag{7.3-43b}$$

这是欧拉方程，其通解为

$$R(r)=Cr^n+\frac{D}{r^{n+1}} \tag{7.3-44}$$

将式（7.3-43a）代入式（7.3-42）得

$$\frac{d}{d\theta}\left(\sin\theta\frac{d\Theta}{d\theta}\right)+\Theta\left[n(n+1)\sin\theta-\frac{m^2}{\sin\theta}\right]=0 \tag{7.3-45}$$

令 $\cos\theta=x$，考虑到

$$\frac{d\Theta}{d\theta}=\frac{d\Theta}{dx}\frac{dx}{d\theta}=-\sin\theta\frac{d\Theta}{dx}=-\sqrt{1-x^2}\frac{d\Theta}{dx}$$

则式（7.3-45）变为

$$\frac{\mathrm{d}}{\mathrm{d}x}\left[(1-x^2)\frac{\mathrm{d}\varTheta}{\mathrm{d}x}\right]+\varTheta\left[n(n+1)-\frac{m^2}{1-x^2}\right]=0 \qquad (7.3\text{-}46)$$

这是连带勒让德方程，其通解为第一类连带勒让德函数 $\mathrm{P}_n^m(x)$ 与第二类连带勒让德函数 $\mathrm{Q}_n^m(x)$ 之和，这里 $m<n$ 。

根据勒让德函数的性质，当 n 是整数时，$\mathrm{P}_n^m(x)$ 及 $\mathrm{Q}_n^m(x)$ 为有限项多项式。因此，要求 n 为整数。根据第二类连带勒让德函数 $\mathrm{Q}_n^m(x)$ 的特性，当 $x=\pm1$ 时，$\mathrm{Q}_n^m\rightarrow\pm\infty$。因此，当场域包括 $\theta=0$ 或 $\theta=\pi$ 时，$x=\pm1$，此时只能取第一类连带勒让德函数作为式（7.3-46）的解。故通常取

$$\varTheta(\theta)=\mathrm{P}_n^m(x)=\mathrm{P}_n^m(\cos\theta) \qquad (7.3\text{-}47)$$

先将式（7.3-41）、式（7.3-44）和式（7.3-47）代入式（7.3-38b），再取其线性组合，得式（7.3-38a）的通解为

$$\phi(r,\theta,\varphi)=\sum_{m=0}^{n}\sum_{n=0}^{\infty}(A_m\sin m\varphi+B_m\cos m\varphi)\cdot(C_nr^n+D_nr^{-(n+1)})\mathrm{P}_n^m(\cos\theta) \qquad (7.3\text{-}48)$$

若静电场与变量 φ 无关，则 $m=0$ 。那么 $\mathrm{P}_n^0(x)=\mathrm{P}_n(x)$ 称为第一类勒让德函数。此时，电位微分方程的通解为

$$\phi(r,\theta)=\sum_{n=0}^{\infty}(C_nr^n+D_nr^{-(n+1)})\mathrm{P}_n(\cos\theta) \qquad (7.3\text{-}49)$$

例 7.3-5 设半径为 a、介电常数为 ε 的介质球放在无限大的真空中，受到其内均匀电场 $\bar{E}_0$ 的作用，如图 7.3-7 所示，试求介质球内的电场强度。

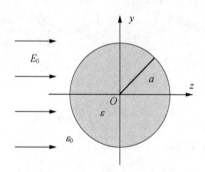

图 7.3-7 均匀电场中的介质球

解： 取球坐标系，令 E_0 的方向与 z 轴一致，即 $\bar{E}_0=\hat{z}E_0$。显然，此时场分布以 z 轴呈旋转对称，因此与 φ 无关。这样，球内、外的电位分布函数分别可取为

$$\phi_i(r,\theta)=\sum_{n=0}^{\infty}(C_nr^n+D_nr^{-(n+1)})\mathrm{P}_n(\cos\theta)$$

$$\phi_0(r,\theta)=\sum_{n=0}^{\infty}(A_nr^n+B_nr^{-(n+1)})\mathrm{P}_n(\cos\theta)$$

球内、外电位函数应该满足下列边界条件。

① $\phi_i(0,\theta)$ 应为有限值。

② $\phi_0(\infty,\theta)=-E_0r\cos\theta=-E_0r\mathrm{P}_1(\cos\theta)$ 。

③ $\phi_i(a,\theta)=\phi_0(a,\theta)$ 。

④ 根据边界上电位移法向分量的连续性，可知球面上内、外电位的法向导数应满足

$$-\varepsilon \frac{\partial \phi_\mathrm{i}}{\partial r}\bigg|_{r=a} = -\varepsilon_0 \frac{\partial \phi_\mathrm{o}}{\partial r}\bigg|_{r=a}$$

下面确定常数。

利用边界条件①得 $D_n = 0$，有 $\phi_\mathrm{i}(r,\theta) = \sum\limits_{n=0}^{\infty} C_n r^n \mathrm{P}_n(\cos\theta)$。

为了满足边界条件②，对比②中右端等式两边可知，除 A_1 以外的系数 A_n 应皆为零，且 $A_1 = -E_0$，即

$$\phi_\mathrm{o}(r,\theta) = -E_0 r \mathrm{P}_1(\cos\theta) + \sum_{n=0}^{\infty} B_n r^{-(n+1)} \mathrm{P}_n(\cos\theta)$$

为了满足边界条件③，以上两式在球面的边界上相等，即

$$\sum_{n=0}^{\infty} C_n a^n \mathrm{P}_n(\cos\theta) = -E_0 a \mathrm{P}_1(\cos\theta) + \sum_{n=0}^{\infty} B_n a^{-(n+1)} \mathrm{P}_n(\cos\theta)$$

为了进一步满足边界条件④，得

$$-\sum_{n=0}^{\infty} \frac{\varepsilon}{\varepsilon_0} n C_n a^{n-1} \mathrm{P}_n(\cos\theta) = E_0 \mathrm{P}_1(\cos\theta) + \sum_{n=0}^{\infty} (n+1) B_n a^{-(n+2)} \mathrm{P}_n(\cos\theta)$$

由于以上两式对于所有的 θ 值均应满足，因此等式两边对应的各项系数应该相等。考虑到 $\mathrm{P}_1(\cos\theta) = \cos\theta$，$\mathrm{P}_2(\cos\theta) = \frac{1}{2}(3\cos^2\theta - 1)$，以上两式中的 n 只能取 1，否则等式不可能成立。通过对比系数，分别可得

$$B_0 = C_0 = 0, \quad B_1 = E_0 a^3 \left(\frac{\varepsilon_\mathrm{r} - 1}{\varepsilon_\mathrm{r} + 2} \right)$$

$$C_1 = -\frac{3E_0}{\varepsilon_\mathrm{r} + 2}, \quad B_n = C_n = 0 \quad (n \geq 2)$$

式中，$\varepsilon_\mathrm{r} = \varepsilon / \varepsilon_0$。将上述系数代入，可求得球内、外电位分别为

$$\phi_\mathrm{i}(r,\theta) = -\frac{3E_0}{\varepsilon_\mathrm{r} + 2} r \cos\theta$$

$$\phi_\mathrm{o}(r,\theta) = -E_0 r \cos\theta + \frac{\varepsilon_\mathrm{r} - 1}{\varepsilon_\mathrm{r} + 2} \frac{E_0 a^3}{r^2}$$

值得注意的是球内的电场分布。已知 $\bar{E} = -\nabla\phi$，求得球内的电场为

$$\bar{E}_\mathrm{i} = -\frac{\partial \phi_\mathrm{i}}{\partial z} \hat{z} = \frac{3E_0 \varepsilon_0}{\varepsilon + 2\varepsilon_0} \hat{z} = \frac{3E_0}{\varepsilon_\mathrm{r} + 2} \hat{z} < E_0 \hat{z}$$

可见，球内电场仍然为均匀电场，而且球内场强低于球外场强。球内、外的电场线分布在二维平面上，应与图 7.3-6（b）所示的情形一样。

试想，如果在无限大的介电常数为 ε 的均匀介质中存在球形气泡，那么当外加均匀电场时，气泡内的电场强度应为

$$\bar{E}_\mathrm{i} = -\frac{\partial \phi_\mathrm{i}}{\partial z} \hat{z} = \frac{3E_0 \varepsilon}{\varepsilon_0 + 2\varepsilon} \hat{z} = \frac{3E_0}{1 + 2\varepsilon_\mathrm{r}} \hat{z} > E_0 \hat{z}$$

那么，气泡内的场强高于气泡外的场强。因此，在电器中浇注变压器油或环氧树脂时，应尽量避免作为绝缘材料使用的填充物中出现气泡。否则会由于气泡内的电场较强而发生电

压击穿，导致绝缘性能显著恶化。

§7.4 有限差分法

数值计算方法兴起于 20 世纪 60 年代，电子计算机技术的飞速发展使电磁场数值计算方法不断涌现。对经典电磁理论而言，解析法只适用于解决特定边界形状的问题；而数值计算方法受边界形状的约束大为减少，可以解决各种类型的复杂电磁场问题。

目前，常用的电磁场问题的数值计算方法可分为频域法和时域法两大类。频域数值计算方法主要有矩量法（Method of Moment，MoM）及其快速算法（如快速多极子）、有限元法（Finite Element Method，FEM）、有限差分法（Finite Difference Method，FDM）等，时域数值计算方法主要有时域有限差分（Finite Difference Time Domain，FDTD）、时域有限积分（Finite Integration Time Domain，FITD）、时域有限元（Finite Element Time Domain，FETD）等方法。本节只介绍最简单有限差分法。

7.4.1 有限差分法的基本概念

有限差分法是一种数值计算方法，其原理是将场域进行网格划分，用网格节点上的函数差商来近似代替该点的偏导数，此时偏微分方程可以化成差分方程，通过求解差分方程可以得到电位函数的数值解。

网格的划分原则上可以采用任意分布形式，为简化问题，通常采用有规律的分布方式，这样，在每个离散点上就能得到相同形式的差分方程。网格的形状可以是三角形、正方形或六边形等。多数情况下采用正方形网格，如图 7.4-1 所示。

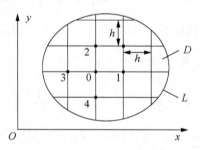

图 7.4-1 划分成网格的平面区域

在网格中，纵、横线的交点称为节点。相邻两个节点间的距离称为步长，用 h 表示。有限差分法就是用数值计算方法求这些节点上的电位值。如前所述，如果网格划分得非常密集，那么任何一个节点上的电位值应近似等于它周围（上、下、左、右）四个节点电位的平均值。以图 7.4-1 中的第 0 个节点为例，它的电位应近似等于它周围第 1、2、3、4 几个节点电位 ϕ_1、ϕ_2、ϕ_3、ϕ_4 的平均值，即

$$\phi_0 \approx \frac{1}{4}(\phi_1 + \phi_2 + \phi_3 + \phi_4) \tag{7.4-1}$$

式（7.4-1）称为节点的差分方程。显然，网格划分得越密集，误差就越小。这种通过

有限数目的节点电位值来求得区域 D 内电位分布的近似方法称为有限差分法。

7.4.2 二维拉普拉斯方程的差分格式

设在一个边界为 L 的二维矩形区域 D 内，电位函数满足二维拉普拉斯方程，可以写为

$$\frac{\partial^2 \phi}{\partial x^2} + \frac{\partial^2 \phi}{\partial y^2} = 0 \tag{7.4-2}$$

考虑更具有一般性的边值问题。如图 7.4-2 所示，以 h 为步长将求解区域等间距划分为 $N \times N$ 个正方形网格，计有 $(N+1) \times (N+1)$ 个节点，其中待求未知节点有 $(N-1) \times (N-1)$ 个，已知边界节点有 $4N$ 个。

为了编写计算机程序的需要，每个网格节点的位置由双下标 (x_i, y_j) 予以识别。利用二元函数的泰勒级数展开公式，可将函数 $\phi(x, y)$ 在与节点 (x_i, y_j) 相邻的节点上的电位函数值表示为

$$\phi_{i+1,j} = \phi_{i,j} + h\frac{\partial \phi}{\partial x} + \frac{1}{2!}h^2\frac{\partial^2 \phi}{\partial x^2} + \frac{1}{3!}h^3\frac{\partial^3 \phi}{\partial x^3} + \frac{1}{4!}h^4\frac{\partial^4 \phi}{\partial x^4} + \cdots \tag{7.4-3a}$$

$$\phi_{i-1,j} = \phi_{i,j} - h\frac{\partial \phi}{\partial x} + \frac{1}{2!}h^2\frac{\partial^2 \phi}{\partial x^2} - \frac{1}{3!}h^3\frac{\partial^3 \phi}{\partial x^3} + \frac{1}{4!}h^4\frac{\partial^4 \phi}{\partial x^4} - \cdots \tag{7.4-3b}$$

$$\phi_{i,j+1} = \phi_{i,j} + h\frac{\partial \phi}{\partial y} + \frac{1}{2!}h^2\frac{\partial^2 \phi}{\partial y^2} + \frac{1}{3!}h^3\frac{\partial^3 \phi}{\partial y^3} + \frac{1}{4!}h^4\frac{\partial^4 \phi}{\partial y^4} + \cdots \tag{7.4-3c}$$

$$\phi_{i,j-1} = \phi_{i,j} - h\frac{\partial \phi}{\partial y} + \frac{1}{2!}h^2\frac{\partial^2 \phi}{\partial y^2} - \frac{1}{3!}h^3\frac{\partial^3 \phi}{\partial y^3} + \frac{1}{4!}h^4\frac{\partial^4 \phi}{\partial y^4} - \cdots \tag{7.4-3d}$$

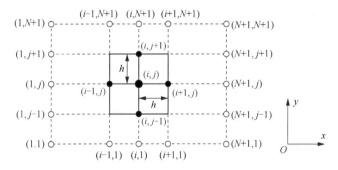

图 7.4-2 正方形离散网格

将式（7.4-3）中的各式相加，略去 h^4 以上的高阶项，可得

$$\frac{\partial^2 \phi}{\partial x^2} + \frac{\partial^2 \phi}{\partial y^2} = \frac{\phi_{i+1,j} + \phi_{i-1,j} + \phi_{i,j+1} + \phi_{i,j-1} - 4\phi_{i,j}}{h^2} \tag{7.4-4}$$

结合式（7.4-2）可得

$$\phi_{i,j} = \frac{1}{4}(\phi_{i+1,j} + \phi_{i-1,j} + \phi_{i,j+1} + \phi_{i,j-1}) \tag{7.4-5}$$

由此可知，点 (x_i, y_j) 处的电位值可以由周围四个点的值表示，这就是所谓的五点差分公式。显然，式（7.4-1）是式（7.4-5）的特例。

7.4.3 差分方程的求解

在场域 D 内，由于每个节点都有一个差分方程，因此求解时得到的是一个差分方程组，该方程组包含的方程的个数等于 D 内的节点数。差分方程组的求解一般采用迭代法。

1. 同步迭代法

同步迭代法是最简单的迭代方式，只需根据式（7.4-5）反复迭代即可。首先，应为区域 D 内的所有未知节点赋以适当的电位值，称为初值。初值具有一定的任意性，通常选取初值为零值或边界电位的平均值。然后，把这组数值代入式（7.4-5）的右端，得到一次近似值，即

$$\phi_{i,j}^{(1)} = \frac{1}{4}(\phi_{i+1,j}^{(0)} + \phi_{i-1,j}^{(0)} + \phi_{i,j+1}^{(0)} + \phi_{i,j-1}^{(0)})$$

上式四个值若涉及边界节点上的值，则均用相应的已知边界电位值代入。将 $\phi_{i,j}^{(1)}$ 代入式（7.4-5）的右端，可得到二次近似值。在每次迭代过程中，当计算某个节点的电位值时，应使用它周围最新产生的电位值。得到第 n 次迭代结果后，由下式

$$\phi_{i,j}^{(n+1)} = \frac{1}{4}(\phi_{i+1,j}^{(n)} + \phi_{i-1,j}^{(n)} + \phi_{i,j+1}^{(n)} + \phi_{i,j-1}^{(n)}) \tag{7.4-6}$$

得到第 $n+1$ 次近似值。这样下去，只要相邻两次迭代值之间的误差不超过允许范围，就可以结束迭代。

例 7.4-1 有一个接地的正方形截面的长直导体槽，槽的盖板与槽的侧面之间绝缘，盖板的电位为 100V。试计算槽内的电位分布。

解： 将场域划分为 16 个网格，共 25 个节点，其中有 9 个内节点，如图 7.4-3 所示，设内节点上的电位零次近似值即初值为（单位为 V）

$$\phi_{1,1}^{(0)} = \phi_{1,2}^{(0)} = \phi_{1,3}^{(0)} = 25$$
$$\phi_{2,1}^{(0)} = \phi_{2,2}^{(0)} = \phi_{2,3}^{(0)} = 50$$
$$\phi_{3,1}^{(0)} = \phi_{3,2}^{(0)} = \phi_{3,3}^{(0)} = 75$$

代入式（7.4-6）的右端，得到电位的一次近似值为

$$\phi_{1,1}^{(1)} = \frac{1}{4}(0+0+25+50) = 18.75 \qquad \phi_{1,2}^{(1)} = \frac{1}{4}(25+0+25+50) = 25$$

$$\phi_{1,3}^{(1)} = \frac{1}{4}(25+0+0+50) = 18.75$$

$$\phi_{2,1}^{(1)} = \frac{1}{4}(0+25+50+75) = 37.5 \qquad \phi_{2,2}^{(1)} = \frac{1}{4}(50+25+50+75) = 50$$

$$\phi_{2,3}^{(1)} = \frac{1}{4}(50+25+0+75) = 37.5$$

$$\phi_{3,1}^{(1)} = \frac{1}{4}(0+50+75+100) = 56.25 \qquad \phi_{3,2}^{(1)} = \frac{1}{4}(75+50+75+100) = 75$$

$$\phi_{3,3}^{(1)} = \frac{1}{4}(75+50+0+100) = 56.25$$

再次将上述结果代入式（7.4-6）的右端，可得到电位的二次近似值：

$$\phi_{1,1}^{(2)} = \frac{1}{4}(0+0+25+37.5) = 15.625$$

$$\phi_{1,2}^{(2)} = \frac{1}{4}(18.75+0+18.75+50) = 21.875$$

$$\phi_{1,3}^{(2)} = \frac{1}{4}(25+0+0+37.5) = 15.625$$

$$\phi_{2,1}^{(2)} = \frac{1}{4}(0+18.75+50+56.25) = 31.25$$

$$\phi_{2,2}^{(2)} = \frac{1}{4}(37.5+25+37.5+75) = 43.75$$

$$\phi_{2,3}^{(2)} = \frac{1}{4}(50+18.75+0+56.25) = 31.25$$

$$\phi_{3,1}^{(2)} = \frac{1}{4}(0+37.5+75+100) = 53.15$$

$$\phi_{3,2}^{(2)} = \frac{1}{4}(56.25+50+56.25+100) = 65.625$$

$$\phi_{3,3}^{(2)} = \frac{1}{4}(75+37.5+0+100) = 53.125$$

这样一次次迭代下去，当计算到 $\phi_{i,j}^{(28)}$ 时，可以发现这些值与 $\phi_{i,j}^{(27)}$ 相比，小数点后面 3 位数字相同，因此将 $\phi_{i,j}^{(28)}$ 取为近似解，就得到

$$\phi_{1,1} = 7.411,\quad \phi_{1,2} = 9.823,\quad \phi_{1,3} = 7.411$$

$$\phi_{2,1} = 18.751,\quad \phi_{2,2} = 25.002,\quad \phi_{2,3} = 18.751$$

$$\phi_{3,1} = 42.857,\quad \phi_{3,2} = 52.680,\quad \phi_{3,3} = 42.857$$

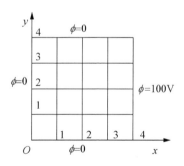

图 7.4-3　例 7.4-1 图

需要指出的是，实际计算过程是通过计算机程序执行的，在计算机硬件给定的情况下，迭代方法和计算精度的要求往往影响计算速度。下面介绍一种更高效的迭代方法。

2. 超松弛迭代公式

在迭代法的应用中，一般来说，同步迭代法的速度较慢。为加速迭代解收敛速度，通常采用超松弛迭代法。与同步迭代法不同，超松弛迭代法采用如下迭代公式：

$$\phi_{i,j}^{(n+1)} = \phi_{i,j}^{(n)} + \alpha R_{i,j}^{(n)} = \phi_{i,j}^{(n)} + \alpha\left(\phi_{i,j}^{(n+1)} - \phi_{i,j}^{(n)}\right) \tag{7.4-7}$$

式中

$$\phi_{i,j}^{(n+1)} = \frac{1}{4}\left(\phi_{i+1,j}^{(n)} + \phi_{i,j+1}^{(n)} + \phi_{i-1,j}^{(n+1)} + \phi_{i,j-1}^{(n+1)}\right) \tag{7.4-8}$$

α称为收敛因子（或称超松弛因子），其取值范围是 $1 \leqslant \alpha < 2$，当$\alpha \geqslant 2$ 时，迭代过程将不收敛。已经证明，若一正方区域用正方形网格划分，每个边的节点数为$p+1$，则当收敛因子取值为

$$\alpha_0 = \frac{2}{1+\sin(\pi/p)} \tag{7.4-9}$$

时，迭代过程的收敛速度最快。

例 7.4-2 采用超松弛迭代法求矩形接地金属槽的电位分布。设长直接地金属矩形槽 $a=2b=12$，如图 7.4-4 所示，其侧壁与底面电位均为零，顶盖电位为 100V，求槽内的电位分布。

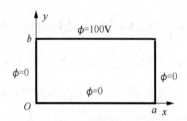

图 7.4-4 矩形接地金属槽

解： 这是静电场的第一类边值问题，可表示为

$$\frac{\partial^2 \phi}{\partial x^2} + \frac{\partial^2 \phi}{\partial y^2} = 0, \quad 0 < x < a, \ 0 < y < b$$

$$\phi(0, y) = \phi(a, y) = 0$$

$$\phi(x, 0) = 0$$

$$\phi(x, b) = 100$$

（1）用有限差分法具体目标。

①编写一个计算机程序（用 MATLAB 2010），求相邻两次迭代值的最大允许误差小于 10^{-6} 的迭代收敛解。

②分别取α为不同的值和最佳值，求电位的数值解，以此分析收敛因子的作用。

③使用最佳值α_0，分别以步长 $h = a/11$（节点数为 12×6）和 $h = a/35$（节点数为 36×18）的正方形网格离散化场域，应用有限差分法求电位的数值解；同时，用计算机描绘等位线。

有限差分法的程序框图如图 7.4-5 所示。

（2）数值结果分析。

本书的分析计算都是在下列硬件条件或前提下进行的：计算机配置为 Intel Core 2 E8200 @ 2.66GHz 2.99GB 内存；计算工具为 MATLAB 2010；最大允许误差小于 10^{-6}。

首先，分析收敛因子α的作用。当网格数为 12×6 时，分别取α为不同的值和最佳值α_0，考察迭代次数 N 和计算时间 T，具体结果如表 7.4-1 所示。

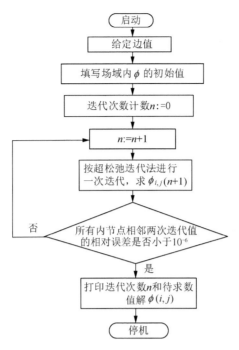

图 7.4-5　有限差分法的程序框图

表 7.4-1　迭代次数、计算时间与 α 的关系

α		1.0	1.1	1.1721	1.2	1.3	1.5	1.6	1.7	1.8	2.0
网格数	N	70	57	60	45	34	30	41	55	86	发散
12×6	T/s	0.3280	0.2650	0.2180	0.1870	0.1720	0.1250	0.2030	0.2050	0.3280	—

当 α=1.5 时，迭代次数最少，计算所用时间最短；但是按照理论上的最优收敛因子公式（7.4-9）显示，此时 α_0 =1.1721，与理论值不吻合。可见，收敛因子的理论值只能作为加快收敛速度的一种参考。

下面绘制等电位线，给出 α=1.5 时的网格节点数为 12×6 和 36×18 的矩形区域的等电位分布，如图 7.4-6 所示。通过对比可知，两种取点方法求得等电位分布的规律一致，但取得离散的点越多，求出的电位连续性越强。

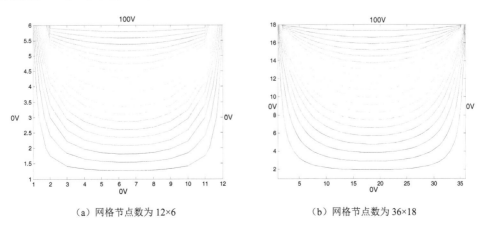

（a）网格节点数为 12×6　　　　　　（b）网格节点数为 36×18

图 7.4-6　导体槽内等位线分布图

本 章 小 结

一、边值问题与唯一性定理

第一类边值问题是 $\phi|_S$ 给定；第二类边值问题是 $\dfrac{\partial \phi}{\partial n}\Big|_S$ 给定；第三类边值问题是给定一部分边界上的位函数 $\phi|_{S_1}$，以及另一部分边界上位函数的法向导数 $\dfrac{\partial \phi}{\partial n}\Big|_{S_2}$，称为混合型问题。

满足以上三类边界条件之一的泊松方程或拉普拉斯方程的解是唯一的，这就是静态场的唯一性定理。

二、镜像法

应用镜像法的关键是求取镜像电荷的位置和大小，并且遵循镜像电荷必须位于求解区域以外的原则，同时保证原来的边界条件不变。镜像法的理论依据是静态场的唯一性定理。

镜像法适用于无限大导体（或介质）平面附近的点电荷、线电荷或线电流的场；无限长导体圆柱附近的平行线电荷线电流或平行圆柱导体的场；导体球附近的点电荷的场等问题的求解。

三、分离变量法

分离变量法是直接求解数学物理方程的一种基本方法。使用分离变量法求解拉普拉斯方程的一般步骤是：第一步，按边界面形状选择适当的坐标系，写出拉普拉斯方程；第二步，根据二阶齐次常系数微分方程解的性质，结合边界条件的周期性写出拉普拉斯方程的通解表示式；第三步，根据给定的边界条件确定待定常数。

四、有限差分法

有限差分法是一种数值计算方法，其原理是将场域进行网格划分，用网格节点上的函数差商来近似代替该点的偏导数，此时偏微分方程可以化成差分方程，通过迭代法求解差分方程就可以得到电位函数的数值解。

自 测 题

1.（15 分）如自测题图 7-1 所示，利用分离变量法求解矩形区域内的电位函数 $\phi(x, y)$。

2.（15 分）如自测题图 7-2 所示，长槽两侧壁向 y 方向无限延伸且电位都等于零，槽底部电位保持为 U_0，试求槽内的电位函数 $\phi(x, y)$。

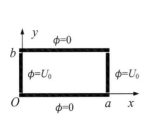

自测题图 7-1

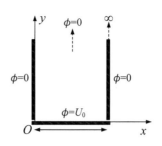

自测题图 7-2

3.（20 分）如自测题图 7-3 所示，求槽内的电位函数 $\phi(x,y)$。

4.（20 分）在一个半径为 a 的圆柱面上，给定其电位分布 $\phi = \begin{cases} U_0, & 0 < \varphi < \pi \\ 0, & -\pi < \varphi < 0 \end{cases}$，试求圆柱内的电位分布。

5.（15 分）如自测题图 7-4 所示，半径为 a 的接地导体球，在离球心 r_1（$r_1 > a$）处放置一个点电荷 q。用分离变量法求导体球产生的电位分布。

6.（15 分）如自测题图 7-5 所示（边值问题），无限长的方形槽的横截面分为 9 个方格，各边都保持不同的电位，请采用有限差分法计算以下四个场点的电位（单位：V）：$\phi(2,2)$，$\phi(2,3)$，$\phi(3,2)$ 和 $\phi(3,3)$。

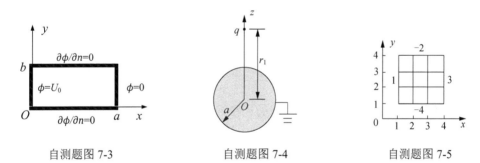

自测题图 7-3　　　　　　　自测题图 7-4　　　　　　　自测题图 7-5

答案：1.　$\phi(x,y) = \sum_{n=1}^{\infty} \dfrac{2U_0\left[1-(-1)^n\right]}{n\pi} \sin\dfrac{n\pi y}{b} \left[\operatorname{ch}\dfrac{n\pi x}{b} + \dfrac{\left(1-\operatorname{ch}\dfrac{n\pi a}{b}\right)\operatorname{sh}\dfrac{n\pi x}{b}}{\operatorname{sh}\dfrac{n\pi a}{b}} \right]$。

2.　$\phi(x,y) = \dfrac{4U_0}{\pi} \sum_{n=1,3,5,\cdots}^{\infty} \dfrac{1}{n} \exp\left\{-\dfrac{n\pi y}{a}\right\} \sin\dfrac{n\pi x}{a}$。

3.　$\phi(x,y) = U_0\left(1-\dfrac{x}{a}\right)$。

4.　$\phi(\rho,\varphi) = \dfrac{U_0}{2} + \dfrac{2U_0}{\pi} \sum_{n=1,3,5,\cdots}^{\infty} \dfrac{1}{n}\left(\dfrac{\rho}{a}\right)^n \sin n\varphi$。

5.　$\phi(r,\theta) = \dfrac{q}{4\pi\varepsilon_0 R} - \dfrac{q}{4\pi\varepsilon_0} \sum_{n=0}^{\infty} \dfrac{a^{2n+1}}{(r_1 r)^{n+1}} P_n(\cos\theta)$，其中 $R = \sqrt{r^2 + r_1^2 - 2r r_1 \cos\theta}$。

6.　$\phi(2,2) = -1$，$\phi(2,3) = -0.5$，$\phi(3,2) = -0.5$，$\phi(3,3) = 0$（单位：V）。

习 题 七

7-1 试证明位于无限大导体平面上的半球形导体上空的点电荷 q（见习题图 7-1）受到的力的大小为

$$F = \frac{-q^2}{16\pi\varepsilon_0 d^2}\left(1 + \frac{16a^3 d^3}{(d^4 - a^4)^2}\right)$$

式中，a 为球的半径；d 为电荷与球心的距离；ε_0 为真空中的介电常数。

答案：略。

7-2 一无限长细传输线距离地面的高度为 h，线电荷密度为 ρ_l（C/m），坐标如习题图 7-2 所示，试求：①空间任意一点的电位分布；②导体表面的电荷密度；③当线电荷的高度增加为原来的两倍时，外力对单位长度内的线电荷应做的功。

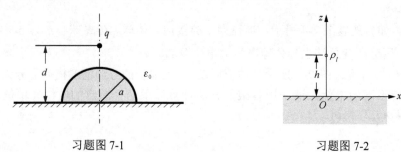

习题图 7-1　　　　　　　　　习题图 7-2

答案：① $\phi(x,z) = \frac{\rho_l}{4\pi\varepsilon_0}\ln\frac{x^2 + (z+h)^2}{x^2 + (z-h)^2}$（$z>0$）；② $\rho_s = \frac{-\rho_l h}{\pi(x^2 + h^2)}$；③ $W = \frac{\rho_l^2}{16\pi\varepsilon_0 h}$。

7-3 如习题图 7-3 所示，一导体球的半径为 R_1，其中有一球形空腔，球心为 O'，半径为 R_2，腔内有一点电荷 q 置于距 O' 为 d 处，设导体球所带净电荷为零，试求空间各个区域内的电位分布。

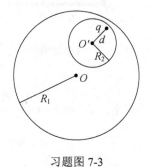

答案：球外，$\phi_1 = \frac{q}{4\pi\varepsilon_0 r}$；球壳，$\phi_2 = \frac{q}{4\pi\varepsilon_0 R_1}$；空腔，

$$\phi_3 = \frac{q}{4\pi\varepsilon_0 R} + \frac{q'}{4\pi\varepsilon_0 R'} + \frac{q}{4\pi\varepsilon_0 R_1} = \frac{q}{4\pi\varepsilon_0 R} - \frac{R_2 q}{4\pi\varepsilon_0 dR'} + \frac{q}{4\pi\varepsilon_0 R_1},$$

其中 R' 为 q 的镜像电荷到场点的距离。

习题图 7-3

7-4 一无限长线电荷的线密度为 ρ_l，在它的外面有一无限长导体圆筒，圆筒轴线距离线电荷为 d，其内表面半径为 a，试求圆筒内任意一点的电位和电场强度。

答案：镜像电荷的位置 $d_1 = a^2/d$，$\phi_P = \frac{\rho_l}{4\pi\varepsilon_0}\ln\left(\frac{\rho^2 + d_1^2 - 2\rho d_1\cos\varphi}{\rho^2 + d^2 - 2\rho d\cos\varphi}\right)$；利用 $\overline{E} = -\nabla\phi$ 求电场强度。

7-5 若一张矩形导电纸的电导率为 σ，面积为 $a\times b$，四周电位如习题图 7-4 所示，试求：①导电纸中的电位分布；②导电纸中的电流密度。

答案：① $\phi(x,y)=\dfrac{V_0}{a}x$；② $\overline{J}(x,y)=\sigma\overline{E}=-\dfrac{\sigma V_0}{a}\hat{x}$。

7-6　一矩形导体管的截面尺寸和四壁的电位如习题图 7-5 所示，管内媒质为空气，试求：①管内任意一点的电位；②$x=0$ 处内壁上的面电荷密度。

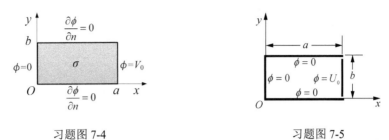

习题图 7-4　　　　　　　　　　　习题图 7-5

答案：① $\phi(x,y)=\displaystyle\sum_{n=1}^{\infty}\dfrac{2U_0[1-(-1)^n]}{n\pi\operatorname{sh}\dfrac{n\pi a}{b}}\operatorname{sh}\dfrac{n\pi x}{b}\sin\dfrac{n\pi y}{b}$；② $\rho_s\big|_{x=0}=-\dfrac{2\varepsilon_0 U_0}{b}\displaystyle\sum_{n=1}^{\infty}\dfrac{\sin\dfrac{n\pi y}{b}}{\operatorname{sh}\dfrac{n\pi a}{b}}$。

7-7　一矩形管的截面尺寸和四壁的电位如习题图 7-6 所示，管内媒质为空气，试求：①管内任意一点的电位；②$y=0$ 处内壁上的面电荷密度。

答案：① $\phi(x,y)=\dfrac{U_0}{\operatorname{sh}\dfrac{3\pi a}{2b}}\operatorname{sh}\dfrac{3\pi x}{2b}\sin\dfrac{3\pi y}{2b}$；② $\rho_s\big|_{y=0}=-\dfrac{3\varepsilon_0 U_0}{b\operatorname{sh}\dfrac{3\pi a}{b}}\operatorname{sh}\dfrac{3\pi x}{b}$。

7-8　半无限长矩形导体槽如习题图 7-7 所示，上板电位为 U_0，下板电位为零，试求槽中任意一点的电位。

答案：$\phi(y,z)=\dfrac{U_0}{a}y+\displaystyle\sum_{n=2,4,6,\cdots}^{\infty}\dfrac{2U_0}{n\pi}\cos\dfrac{n\pi}{2}\sin\dfrac{n\pi y}{a}\mathrm{e}^{-\frac{n\pi}{a}z}$。

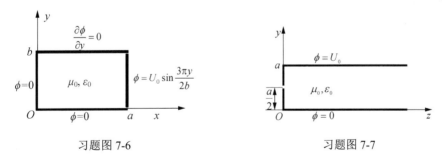

习题图 7-6　　　　　　　　　　　习题图 7-7

7-9　一长方形导体空腔，边长分别为 a、b、c，其边界均为零电位，空腔内充填体电荷，密度为 $\rho=C_0\left(\sin\dfrac{\pi x}{a}\sin\dfrac{\pi z}{c}\right)y(y-b)$，试求腔内任意一点的电位 $\phi(x,y,z)$。

提示：ϕ 需要满足泊松方程 $\nabla^2\phi=-\rho/\varepsilon_0$。设 ϕ 可用三维傅里叶级数表示为

$$\phi=\sum_{m=1}^{\infty}\sum_{n=1}^{\infty}\sum_{l=1}^{\infty}A_{mnl}\sin\dfrac{m\pi x}{a}\sin\dfrac{n\pi y}{b}\sin\dfrac{l\pi z}{c}$$

代入泊松方程后，利用正弦函数的正交性确定系数 A_{mnl}。

答案：$\phi(x,y,z) = C_0\left(\sin\dfrac{\pi x}{a}\sin\dfrac{\pi z}{c}\right)\sum\limits_{n=1,3,5,\cdots}^{\infty}\dfrac{-8b^2}{\varepsilon_0(n\pi)^3}\cdot\dfrac{1}{\left(\dfrac{\pi}{a}\right)^2+\left(\dfrac{\pi}{c}\right)^2+\left(\dfrac{n\pi}{b}\right)^2}\sin\dfrac{n\pi}{b}y$。

7-10 在半径为 a 的无限长导体圆柱外面包有一层半径为 b、介电常数为 ε 的介质，如习题图 7-8 所示。今其外空间外加一均匀电场 $\overline{E}_0 = \hat{x}E_0$，取导体圆柱表面处为电位参考点，试求：①区（$a<\rho<b$）和②区（$\rho>b$）的电位函数。

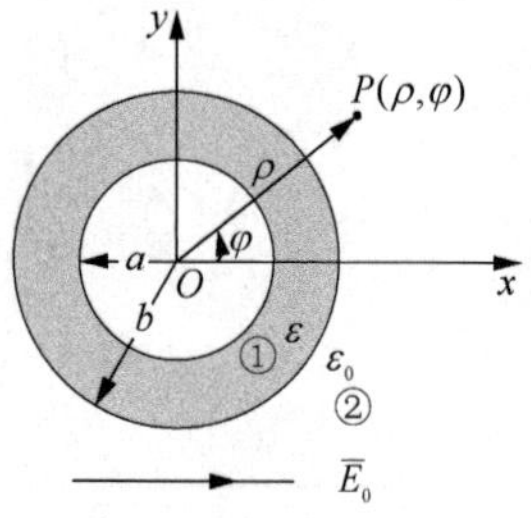

答案：$\phi_1(\rho,\varphi) = \dfrac{-2\varepsilon_0 b^2}{b^2(\varepsilon+\varepsilon_0)+a^2(\varepsilon-\varepsilon_0)}\left(\rho-\dfrac{a^2}{\rho}\right)E_0\cos\varphi$，

$\phi_2(\rho,\varphi) = \left(-\rho+\dfrac{b^4(\varepsilon-\varepsilon_0)+a^2 b^2(\varepsilon+\varepsilon_0)}{\left[b^2(\varepsilon+\varepsilon_0)+a^2(\varepsilon-\varepsilon_0)\right]\rho}\right)E_0\cos\varphi$。

习题图 7-8

7-11 假设真空中在半径为 a 的球面上有面密度为 $\sigma_0\cos\theta$ 的表面电荷，其中 σ_0 是常数，求任意一点的电位。

答案：$\phi_1 = \dfrac{\sigma_0}{3\varepsilon_0}r\cos\theta$（$r\leqslant a$），$\phi_2 = \dfrac{\sigma_0}{3\varepsilon_0}\dfrac{a^3}{r^2}\cos\theta$（$r\geqslant a$）。

7-12 利用有限差分法求静电场边值问题。如习题图 7-9 所示，待求解区域满足以下方程：

$$\dfrac{\partial^2 u}{\partial x^2}+\dfrac{\partial^2 u}{\partial y^2}=0 \quad (0<x<20,\ 0<y<10)$$

试求近似解。

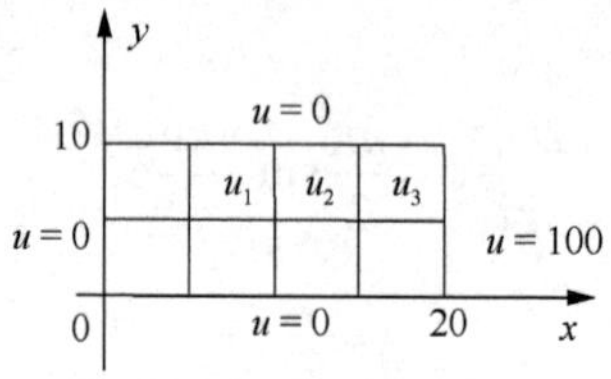

习题图 7-9

答案：$u_1 = 1.786$，$u_2 = 7.143$，$u_3 = 26.786$。

第 8 章

TE 波与 TM 波传输线

本章研究传输 TE 波和 TM 波的规则金属波导。规则波导是指横截面尺寸、形状及所填充的介质都不变的导波系统。同时，假定填充的介质是理想的简单介质，即均匀、线性、各向同性的介质。**波导中的电磁波是三维空间和时间的函数。求解波导问题通常采用纵向场法，即利用分离变量法求解纵向场分量的齐次亥姆霍兹方程，得到 E_z 和 H_z，根据横向场分量与它们的关系就可以得到全部场量。**

导波系统的知识内容丰富，包含矩形波导、圆波导、介质波导等规则波导，也包含基于这类波导的波导器件。鉴于知识层次和内容与本课程的相关度，这里主要讨论矩形规则金属波导，其余部分将在"微波技术"课程中学习。

§8.1　导波系统的基本问题

8.1.1　纵向场法

如图 8.1-1 所示，导波系统一般由单根或多根互相平行的空心柱形导体或实心介质构成。电磁波沿柱体的纵轴方向传播，取该轴为 z 轴，通常称为纵向；与 z 轴垂直的方向为横向。系统横截面的形状、尺寸、材料性质都不随 z 变化，即沿纵向是均匀的。此时，+z 方向的入射波电场和磁场复矢量可表示为

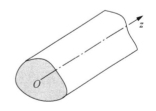

图 8.1-1　任意横截面的均匀导波系统

$$\overline{E}(x,y,z) = \overline{E}(x,y)e^{-\gamma z} \qquad (8.1\text{-}1a)$$
$$\overline{H}(x,y,z) = \overline{H}(x,y)e^{-\gamma z} \qquad (8.1\text{-}1b)$$

式中，$\gamma = \alpha + \mathrm{j}\beta$ 表示导行波的传播常数，取决于导波结构和填充媒质。这里 α 为衰减因子，β 为相位因子，这与第 4 章传输线上的 γ [式（4.3-4）] 中的含义相同。这里只讨论无耗导波系统，因此 $\gamma = \mathrm{j}\beta$ 为实数。

重写齐次复矢量波动方程的一般形式：

$$\nabla^2 \overline{E} + k^2 \overline{E} = 0 \qquad (8.1\text{-}2a)$$
$$\nabla^2 \overline{H} + k^2 \overline{H} = 0 \qquad (8.1\text{-}2b)$$

式中，k 表示导波系统中工作信号的传播常数，取决于信号源。由于 $\bar{E}$ 和 $\bar{H}$ 只是横向坐标 (x, y)的函数，于是（当 $\gamma = \mathrm{j}\beta$ 时）有 $\dfrac{\partial^2}{\partial z^2} \to -\beta^2$。因此，将式（8.1-1）代入式（8.1-2）后，在直角坐标系中展开，可得

$$\nabla_t^2 \bar{E} + (k^2 - \beta^2)\bar{E} = 0 \tag{8.1-3a}$$

$$\nabla_t^2 \bar{H} + (k^2 - \beta^2)\bar{H} = 0 \tag{8.1-3b}$$

式中

$$\nabla_t^2 = \frac{\partial^2}{\partial x^2} + \frac{\partial^2}{\partial y^2} \tag{8.1-3c}$$

称为横向拉普拉斯算子。

式（8.1-3a）和式（8.1-3b）是均匀无耗导波系统中电磁场应满足的矢量波动方程，可分解为六个直角坐标分量的标量波动方程。根据导波系统的边界条件，即可求解这些方程。但是，根据麦克斯韦方程，可以求得各横向分量与两个纵向分量 E_z、H_z 的关系。这样，只需求解纵向分量满足的标量波动方程，并利用纵向分量表示横向分量便可得出全部分量。

在理想介质中，无源区内的麦克斯韦方程组的旋度方程为

$$\nabla \times \bar{E} = -\mathrm{j}\omega\mu\bar{H}$$

$$\nabla \times \bar{H} = \mathrm{j}\omega\varepsilon\bar{E}$$

将它们在直角坐标系中展开，有

$$\hat{x}\left(\frac{\partial E_z}{\partial y} - \frac{\partial E_y}{\partial z}\right) + \hat{y}\left(\frac{\partial E_x}{\partial z} - \frac{\partial E_z}{\partial x}\right) + \hat{z}\left(\frac{\partial E_y}{\partial x} - \frac{\partial E_x}{\partial y}\right) = -\mathrm{j}\omega\mu(\hat{x}H_x + \hat{y}H_y + \hat{z}H_z)$$

$$\hat{x}\left(\frac{\partial H_z}{\partial y} - \frac{\partial H_y}{\partial z}\right) + \hat{y}\left(\frac{\partial H_x}{\partial z} - \frac{\partial H_z}{\partial x}\right) + \hat{z}\left(\frac{\partial H_y}{\partial x} - \frac{\partial H_x}{\partial y}\right) = \mathrm{j}\omega\varepsilon(\hat{x}E_x + \hat{y}E_y + \hat{z}E_z)$$

上述方程两边的对应分量应相等。利用式（8.1-1a）和式（8.1-1b），可得到六个标量方程：

$$\frac{\partial E_z}{\partial y} + \mathrm{j}\beta E_y = -\mathrm{j}\omega\mu H_x \qquad \frac{\partial H_z}{\partial y} + \mathrm{j}\beta H_y = \mathrm{j}\omega\varepsilon E_x$$

$$-\mathrm{j}\beta E_x - \frac{\partial E_z}{\partial x} = -\mathrm{j}\omega\mu H_y \qquad -\mathrm{j}\beta H_x - \frac{\partial H_z}{\partial x} = \mathrm{j}\omega\varepsilon E_y$$

$$\frac{\partial E_y}{\partial x} - \frac{\partial E_x}{\partial y} = -\mathrm{j}\omega\mu H_z \qquad \frac{\partial H_y}{\partial x} - \frac{\partial H_x}{\partial y} = \mathrm{j}\omega\varepsilon E_z$$

如果用 E_z 和 H_z 表示横向分量，那么综上可得

$$E_x = \frac{1}{k_c^2}\left(-\mathrm{j}\beta\frac{\partial E_z}{\partial x} - \mathrm{j}\omega\mu\frac{\partial H_z}{\partial y}\right) \tag{8.1-4a}$$

$$E_y = \frac{1}{k_c^2}\left(-\mathrm{j}\beta\frac{\partial E_z}{\partial y} + \mathrm{j}\omega\mu\frac{\partial H_z}{\partial x}\right) \tag{8.1-4b}$$

$$H_x = \frac{1}{k_c^2}\left(\mathrm{j}\omega\varepsilon\frac{\partial E_z}{\partial y} - \mathrm{j}\beta\frac{\partial H_z}{\partial x}\right) \tag{8.1-4c}$$

$$H_y = \frac{1}{k_c^2}\left(-\mathrm{j}\omega\varepsilon\frac{\partial E_z}{\partial x} - \mathrm{j}\beta\frac{\partial H_z}{\partial y}\right) \tag{8.1-4d}$$

$$k_c^2 = k^2 - \beta^2 \tag{8.1-4e}$$

这就是以纵向场表示横向场的一般表示式。由式（8.1-3）可知，纵向场分量满足以下波动方程：

$$\nabla_t^2 E_z + k_c^2 E_z = 0 \tag{8.1-5a}$$

$$\nabla_t^2 H_z + k_c^2 H_z = 0 \tag{8.1-5b}$$

可见，只要求出方程式（8.1-5）的解，就可以通过式（8.1-4）求得四个场分量。这种方法称为纵向场法。其中，k_c 是与传输线横截面的形状、尺寸及传输模式有关的参量，决定了导行波的传播特性。

因为传播常数 $k = \omega\sqrt{\mu\varepsilon}$ 与电磁波频率成正比，所以式（8.1-4e）也决定了导行波的相位常数 β 与频率的关系。电磁波的相速是其等相面沿波的传播方向的传播速度。由式（8.1-1）可知，导行波的等相面是沿着 z 方向运动的，可表示为

$$\omega t - \beta z = \text{const.}$$

上式两边对时间 t 求全微分，可得相速表达式为

$$v_p = \frac{\omega}{\beta} = \frac{\omega}{\sqrt{k^2 - k_c^2}} = \frac{\omega}{k\sqrt{1 - (k_c / k)^2}} = \frac{v}{\sqrt{1 - (k_c / k)^2}} \tag{8.1-6a}$$

对应的导波波长为

$$\lambda_g = \frac{v_p}{f} = \frac{\lambda}{\sqrt{1 - (k_c / k)^2}} \tag{8.1-6b}$$

时间相位 ωt 变化 2π 所经历的时间称为周期，以 T 表示：而单位时间内相位变化 2π 的次数称为频率，用 f 表示。因为 $\omega T = 2\pi$，所以得

$$f = \frac{1}{T} = \frac{\omega}{2\pi} \tag{8.1-6c}$$

下面定义一个周期波移动的距离 z 与相位的关系。令 $\beta z = 2\pi$，则 z 等于一个波长，即空间相位 βz 变化 2π 所经过的距离，称为导波波长 λ_g，所以有

$$\lambda_g = \frac{2\pi}{\beta} \tag{8.1-6d}$$

也可理解为一个周期内传播的距离包含多少个波长，故又称为波数，即

$$\beta = \frac{2\pi}{\lambda_g} \tag{8.1-6e}$$

8.1.2　导行波的分类

下面讨论式（8.1-4e）所表征的导行波的传播特性。根据 k_c 的不同情况，传输线中的导行波可能出现 E_z 和 H_z 分量。因此，可将导行波做如下分类。

1. 横电磁（TEM）波

由式（8.1-4）可知，当传输系统传播 $k_c = 0$ 的导行波时，必然有 $E_z = H_z = 0$。这种波就是我们所熟知的横电磁波，或者称 TEM 波。这时有

$$\beta = k = \omega\sqrt{\mu\varepsilon} \qquad\qquad (8.1\text{-}7a)$$

$$v_\mathrm{p} = \frac{\omega}{k} = \frac{1}{\sqrt{\mu\varepsilon}} \qquad\qquad (8.1\text{-}7b)$$

$$\lambda_\mathrm{g} = \lambda = \frac{2\pi}{k} \qquad\qquad (8.1\text{-}7c)$$

这种导行波的相速等于电磁波所在媒质中的光速，且与频率无关。自由空间中的平面波和双导体传输线中的电磁波主模都属于这类电磁波。

由式（8.1-3a）可知，此时有

$$\nabla_t^2 \overline{E} = 0 \qquad\qquad (8.1\text{-}8a)$$

若传输系统沿 z 向是均匀的，则场量一定与 z 无关，可令 $\overline{E}(x,y,z) = \overline{e}(x,y)\mathrm{e}^{-\mathrm{j}\beta z}$，$\overline{e}(x,y)$ 为横向电场，则方程（8.1-8a）可化为

$$\nabla_t^2 \overline{e}(x,y) = 0 \qquad\qquad (8.1\text{-}8b)$$

这说明，TEM 波电场和二维静电场满足相同的微分方程 $\nabla_t^2 \phi = 0$。因此，对于同样的结构，TEM 波电场在横截面上的分布与二维静电场的分布一样。并且由此可知，只有能建立二维静电场的系统才能传播 TEM 波。我们所熟知的双导线、同轴线都是 TEM 波传输线，我们已经把它们作为特例在第 4 章学习过了，读者应理解其特殊性。

2. 横电（TE）波和横磁（TM）波

由式（8.1-4）可知，当传输系统中存在 $k_c > 0$ 的波时，E_z 和 H_z 不可能同时为零，否则全部横向场都将为零，系统中不会存在任何场。这种导行波又可分成以下两类。

（1）$E_z = 0$ 而 $H_z \neq 0$ 的波，称为横电波或 TE 波，也称 H 波。

（2）$E_z \neq 0$ 而 $H_z = 0$ 的波，称为横磁波或 TM 波，也称 E 波。

空心金属波导中传输这种导波。从物理上看，闭合的横向磁力线必须包围纵向传导电流或位移电流，而空心波导中并无内导体，不能提供纵向传导电流，此时必须存在纵向位移电流。这就意味着存在纵向电场，从而形成 TM 波。另外，闭合的横向电力线必须包围纵向磁场，这就形成了 TE 波。

根据 k_c^2 与 k^2 的相对大小，这类导行波有以下三种状态。

（1）当 $\beta^2 = k^2 - k_c^2 < 0$，即 $\beta = \pm\mathrm{j}\sqrt{k_c^2 - k^2}$ 时，是纯虚数，参看式（8.1-1）可知，这时场的振幅应该沿 z 向呈指数衰减，它不再是行波而是凋落波。因此应该取 $\beta = -\mathrm{j}\sqrt{k_c^2 - k^2}$，此时

$$\gamma = \mathrm{j}\beta = \sqrt{k_c^2 - k^2} \qquad\qquad (8.1\text{-}9a)$$

这种状态称为截止状态。注意：这里的衰减特性与导体的欧姆损耗导致的衰减是截然不同的。

（2）当 $k^2 = k_c^2$，即 $\beta = 0$ 时，沿 z 向没有波的传播。这种状态称为临界状态，因此称 k_c 为临界波数或截止波数：

$$k_c = \frac{2\pi}{\lambda_c} \qquad\qquad (8.1\text{-}9b)$$

对应的波的频率为

$$f_c = \frac{k_c}{2\pi\sqrt{\mu\varepsilon}} \tag{8.1-9c}$$

式中，f_c 称为临界频率或截止频率；λ_c 称为临界波长或截止波长。当 $f < f_c$ 时，便过渡为下一状态，传播过程将截止。

（3）当 $\beta^2 = k^2 - k_c^2 > 0$，即 $\beta = \sqrt{k^2 - k_c^2}$ 为实数时，电磁波能够在导波系统中正常传输。考虑到式（8.1-6c）、式（8.1-7c）和式（8.1-9a），式（8.1-6a）和式（8.1-6b）可以分别写成

$$v_p = \frac{\omega}{\beta} = \frac{v}{\sqrt{1 - (\lambda/\lambda_c)^2}} \tag{8.1-10a}$$

$$\lambda_g = \frac{2\pi}{\beta} = \frac{\lambda}{\sqrt{1 - (\lambda/\lambda_c)^2}} \tag{8.1-10b}$$

可见，只有当 $f > f_c$，即电磁波的工作频率高于截止频率时，导行波才能在波导中传播。因此，波导具有高通滤波器的特性。

波导中横向电场与横向磁场之比定义为波阻抗，利用式（8.1-4）可知 TE 波的波阻抗为

$$\eta_{TE} = \frac{E_x}{H_y} = \frac{-E_y}{H_x} = \frac{\omega\mu}{\beta} = \eta\frac{\lambda_g}{\lambda} = \frac{\eta}{\sqrt{1 - (\lambda/\lambda_c)^2}} \tag{8.1-11}$$

TM 波的波阻抗为

$$\eta_{TM} = \frac{E_x}{H_y} = \frac{-E_y}{H_x} = \frac{\beta}{\omega\varepsilon} = \eta\frac{\lambda}{\lambda_g} = \eta\sqrt{1 - (\lambda/\lambda_c)^2} \tag{8.1-12}$$

可见，当 $\lambda < \lambda_c$ 即 $f > f_c$ 时，η_{TE} 和 η_{TM} 为实数，是纯电阻，且在 $\lambda \ll \lambda_c$ 时趋于无界媒质中的波阻抗 $\eta = \sqrt{\mu/\varepsilon}$。但当 $\lambda > \lambda_c$ 即 $f < f_c$ 时，η_{TE} 和 η_{TM} 为虚数，是纯电抗，横向电场和横向磁场的相位相差 90°，因此沿 z 向没有实功率传播。

以上分析表明，**对 TE 波和 TM 波而言，其相速、波阻抗皆与频率有关，说明导波系统中的 TE 波和 TM 波是色散波。但这种色散与传播媒质引起的色散不同，它由导波结构的边界条件引起，与频率的关系比较简单。**

$f > f_c$ 时的波导波长、相速、能速和波阻抗如表 8.1-1 所示。

表 8.1-1　$f > f_c$ 时的波导波长、相速、能速和波阻抗

模式	波导波长	相速	能速（群速）	波阻抗
TE 波	$\lambda_g = \dfrac{\lambda}{\sqrt{1-(\lambda/\lambda_c)^2}}$	$v_p = \dfrac{v}{\sqrt{1-(\lambda/\lambda_c)^2}}$	$v_g = v\sqrt{1-(\lambda/\lambda_c)^2}$	$\eta_{TE} = \dfrac{\eta}{\sqrt{1-(\lambda/\lambda_c)^2}}$
TM 波	$\lambda_g = \dfrac{\lambda}{\sqrt{1-(\lambda/\lambda_c)^2}}$	$v_p = \dfrac{v}{\sqrt{1-(\lambda/\lambda_c)^2}}$	$v_g = v\sqrt{1-(\lambda/\lambda_c)^2}$	$\eta_{TM} = \eta\sqrt{1-(\lambda/\lambda_c)^2}$
TEM 波	$\lambda = \dfrac{1}{f\sqrt{\mu\varepsilon}}$	$v_p = \dfrac{1}{\sqrt{\mu\varepsilon}} = v$	$v_g = \dfrac{1}{\sqrt{\mu\varepsilon}} = v_p$	$\eta = \sqrt{\dfrac{\mu}{\varepsilon}}$

3. 慢波

由式（8.1-4）可知，当 $k_c^2 < 0$ 时，$\beta = \sqrt{k^2 - k_c^2} > k$，故 $v_p = \dfrac{\omega}{\beta} < \dfrac{c}{\sqrt{\mu_r\varepsilon_r}} = v$，相速小于媒质中的光速。这是一种慢波，在光导纤维中传输的就是这种波。此时，E_z 和 H_z 也不可能

同时为零，因此这种导行波也可分为 TE 波和 TM 波（及二者的混合波）。

8.1.3 传输线的类型

射频传输线的种类繁多，如图 8.1-2 所示，**按其传输电磁波的类型可以分为三类：TEM 波传输线、波导传输线和表面波传输线。**

（1）TEM 波传输线，其中包括平行双线、同轴线、带状线和微带线等。这类传输线主要用来传输 TEM 波，具有频带宽的特点，但在微波高频段，损耗逐渐变大。

（2）波导传输线，其中包括矩形波导、圆波导、脊波导和椭圆波导等。这类传输线主要用来传输 TE 波和 TM 波等色散波，具有损耗小、功率容量大、体积大而带宽窄等特点。

（3）表面波传输线，包括介质波导、镜像线、单极线，主要用于传输表面波，电磁波能量沿传输线表面传输。这类传输线具有结构简单、体积小、功率容量大等特点，主要用于毫米波段，用来制作表面波天线及某些微波元件。

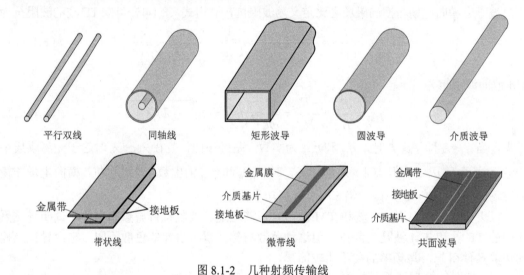

图 8.1-2　几种射频传输线

一般对微波传输线的基本要求是能量损耗小、传输效率高、功率容量大、工作频带宽、尺寸均匀等。目前，微波波段使用最多的是矩形波导、圆波导、同轴线、带状线和微带线。

§8.2　矩形波导

矩形波导是最常用的波导传输线，它是横截面为矩形的空心金属管，其几何关系如图 8.2-1 所示，宽边尺寸为 a，窄边尺寸为 b，波导填充理想的简单媒质（介电常数为 ε，磁导率为 μ）。采用直角坐标系，取 z 轴为传播方向，波导沿 z 向是均匀的，波导宽边沿 x 轴、窄边沿 y 轴放置。假定波导管壁为理想导体。在 8.1 节已经指出，空心金属波导中只能传输 TE 波和 TM 波，下面按纵向场法求其电磁场分量。

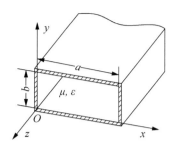

图 8.2-1　矩形波导的几何关系

8.2.1　TE 波和 TM 波的电磁场分量

1. TE 波的场分量

下面先研究传输 TE 波的情形。TE 波的特征是 $E_z = 0$，而 $H_z \neq 0$。H_z 可表示为

$$H_z = H_{z0}(x, y)\mathrm{e}^{-\mathrm{j}\beta z} \tag{8.2-1}$$

它满足标量波动方程 $\nabla_t^2 H_z + k_\mathrm{c}^2 H_z = 0$，即

$$\left(\frac{\partial^2}{\partial x^2} + \frac{\partial^2}{\partial y^2} + k_\mathrm{c}^2\right) H_{z0} = 0 \tag{8.2-2}$$

这是与静态拉普拉斯方程类似的二阶线性微分方程，因此，可用分离变量法求解。令

$$H_{z0}(x, y) = X(x)Y(y) \tag{8.2-3}$$

代入式（8.2-2），整理后得

$$\frac{1}{X}\frac{\mathrm{d}^2 X}{\mathrm{d}x^2} + \frac{1}{Y}\frac{\mathrm{d}^2 Y}{\mathrm{d}y^2} + k_\mathrm{c}^2 = 0 \tag{8.2-4}$$

式中，第一项只是 x 的函数；第二项只是 y 的函数。因此，若式（8.2-4）对任意的 x 和 y 都成立，则每项都必须是常数，应有

$$\frac{1}{X}\frac{\mathrm{d}^2 X}{\mathrm{d}x^2} = -k_x^2 \quad 即 \quad \frac{\mathrm{d}^2 X}{\mathrm{d}x^2} + k_x^2 X = 0 \tag{8.2-5a}$$

$$\frac{1}{Y}\frac{\mathrm{d}^2 Y}{\mathrm{d}y^2} = -k_y^2 \quad 即 \quad \frac{\mathrm{d}^2 Y}{\mathrm{d}y^2} + k_y^2 Y = 0 \tag{8.2-5b}$$

$$k_x^2 + k_y^2 = k_\mathrm{c}^2$$

式（8.2-5a）和（8.2-5b）均为二阶常微分方程，由其通解得

$$H_{z0} = \left(A\cos k_x x + B\sin k_x x\right)\left(C\cos k_y y + D\sin k_y y\right) \tag{8.2-6}$$

式（8.2-6）中的待定常数需要由边界条件确定。波导壁切向电场边界条件为

$$E_{x0}(x, y)\big|_{y=0, b} = 0 \tag{8.2-7a}$$

$$E_{y0}(x, y)\big|_{x=0, a} = 0 \tag{8.2-7b}$$

为利用上述边界条件，先将式（8.2-6）代入式（8.1-4a）和式（8.1-4b）（注意：式中 $E_z = 0$），可以得出 E_{x0} 和 E_{y0} 的表示式：

$$E_{x0} = -\mathrm{j}\frac{\omega\mu}{k_\mathrm{c}^2}k_y\left(A\cos k_x x + B\sin k_x x\right)\left(-C\sin k_y y + D\cos k_y y\right) \tag{8.2-8a}$$

$$E_{y0} = \mathrm{j}\frac{\omega\mu}{k_c^2}k_x\left(-A\sin k_x x + B\cos k_x x\right)\left(C\cos k_y y + D\sin k_y y\right) \tag{8.2-8b}$$

于是，由式（8.2-7a）和式（8.2-8a）得

$$D = 0 , \quad k_y = \frac{ny}{b} , \quad n = 0,1,2,3,\cdots$$

由式（8.2-7b）和式（8.2-8b）得

$$B = 0 , \quad k_x = \frac{mx}{a} , \quad m = 0,1,2,3,\cdots$$

最后得

$$H_z = A_{mn}\cos\frac{m\pi x}{a}\cos\frac{n\pi y}{b}\mathrm{e}^{-\mathrm{j}\beta z} \tag{8.2-9}$$

式中，$A_{mn} = AC$ 为振幅常数，m 和 n 可取任意正整数。相应的横向场分量由式（8.1-4）得出：

$$E_x = \mathrm{j}\frac{\omega\mu}{k_c^2}\frac{n\pi}{b}A_{mn}\cos\frac{m\pi x}{a}\sin\frac{n\pi y}{b}\mathrm{e}^{-\mathrm{j}\beta z} \tag{8.2-10a}$$

$$E_y = -\mathrm{j}\frac{\omega\mu}{k_c^2}\frac{m\pi}{a}A_{mn}\sin\frac{m\pi x}{a}\cos\frac{n\pi y}{b}\mathrm{e}^{-\mathrm{j}\beta z} \tag{8.2-10b}$$

$$H_x = \mathrm{j}\frac{\beta}{k_c^2}\frac{m\pi}{a}A_{mn}\sin\frac{m\pi x}{a}\cos\frac{n\pi y}{b}\mathrm{e}^{-\mathrm{j}\beta z} \tag{8.2-10c}$$

$$H_y = \mathrm{j}\frac{\beta}{k_c^2}\frac{n\pi}{b}A_{mn}\cos\frac{m\pi x}{a}\sin\frac{n\pi y}{b}\mathrm{e}^{-\mathrm{j}\beta z} \tag{8.2-10d}$$

$$k_c = \sqrt{k^2 - \beta^2} = \sqrt{\left(\frac{m\pi}{a}\right)^2 + \left(\frac{n\pi}{b}\right)^2} \tag{8.2-10e}$$

2. TM 波的场分量

采用上述步骤也可以导出 TM 波的解。TM 波的特征是 $H_z = 0$ 而 $E_z \neq 0$。E_z 可表示为

$$E_z = E_{z0}(x,y)\mathrm{e}^{-\mathrm{j}\beta z}$$

它需要满足以下波动方程：

$$\left(\frac{\partial^2}{\partial x^2} + \frac{\partial^2}{\partial y^2} + k_c^2\right)E_{z0} = 0$$

该方程与 TE 波的情形一样，也可用分离变量法求解，其通解为

$$E_{z0} = \left(A\cos k_x x + B\sin k_x x\right)\left(C\cos k_y y + D\sin k_y y\right) \tag{8.2-11}$$

对 E_{z0} 直接有如下边界条件：

$$E_{z0}(x,y)\big|_{y=0,b} = 0$$

$$E_{z0}(x,y)\big|_{x=0,a} = 0$$

在式（8.1-4a）和式（8.1-4b）中应用上述边界条件得

$$A = 0 , \quad k_x = \frac{mx}{a} \quad m = 1,2,3,\cdots$$

$$C = 0 , \quad k_y = \frac{ny}{b} \quad n = 1,2,3,\cdots$$

代入式（8.2-11），从而得 E_z 的解为

$$E_z = B_{mn} \sin\frac{m\pi x}{a} \sin\frac{n\pi y}{b} e^{-j\beta z} \tag{8.2-12}$$

式中，$B_{mn} = BD$ 为振幅常数，m 和 n 可以是除 0 以外的任何整数。m 和 n 均不能为 0，因为只要其中一个为 0，那么整个场分量便不存在了。由式（8.1-4）和式（8.2-12）可得横向场分量如下：

$$E_x = -j\frac{\omega}{k_c^2}\frac{m\pi}{a} B_{mn} \cos\frac{m\pi x}{a} \sin\frac{n\pi y}{b} e^{-j\beta z} \tag{8.2-13a}$$

$$E_y = -j\frac{\beta}{k_c^2}\frac{n\pi}{b} B_{mn} \sin\frac{m\pi x}{a} \cos\frac{n\pi y}{b} e^{-j\beta z} \tag{8.2-13b}$$

$$H_x = j\frac{\omega\varepsilon}{k_c^2}\frac{n\pi}{b} B_{mn} \sin\frac{m\pi x}{a} \cos\frac{n\pi y}{b} e^{-j\beta z} \tag{8.2-13c}$$

$$H_y = -j\frac{\omega\varepsilon}{k_c^2}\frac{m\pi}{a} B_{mn} \cos\frac{m\pi x}{a} \sin\frac{n\pi y}{b} e^{-j\beta z} \tag{8.2-13d}$$

$$k_c = \sqrt{k^2 - \beta^2} = \sqrt{\left(\frac{m\pi}{a}\right)^2 + \left(\frac{n\pi}{b}\right)^2} \tag{8.2-13e}$$

由式（8.2-10）和式（8.2-13）可以看出，该导行波有如下特点。

（1）沿 z 向为行波，沿 x 方和 y 向均为驻波。

（2）$z =$ const. 的平面为等相面，但面上任意一点的振幅与坐标 (x, y) 有关，因此是非均匀平面波。

（3）m 或 n 不同，场结构就不同。m 和 n 的每种组合都对应一种特定的场型，称为模式，以 TE_{mn} 或 TM_{mn} 来表示。由式（8.2-10）和式（8.2-13）可见，当 x 由 0 变到 a 时，无论是纵向场还是横向场，其驻波相角都要变化 $m\pi$，即变化 m 个半周期；同样，当 y 由 0 变到 b 时，其驻波相角将变化 n 个半周期。因此，m 就是场沿 a 边变化的半周期数，n 就是场沿 b 边变化的半周期数。

通过以上分析过程可以看到，TM 波和 TE 波的截止波数 k_c 的公式完全相同，因此它们具有相似的传播特性。为了更形象地理解矩形波导中电磁波的存在形式，图 8.2-2 给出了部分 TE 波和 TM 波的电磁场分布。实际上，波导中电磁场的通解应是 TE 波和 TM 波各模式场的线性叠加。因为波动方程是线性的，所以满足波动方程和边界条件的所有模式的线性叠加也必然是方程的解，因此也能在波导中存在。

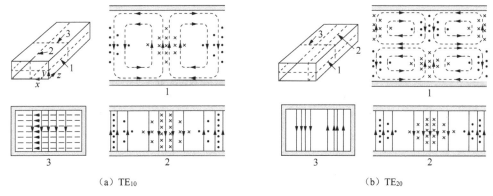

（a）TE_{10}　　　　　　　　　　　　　　　　（b）TE_{20}

图 8.2-2　部分 TE 波和 TM 波的电磁场分布

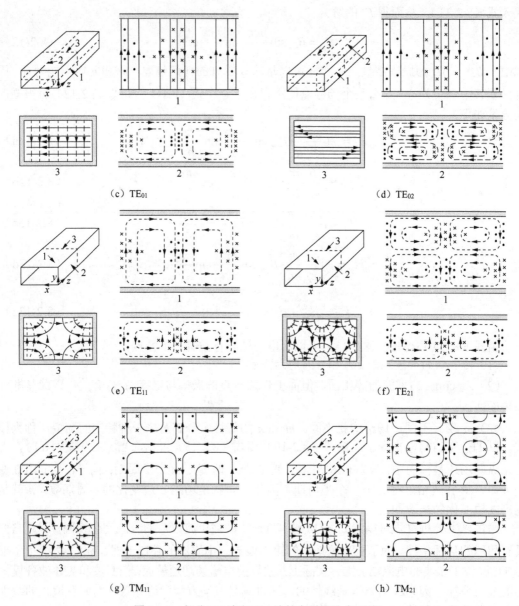

图 8.2-2　部分 TE 波和 TM 波的电磁场分布（续）

8.2.2　TE 波和 TM 波的传播特性

给定一个波导，并不是所有的 TE_{mn} 模和 TM_{mn} 模都能在波导中同时传播。一个特定尺寸的波导能传输哪些模式的波取决于各模式的截止频率 f_c（或截止波长 λ_c）和激励方式。

根据式（8.1-9b）、式（8.1-9c）和式（8.2-10e）、式（8.2-13e）得矩形波导的截止波长为

$$\lambda_c = \frac{2\pi}{k_c} = \frac{2}{\sqrt{\left(\dfrac{m}{a}\right)^2 + \left(\dfrac{n}{b}\right)^2}} \qquad (8.2\text{-}14a)$$

截止频率为

$$f_c = \frac{k_c}{2\pi\sqrt{\mu\varepsilon}} = \frac{1}{2\sqrt{\mu\varepsilon}}\sqrt{\left(\frac{m}{a}\right)^2 + \left(\frac{n}{b}\right)^2} \tag{8.2-14b}$$

按照导行波的传播条件，只有满足 $f > f_c$（$\lambda < \lambda_c$）的模才能在波导中传播。

可以看出，矩形波导的截止波长不仅与尺寸有关，还与 m 和 n 的取值有关。只要求出 λ_c，按照表 8.1-1 就可求出波导波长、相速、能速和波阻抗。

值得注意的是，由式（8.1-9a）可以得到截止矩形波导的传播常数，令 $\gamma = \mathrm{j}\beta = \sqrt{k_c^2 - k^2} = \alpha$，即

$$\alpha = k\sqrt{\left(\frac{\lambda}{\lambda_c}\right)^2 - 1} \tag{8.2-14c}$$

该式可方便地用于截止波导场强衰减的计算。

1．模式简并

波导中电磁波的传输模式既与尺寸有关，又与 m 和 n 有关，不同的模式可能具有相同的截止波长，这种现象称为模式简并。在矩形波导中，无论是 TE 模还是 TM 模，只要 m 和 n 相同，就都具有相同的截止波长。

式（8.2-9）表明，对于 TE 波，m 和 n 不能同时为零，否则场量全部为零；式（8.2-13）表明，对于 TM 波，m 和 n 都不能为零，否则场量全部为零。因此不存在 TM_{m0} 模和 TM_{0n} 模，即除 TE_{m0} 模和 TE_{0n} 模以外的 TE_{mn} 模都与 TM_{mn} 相简并。

2．矩形波导的主模

截止波长 λ_c 最长的模称为主模，其他模称为高次模。由式（8.2-14）可知，TE 波中 TE_{10} 模的截止波长最长（已设 $a > b$，它比 TE_{01} 模的 $\lambda_c = 2b$ 更长），$\lambda_c = 2a$；TM 波中 TM_{11} 模的截止波长最长，为 $\lambda_c = 2ab/\sqrt{a^2 + b^2}$，但短于 TE_{10} 模的截止波长。因此，矩形波导中的主模是 TE_{10} 模。

3．矩形波导的单模工作条件

图 8.2-3 是以 λ_c 的长短为序绘出的矩形波导 BJ-220 各模式的截止波长分布情况。BJ-220 是国产标准矩形波导系列的型号，BJ 表示标准（B）矩形（J）波导，220（$\times 10^8$Hz）表示中心频率。BJ-220 的内截面尺寸为 $a \times b = (10.67 \times 4.32)\mathrm{mm}^2$，$a/b \approx 2.47$。

如图 8.2-3 所示，当 $\lambda > 2a$ 时，全部模式都截止，处于这种工作状态的波导称为截止波导或过极限波导。当 $a < \lambda < 2a$ 时，只有 TE_{10} 模能传输，其他模都截止，称为单模传输状态。而当 $\lambda < a$ 时，将出现以上两种模式，称为多模区或过模波导。

实际矩形波导一般都取 $a \geqslant 2b$，以便在 $a < \lambda < 2a$ 频带上实现单模传输。因此，波导宽边尺寸应取为 $\lambda/2 < a < \lambda$，而窄边尺寸应取为 $b < \lambda/2$。

综上，矩形波导的单模工作条件为

$$\begin{cases} a < \lambda < 2a \\ \lambda > 2b \end{cases} \quad \text{或} \begin{cases} \lambda/2 < a < \lambda \\ b < \lambda/2 \end{cases} \tag{8.2-15}$$

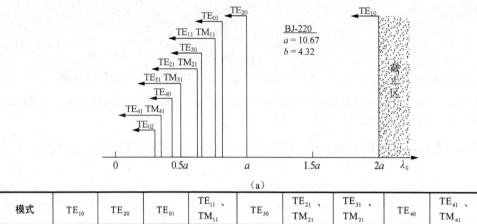

（a）

模式	TE_{10}	TE_{20}	TE_{01}	TE_{11}、TM_{11}	TE_{30}	TE_{21}、TM_{21}	TE_{31}、TM_{31}	TE_{40}	TE_{41}、TM_{41}	TE_{02}
λ_c / cm	2.134	1.067	0.864	0.801	0.711	0.671	0.549	0.534	0.454	0.432

（b）

图 8.2-3　矩形波导 BJ-220 各模式的截止波长分布

4．矩形波导中的群速

在矩形波导中，由传播常数 $\beta = \sqrt{k^2 - k_c^2} = \sqrt{\omega^2 \mu \varepsilon - k_c^2}$ 可得

$$\frac{d\beta}{d\omega} = \frac{1}{2} \frac{2\omega\mu\varepsilon}{\sqrt{k^2 - k_c^2}} = \frac{\omega}{\beta} \mu\varepsilon = \frac{v_p}{v^2}$$

故群速 v_g 为

$$v_g = \frac{d\omega}{d\beta} = \frac{v^2}{v_p} = v\sqrt{1 - \left(\frac{\lambda}{\lambda_c}\right)^2} \tag{8.2-16}$$

可以证明，在矩形波导中，群速等于能速，即

$$v_g = v_e \tag{8.2-17}$$

这也是正常色散媒质的共性。

根据上面的结果，求得波导中的相速 v_p 与群速 v_g 满足以下方程：

$$v_p v_g = v^2 \tag{8.2-18}$$

当电磁波在导电媒质中传播时，电磁波发生非正常色散。此时，群速不再等于能速，上述关系也不再成立。

§8.3　矩形波导的 TE_{10} 模

8.3.1　TE_{10} 模的场分布及传播特性

TE_{10} 模是波导中最常用的模式。在式（8.2-10a）～式（8.2-10d）中，令 $m = 1$，$n = 0$，$A_{10} = H_{10}$，$k_c = \pi / a$，则得 TE_{10} 模的场分量为

$$H_z = H_{10} \cos\frac{\pi x}{a} \mathrm{e}^{-\mathrm{j}\beta z} = \mathrm{j}\frac{E_{10}}{\eta}\frac{\lambda}{2a}\cos\frac{\pi x}{a}\mathrm{e}^{-\mathrm{j}\beta z} \tag{8.3-1a}$$

$$H_x = \mathrm{j}\frac{\beta a}{\pi}H_{10}\sin\frac{\pi x}{a}\mathrm{e}^{-\mathrm{j}\beta z} = -\frac{E_{10}}{\eta_{\mathrm{TE}}}\sin\frac{\pi x}{a}\mathrm{e}^{-\mathrm{j}\beta z} \tag{8.3-1b}$$

$$E_y = -\mathrm{j}\frac{\omega\mu a}{\pi}H_{10}\sin\frac{\pi x}{a}\mathrm{e}^{-\mathrm{j}\beta z} = E_{10}\sin\frac{\pi x}{a}\mathrm{e}^{-\mathrm{j}\beta z} \tag{8.3-1c}$$

$$E_{10} = -\mathrm{j}\frac{\omega\mu a}{\pi}H_{10} = -\mathrm{j}\frac{2a\eta}{\lambda}H_{10} \tag{8.3-1d}$$

其余分量 $E_x = E_z = H_y = 0$。 TE_{10} 模的特性参数如下：

$$\lambda_c = 2a \tag{8.3-2a}$$

$$\beta = \sqrt{k^2 - (\pi/a)^2} \tag{8.3-2b}$$

$$\lambda_g = \lambda/\sqrt{1-(\lambda/2a)^2} \tag{8.3-2c}$$

$$v_g = v/\sqrt{1-(\lambda/2a)^2} \tag{8.3-2d}$$

$$\eta_{\mathrm{TE}} = \eta/\sqrt{1-(\lambda/2a)^2} \tag{8.3-2e}$$

　　TE_{10} 模三个剖面的电磁场分布如图 8.3-1 所示，这里用电力线和磁力线表示场结构。E_y 和 H_z 沿 a 边呈正弦分布，而 H_x 沿 a 边呈余弦分布，且与 H_x 在 z 向有 90° 的空间相位差，因而 H_x 和 H_z 形成闭合曲线，如图 8.3-1 中窄边的纵向剖面图所示。

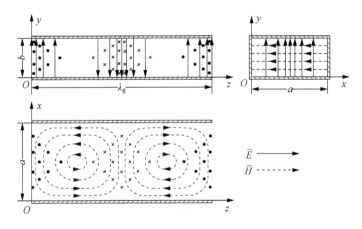

图 8.3-1　TE_{10} 模三个剖面的电磁场分布

8.3.2　波导壁上的电流分布

　　当波导中传输 TE_{10} 波时，波导内壁上将感应表面电流。在微波频率上，波导内壁电流都集中在内壁表面层流动，其集肤深度的典型值为 $10^{-4}\mathrm{cm}$ 量级。因此这种内壁电流可看作面电流。在 $x=0$ 壁上的面电流密度为

$$\left.\overline{J}_{\mathrm{sb}} = \hat{n}\times\overline{H}\right|_{x=0} = \left.\hat{x}\times\hat{z}H_z\right|_{x=0} = \left.-\hat{y}H_z\right|_{x=0} = -\hat{y}H_{10}\mathrm{e}^{-\mathrm{j}\beta z} \tag{8.3-3}$$

$y=0$ 壁上的面电流密度为

$$\overline{J}_{sa} = \hat{n} \times \overline{H}\Big|_{y=0} = \hat{y} \times \left(\hat{x} H_x \Big|_{y=0} + \hat{z} H_z \Big|_{y=0} \right)$$

$$= -\hat{z}\mathrm{j}\frac{k_z a}{\pi} H_{10} \sin\frac{\pi x}{a} \mathrm{e}^{-\mathrm{j}kz} + \hat{x} H_{10} \cos\frac{\pi x}{a} \mathrm{e}^{-\mathrm{j}\beta z}$$

(8.3-4)

依据以上两式所得的电流分布呈现于图 8.3-2 中。

研究管壁电流具有重要意义。管壁电流与场结构密切相关，场结构决定管壁电流的分布，反过来，管壁电流也决定场结构的分布。对于波导的激励、波导参数的测量，以及波导器件的设计，都需要了解和利用管壁电流的分布。

如图 8.3-2 所示，波导两侧的窄壁上只有 y 向电流，左右两侧电流大小相等、方向相同；宽壁上有 x 向和 z 向电流，上、下宽壁上的电流大小相等，但方向相反。注意到，宽壁中心线上只有 z 向电流，因此，若沿中心线开窄的纵向缝，则不会因切断电流而引起辐射。图 8.3-3 所示为波导测量线，它正是从宽壁中心纵向缝中伸入探针来取样驻波电场大小的。

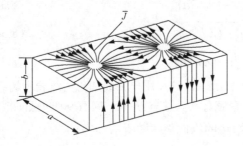

图 8.3-2　波导内壁的面电流分布

图 8.3-3　波导测量线

波导缝隙天线是利用管壁电流分布规律的另一典型案例。如图 8.3-4（a）所示，**若沿着电流方向开窄缝隙（B 类），则对电流分布的影响很小，不易产生辐射；而当垂直于电流方向开窄缝隙（A 类）时，将截断电流，从而构成一种波导辐射器。**

在工程应用中，一般会利用适当的排列开一系列窄缝隙，构成波导缝隙天线阵，如图 8.3-4（b）所示。缝隙的长度和相邻缝隙的中心距离一般为 $\lambda_g/2$，缝隙分别配置在宽边中心线的两侧，使它们形成同相辐射。

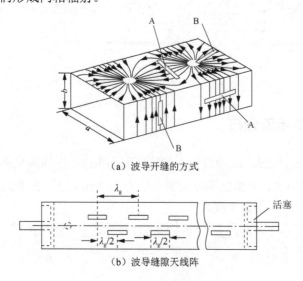

（a）波导开缝的方式

（b）波导缝隙天线阵

图 8.3-4　矩形波导缝隙天线

8.3.3 TE$_{10}$模的能量传输

TE$_{10}$波沿 z 向传输的平均功率为

$$P_{\mathrm{av}} = \frac{1}{2}\mathrm{Re}\int_0^a\int_0^b \bar{E}\times\bar{H}^* \cdot \hat{z}\,\mathrm{d}x\mathrm{d}y = \frac{1}{2}\mathrm{Re}\int_0^a\int_0^b\left(-E_yH_x^*\right)\mathrm{d}x\mathrm{d}y$$
$$= \frac{1}{2}\int_0^a\int_0^b\frac{\left|E_{10}\right|^2}{\eta_{\mathrm{TE}}}\sin^2\frac{\pi x}{a}\mathrm{d}x\mathrm{d}y = \frac{\left|E_{10}\right|^2 ab}{4\eta_{\mathrm{TE}}} \tag{8.3-5}$$

式中，$\left|E_{10}\right|$ 为 E_y 的最大值；$\eta_{\mathrm{TE}} = \eta / \sqrt{1-\left(\lambda/2a\right)^2}$。

当波导中的最大电场值 $\left|E_{10}\right|$ 达到所填充介质的击穿场强 E_{br} 时，介质将被击穿，对应的传输功率称为波导的功率容量，用 P_{br} 表示。由式（8.3-5）可得

$$P_{\mathrm{br}} = \frac{E_{\mathrm{br}}^2 ab}{4\eta}\sqrt{1-\left(\frac{\lambda}{2a}\right)^2} \tag{8.3-6a}$$

对于常用的空气波导，其空气击穿场强为 $E_{\mathrm{br}} = 30\mathrm{kV/cm}^2$，$\eta = 377\Omega$，因此有

$$P_{\mathrm{br}} \approx 0.6ab\sqrt{1-\left(\frac{\lambda}{2a}\right)^2} \tag{8.3-6b}$$

式中，a 和 b 都以 cm 为单位，而所得功率单位为 MW（兆瓦特）。例如，某雷达天线用 BJ-32 空气波导馈电，其内截面尺寸为 $a\times b$=(72.14×34.04)mm^2。当波长 $\lambda = 10$cm 时，按式（8.3-6b）计算的功率容量为 10.6MW。

8.3.4 波导中的衰减

虽然这里假定波导是由理想导体构成的，但实际导体总是有损耗的。该导体损耗可利用上面导出的波导管壁电流来算出。于是，由第 6 章表面电阻的计算方法和式（8.3-5）可得单位长度的损耗功率为

$$P_\sigma = \frac{1}{2}R_s\int_l\left|J_s\right|^2\mathrm{d}l = R_s\left[\int_0^b\left|J_{s_y}\right|^2\mathrm{d}y + \int_0^a\left(\left|J_{s_x}\right|^2 + \left|J_{s_z}\right|^2\right)\mathrm{d}x\right]$$
$$= R_s\left|H_{10}\right|^2\left(\frac{\lambda}{2a\eta}\right)^2\left[b+2a\left(\frac{a}{\lambda}\right)^2\right] \tag{8.3-7}$$

令由导体损耗引起的衰减常数为 α_{c}，由此引起的传输功率变化可表示为

$$P(z) = P_0\mathrm{e}^{-2\alpha_{\mathrm{c}}z}$$

式中，P_0 为 z=0 处的功率。现定义单位长度上的功率损耗为 P_l，即传输功率的减小量：

$$P_l = -\partial P/\partial z = 2\alpha_{\mathrm{c}}P(z)$$

它应等于单位长度上管壁电流的功率损耗 P_σ，即 $2\alpha_{\mathrm{c}}P(z) = P_\sigma$，从而得

$$\alpha_{\mathrm{c}} = \frac{P_\sigma}{2P(z)}\quad(\mathrm{Np/m}) \tag{8.3-8}$$

把式（8.3-5）和式（8.3-7）代入式（8.3-8）得

$$\alpha_\mathrm{c} = \frac{R_s}{\eta b \sqrt{1-\left(\lambda/2a\right)^2}}\left[1+\frac{2b}{a}\left(\frac{\lambda}{2a}\right)^2\right]\ \text{(Np/m)} \tag{8.3-9}$$

图 8.3-5 给出了 $a=2\text{cm}$ 的黄铜波导在两种 b/a 值情况下的 TE_{10} 模的衰减曲线，同时给出了 TM_{11} 模的衰减曲线。注意到，当工作频率接近 TE_{10} 模的截止频率时，其衰减急剧增大。因此，工作频率一般要高于其截止频率 25%，即 $f/f_\mathrm{c} \geqslant 1.25$。自然，若 f/f_c 太接近 2，则可能导致 TE_{20} 模受到干扰。这样来看，波导的工作频率一般是 f/f_c 为 1.25~1.9，其相对带宽约为 40%。

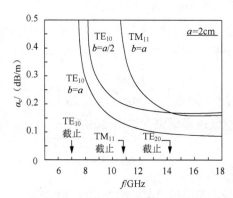

图 8.3-5　黄铜矩形波导导体损耗引起的衰减曲线

若波导中填充有介质，则还将存在介质损耗。此时，总衰减常数为 $\alpha = \alpha_\mathrm{c} + \alpha_\mathrm{d}$，其中 α_d 是由介质损耗引起的衰减常数。可利用复介电常数 $\dot{\varepsilon}=\varepsilon(1-\mathrm{j}\tan\delta)$ 来导出 α_d，$\tan\delta$ 为介质损耗角的正切。这里，$\tan\delta = \sigma/\omega\varepsilon$。此时，复传播常数可表示为

$$\alpha_\mathrm{d}+\mathrm{j}\beta = \sqrt{k_\mathrm{c}^2-\omega^2\mu\varepsilon(1-\mathrm{j}\tan\delta)} = \sqrt{k_\mathrm{c}^2-k^2+\mathrm{j}k^2\tan\delta}$$

$$\approx \sqrt{k_\mathrm{c}^2-k^2}+\frac{\mathrm{j}k^2\tan\delta}{2\sqrt{k_\mathrm{c}^2-k^2}}$$

式中，已利用近似关系 $\sqrt{a^2+x^2}\approx a+\dfrac{x^2}{2a}$，$x\ll a$。比较上式两端可知

$$\alpha_\mathrm{d}\approx\sqrt{k_\mathrm{c}^2-k^2}=\frac{k^2}{2\beta}\tan\delta=\frac{\pi\tan\delta}{\lambda\sqrt{1-\left(\lambda/2a\right)^2}}\ \text{(Np/m)} \tag{8.3-10}$$

即 α_d 近似与波长成反比。

需要注意的是，在频率较低时，如在厘米波段，介质损耗与导体损耗相比一般可忽略，但在毫米波段，介质损耗也会显著增加。因此，毫米波电路对介质基片的损耗角正切往往有很高的要求，低损耗的毫米波介质材料技术含量高，价格也很昂贵。

例 8.3-1 要求空气矩形波导的工作波长为 10.6~11.0cm，且其 TE_{10} 波单模工作频率至少要有 30%的安全系数，试选定国产标准矩形波导型号。

解： 主模 TE_{10} 与高次模 TE_{20} 和 TE_{01} 的截止波长分别为

$$\lambda_{10}=2a，\ \lambda_{20}=a，\ \lambda_{01}=2b$$

它们的截止频率分别为

$$f_{10}=c/2a，\ f_{20}=c/a，\ f_{01}=c/2b$$

本题要求 $f_{max} \geq 1.3 f_{10}$，$f_{min} \leq 0.7 f_{20}$，$f_{min} \leq 0.7 f_{01}$。因为 $f = c/\lambda$，所以上述要求化为 $2a \geq 1.3\lambda_{max}$，$a \leq 0.7\lambda_{min}$，$2b \leq 0.7\lambda_{min}$，即要求 $a \geq 1.3\lambda_{max}/2 = 7.15\text{cm}$，$a \leq 0.7\lambda_{min} = 7.42\text{cm}$，$b \leq 0.7\lambda_{min}/2 = 3.71\text{cm}$。

这里选择国产矩形波导 BJ-32。由附录 D 可知，其尺寸为 $a = 7.214\text{cm}$，$7.15\text{cm} < a < 7.42\text{cm}$；$b = 3.404\text{cm} < 3.71\text{cm}$，满足要求。

例 8.3-2 国产紫铜矩形波导 BJ-100 的尺寸为 $a = 22.86\text{mm}$，$b = 10.16\text{mm}$。内部为空气，工作于 $f = 10\text{GHz}$。

（1）该波导能传输什么模式？其 1m 长的衰减为多少 dB？功率容量多大？

（2）用探针在其中激励 TE_{10} 模，若设其中高次模的振幅只要衰减至探针处的 1/1000，即可略去不计，则距探针多远处波导中为纯 TE_{10} 波？

（3）若填充 $\varepsilon_r = 4$ 的理想介质，则能传输的模式有无变化？

解：（1）当内部为空气时，工作波长 $\lambda = c/f = 3\text{cm}$。对于 TE_{10} 模，其截止波长 $\lambda_c = 2a = 4.572\text{cm}$；对于 TE_{20} 模，$\lambda_c = a = 2.286\text{cm}$；其他模的 λ_c 更短。因此，在 10GHz 上，该波导仅能传输 TE_{10} 模。

由表 6.2-4 可知

$$R_s = 2.61 \times 10^{-7}\sqrt{f} = 0.0261\Omega$$

于是由式（8.3-9）可得

$$\alpha_c = \frac{R_s}{120\pi b\sqrt{1-(\lambda/2a)^2}}\left[1 + \frac{2b}{a}\left(\frac{\lambda}{2a}\right)^2\right] \approx 0.0125\text{Np/m}$$

因此，1m 波导的衰减为（注意：1Np=8.686dB）

$$A_c = 0.0125 \times 8.686\text{dB} \approx 0.109\text{dB}$$

由式（8.3-6b）可得功率容量为

$$P_{br} = 0.6ab\sqrt{1 - \left(\frac{\lambda_0}{2a}\right)^2} \approx 1.05\text{MW}$$

（2）波导中非传输模的衰减常数为

$$\alpha = \frac{2\pi}{\lambda}\sqrt{\left(\frac{\lambda}{\lambda_c}\right)^2 - 1}$$

可见，截止波长 λ_c 越大的模衰减越慢。λ_c 最大的模 TE_{20} 的衰减常数为

$$\alpha = \frac{2\pi}{\lambda}\sqrt{\left(\frac{\lambda}{a}\right)^2 - 1} = \frac{2\pi}{3}\sqrt{\left(\frac{3}{2.286}\right)^2 - 1}\text{Np/cm} \approx 1.78\text{Np/cm}$$

设距探针 l 处 TE_{20} 模的振幅衰减至探针处的 1/1000，即

$$e^{\alpha l} = 1/1000$$

得

$$l = \frac{\ln 1000}{\alpha} \approx \frac{6.908}{1.78}\text{cm} \approx 3.88\text{cm}$$

（3）当填充 $\varepsilon_r = 4$ 理想介质时，波长为 $\lambda_d = \lambda/\sqrt{\varepsilon_r} = 1.5\text{cm}$。可见，$\text{TE}_{10}$ 模和 TE_{20} 模的介质中的波长均小于截止波长。

对于 TE_{01} 模，$\lambda_c = 2b = 2.032\mathrm{cm}$；对于 TE_{11} 模和 TM_{11} 模，$\lambda_c = 2ab/\sqrt{a^2+b^2} \approx 1.857\mathrm{cm}$；对于 TE_{30} 模，$\lambda_c = 2a/3 = 1.524\mathrm{cm}$；对于 TE_{21} 和 TM_{21} 模，$\lambda_c = 2ab/\sqrt{a^2+4b^2} \approx 1.519\mathrm{cm}$。以上这些模式的截止波长均大于介质中的波长（1.5cm），因此它们都能在此波导中传播。

§8.4 谐 振 腔

以上研究的导行波都是在无限长的波导中传播的，而未考虑率输入端和负载端的影响。实际上，一个很重要的特殊情况是在波导两端放置两个理想导电壁，如图 8.4-1（a）所示，称为空腔谐振器或谐振腔。通常用探针、小环或小孔向谐振腔输入或输出能量，参看图 8.4-1（b）。这个无耗的理想导体系统一旦吸收了激励能量，就会按照这个空腔所允许的一个或更多的模一直振荡下去。因此，波导相当于低频技术中的传输线，而谐振腔相当于低频技术中的振荡回路，用于微波的激发。

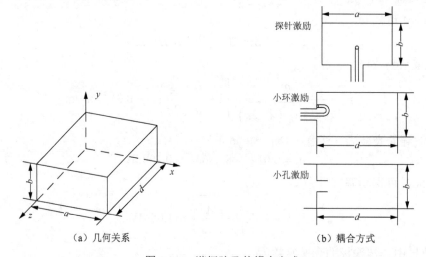

（a）几何关系　　　　　　（b）耦合方式

图 8.4-1　谐振腔及其耦合方式

8.4.1　波导谐振腔的谐振频率

前面已经求得矩形波导中的 TE_{mn} 模和 TM_{mn} 模的电磁场分量，它们都满足空腔侧壁（$x=0,a$ 和 $y=0,b$）处的边界条件。现在只需加上两端壁（$z=0,d$）处的边界条件 $E_x = E_y = 0$。此时，TE_{mn} 模或 TM_{mn} 模的横向电场 (E_x, E_y) 可写成

$$\overline{E}_t = \overline{e}(x,y)\left(A^+ \mathrm{e}^{-\mathrm{j}\beta_{mn}z} + A^- \mathrm{e}^{\mathrm{j}\beta_{mn}z}\right) \tag{8.4-1}$$

式中，$\overline{e}(x,y)$ 是这个模式的横向变化函数；A^+ 和 A^- 分别是前向行波和反向行波；β_{mn} 是传播常数，其公式为

$$\beta_{mn} = \sqrt{k^2 - \left(\frac{m\pi}{a}\right)^2 - \left(\frac{n\pi}{b}\right)^2} \tag{8.4-2}$$

式中，k 取决于频率和波导中填充材料的介电常数与磁导率。

应用 $z=0$ 处 $E_t=0$ 的边界条件可知，$A^+=-A^-$；由 $z=d$ 处 $E_t=0$ 的条件得

$$\overline{E}_t(x,y,d) = -\mathrm{j}2A^+ e(x,y)\sin\beta_{mn}d = 0$$

故 $\sin\beta_{mn}d = 0$，得

$$\beta_{mn}d = p\pi, \quad p = 1,2,3,\cdots \tag{8.4-3}$$

这表明，在谐振频率处，空腔的长度必须是谐振模半波长的整数倍。因此，矩形谐振腔是以波导形式出现的短路半波长传输线谐振器。

这里用 TE_{mnp} 和 TM_{mnp} 来标记谐振腔中的谐振模，m、n 和 p 分别是场分量沿 x、y 和 z 向变化的半周期数。根据式（8.4-2），矩形波导谐振腔的波数为

$$k_{mnp} = \sqrt{\left(\frac{m\pi}{a}\right)^2 + \left(\frac{n\pi}{b}\right)^2 + \left(\frac{p\pi}{d}\right)^2} \tag{8.4-4}$$

TE_{mnp} 模或 TM_{mnp} 模的谐振频率为

$$f_{mnp} = \frac{ck_{mnp}}{2\pi\sqrt{\mu_r\varepsilon_r}} = \frac{c}{2\sqrt{\mu_r\varepsilon_r}}\sqrt{\left(\frac{m}{a}\right)^2 + \left(\frac{n}{b}\right)^2 + \left(\frac{p}{d}\right)^2} \tag{8.4-5}$$

若 $b<a<d$，则主谐振模（谐振频率最低）将是 TE_{101} 模，对应于长 $\lambda_g/2$ 的短路波导中的 TE_{10} 主波导模。TM 谐振模的基模是 TM_{110} 模。

8.4.2　TE$_{10l}$模

根据式（8.2-10b）、式（8.2-10c）和式（8.3-1a），并代入 $A^-=-A^+$，得 TE_{10l} 模的场分量为

$$E_y = A^+ \sin\frac{\pi x}{a}\left(\mathrm{e}^{-\mathrm{j}\beta z} - \mathrm{e}^{\mathrm{j}\beta z}\right) \tag{8.4-6a}$$

$$H_x = -\frac{A^+}{\eta_{TE}}\sin\frac{\pi x}{a}\left(\mathrm{e}^{-\mathrm{j}\beta z} + \mathrm{e}^{\mathrm{j}\beta z}\right) \tag{8.4-6b}$$

$$H_z = \mathrm{j}\frac{\pi A^+}{k\eta a}\cos\frac{\pi x}{a}\left(\mathrm{e}^{-\mathrm{j}\beta z} - \mathrm{e}^{\mathrm{j}\beta z}\right) \tag{8.4-6c}$$

令 $E_0 = -\mathrm{j}2A^+$，考虑式（8.4-3），式（8.4-6a）～式（8.4-6c）可分别简化为

$$E_y = E_0 \sin\frac{\pi x}{a}\sin\frac{l\pi z}{d} \tag{8.4-7a}$$

$$H_x = -\mathrm{j}\frac{E_0}{\eta_{TE}}\sin\frac{\pi x}{a}\cos\frac{l\pi z}{d} \tag{8.4-7b}$$

$$H_z = \mathrm{j}\frac{\pi E_0}{k\eta a}\cos\frac{\pi x}{a}\sin\frac{l\pi z}{d} \tag{8.4-7c}$$

这清楚地表明，空腔内的场是驻波（无论 x 向或 z 向）。并且注意到，电场驻波与磁场驻波在时间相位上相差 90°。这就是说，当电场能量最大时，磁场能量为零；反之，当磁场能量最大时，电场能量为零。电磁能量在电场与磁场间不断地来回交换，这正是谐振器件所具有的共性。依据式（8.4-7），令 $l=1$，可以画出的 TE_{101} 模的场结构示于图 8.4-2 中。不难看出，它与 TE_{10} 模的最大不同是 z 向呈驻波分布，且 E_y 的最大值与 H_x 的最大值在 z 向相距 $\lambda_g/4$（驻波特点）。

由式（8.4-5）可知，TE_{101} 模的谐振频率为

$$f_{101} = \frac{c}{2\sqrt{\mu_r \varepsilon_r}} \sqrt{\frac{1}{a^2} + \frac{1}{d^2}} \tag{8.4-8}$$

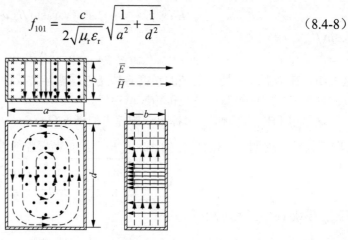

图 8.4-2 TE_{101} 模的场结构

8.4.3 谐振腔的品质因数

实际的谐振腔总存在一定的损耗，若无外源补充，则振荡一段时间后，腔中的电磁能量将变为热能。为了衡量谐振器件的损耗高低，一个重要的参数是 Q 值即品质因数（Quality Factor），它定义为

$$Q = 2\pi \frac{\text{储能的时间平均值}}{\text{一周期内的能量损耗}} = \omega_0 \frac{\text{储能的时间平均值}}{\text{单位时间的能量损耗}}$$

即

$$Q = \omega_0 \frac{W_e + W_m}{P_{loss}} \tag{8.4-9}$$

式中，ω_0 为谐振角频率；W_e、W_m 为腔中时间平均电、磁储能；P_{loss} 为腔中时间平均功率损耗，包含欧姆损耗和介电损耗等。

实用的矩形谐振腔一般都是 TE_{101} 模，下面计算其 Q 值。腔内电磁场满足式（8.4-7）。为考虑填充介质的最一般情形，$\varepsilon = \varepsilon' - \varepsilon''$，$\mu = \mu' - \mu''$。因此有

$$W_e = \frac{\varepsilon'}{4} \int_V \left| E_y \right|^2 \mathrm{d}v = \frac{\varepsilon' abd}{16} E_0^2$$

$$W_m = \frac{\mu'}{4} \int_V \left(\left| H_x \right|^2 + \left| H_z \right|^2 \right) \mathrm{d}v = \frac{\mu' abd}{16} E_0^2 \left[\frac{1}{\eta_{TE}^2} + \frac{1}{\eta^2} \left(\frac{\lambda}{2a} \right)^2 \right]$$

因为

$$\frac{1}{\eta_{TE}^2} + \frac{1}{\eta^2} \left(\frac{\lambda}{2a} \right)^2 = \left[\frac{1}{\eta} \sqrt{1 - \left(\frac{\lambda}{2a} \right)^2} \right]^2 + \frac{1}{\eta^2} \left(\frac{\lambda}{2a} \right)^2 = \frac{1}{\eta^2} = \frac{\varepsilon'}{\mu'}$$

所以有

$$W_e = W_m = \frac{abd}{16} \varepsilon' E_0^2 \tag{8.4-10}$$

可见，谐振腔平均电储能和平均磁储能相等，这与 RLC 谐振电路的情形类似。

对于低损耗情形，利用已导出的场分量公式（8.4-7），得导体损耗功率为

$$P_c = \frac{R_s}{2}\int_S |H_t|^2 \, ds = \frac{R_s}{2}\left\{ 2\int_0^a\int_0^b |H_x(z=0)|^2 \, dxdy + 2\int_0^b\int_0^d |H_z(x=0)|^2 \, dydz + \right.$$

$$\left. 2\int_0^a\int_0^d \left[|H_x(y=0)|^2 + |H_z(y=0)|^2 \right] dxdz \right\} \tag{8.4-11}$$

$$= \frac{R_s E_0^2 \lambda^2}{8\eta^2}\left[\frac{l^2 ab}{d^2} + \frac{bd}{a^2} + \frac{l^2 a}{2d} + \frac{d}{2a} \right]$$

在式（8.4-11）中，已代入 $\eta_{TE} = \eta\sqrt{1-(\lambda/2a)^2} = \eta\lambda_g/\lambda = 2d\eta/\lambda$（因为 $d = \lambda_g/2$）。于是，由导体损耗引起的空腔 Q 值为

$$Q_c = \frac{2\omega_0 W_e}{P_c} = \frac{(kad)^3 b\eta}{2\pi^2 R_s} \frac{1}{(2l^2 a^3 b + 2bd^3 + l^2 a^3 d + ad^3)} \tag{8.4-12}$$

若空腔中介质有耗，则 $\varepsilon = \varepsilon' - \varepsilon'' = \varepsilon_r\varepsilon_0(1-j\tan\delta)$，其中 $\tan\delta$ 为介质的损耗角正切，这时媒质的有效电导率为 $\omega\varepsilon'' = \omega\varepsilon_r\varepsilon_0\tan\delta$，引起的损耗功率为

$$P_d = \frac{1}{2}\int_V \bar{J}\cdot\bar{E}^* \, dv = \frac{\omega\varepsilon''}{2}\int_V |E_y|^2 \, dv = \frac{abd\omega\varepsilon''}{8}E_0^2 \tag{8.4-13}$$

这样，由介质损耗引起的空腔 Q 值为

$$Q_d = \frac{2\omega_0 W_e}{P_d} = \frac{\varepsilon'}{\varepsilon''} = \frac{1}{\tan\delta} \tag{8.4-14}$$

这一公式对任意谐振模都是适用的。

最后，当同时存在导体损耗和介质损耗时，总损耗功率为 $P_c + P_d$，从而总 Q 值为

$$Q = \left(\frac{1}{Q_c} + \frac{1}{Q_d} \right)^{-1} \tag{8.4-15}$$

例 8.4-1 设计一空气矩形谐振腔，谐振频率为 2GHz 和 3GHz，分别谐振于 TE_{101} 模和 TE_{102} 模。试确定该谐振腔的尺寸 $a\times b\times d$。

解： 由式（8.4-5）可知，TE_{101} 模和 TE_{102} 模的谐振频率为

$$f_{TE_{101}} = 1.5\times10^8\sqrt{\left(\frac{1}{a}\right)^2 + \left(\frac{1}{d}\right)^2} = 2\times10^9 \text{ Hz}$$

$$f_{TE_{102}} = 1.5\times10^8\sqrt{\left(\frac{1}{a}\right)^2 + \left(\frac{2}{d}\right)^2} = 3\times10^9 \text{ Hz}$$

联立以上二式，求得 $d\approx11.6$cm，$a\approx9.82$cm，取 $b = a/2 = 4.91$cm。故尺寸为 $a\approx9.82$cm，$b\approx4.91$cm，$d\approx11.6$cm。

例 8.4-2 由紫铜矩形波导 BJ-48（$a = 47.55$ mm，$b = 22.15$ mm）制成谐振腔，其中填充聚乙烯（$\varepsilon_r = 2.25$，$\tan\delta = 0.0004$）。要求工作于主模，谐振频率 $f_0 = 4.8$GHz，试确定其长度 d，并求 Q 值。

解： 根据式（8.4-5）得 TE_{101} 模的波数为

$$k = \frac{2\pi f}{c}\sqrt{\varepsilon_r} = \frac{2\pi\times4.8\times10^9}{3\times10^8}\sqrt{2.25} \approx 1.508\text{cm}^{-1}$$

根据式（8.4-4），令谐振模为 TE_{101} 模，得

$$d = \left(\sqrt{\left(\frac{k}{\pi}\right)^2 - \left(\frac{1}{a}\right)^2} \right)^{-1} = \left(\sqrt{\left(\frac{1.508}{\pi}\right)^2 - \left(\frac{1}{4.755}\right)^2} \right)^{-1} \mathrm{cm} = 2.318\mathrm{cm}$$

由式（8.4-5）可求得谐振模的谐振频率。对 TE_{mnp} 模而言，m 和 n 二者之一可为零，但 p 不可为零（否则各场分量不存在）；对 TM_{mnp} 模而言，m 和 n 均不可为零，而 p 可为零。因此，谐振频率最低的模式可能是 TE_{101}、TE_{011} 和 TM_{110}。当采用上述 d 值时，三者的谐振频率分别为

$$f_{\mathrm{TE}_{101}} = \frac{c}{2\sqrt{\varepsilon_r}} \sqrt{\frac{1}{a^2} + \frac{1}{d^2}} = \frac{3\times10^{10}}{2\times1.5} \sqrt{\frac{1}{4.755^2} + \frac{1}{2.318^2}} \mathrm{Hz} \approx 4.86\times10^9 \mathrm{Hz}$$

$$f_{\mathrm{TE}_{011}} = \frac{c}{2\sqrt{\varepsilon_r}} \sqrt{\frac{1}{a^2} + \frac{1}{d^2}} = \frac{3\times10^{10}}{2\times1.5} \sqrt{\frac{1}{2.215^2} + \frac{1}{2.318^2}} \mathrm{Hz} \approx 6.24\times10^9 \mathrm{Hz}$$

$$f_{\mathrm{TM}_{110}} = \frac{c}{2\sqrt{\varepsilon_r}} \sqrt{\frac{1}{a^2} + \frac{1}{d^2}} = \frac{3\times10^{10}}{2\times1.5} \sqrt{\frac{1}{4.755^2} + \frac{1}{2.215^2}} \mathrm{Hz} \approx 4.98\times10^9 \mathrm{Hz}$$

可见，TE_{101} 模的谐振频率最低，是主模。

紫铜的表面电阻为 $R_s = 2.61\times10^{-7}\sqrt{f} \approx 1.808\times10^{-4}\Omega$；媒质波阻抗为 $\eta = 377/\sqrt{\varepsilon_r} \approx 251.3\Omega$，由式（8.4-12）可得

$$Q_c \approx 2526$$

由式（8.4-14）可得

$$Q_d = \frac{1}{\tan\delta} = \frac{1}{0.0004} = 2500$$

总值为

$$Q = \left(\frac{1}{Q_c} + \frac{1}{Q_d} \right)^{-1} = \left(\frac{1}{2526} + \frac{1}{2500} \right)^{-1} \approx 1256$$

可见，谐振腔的 Q 值要比一般集总参数 RLC 谐振电路的 Q 值高很多。由于馈电接头的反射和表面的不平整性引入的损耗，实际 Q 值会比计算值稍低些。介质损耗对 Q 值有重要影响，因此高 Q 值的设计一般采用空气介质。

本 章 小 结

一、导波系统的一般特点

1. 不同的导波系统可以传输不同模式的电磁波，同一导波系统也可以传输不同模式的电磁波，传播状态在 $\beta^2 = k^2 - k_c^2 > 0$ 的前提下分为两类：当 $k_c^2 = 0$ 时，传播 TEM 波；当 $k_c^2 > 0$ 时，传播 TE 波和 TM 波。任意均匀双导体传输线都能维持 TEM 波；而波导则不能维持 TEM 波，只能传输 TE 波或 TM 波。

2. 导行波的临界状态：$\beta = 0$（$k_c^2 = k^2$），没有波的传播，k_c 称为截止波数，与之对应的频率称为截止频率，波长称为截止波长。

3. 导行波的截止状态：$\beta^2 = k^2 - k_c^2 < 0$，$\gamma = \mathrm{j}\beta = \sqrt{k_c^2 - k^2} = \alpha$（实数），是凋落波。

二、矩形波导与 TE₁₀ 模

1. 波导是一种高通滤波器，矩形波导的截止波数为 $k_c = \sqrt{\left(\dfrac{m}{a}\right)^2 + \left(\dfrac{n}{b}\right)^2}$，不同的工作模式具有不同的截止频率。

2. TE 波和 TM 波的传播特点：沿纵向为行波，沿横向为驻波；等相面上任意一点的振幅与位置有关，因此是非均匀平面波；可以传播多种电磁场模式，即 TE_{mn} 和 TM_{mn}，其中，m 表示场沿 a 边变化的半周期数，n 表示场沿 b 边变化的半周期数；具有相同截止波数的波导模式具有不同的场分布，存在模式简并现象；传播相速大于其在自由空间传播的相速，而群速则小于自由空间传播的相速。波导是一种色散导波装置。

3. TE₁₀ 模是矩形波导的主模，截止波长最长，$\lambda_c = 2a$。只有在工作波长满足 $a < \lambda < 2a$ 且 $\lambda > 2b$ 时，矩形波导才能够单模传输。波导的激励、波导参数的测量，以及波导器件设计的重要依据是波导的电磁场分布和电流的分布规律。

4. 波导中的导体衰减常数 $\alpha_c = P_\sigma / 2P$，其中，P_σ 是单位长度的功率损耗，P 是波导传输的功率，导体衰减常数 $\alpha_c = \dfrac{R_s}{\eta b \sqrt{1 - (\lambda/2a)^2}}\left[1 + \dfrac{2b}{a}\left(\dfrac{\lambda}{2a}\right)^2\right]$。在矩形波导中，TE₁₀ 模具有最小衰减。

三、谐振腔

谐振腔是短路半波长传输线谐振器，在谐振频率处，腔的长度必须是谐振模半波长的整数倍。

1. 矩形谐振腔的截止波数为 $k_{mnp} = \sqrt{\left(\dfrac{m\pi}{a}\right)^2 + \left(\dfrac{n\pi}{b}\right)^2 + \left(\dfrac{p\pi}{d}\right)^2}$，其基模为 TE₁₀₁ 模，对应的谐振频率为 $f_{101} = \dfrac{c}{2\sqrt{\mu_r \varepsilon_r}}\sqrt{\dfrac{1}{a^2} + \dfrac{1}{d^2}}$。

2. 矩形谐振腔的品质因数。

（1）定义式：$Q = \omega_0 \dfrac{W_e + W_m}{P_{\text{loss}}}$，其中，$W_e + W_m = \dfrac{\varepsilon}{4}\int_V |\bar{E}|^2 \mathrm{d}v + \dfrac{\mu}{4}\int_V |\bar{H}|^2 \mathrm{d}v$，$P_{\text{loss}} = P_c + P_d$。

（2）计算式：$Q = \left(\dfrac{1}{Q_c} + \dfrac{1}{Q_d}\right)^{-1}$，其中，$Q_c = \dfrac{2\omega_0 W_e}{P_c}$，$Q_d = \dfrac{2\omega_0 W_e}{P_d}$。

自 测 题

一、单项选择题（每小题 2 分，共 10 分）

1. 在矩形波导中传播的 TM 模和 TE 模的（　　）相同时，称为模式的简并。

  A．相速   B．截止波数

  C．工作频率   D．传播常数

2．通常说的矩形波导的单模传输中的单模是指（　　）。

    A．TE_{10}　　　　　　B．TE_{20}　　　　　　C．TE_{01}　　　　　　D．TM_{10}

3．矩形波导 TM 波的最低次模是指（　　）。

    A．TM_{11}　　　　　　B．TE_{20}　　　　　　C．TE_{01}　　　　　　D．TM_{10}

4．TE 波在传播方向（z 向）上有（　　）。

    A．$E_z=0$，$H_z=0$　　　　　　　　　　　B．$E_z\neq0$，$H_z=0$

    C．$E_z=0$，$H_z\neq0$　　　　　　　　　　　D．$E_z\neq0$，$H_z\neq0$

5．在下列导波传输系统中，哪种导波系统可以传播 TEM 波？（　　）

    A．矩形波导　　　　B．圆波导　　　　C．平行双线　　　　D．微带线

二、多项选择题（每小题 4 分，共 20 分）

1．以下哪种模式的模不可能在矩形波导中传播？（　　）

    A．TM_{00}　　　　　　B．TM_{01}　　　　　　C．TM_{10}　　　　　　D．TM_{11}

2．在下列传输结构中，不能传播 TEM 模的是（　　）。

    A．同轴线　　　　　B．矩形波导　　　　C．圆波导　　　　D．平行板传输线

3．在矩形波导中传播的电磁波的截止频率与下列哪些因素有关？（　　）

    A．矩形波导的尺寸　　　　　　　　　　B．媒质的介电常数和磁导率

    C．电磁波的传播速度　　　　　　　　　D．电磁波的传播模式

4．下面关于矩形波导的说法不正确的是（　　）。

    A．矩形波导截面的窄边尺寸越小，波导波长越长

    B．矩形波导的 TE_{10} 模的磁场垂直于宽边，而且在宽边的中间磁场强度最大

    C．空气矩形波导的波阻抗等于 377Ω

    D．矩形波导传输的模式为 TM_{mn}、TE_{mn}，其中，m 表示场分布沿波导宽边方向的半驻波分布的个数，n 表示场分布沿波导窄边方向的半驻波的个数

5．下面关于波导与波导器件的性质的说法正确的是（　　）。

    A．在矩形谐振腔中，TE_{101} 模的谐振频率最低

    B．波导的色散是由波导结构特定的边界条件决定的，与导电媒质中的色散不同

    C．在匹配的矩形波导宽边的外壁开垂直于传播方向的窄缝隙更易产生辐射

    D．波导系统中的相速大于光速、群速小于光速，都是色散波

三、填空题（每空 2 分，共 30 分）

1．在导行波中，截止波长最 _____ 的电磁波模称为该导波系统的主模。

2．在矩形波导中，当工作波长 λ 给定时，若要实现 TE_{10} 单模传输，则波导尺寸必须满足以下条件：_____ 和 _____。

3．矩形波导具有 _____ 滤波特性。

4．波导中的激励通常可以用 _____、_____ 和 _____ 三种方式获得。

5．波导简并模式的特点就是具有相同的 _____ 和不同的 _____。

6．沿 z 向传播的 TEM 波的分量 E_z 和 H_z 为零；而 TE 波的 _____ 分量为零；TM 波的 _____ 分量为零。

7．波导衰减器可以用如自测题图 8-1 所示的一段截止波导构成。假设波导宽边

a=22.86cm，窄边宽度为 0.6a，工作频率为 12GHz，试求解以下问题。

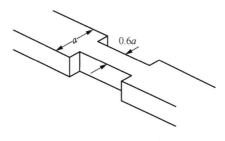

自测题图 8-1

（1）宽波导的截止频率是 _____ 。

（2）窄波导的截止频率是 _____ ，衰减因子 $\alpha=$ _____ Np。

（3）如果衰减量为 50dB，则中间的截止波导的长度为 _____ 。提示：可参考式（8.2-14c）。

四、计算题（每小题 10 分，共 40 分）

1．已知矩形波导的宽边和窄边分别为 a 与 b，其 TM 模的纵向场为

$$E_z = E_0 \sin\frac{\pi x}{3} \sin\frac{\pi y}{3} \cos\left(\omega t - \frac{\sqrt{2}\pi}{3}z\right)$$

式中，变量 x、y、z 的单位为 cm，试求：①截止波长和波导波长；②若此模为 TM$_{32}$ 模，求波导尺寸。

2．某矩形波导尺寸 a=22.86mm，b=10.16mm，波导内填充的介质的相对介电常数 ε_r = 2.1，工作频率 f=10GHz，试求：①TE$_{10}$ 模的波导波长 λ_{g10} 和相速 v_{p10}；②波阻抗。

3．某矩形空心波导尺寸 a = 20mm，b =10mm，试求：①单模传输频率范围；②若填充相对介电常数为 2 的介质，指出相同的工作频率范围内可传输的波型有哪些？

4．有一矩形谐振腔（b=a/2），已知当 f = 3GHz 时其谐振于 TE$_{101}$ 模；当 f = 6GHz 时其谐振于 TE$_{103}$ 模，求此谐振腔的尺寸。

答案：一、1～5 BAACC。

二、1．ABC；2．BC；3．ABD；4．ABC；5．ABD。

三、1．长/大；2．$a<\lambda<2a$，$\lambda>2b$；3．高通；4．探针激励、环激励、小孔耦合；5．截止频率、电磁场分布；6．E_z，H_z；7．6.56GHz，10.94GHz，92.72，62.08mm。

四、1．①λ_c=$3\sqrt{2}$cm，λ_g=$3\sqrt{2}$cm；②a=9cm，b=6cm。

2．①23.22mm，2.322×10^8m/s；②291.77Ω。

3．①7.5GHz$<f<$15GHz；②TE$_{10}$，TE$_{01}$，TE$_{11}$，TM$_{11}$，TE$_{20}$。

4．a = 6.32cm，b = 3.16cm。

习　题　八

8-1 理想导体制成的矩形波导管沿 z 轴放置，其宽边为 a，窄边为 b，试证明在波导管

内不能传播单色波 $\vec{E} = \hat{x}E_0 e^{j(\omega t - \beta z)}$，其中 E_0、ω、β 均为常数。

答案：略。

8-2 矩形波导传输线中的相速和群速、截止波长和波导波长有何区别与联系？它们与哪些因素有关？

答案：略。

8-3 何谓波导模式简并？矩形波导中有哪些模式是简并的？

答案：略。

8-4 何谓波导的色散特性？它与无限大导电媒质中电磁波的色散有何不同？

答案：略。

8-5 如习题图 8-1 所示，矩形波导管的尺寸为 a=2.286cm，b=1.016cm。在 $z < 0$ 空间用空气填充；在 $z > 0$ 空间用介质填充（ε_r=2.54）；工作频率 f= 10GHz。用等效传输线模型求界面处的反射系数。

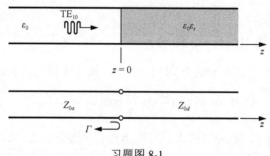

习题图 8-1

答案：−0.316。

8-6 国产矩形波导 BJ-100（$a \times b = 22.86\text{mm} \times 10.16\text{mm}$），其内充干燥空气，试求：①单模传输 TE_{10} 模的频率范围；②已知工作频率为 9375MHz，求其工作模式、波导波长和相速。

答案：①6.56GHz～13.12GHz；②传输 TE_{10} 模，44.81mm，4.2×10^8 m/s。

8-7 国产矩形波导 BJ-32（$a \times b = 72.14\text{mm} \times 34.04\text{mm}$），充空气。

（1）用测量线测得波导中传输 TE_{10} 波，相邻波节间的距离为 10.5cm，求波导波长和工作波长。

（2）若工作波长为 6cm，则波导中能传输哪些模式？

（3）若工作波长为 6cm，而波导窄边尺寸增大为原来的 2 倍，则可传播的模式有何变化？

答案：（1）210mm，111.89mm。

（2）TE_{10}，TE_{20}，TE_{01}，TE_{11}，TM_{11}。

（3）结果同（2）。

8-8 在充空气的矩形波导中，仅有的传输模电场为 $E_y = 30 \sin \dfrac{\pi x}{a} e^{-j\beta z}$ V/m，其频率为 f= 3GHz，相速为 1.25 倍的光速，试求：①波导波长；②波导宽边尺寸 a；③波导壁上纵向电流最大面密度。

答案：①0.125 m；②88.4 mm；③0.0656A/m²。

8-9 充空气的矩形铜波导横截面尺寸为 $a \times b$（$b < a < 2b$），TE_{10} 模工作于 3.2GHz，求：①要求工作频率至少比 TE_{10} 模的截止频率高 20%，而比 TE_{10} 模最相近的高次模的截止频

率低 20%，请选定 a 和 b；②若传输的平均功率为 10kW，请计算所选铜波导的每米损耗功率。

答案：①a=56.25mm，b=37.5mm；②0.063kW。

8-10 空气矩形谐振腔尺寸为 a=2.5cm，b=1.2cm，d=6cm，谐振于 TE_{102} 模式。今在腔内均匀填充相对介电常数为 ε_r 的电介质，使在同一频率上谐振于 TE_{103} 模式，请求出 ε_r。

答案：9.02。

8-11 某矩形谐振腔用聚乙烯（$\varepsilon_r = 2.25$，$\tan \delta = 0.0004$）填充，$a = 4.755$cm，$b = 2.215$cm，$\sigma = 5.813 \times 10^7$ S/m。若它谐振于 5GHz，分别求 $l = 1$ 和 $l = 2$ 时的 d 与谐振模的 Q 值。

答案：当 $l = 1$ 时，$d = 2.2$cm，$Q = 1927$；当 $l = 2$ 时，$d = 4.4$cm，$Q = 3069$。

附录 A

常用矢量计算公式

一、矢量恒等式

1. 和与积

$$\bar{A} + \bar{B} = \bar{B} + \bar{A} \tag{A-1}$$

$$\bar{A} \cdot \bar{B} = \bar{B} \cdot \bar{A} \tag{A-2}$$

$$\bar{A} \cdot \bar{A} = \left| \bar{A} \right|^2 \tag{A-3}$$

$$\bar{A} \times \bar{B} = -\bar{B} \times \bar{A} \tag{A-4}$$

$$(\bar{A} + \bar{B}) \cdot \bar{C} = \bar{A} \cdot \bar{C} + \bar{B} \cdot \bar{C} \tag{A-5}$$

$$(\bar{A} + \bar{B}) \times \bar{C} = \bar{A} \times \bar{C} + \bar{B} \times \bar{C} \tag{A-6}$$

$$\bar{A} \cdot \bar{B} \times \bar{C} = \bar{B} \cdot \bar{C} \times \bar{A} = \bar{C} \cdot \bar{A} \times \bar{B} \tag{A-7}$$

$$\bar{A} \times (\bar{B} \times \bar{C}) = (\bar{A} \cdot \bar{C})\bar{B} - (\bar{A} \cdot \bar{B})\bar{C} \tag{A-8}$$

2. 微分

$$\nabla(\phi + \psi) = \nabla\phi + \nabla\psi \tag{A-9}$$

$$\nabla(\phi\psi) = \phi\nabla\psi + \psi\nabla\phi \tag{A-10}$$

$$\nabla \cdot (\bar{A} + \bar{B}) = \nabla \cdot \bar{A} + \nabla \cdot \bar{B} \tag{A-11}$$

$$\nabla \times (\bar{A} + \bar{B}) = \nabla \times \bar{A} + \nabla \times \bar{B} \tag{A-12}$$

$$\nabla \cdot (\phi\bar{A}) = \phi\nabla \cdot \bar{A} + \bar{A} \cdot \nabla\phi \tag{A-13}$$

$$\nabla \times (\phi\bar{A}) = \phi\nabla \times \bar{A} + \nabla\phi \times \bar{A} \tag{A-14}$$

$$\nabla \cdot (\nabla \times \bar{A}) = 0 \tag{A-15}$$

$$\nabla \times \nabla\phi = 0 \tag{A-16}$$

$$\nabla(\bar{A} \cdot \bar{B}) = (\bar{A} \cdot \nabla)\bar{B} + (\bar{B} \cdot \nabla)\bar{A} + \bar{A} \times (\nabla \times \bar{B}) + \bar{B} \times (\nabla \times \bar{A}) \tag{A-17}$$

$$\nabla \cdot (\bar{A} \times \bar{B}) = \bar{B} \cdot (\nabla \times \bar{A}) - \bar{A} \cdot (\nabla \times \bar{B}) \tag{A-18}$$

$$\nabla \times (\bar{A} \times \bar{B}) = \bar{A}\nabla \cdot \bar{B} - \bar{B}\nabla \cdot \bar{A} + (\bar{B} \cdot \nabla)\bar{A} - (\bar{A} \cdot \nabla)\bar{B} \tag{A-19}$$

$$\nabla \times \nabla \times \bar{A} = \nabla(\nabla \cdot \bar{A}) - \nabla^2\bar{A} \tag{A-20}$$

3. 积分

$$\int_V \nabla \cdot \overline{A} \mathrm{d}v = \oint_S \overline{A} \cdot \mathrm{d}\overline{s} \tag{A-21}$$

$$\int_S \nabla \times \overline{A} \cdot \mathrm{d}\overline{s} = \oint_l \overline{A} \cdot \mathrm{d}\overline{l} \tag{A-22}$$

$$\int_V \nabla \times \overline{A} \mathrm{d}v = -\oint_S \overline{A} \times \mathrm{d}\overline{s} \tag{A-23}$$

$$\int_V \nabla \phi \mathrm{d}v = \oint_S \phi \mathrm{d}s \tag{A-24}$$

$$\int_S \nabla \phi \times \mathrm{d}\overline{s} = -\oint_l \phi \mathrm{d}\overline{l} \tag{A-25}$$

二、矢量微分算子

1. 拉梅系数

直角坐标系：$\{1,1,1\}$；圆柱坐标系：$\{1,\rho,1\}$；球坐标系：$\{1,r,r\sin\theta\}$。

2. 一阶微分算子

$$\nabla \phi = \hat{u}_1 \frac{\partial \phi}{h_1 \partial u_1} + \hat{u}_2 \frac{\partial \phi}{h_2 \partial u_2} + \hat{u}_3 \frac{\partial \phi}{h_3 \partial u_3} \tag{A-26}$$

$$\nabla \cdot \overline{A} = \frac{1}{h_1 h_2 h_3} \left(\frac{\partial(h_2 h_3 A_1)}{\partial u_1} + \frac{\partial(h_1 h_3 A_2)}{\partial u_2} + \frac{\partial(h_1 h_2 A_3)}{\partial u_3} \right) \tag{A-27}$$

$$\nabla \times \overline{A} = \frac{1}{h_1 h_2 h_3} \begin{vmatrix} h_1 \hat{u}_1 & h_2 \hat{u}_2 & h_3 \hat{u}_3 \\ \dfrac{\partial}{\partial u_1} & \dfrac{\partial}{\partial u_2} & \dfrac{\partial}{\partial u_3} \\ h_1 A_1 & h_2 A_2 & h_3 A_3 \end{vmatrix} \tag{A-28}$$

3. 二阶微分算子

$$\nabla^2 \phi = \frac{\partial^2 \phi}{\partial x^2} + \frac{\partial^2 \phi}{\partial y^2} + \frac{\partial^2 \phi}{\partial z^2} \tag{A-29}$$

$$\nabla^2 \phi = \frac{1}{\rho} \frac{\partial}{\partial \rho} \left(\rho \frac{\partial \phi}{\partial \rho} \right) + \frac{1}{\rho^2} \frac{\partial^2 \phi}{\partial \varphi^2} + \frac{\partial^2 \phi}{\partial z^2} \tag{A-30}$$

$$\nabla^2 \phi = \frac{1}{r^2} \frac{\partial}{\partial r} \left(r^2 \frac{\partial \phi}{\partial r} \right) + \frac{1}{r^2 \sin\theta} \frac{\partial}{\partial \theta} \left(\sin\theta \frac{\partial \phi}{\partial \theta} \right) + \frac{1}{r^2 \sin^2\theta} \frac{\partial^2 \phi}{\partial \varphi^2} \tag{A-31}$$

附录 B

符号和单位与部分国际单位制词头

符号和单位如表 B-1 所示，部分国际单位制词头如表 B-2 所示。

表 B-1　符号和单位

量的符号	量的名称	单位名称	单位符号	量的符号	量的名称	单位名称	单位符号
A	矢量磁位	韦伯/米	Wb/m	T	透射系数	（无量纲）	—
A	面积	米^2	m^2	T	周期	秒	s
a	半径，长度	米	m	t	时间	秒	s
B	磁通密度	特斯拉	T	U	电压	伏特	V
B	带宽	赫兹	Hz	v	体积	立方米	m^3
C	电容	法拉	F	W	能量	焦耳	J
c	真空中光速	米/秒	m/s	X	电抗	欧姆	Ω
D	电通密度	库仑/平方米	C/m^2	Y	导纳	西门子	S
D	方向性系数	（无量纲）	—	Z	阻抗	欧姆	Ω
d	距离，直径	米	m	α	衰减常数	奈比/米	Np/m
E	电场强度	伏特/米	V/m	β	相位常数	弧度/米	rad/m
F,f	方向图函数	（无量纲）	—	γ	传播常数	米$^{-1}$	m^{-1}
F	力	牛顿	N	Γ	反射系数	（无量纲）	—
f	频率	赫兹	Hz	Γ	环量	—	—
f	焦距	米	m	δ	集肤深度	米	m
G	电导	西门子	S	ε	介电常数	法拉/米	F/m
G	天线增益	（无量纲）	—	ζ	波阻抗相角	弧度	Rad
H	磁场强度	安培/米	A/m	η	波阻抗	欧姆	Ω
I	电流强度	安培	A	η	效率	（无量纲）	—
J_s	面电流密度	安培/米	A/m	λ	波长	米	m
J	体电流密度	安培/平方米	A/m^2	μ	磁导率	亨利/米	H/m
k	波数	弧度/米	rad/m	ρ_l	线电荷密度	库仑/米	C/m
L	电感	亨利	H	ρ_s	面电荷密度	库仑/平方米	C/m^2
L,l	长度	米	m	ρ	体电荷密度	库仑/立方米	C/m^3
M	互感	亨利	H	ρ	电压驻波比	（无量纲）	—
N	电子密度	1/立方米	1/m^3	σ	电导率	西门子/米	S/m
n	折射率	（无量纲）	—	σ_r	雷达散射截面	平方米	m^2
P	极化强度	库仑/平方米	C/m^2	ϕ	电位	伏特	V

续表

量的符号	量的名称	单位名称	单位符号	量的符号	量的名称	单位名称	单位符号
P	功率	瓦特	W	χ_e	电极化率	（无量纲）	—
P	电偶极矩	库仑·米	C·m	ψ	磁通量	韦伯	Wb
p	功率密度	瓦/平方米	W/m^2	Φ	全磁通	韦伯	Wb
Q, q	电荷量	库仑	C	Ω	角频率	弧度/秒	rad/s
Q	品质因数	（无量纲）	—	x, y, z	直角坐标变量	—	—
R	电阻	欧姆	Ω	ρ, φ, z	柱坐标变量	—	—
R	反射系数	（无量纲）	—	r, θ, φ	球坐标变量	—	—
R, r	距离	米	M	—	—	—	—
r_A	轴比	（无量纲）	—	—	—	—	—
S	坡印廷矢量	瓦特/平方米	W/m^2	—	—	—	—

表 B-2 部分国际单位制词头

因数	法文名	中文名	符号	因数	法文名	中文名	符号
10^{18}	exa	艾（可萨）	E	10^{-1}	deci	分	d
10^{15}	peta	拍（它）	P	10^{-2}	centi	厘	c
10^{12}	tera	太（拉）	T	10^{-3}	milli	毫	m
10^{9}	giga	吉（咖）	G	10^{-6}	micro	微	μ
10^{6}	mega	兆	M	10^{-9}	nano	纳（诺）	n
10^{3}	kilo	千	k	10^{-12}	pico	皮（可）	p
10^{2}	hecto	百	h	10^{-15}	femto	飞（母托）	f
10^{1}	deca	十	da	10^{-18}	atto	阿（托）	a

附录 C

雷达与卫星广播频段划分

雷达工作频段如表 C-1 所示，卫星广播频段分配如表 C-2 所示。

表 C-1　雷达工作频段

名称	频率范围/GHz	波长范围/cm	名称	频率范围/GHz	波长范围/cm
L	1～2	30～15	Ku	12.4～18	2.42～1.67
S	2～3	15～10	K	18～20	1.67～1.5
S	3～4	10～7.5	K	20～26.5	1.5～1.13
C	4～6	7.5～5	Ka	26.5～40	1.13～0.75
C	6～8	5～3.75	U	40～60	0.75～0.5
X	8～10	3.75～3	V	60～80	0.5～0.375
X	10～12.4	3～2.42	W	80～100	0.375～0.3

表 C-2　卫星广播频段分配

频段	频率范围/GHz	标称频率/GHz	带宽/MHz	1区	2区	3区
				欧洲、非洲、俄	南/北美洲	亚洲、澳洲
L	0.62～0.72	0.7	170	√	√	√
S	2.5～2.69	2.6	190	√	√	√
Ku	11.7～12.2	12	500			√
Ku	11.7～12.5	12	800	√		
Ku	12.1～12.7	12	600		√	
Ku	12.5～12.75	12	250			√
Ka	22.5～23	23	500		√	√
Q	40.5～42.5	42	2000	√	√	√
V	84～86	85	2000	√	√	√

附录 D

国产矩形波导标准尺寸

国产矩形波导标准尺寸如表 D-1 所示。

表 D-1 国产矩形波导标准尺寸

型号	频率范围/GHz	内截面尺寸/mm					壁厚 t/mm	外截面尺寸/mm					
		a	b	偏差（±）		四角		A	B	偏差（±）		四角	四角
				II 级	III 级	r_{max}				II 级	III 级	R_{min}	R_{max}
BJ-8	0.64-0.98	292.0	146.0	0.4	0.8	1.5	3	298.0	152.0	0.4	0.8	1.6	2.1
BJ-9	0.76-1.15	247.6	123.8	0.4	0.8	1.2	3	253.6	129.8	0.4	0.8	1.6	2.1
BJ-12	0.96-1.46	195.6	97.8	0.4	0.8	1.2	3	201.6	103.8	0.4	0.8	1.6	2.1
BJ-14	1.14-1.73	165.0	82.5	0.4	0.6	1.2	2	169.0	86.5	0.3	0.6	1.0	1.5
BJ-18	1.45-2.20	129.6	64.8	0.3	0.5	1.2	2	133.6	68.8	0.3	0.5	1.0	1.5
BJ-22	1.72-2.61	109.2	54.6	0.2	0.4	1.2	2	113.2	58.6	0.2	0.4	1.0	1.5
BJ-26	2.17-3.30	86.40	43.20	0.17	0.3	1.2	2	90.40	47.20	0.2	0.3	1.0	1.5
BJ-32	2.60-3.95	72.14	34.04	0.14	0.24	1.2	2	76.14	38.04	0.14	0.28	1.0	1.5
BJ-40	3.22-4.90	58.20	29.10	0.12	0.20	1.2	1.5	61.20	32.10	0.15	0.38	0.8	1.3
BJ-48	3.94-5.99	47.55	22.15	0.10	0.13	0.8	1.5	50.55	25.15	0.10	0.20	0.8	1.3
BJ-58	4.64-7.05	40.40	20.20	0.8	0.14	0.8	1.5	43.40	23.20	0.10	0.20	0.8	1.3
BJ-70	5.38-8.17	34.85	15.80	0.7	0.12	0.8	1.5	37.85	18.80	0.10	0.20	0.8	1.3
BJ-84	6.57-9.99	28.50	12.60	0.06	0.10	0.8	1.5	31.50	15.60	0.07	0.15	0.8	1.3
BJ-100	8.20-12.5	22.86	10.16	0.05	0.07	0.8	1	24.86	12.16	0.06	0.10	0.65	1.15
BJ-120	9.84-15.0	19.05	9.52	0.04	0.06	0.8	1	21.05	11.52	0.05	0.10	0.5	1.15
BJ-140	11.9-18.0	15.80	7.90	0.03	0.05	0.4	1	17.80	9.90	0.05	0.10	0.5	1.0
BJ-180	14.5-22.0	12.96	6.48	0.03	0.05	0.4	1	14.96	8.48	0.05	0.10	0.5	1.0
BJ-220	17.6-26.7	10.67	4.32	0.02	0.04	0.4	1	12.67	6.32	0.05	0.10	0.5	1.0
DJ-260	21.7-33.0	8.64	4.32	0.02	0.04	0.4	1	10.64	6.32	0.05	0.10	0.5	1.0
BJ-320	26.4-40.0	7.112	3.556	0.020	0.040	0.4	1	9.11	5.56	0.05	0.10	0.5	1.0
BJ-400	32.9-50.1	5.690	2.845	0.020	0.040	0.3	1	7.69	4.85	0.05	0.10	0.5	1.0
BJ-500	39.2-59.7	4.775	2.388	0.020	0.040	0.3	1	6.78	4.39	0.05	0.10	0.5	1.0
BJ-620	49.8-75.8	3.759	1.880	0.020	0.040	0.2	1	5.76	3.88	0.05	0.10	0.5	1.0
BJ-740	60.5-91.9	3.099	1.549	0.020	0.040	0.15	1	5.10	3.55	0.05	0.10	0.5	1.0
BJ-900	73.8-112	2.540	1.270	0.020	0.040	0.15	1	4.54	3.27	0.05	0.10	0.5	1.0

续表

型号	频率范围/GHz	内截面尺寸/mm					壁厚 t/mm	外截面尺寸/mm					
		a	b	偏差（±）		四角 r_{max}		A	B	偏差（±）		四角 R_{min}	四角 R_{max}
				II级	III级					II级	III级		
BJ-1200	92.2-140	2.032	1.016	0.020	0.040	0.15	1	4.03	3.02	0.05	0.10	0.5	1.0
BB-22	1.72-2.61	109.2	13.10	0.10	0.20	1.2	2	113.2	17.1	0.22	0.44	1.0	1.5
BB-26	2.17-3.30	86.40	10.40	0.09	0.20	1.2	2	90.4	14.4	0.17	0.34	1.0	1.5
BB-32	2.60-3.95	72.14	8.60	0.07	0.15	1.2	2	76.14	12.60	0.14	0.28	1.0	1.5
BB-40	3.22-4.90	58.20	7.00	0.06	0.12	1.2	1.5	61.20	10.00	0.12	0.24	0.8	1.3
BB-48	3.94-5.99	47.55	5.70	0.05	0.10	0.8	1.5	50.55	8.70	0.10	0.20	0.8	1.3
BB-58	4.64-7.05	40.40	5.00	0.04	0.08	0.8	1.5	43.40	8.00	0.08	0.16	0.8	1.3
BB-70	5.38-8.17	34.85	5.00	0.04	0.08	0.8	1.5	67.85	8.00	0.07	0.14	0.8	1.3
BB-84	6.57-9.99	28.50	5.00	0.03	0.06	0.8	1.5	31.50	8.00	0.06	0.12	0.8	1.3
BB-100	8.20-12.5	22.86	5.00	0.02	0.04	0.8	1	24.86	7.00	0.05	0.10	0.65	1.15

注：（1）型号第一个字母 B 表示波导管；第二个字母表示波导管截面形式，其中，J 表示矩形，B 表示扁矩形；阿拉伯数字表示波导管工作频率的中心频率，单位为百兆赫兹；罗马数字表示波导管的精度等级。

（2）精密的 I 级波导的偏差为波导内表面宽边尺寸 a 的 1/1000。

（3）波导管一般用黄铜 H96 制造，经使用方同意，BJ70～BJ-1200 可用黄铜 H96 制造。

（4）波导管内表面光洁度要求：

BJ8～BJ-14 不低于 ∇7　　　　　BJ-18～BJ-58 不低于 ∇8

BJ-70～BJ-260 不低于 ∇9　　　　BJ-320～BJ-1200 不低于 ∇10

BB-22～BB-58 不低于 ∇8　　　　BB-70～BB-100 不低于 ∇9

（5）矩形波导几何关系如图 D-1 所示。

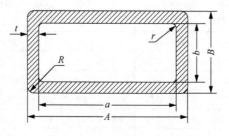

图 D-1　矩形波导几何关系

附录 E

主要人名编年表

主要人名编年表如表 E-1 所示。

表 E-1　主要人名编年表

译名	英文名	生卒年	国别
惠更斯	Christiaan Huygens	1629—1695	荷兰
牛顿	Isaac Newton	1643—1727	英
泰勒	Brook Taylor	1685—1731	英
欧拉	Leonhard Euler	1707—1783	瑞士
库仑	Charles Augustin de Coulomb	1736—1806	法
拉普拉斯	Pierre Simon Laplace	1749—1827	法
傅里叶	Baron Jean Baptiste Joseph Fourier	1768—1830	法
安培	Andre Marie Ampere	1775—1836	法
高斯	Carl Friedrich Gauss	1777—1855	德
奥斯特	Hans Christian Oersted	1777—1851	丹麦
泊松	Simeon Denis Poisson	1781—1840	法
布儒斯特	David Brewster	1781—1868	英
贝塞尔	Friedrich Wilhelm Bessel	1784—1846	德
欧姆	George Simon Ohm	1787—1854	德
菲涅耳	Augustin Jean Fresnel	1788—1827	法
柯西	Augustin Louis Cauchy	1789—1857	法
法拉第	Michael Faraday	1791—1867	英
格林	George Green	1793—1840	英
楞次	Emil Khristianovich Lenz	1804—1865	俄
哈密顿	William Rowan Hamilton	1805—1865	爱尔兰
狄利克雷	Petel Gustav Dirichlet	1805—1859	德
焦耳	James Prescott Joule	1818—1889	英
斯托克斯	George Gabrical Stokes	1819—1903	英
亥姆霍兹	Hermann von Helmholtz	1821—1894	德
基尔霍夫	Gustav Robert Kirchhoff	1824—1887	德
黎曼	Georg Friedrich Bernhard Riemann	1826—1866	德
麦克斯韦	James Clerk Maxwell	1831—1879	英
诺伊曼	C. G. Neumann	1832—1925	德
瑞利	John William Strutt Rayleigh	1842—1919	英
坡印廷	John Henry Poynting	1852—1914	英
洛仑兹	Hendrik Antoon Lorentz	1853—1928	荷兰
赫兹	Henrich Hertz	1857—1894	德
波波夫	A. C. Popov	1859—1906	俄
马可尼	Guglielmo Marconi	1874—1937	意大利
爱因斯坦	Albert Einstein	1879—1955	德/美
狄拉克	Paul Adrien Maurice Dirac	1902—1984	英

参考文献

[1] 毕德显. 电磁场理论[M]. 北京：电子工业出版社，1985.

[2] Ramo S, Whinnery J R, Duzer T V. Fields and Waves in Communication Electronics[M]. 3rd ed. New York: John Wiley & Sons, 1994.

[3] Hayt W H, Buck J A. Engineering Electromagnetics[M]. 6th ed. New York: McGraw-Hill，2001.

[4] Kraus J D. Electromagnetics[M]. 3rd ed. New York: McGraw-Hill, 1984.

[5] Chen D K. 电磁场与电磁波[M]. 何叶军，桂良启，译. 2版. 北京：清华大学出版社，2013.

[6] 钟顺时. 电磁场基础[M]. 北京：清华大学出版社，2006.

[7] 邱景辉，李在清，王宏，等. 电磁场与电磁波[M]. 哈尔滨：哈尔滨工业大学出版社，2004.

[8] 杨儒贵. 电磁场与电磁波[M]. 北京：高等教育出版社，2003.

[9] 谢处方，饶克谨. 电磁场与电磁波[M]. 2版. 北京：高等教育出版社，1987.

[10] 全泽松. 电磁场理论[M]. 成都：电子科技大学出版社，1995.

[11] 王蔷，李国定，龚克. 电磁场理论基础[M]. 北京：清华大学出版社，2001.

[12] 路宏敏，赵永久，朱满座. 电磁场与电磁波基础[M]. 2版. 北京：科学出版社，2012.

[13] 梅中磊，曹斌照，李月娥，等. 电磁场与电磁波[M]. 北京：清华大学出版社，2018.

[14] Pozar D M. 微波工程[M]. 张肇仪，周乐柱，吴德明，等，译. 3版. 北京：电子工业出版社，2015.

[15] 钟顺时，天线理论与技术[M]. 北京：电子工业出版社，2012.

[16] 杨雪霞，宸梓轩，微波技术基础[M]. 3版. 北京：清华大学出版社，2021.

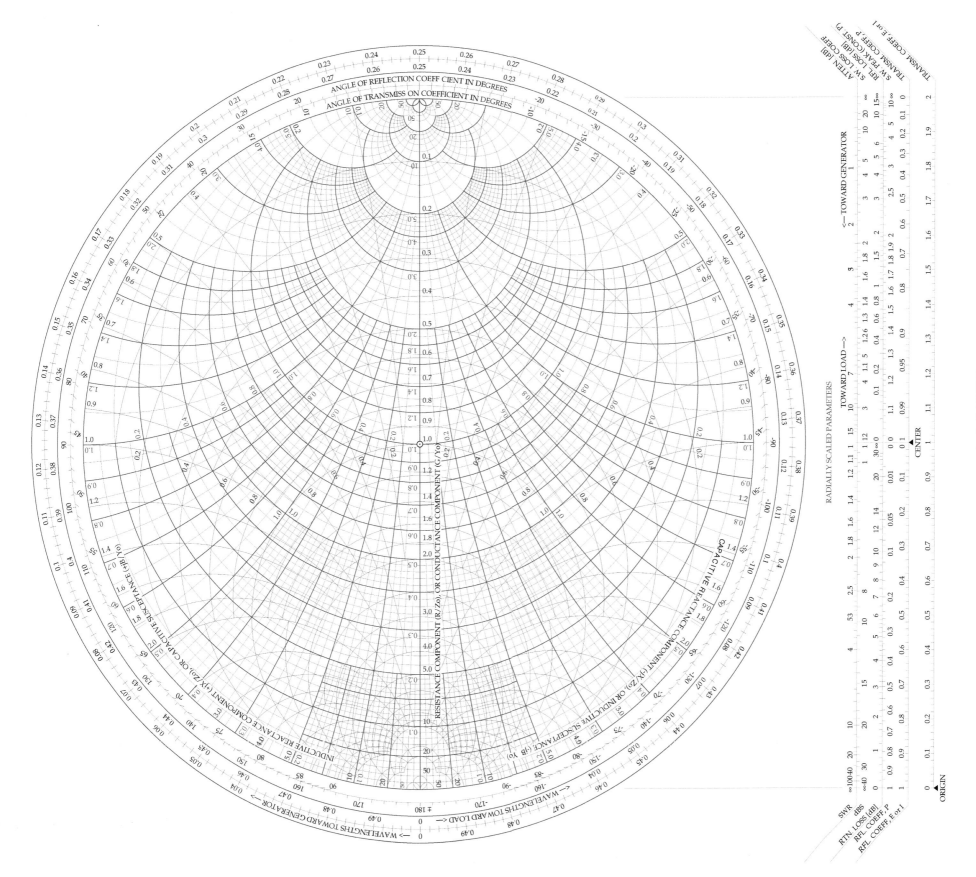

史密斯圆图